博碩文化

數位邏輯設計

Digital Logic Design

隆 著

數位邏輯設計

作　　者／蔡昌隆
發 行 人／簡女娜
發行顧問／陳祥輝、竇丕勳
總 編 輯／古成泉
資深主編／蔡金燕

執行編輯／陳臆如
行銷企劃／黃郁蘭
封面設計／許義彪

出　　版／博碩文化股份有限公司
網　　址／http://www.drmaster.com.tw/
地　　址／新北市汐止區新台五路一段112號10樓A棟
TEL / 02-2696-2869 • FAX / 02-2696-2867

郵撥帳號／17484299
律師顧問／劉陽明
出版日期／西元2012年1月初版

建議零售價／520元
I S B N／978-986-201-539-1
博碩書號／SE30002

本書如有破損或裝訂錯誤，請寄回本公司更換

國家圖書館出版品預行編目資料

數位邏輯設計 / 蔡昌隆 作.
-- 初版 -- 臺北縣汐止市；博碩文化,2012.01
面；　公分
ISBN 978-986-201-539-1（平裝）
1. 積體電路
448.62　　　　100022427

Printed in Taiwan

雖然類比訊號是最原始與真實的資訊，然隨著科技的高度發展，數位記錄的影音多媒體早已伴隨每日生活！過去類比訊號恐有保存不易及失真之虞，然數位化的資訊就無此顧慮了。

過往，個人旅遊、拍照留念或隨意執筆寫下心情日記，然心中的美景與妙詞於寫入書中恐已變調，那感覺可能就像走味的咖啡或是醒過頭的紅酒，早已無法滿足高科技人類即時記錄與享受的需求。

因此，隨時以數位設備記錄生活的點點滴滴，並將提詩與感性抒發之情感經語音自動化轉成文字並可即時登載於網頁或微網誌與部落格，與親朋好友或社群網友分享，這一切數位化的智慧活動已是 21 世紀新新人類最基本的生活形態，然這一切自動化、智慧型美好的生活其基礎即為數位化，而邏輯即是支援數位化最核心的元件。

個人有幸在陳祥輝老師的推薦介紹下認識了博碩文化股份有限公司古經理成泉及執行編輯陳臆如小姐，也促成了此書出版的機緣，相較於一般的數位系統或數位設計的教科書，其內容深淺不一，個人僅希望以淺薄之力，拋磚引玉，希望能用簡單易懂的語言來描述，讓有興趣的讀者可以自我閱讀，輕易的掌握數位邏輯的原理，善用它去實現、設計所需之數位系統。

中國文化大學
資訊工程系
助理教授
蔡昌隆
2011 年 11 月

目錄

1

數位系統概論

- 數位化概念
- 二進制
- 進位轉換
- 補數
- 取樣與量化
- 進制編碼

1-1 數位概念

處於數位資訊科技高度發展的時代，人手一機的 iPhone，隨意網路進行行動電子商務、瀏覽網頁或 e-mail、遠端解決公司網路問題或視訊會議等各式各樣的應用，雖充滿科技產品，卻能有效妝點愜意、精采、便利與悠哉的生活，不必排隊訂票、臨櫃處理帳務，更不必於休假或出差時擔心公司的網管問題，這都是數位化與資訊化所帶來的好處。

日本於 2011 年宣布進入全數位電視時代，雖然目前並無法達到完全數位化的生活，然伸手所及皆是手機含多鏡頭數位照相、數位錄影、錄音和照相機、數位電話機及交換機、數位電子計算機、手持 PDA...，大概只有隱居深山的原始人，才不會接觸到數位商品，可見數位化系統於生活應用之深度和魅力。

欲達到數位化，免不了還是得從最原始的信號處理（signal processing）著手，如我們說的話，其原始信號是類比，寫的字，其筆劃是類比，然都可以使用數位化的工具直接或間接（經過 ADC 類比與數位轉換）予以記錄儲存成數位資訊，當然需能處理這些離散的資料元素，在記錄儲存和處理的過程中，不論是電子數位系統或計算機與微處理機，都會將這些信號以二個最基礎的值 1 和 0，或者是高和低，再或者是開和關，抑或者是真和假來代表，此稱為二進位或二進制（binary），而此系統之值僅使用一個位元（bit）即能表示。數值超過 1 個位元者，便可使用 4 位元、位元組（byte）、16 位元的字元（character）、32 位元的字組（word），以及八位元組（octet）等等來表示和紀錄儲存，然其最基底仍是二進制的處理。

1-2 二進制數

計算機和微處理機等皆是數位化的設備，當我們撰寫程式語言交予計算機或微處理機系統的 CPU 執行時，最後都將轉換成二進制的機器語言以驅使計算機或微處理機系統硬體邏輯電路和設備執行命令。

常用之二進位數包含：

1. 如表列：

次方	十進值	次方	十進值	次方	十進值	次方	十進值
2^0	1	2^5	32	2^{10}	1024	2^{15}	32768
2^1	2	2^6	64	2^{11}	2048	2^{16}	65536
2^2	4	2^7	128	2^{12}	4096	2^{17}	131072
2^3	8	2^8	256	2^{13}	8192	2^{18}	262144
2^4	16	2^9	512	2^{14}	16384	2^{19}	524288

二進位系統之資料移位（shift）具有乘冪關係，向左位移 m 個位置等於乘 2^m；向右位移 k 個位置等於乘 2^{-k}（除以 2^k）。若使用 8 個位元來表示二進位無號的正整數，其數值範圍為 0~255（0000,0000～1111,1111），若使用 16 位元來表示則範圍為 0~65,535（0000,0000,0000,0000～1111,1111,1111,1111），依此類推。

2. K（Kilo）：2^{10}＝1024（～10^3）
3. M（Mega）：2^{20}＝1,048,576（～10^6）
4. G（Giga）：2^{30}＝1,073, 741,824（～10^9）
5. T（Tera）：2^{40}＝（～10^{12}）

二進制的算術運算與十進制之法則是相同概念的，廣義的說，任何數值皆能以基底 *r* 表示並執行相關的算術運算。在計算機或微處理機系統中，資料暫存器或記憶體都是以 32 位元、64 位元或 128 位元位址為基礎的設計（如下圖例）：

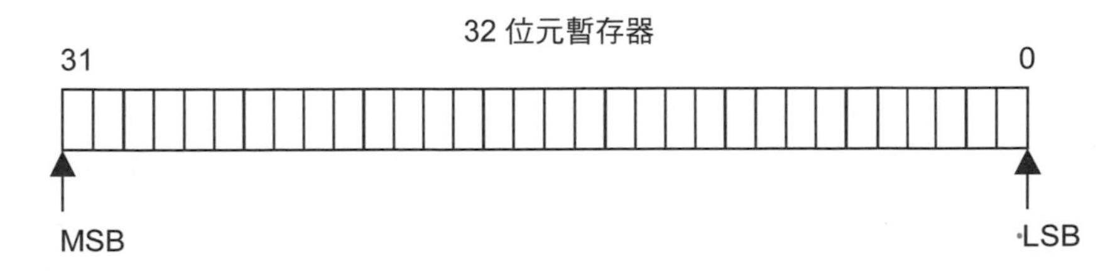

上圖最左邊之位元（第 31st 位元）為最重要位元（MSB；most significant bit），最右邊位元（第 0 位元）為最不重要位元（LSB；least significant bit），

以進位系統而言，最低位元的權重（weight）等於 1，依序往左的位元權重值較高，往右則權重值降低，可表示成**基底**^{移位量}的乘冪關係。

有關二進至數值之加法計算如下：

例題1

二個二進位數值 10101_2 和 10110_2 的相加，其和為 101011_2（二進位加法計算）

▼說明：

計算如下：

$$
\begin{array}{cccccc}
 & 1 & 0 & 1 & 0 & 1 \\
+ & 1 & 0 & 1 & 1 & 0 \\
\hline
1 & 0 & 1 & 0 & 1 & 1
\end{array}
$$

▼驗證：

$10101_2 = 16 + 4 + 1 = 21_{10}$

$10110_2 = 16 + 4 + 2 = 22_{10}$

$21 + 22 = 43_{10} = 32 + 8 + 2+1 = 101011_2$

然而數值有整數、實數和複數等，在計算機系統處理實數之部分係為浮點數之運算。IEEE 754 是最廣泛被採用的二進位浮點數算術運算的國際標準。其中，32 位元單精度，MSB 位元為正負號位元，其後接續 8 個位元為指數位元，亦即偏移（-126～127），最後面的 23 位元為有效數位元，是屬於小數部分。若是 64 位元雙精度，MSB 位元同屬正負號位元，其後接續 11 個位元為指數位元，亦即偏移（-1022～1023），最後面的 52 位元為有效數位元，亦為小數部分。上述之單精度（single precision）係以 32 位元之字組表示浮點數值；倍精度（double precision）則以 2 個 32 位元字組表示浮點數值。其中所使用之小數係指數值小於 1 並介於 0 與 1 之間的值，通常表示成 b^k（b 為基底，k 為指數）。

在計算機或微處理機之應用程式系統中，浮點數的數學關係式為：$(-1)^s * F * 2^E$；其中，s 佔 1 個位元為符號（symbol）位元，當 s 為 0 表正值（非零值的任何數的零次方均為 1），若 s 為 1 則表負值（$-1^1 = -1$）；F 代表小數，佔 23 個位元；E 代表指數，佔 8 個位元，如下圖：

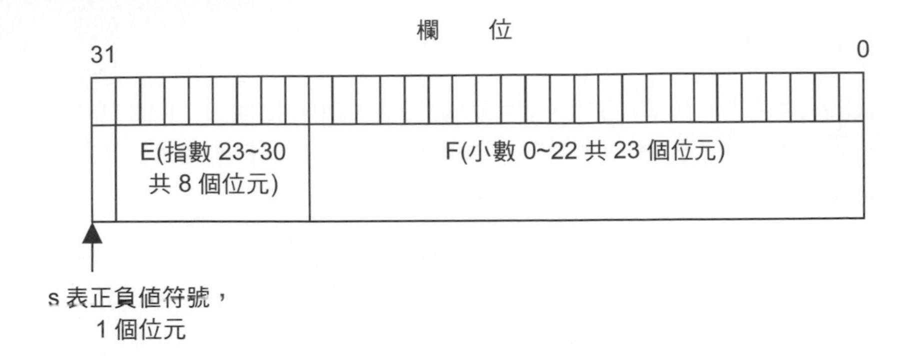

加法計算：不論使用何種進制系統或符號來表示數值，都可將數值先轉換至同一基底之數值，使用同一規則之符號再進行加法的計算。

1. 若數值屬於有號且為負值，可以補數方式呈現後再加總。
2. 當數值之表示欄位寬度不足時，如進位，其超出有號之符號（symbol）位元欄位位置的部分（進位）必須捨去。

減法計算：

1. 基本上，減數是以 2 的補數的形式來表示，再將被減數和減數相加，即得差值（將於補數節次再詳述）。
2. 當數值之表示欄位寬度不足時，其超出有號之符號（symbol）位元欄位位置的部分（進位）亦必須捨去。

進行數值之運算時須注意數值溢位或數值短少之問題：

1. 數值溢位（overflow）：數值超過資料儲存格欄位所可表示之範圍，就會產生數值溢位的問題。
2. 數值短少（underflow）：當負的指數值超過指數欄位，造成無法有效表示該數值時，就會發生數值短少的現象。

例題2

假設 $x=-2^5*1.10101011$、$y=2^5*1.10101110$、$z=-2^2*1.01100101$，請驗證 $(x+y)+z=x+(y+z)=x+y+z$ 之計算是否有數值短少問題？

▼說明：

依布林代數之結合律（第二章），理論上計算應無問題，然鑒於計算機或微處理機系統儲存格之欄位有限，數值精確度將受到暫存器寬度之影響，分析計算如下：

先計算 $x+y=-2^2*1.10000000$, $z=-2^2*1.01100101$

在累加 z 之值➔$(x+y)+z=2^{-2}*0.00011011=2^{-6}*1.10110000$

若是先計算 $y+z=2^5*1.10101011$, 而 $x=-2^5*1.10101011$

在累加 x 之值➔ $(y+z)+x=0$

可知精確度對計算結果確實有影響，不能僅依結合律作理論上之判斷。

在計算機系統中，任何浮點數值都可表示如下之數學式：

$$i_r*b^r+i_{r-1}*b^{r-1}+\ldots+i_2*b^2+i_1*b^1+i_0*b^0+f_1*b^{-1}+f_2*b^{-2}+\ldots+f_n*b^{-n}$$

其中，b 為進位基底、r 為整數部分之指數、n 為小數部分之指數、i_0~i_r 為整數、f_0~f_n 為小數。

例題3

將二個二進位數值的浮點數 1.101_2 和 1.110_2 相加，其和為 11.011_2（相同進位系統的浮點數值計算）

▼說明：

	1	.	1	0	1
+	1	.	1	1	0
1	1	.	0	1	1

▼驗證：

$1.101_2=1+0.5+0.125=1.625_{10}$

$1.110_2=1+0.5+0.25=1.75_{10}$

$1.625+1.75=3.375_{10}=2+1+0.25+0.125=11.011_2$

1-3 進位轉換

雖然人類生活習慣使用十進位系統，計算機或微處理機系統也曾短暫使用過十進位，但因硬體開（on）與關（off）的動作以及邏輯上真（true）和假（false）的表示等諸多原因，是故在計算機系統，使用 1 和 0 來表示最為簡便有效。

為讓計算機系統能便利的進行計算和儲存，需進行數據資料的進制轉換，常用之進位系統包含二進位、八進位、十進位和十六進位等，摘列如下表：

進位轉換表			
十進值	二進值	八進值	十六進值
0	0000	0	0
1	0001	1	1
2	0010	2	2
3	0011	3	3
4	0100	4	4
5	0101	5	5
6	0110	6	6
7	0111	7	7
8	1000	10	8
9	1001	11	9
10	1010	12	A
11	1011	13	B
12	1100	14	C
13	1101	15	D
14	1110	16	E
15	1111	17	F
16	10000	20	10

例題4

數值 345_{10}（以基底表示進位系統）

▼說明：

該數值為十進位（基底為 10），另可將 345_{10} 表示成 $3.45*10^2$

例題5

數值 1010_2（以基底表示進位系統）

▼說明：

該數值為二進位（基底為 2）

換算成十進位為 $1*2^3+0*2^2+1*2^1+0*2^0$

$=1*8+0*4+1*2+0$

$=10_{10}$

$=1.0*10^1$

例題6

數值 324_8（以基底表示進位系統）

▼說明：

該數值為八進位（基底為 8）

換算成十進位為 $3*8^2+2*8^1+4*8^0$

$=3*64+2*8+4*1$

$=192+16+4$

$=212_{10}$

$=2.12*10^2$

二進位是計算機或微處理機系統中數值處理的最基礎單位，它和四進位、八進位以及十六進位之間的轉換關係概如下表：

四進位、八進位以及十六進位與二進位轉換表					
四進位	二進位	八進位	二進位	十六進位	二進位
0	00	0	000	0	0000
1	01	1	001	1	0001
2	10	2	010	2	0010
3	11	3	011	3	0011
		4	100	4	0100
		5	101	5	0101
		6	110	6	0110
		7	111	7	0111
				8	1000
				9	1001
				A	1010
				B	1011
				C	1100
				D	1101
				E	1110
				F	1111

$i_r \ast 2^r + i_{r-1} \ast 2^{r-1} + \ldots + i_1 \ast 2^1 + i_0 \ast 2^0 + f_1 \ast 2^{-1} + f_2 \ast 2^{-2} + \ldots + f_n \ast 2^{-n}$

分別向左移 2 個和向右移 1 個位置（二進位系統，移位的數值計算）。

▼**說明：**

向左移 2 個位置（等於乘 $2^2=4$），

$i_r \ast 2^{r+2} + i_{r-1} \ast 2^{r+1} + \ldots + i_1 \ast 2^3 + i_0 \ast 2^2 + f_1 \ast 2^1 + f_2 \ast 2^0 + f_3 \ast 2^{-1} \ldots + f_n \ast 2^{-n+2}$

向右移 1 個位置（等於除 2），

$i_r \ast 2^{r-1} + i_{r-1} \ast 2^{r-2} + \ldots + i_1 \ast 2^0 + i_0 \ast 2^{-1} + f_1 \ast 2^{-2} + f_2 \ast 2^{-3} + \ldots + f_n \ast 2^{-n-1}$

四進位系統之資料移位（shift）具 2^2 乘冪關係，向左位移 m 個位置等於乘 4^m；向右位移 k 個位置等於乘 4^{-k}（除 4^k）；而八進位資料移位（shift）具有 2^3 乘冪關係，2^n 進位系統均可依此類推。

數值有正負，因此有 "有號"（數值前加正負號表示正值或負值）和 "無號"（無正負號）的區別。除傳統數值表示法，極大或微小數值計算，常採標準科學記號表示，如 $3.14159 * 10^{25}$ 或 $2.442 * 10^{-13}$ 等。

其中較常用的有：

10^{15} （P：peta，千萬億；以二位元資料表示約為 2^{50}）

10^{12} （T：tera，萬億；以二位元資料表示約為 2^{40}）

10^{9} （G：giga，十億；以二位元資料表示約為 2^{30}）

10^{6} （M：mega，百萬；以二位元資料表示約為 2^{20}）

10^{3} （K：kilo，千；以二位元資料表示約為 $2^{10}=1024$）

10^{-3} （m：milli，毫）

10^{-6} （μ：micro，微）

10^{-9} （n：nano，奈）

10^{-12} （p：pico，皮）

10^{-15} （f：femto，飛）

例題8（不同進位系統轉換計算）

八進位數值 543.6_8 轉換為二進位

▼說明：

$543.6_8 \rightarrow \underline{101}\ \underline{100}\ \underline{011}.\underline{110}_2$

例題9

十六進位數值 $AEC2.7_{16}$ 轉換為二進位

▼說明：

$AEC2.7_{16} \rightarrow \underline{1010}\ \underline{1110}\ \underline{1100}\ \underline{0010}.\underline{0111}_2$

例題10

八進位數值 543.6_8 轉換為十進位（不同進位系統，數值轉換的計算）

▼說明：

$543.6_{10} \rightarrow \underline{5}*8^2+\underline{4}*8^1+\underline{3}*8^0+\underline{6}*8^{-1}$

$=\underline{5}*64+\underline{4}*8+\underline{3}*1+\underline{6}*0.125$

$=320+32+3+0.75$

$=355.75_{10}$

$=3.5575*10^2$

例題11

八進位數值 35_8 和二進位數值 1101_2 相加，其和為 101010_2（不同進位系統的加法計算）

▼說明：

$35_8=3*8+5=29_{10}=16+8+4+1=11101_2$

	1	1	1	0	1
+		1	1	0	1
1	0	1	0	1	0

▼驗證：

$1101_2=8+4+1=13_{10}$

$29+13=42_{10}=32+8+2=101010_2$

例題12

八進位數值 435.7_8 和二進位數值 11011_2 相加

▼說明：

計算結果之和值為 100111000.111_2

435.7_8 → $\underline{100}\ \underline{011}\ \underline{101}.\underline{111}_2$

1	0	0	0	1	1	1	0	1	.	1	1	1
+				1	1	0	1	1				
1	0	0	1	1	1	0	0	0	.	1	1	1

▼驗證：

$435.7_2 = 285.875_{10}$

$11011_2 = 16+8+2+1 = 27_{10}$

$285.875+27$

$=312.875_{10}$

$=256+32+16+8+0.5+0.25+0.125$

$=100111000.111_2$

任何數值均可透過進制轉換，所有數值轉成同一進位系統，再進行相關之加、減、乘、除等計算。

1-4 補數

計算機或微處理機系統之運算沒有 "減法器" 的概念，若要執行二個數值之相減，是應用補數的概念，以加法器修改成減法的功能來處理。例如，計算 A-B 等於是計算 A＋(-B)或 $A+\overline{B}$ 的值，即可實現減法運算。

補數（compliment）之定義：

1. 無號正整數系統：以 N 為基底的進位系統，假設某值為 i_N（i_N<N），則 i_N 的補數等於 $N-i_N$。

2. 有號數值系統：N 的補數，假設有某值為 i，則 i 的補數等於 N-i。

3. 對於寬度為 m 個位元的 N 值，若其基底為 b，則 N 的 b-1 的補數定義為 "（b^m-1）-N"。例如，十進制，基底為 b＝10➔b-1＝9，那麼數值 N 的 9 的補數即為（10^m-1）-N。

4. 對於寬度為 m 個位元的 N 值，若其基底為 b，當 N≠0，N 的 b 的補數定義為 "b^m-N"。若當 N＝0，N 的 b 的補數為 0。

補數在邏輯運算中區分為 "1 的補數" 與 "2 的補數" 二類，如下表簡列：

1. 1 的補數系統：數值 "0" 有 2 種表示法，分別為 "+0" 和 "-0"。

2. 2 的補數系統：數值 "0" 僅有一個表示法。

2 的補數之十進位值	二進位值	1 的補數之十進位值
+127	01111111	+127
…	…	…
+3	00000011	+3
+2	00000010	+2
+1	00000001	+1
+0	00000000	+0
-1	11111111	-0
-2	11111110	-1
-3	11111101	-2
-4	11111100	-3
-5	11111010	-4
…	…	…
-128	10000000	-127

減法器和加法器最大的不同是加法器屬於「進位」關係，而減法器則為「借位」關係。所以加法計算是從最右邊最後一個位元，由右至左進行數值的累加並向左進位；減法計算則相反，是由最左位元開始減至最右邊最後一個位元。

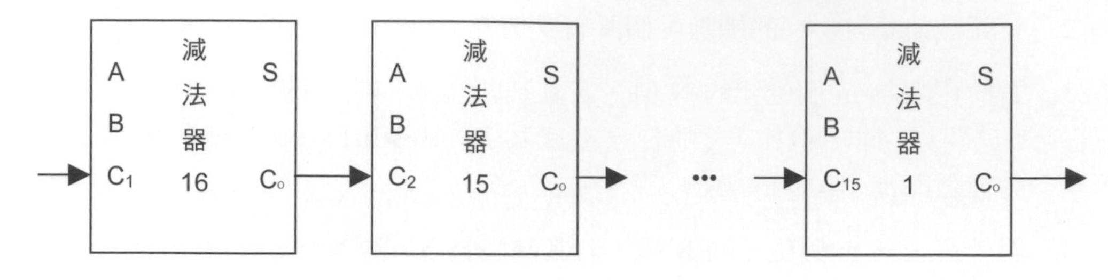

Cout 為借位輸出

有關減法計算舉例如下：

例題13

二個二進位數值 11011_2 和 10010_2 的相減，其差為 1001_2（二進位系統的減法計算）

▼說明：

$$
\begin{array}{rccccc}
 & 1 & 1 & 0 & 1 & 1 \\
- & 1 & 0 & 0 & 1 & 0 \\
\hline
 & & 1 & 0 & 0 & 1
\end{array}
$$

▼驗證：

$11011_2 = 16 + 8 + 2 + 1 = 27_{10}$

$10010_2 = 16 + 2 = 18_{10}$

$27\text{-}18 = 9_{10} = 8 + 1 = 1001_2$

另類減法計算採用補數運算（如整數運算，正整數「N」和負整數「-N」互為補數）。二進制之計算機或微處理機系統的運算僅有二元的 0 和 1，若採用最為普遍的 "1 的補數系統" 來運算，0 與 1 便互為補數（$0+1=1$，$1+0=1$），亦即互斥或（exor）之邏輯運算。

除 1 的補數計算系統外，因數值有正、負的計算，故計算機或微處理機系統中常用的計算還有 2 的補數系統，其計算原則為若數值**以 0 為開頭表示正值**、**以 1 為開頭表示負值**。例如，數值 $01111111111111111111111111111111_2$（等於$+2,147,483,647_{10}$），該數值之補數則為 $10000000000000000000000000000000_2$（等於$-2,147,483,648_{10}$），此二數值相加之和為 $11111111111111111111111111111111_2$（亦即$-1_{10}$），在 2 的補數系統中，所有正值之最高有效位元（MSB）都是為 0，而所有負值之最高有效位元則都是為 1，為方便計算通常我們可以將二進位 2 的補數系統表示如下（其中最左邊第 31st 的符號位元會乘上-2^{31}，其他的位元數值仍按 2 的乘冪次方的正值計算）：

$i_{31}*(-2^{31})+i_{30}*2^{30}+\ldots+i_1*2^1+i_0*2^0$

若只考慮無號正值之計算，在四進位系統中，1 和 3 互為補數，0 和 4 互為補數。採八進位系統，則為 1 和 7 互為補數，2 和 6 互為補數，3 和 5 互為補數，0 和 8 互為補數；其他進制依此類推。

例題14 （相同進位系統的浮點數值計算）

將二個二進位數值的浮點數 1.011_2 和 0.111_2 相減，其差為 0.1_2

▼說明：

	1	.	0	1	1
−	0	.	1	1	1
	0	.	1	0	0

▼驗證：

$1.011_2=1+0.25+0.125=1.375_{10}$

$0.111_2=0.5+0.25+0.125=0.875_{10}$

$1.375-0.875=0.5_{10}=0.1_2$

例題15

將二個二進位數值的浮點數 1.001_2 和 1.111_2 相乘，其積為 10.000111_2

▼說明：

				1	.	1	1	1
			×	1	.	0	0	1
				1	.	1	1	1
			0	0		0	0	
		0	0	0		0		
+	1	1	1	1				
1	0.	0	0	0		1	1	1

▼驗證：

$1.111_2 = 1 + 0.5 + 0.25 + 0.125 = 1.875_{10}$

$1.001_2 = 1 + 0.125 = 1.125_{10}$

$1.875 \times 1.125 = 2.109375_{10} = 10.000111_2$

※註：被乘數和乘數各自有小數三位，所以乘積應有小數六位。

例題16

請計算數值 54120 的 9 的補數。

▼說明：

54120_{10}的 9 的補數為 99999_{10}-54120_{10} = 45879_{10}

例題17

請計算二進位 1011010 的 1 的補數。

▼說明：

二進位，b＝2➔b-1＝1

1011010_2的 1 的補數為 1111111_2-1011010_2 = 0100101_2

例題18

請計算數值 20345 的 10 的補數。

▼說明：

20345_{10}的 10 的補數➔79655_{10}

例題19

請計算 1011010 的 2 的補數。

▼說明：

1011010_2的 2 的補數➔0100110_2

補數的減法：若二數值係屬寬度為 m 個位元的 M 和 N 值，其基底同為 b，假如執行 M-N，可採下列 3 種方法完成減法計算：

1. 將 M 和 N 的 b 的補數相加➔M＋（b^m-N）＝M-N＋b^m。
2. 假如 M≧N，其和值會產生末端 b^m 進位時，將該 b^m 刪去即得 M-N。
3. 假如 M＜N，其和值將不會產生末端 b^m 進位，結果為 b^m-（N-M），此數值為 N-M 的 b 的補數。

無號數減法亦可使用（b-1）的補數計算。

例題20

請以 10 的補數求解 53241-1250 之值。

▼說明：

M＝53241_{10}，N＝1250_{10}，N 的 10 的補數為 98750_{10}

M＋N＝151991_{10}（和值）

和值刪去末端進位 10^5➔151991_{10}-100000_{10}＝51991_{10}

例題21

請以 10 的補數求解 1250-53241 之值。

▼說明：

M＝01250_{10}，N－53241_{10}，N 的 10 的補數為 46759_{10}

M＋N＝48009_{10}（和值）

➔和值沒有末端之進位

➔-（51991_{10}的 10 的補數）＝-51991_{10}

例題22

給予二進位數值 X＝1010100，Y＝1000011，請以 2 的補數計算 (1)X-Y；(2)Y-X。

▼說明：

(1) $X=1010100_2$，Y 的 2 的補數為 0111101_2

$X+Y=10010001_2$（和值）

和值刪去末端進位 2^7 ➔ $10010001_2-10000000_2=0010001_2$

(2) $Y=1000011_2$，X 的 2 的補數為 0101100_2

$X+Y=1101111_2$（和值）

➔和值沒有末端進位問題

➔ $Y-X=-$（1101111_2 的 2 的補數）$=-0010001_2$

例題23（進位系統的數值轉換計算）

計算 $11111111111111111111111111111001_2$ 的十進位數值
$11111111111111111111111111111001_2$

▼說明：

$=1*(-2^{31})+1*2^{30}+\ldots+1*2^3+0*2^2+0*2^1+1*2^0$

$=-2^{31}+2^{30}+\ldots+2^3+0+0+1$

$=-2147483648_{10}+2147483641_{10}$

$=-7_{10}$

例題24（相同進位系統的數值加法計算）

計算數值 $11111111111111111111111111111001_2$ 和 11_2 相加

▼說明：

$$
\begin{array}{lr}
 & 11111111111111111111111111111001_2 \\
+ & 11_2 \\
\hline
 & 11111111111111111111111111111100_2
\end{array}
$$

▼**驗證：**

$11111111111111111111111111111001_2 = -7_{10}$

$11_2 = 3_{10}$

$-7_{10} + 3_{10} = -4_{10} = 11111111111111111111111111111100_2$

例題25

計算數值 $11111111111111111111111111111001_2$ 和 1000_2 相加

▼**說明：**

$$
\begin{array}{r}
11111111111111111111111111111001_2 \\
+ \qquad\qquad\qquad\qquad\qquad 1000_2 \\
\hline
00000000000000000000000000000001_2
\end{array}
$$

▼**驗證：**

$11111111111111111111111111111001_2 = -7_{10}$

$1000_2 = 8_{10}$

$-7_{10} + 8_{10} = 1_{10} = 00000000000000000000000000000001_2$

1-5 二進制編碼

在數位系統中，為因應各式各樣的邏輯與算術計算需求，訊號經常會使用不同的樣式（pattern）來表示，好比通訊上常用的脈波編碼調變（PCM；Pulse Code Modulation）就有好幾種進階處理的編碼方式，如 DPCM（differential PCM）和 ADPCM（Adaptive Differential PCM）。本節所述之編碼係以與二進制轉換常用之編碼為主。

- **量化（quantization）與取樣（sampling）**：生活中充滿了各式各樣的類比訊號，簡單區分類比與數位，亦即連續（如使用微積分處理）或離散（如使用差分處理）的概念，然為便利數位系統之處理或儲存，將類比訊號數位化是必要的處理過程，雖然會造成些許失真或扭曲，然數位化後之資料不會像過去的錄音帶過度使用或放置久了會變調，有關量化（quantization）與取樣（sampling）之技術可參閱 http://en.wikipedia.org/wiki/Quantization_(signal_processing)，略述如下：

1. 按單位時間別，週期性的將輸入類比訊號值萃取出，並依設定之編碼賦予其訊號相對應的值以完成數位化。

■ 例如原始信號如下圖：

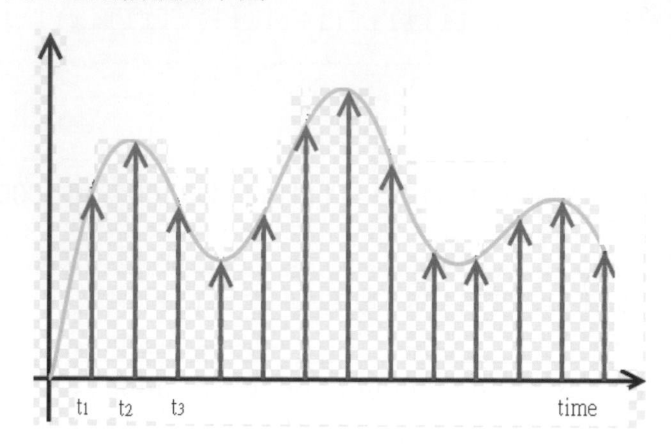

■ 設計訊號量化之轉換編碼表，如下表列：

編碼值				輸出電壓值(Volt)
0	0	0	0	0
0	0	0	1	1
0	0	1	0	2
0	0	1	1	3
0	1	0	0	4
0	1	0	1	5
0	1	1	0	6
0	1	1	1	7
1	0	0	0	8
1	0	0	1	9
1	0	1	0	10
1	0	1	1	11
1	1	0	0	12
1	1	0	1	13
1	1	1	0	14
1	1	1	1	15

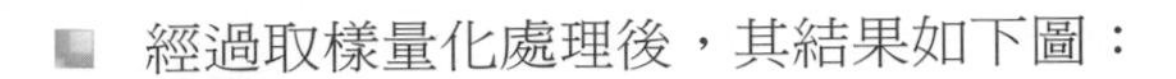

■ 經過取樣量化處理後，其結果如下圖：

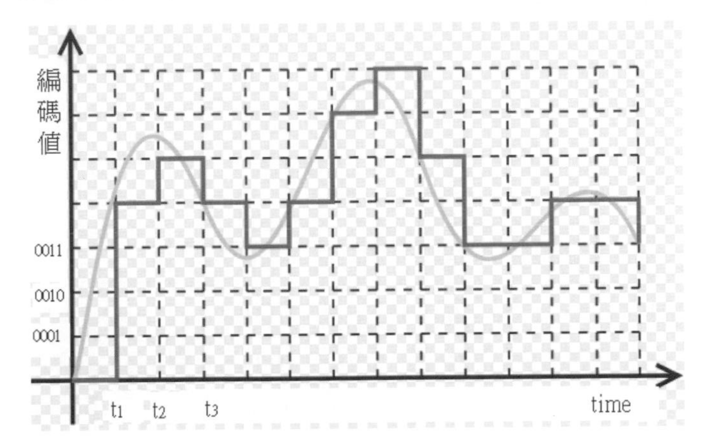

經過上述之程序即可將類比訊號予以數位化。

2. 數位資料亦可經反向程序類比化處理後以類比訊號輸出（已無法還原原始連續的訊號模樣）如下圖例：

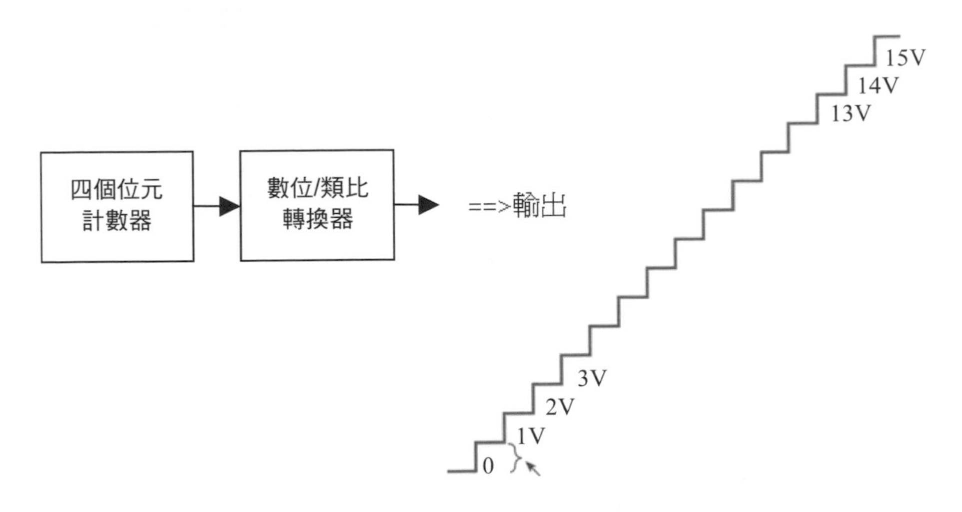

二進制十進碼（BCD；Binary-coded decimal）：

1. 二進制十進碼中所使用的每一個符號（一個數值）都需使用 4 個位元（BCD 碼）表示。如十進數 1234 若採 BCD 編碼需使用 16 個位元表示 0001 0010 0011 0100，每 4 個位元一組，代表一個十進位的字元（數值），如下表列。

十進碼符號	BCD 數字
0	0000
1	0001
2	0010
3	0011
4	0100
5	0101
6	0110
7	0111
8	1000
9	1001

2. BCD 編碼僅使用 0～9 之間的十進數，大於 10 以上的數值需使用二組相對應的 4 個位元的 BCD 碼來表示。

3. BCD 加法計算：4 個位元一組十進碼值的各個位元數值直接相加往前進位，其和值 4 個位元一組二進位之表示值若超過數值 10 以上（因 BCD 無此編碼），此時需加上數值 6 將該值轉換成 BCD 碼來表示。

例題26

BCD 碼計算 547 和 256 二數值的和值。

▼說明：

547➔0101 0100 0111；256➔0010 0101 0110

547＋256＝803（1000 0000 0011）

BCD 進位					1	←超 10 進位			1	←超過 10 進位			
		0	1	0	1	0	1	0	0	0	1	1	1
	＋	0	0	1	0	0	1	0	1	0	1	1	0
二進位和		1	0	0	0	1	0	1	0	1	1	0	1
加 6 轉換	＋					0	1	1	0	0	1	1	0
BCD 和值		1	0	0	0	0	0	0	0	0	0	1	1
			8				0				3		

例題27

請以 BCD 碼計算 547 和 256 二數值的差值。

▼說明：

547➔0101 0100 0111；256➔0010 0101 0110

547-256＝547＋（-256）＝547＋744＝1291

1291-末端進位值 1000＝291（0010 1001 0001）

葛雷碼（Gray code）：相鄰的編碼（數值）僅有 1 個位元的變化（不能同時有 2 個或以上之位元值不同），應於於通訊編碼或卡諾圖之化簡非常有用，如下表：

4 個位元之進位編碼					葛雷碼				
順序值	w	x	y	z	A	B	C	D	順序值
0	0	0	0	0	0	0	0	0	0
1	0	0	0	1	0	0	0	1	1
2	0	0	1	0	0	0	1	1	3
3	0	0	1	1	0	0	1	0	2
4	0	1	0	0	0	1	1	0	6
5	0	1	0	1	0	1	1	1	7
6	0	1	1	0	0	1	0	1	5
7	0	1	1	1	0	1	0	0	4
8	1	0	0	0	1	1	0	0	12
9	1	0	0	1	1	1	0	1	13
10	1	0	1	0	1	1	1	1	15
11	1	0	1	1	1	1	1	0	14
12	1	1	0	0	1	0	1	0	10
13	1	1	0	1	1	0	1	1	11
14	1	1	1	0	1	0	0	1	9
15	1	1	1	1	1	0	0	0	8

其他較常應用之十進位編碼如下表列：

1. BCD 碼：4 個位元，其各個位元之權重值由 MSB 至 LSB 之方向序分別為 8、4、2、1。
2. 2421 碼：4 個位元，其各個位元之權重值由 MSB 至 LSB 之方向序分別為 2、4、2、1。
3. 84(-2)(-1)碼：4 個位元，其各個位元之權重值由 MSB 至 LSB 之方向序分別為 8、4、(-2)、(-1)。
4. 超 3 碼（Excess-3 code）：其值等於 BCD 加 3。

十進制數字	BCD 碼	BCD 2421 碼	84(-2)(-1)碼	超 3 碼
0	0000	0000	0000	0011
1	0001	0001	0111	0100
2	0010	0010	0110	0101
3	0011	0011	0101	0110
4	0100	0100	0100	0111
5	0101	1011	1011	1000
6	0110	1100	1010	1001
7	0111	1101	1001	1010
8	1000	1110	1000	1011
9	1001	1111	1111	1100
未使用到之位元組合	1010(10/A)	0101(5)	0001(-1)	0000
	1011(11/B)	0110(6)	0010(-2)	0001
	1100(12/C)	0111(7)	0011(-3)	0010
	1101(13/D)	1000(2)	1100(12)	1101
	1110(14/E)	1001(3)	1101(11)	1110
	1111(15/F)	1010(4)	1110(10)	1111

美國資訊互換標準碼—ASCII（American Standard Code for Information Interchang）：

1. ASCII 為 7 個位元之編碼，但大部分的計算機或微處理機系統都是以 8 個位元的量為一個單位—位元組（byte）作計算或處理。因此，ASCII 字元（character）碼亦經常以一個位元組儲存。

2. 為達通訊訊號正確收送之目的，7 個位元之 ASCII 字元碼經常結合偶同位元或奇同位元之設計，俾具有錯誤偵測碼之功能。

3. 當我們由計算機或微處理機系統的鍵盤輸入一個符號（鍵盤上的任一數值、字元或符號），計算機或微處理機系統中都會有相對應的二位元數值編碼，而其所使用的編碼即是眾所周知的 ASCII 碼，使用 7 個位元編碼，$2^7=128$ 種變化，共可編碼 128 個字元，其對應關係如下表：

鍵盤符號與 ASCII 互換表							
ASCII	符號	ASCII	符號	ASCII	符號	ASCII	符號
32	空白鍵	56	8	80	P	104	h
33	!	57	9	81	Q	105	i
34	“	58	:	82	R	106	j
35	#	59	;	83	S	107	k
36	$	60	<	84	T	108	l
37	%	61	=	85	U	109	m
38	&	62	>	86	V	110	n
39	‘	63	?	87	W	111	o
40	(	64	@	88	X	112	p
41	)	65	A	89	Y	113	q
42	*	66	B	90	Z	114	r
43	+	67	C	91	[	115	s
44	,	68	D	92	\	116	t
45	-	69	E	93	]	117	u
46	.	70	F	94	^	118	v
47	/	71	G	95	_	119	w

鍵盤符號與 ASCII 互換表							
ASCII	符號	ASCII	符號	ASCII	符號	ASCII	符號
48	0	72	H	96	`	120	x
49	1	73	I	97	a	121	y
50	2	74	J	98	b	122	z
51	3	75	K	99	c	123	{
52	4	76	L	100	d	124	|
53	5	77	M	101	e	125	}
54	6	78	N	102	f	126	~
55	7	79	O	103	g	127	DEL

UNICODE：係延伸 ASCII 至可表示 65,536（2^{16}）個不同的字元

1. 編碼字元係針對國際使用之語言，字組使用 2 個位元組（16 位元）。
2. 可用於非常多的現代應用。
3. 請參閱 http://en.wikipedia.org/wiki/Unicode。

1. 將數值 314_{10} 轉換為八進位系統。

2. 請說明數值溢位發生原由。

3. 在二進位系統，數值向左移位代表何種意義？

4. 在二進位系統，數值向右移位代表何種意義？

5. 八進位數值 347.2_8 轉換為二進位。

6. 十六進位數值 $3EC5.7_{16}$ 轉換為二進位。

7. 請將八進位數值 35.2_8 轉換為十進位數值。

8. 請將四進位數值 13.2_4 轉換為十進位數值。

9. 請計算二進位浮點數 1.101_2 和 0.101_2 相加。

10. 請計算八進位數值 35 和二進位數值 1010_2 相乘的結果。

11. 請計算四進位數值 32 和二進位數值 1101_2 相乘的結果。

12. 請以 10 的補數求解 5123-1150 之值。

13. 請以 BCD 碼計算 716 和 256 二數值的和值。

14. 請以 BCD 碼計算 716 和 256 二數值的差值。

15. 請計算二進位數值 1011_2 和 101_2 相減的差。

2 布林代數邏輯計算

課程重點

- 布林代數的基本定義
- 布林代數計算原理
- 布林代數之化簡
- 基本邏輯閘

2-1 布林代數的基本定義

數位系統中所進行的二進位布林代數之計算，基本上須符合封閉性、結合律、交換律、單位元素、反元素以及分配律等特性，分別說明如下：

- **封閉性（Closure）**：於二進位系統中僅存在數值 0 與數值 1，亦即集合 S ＝{0, 1}，那麼不論是數值 0 或數值 1，經過任何布林代數的計算（如＋或・的計算），其結果值仍包含於集合 S 內，不會出現額外的第三個值。

  - 二元運算子＋之計算具封閉性：

$$x,y\in S \ni x+y\in S$$

  - 二元運算子・之計算具封閉性：

$$x,y\in S \ni x\cdot y\in S$$

  假設 S 為正整數之集合{1,2,3,...}，那麼 "－" 運算即不具封閉性，因為 2-4＝-2，而 "-2" 並非屬於集合 S 的元素之一。

- **結合律**：假設集合 S 包含三個變數 x、y、z，若滿足 $x*(y*z)=(x*y)*z$ 之計算，即集合 S 具有二元 "*" 運算子之結合性。

- **交換律**：假設集合 S 包含變數 x 與 y，若滿足 $x*y=y*x$ 之計算，即集合 S 具有二元 "*" 運算子之交換性。

  - ＋計算具交換律：

$$x+y=y+x$$

  - ・計算具交換律：

$$x\cdot y=y\cdot x$$

- **分配律**：假設＊與・均為集合 S 之二元運算子，若滿足 $x*(y\cdot z)=(x*y)\cdot(x*z)$，即二元運算子 "*" 對二元運算子 "・" 具分配性。

  - 二元運算子・對＋之計算具有分配性：

$$x\cdot(y+z)=(x\cdot y)+(x\cdot z)。$$

- 二元運算子＋對・之計算具有分配性：

$$x+(y\cdot z)=(x+y)\cdot(x+z)$$ 。

- **單位元素**：假設集合 S 包含變數 x，存在元素 e，若滿足 $x*e=e*x=x$ 之計算，即集合 S 之二元運算子 "∗" 具有單位元素。

  - ＋計算具單位元素 0：

$$0+x=x+0=x$$

  - ・計算具單位元素 1：

$$1\cdot x=x\cdot 1=x$$

- **反元素**：若集合 S 之二元運算子∗具單位元素，假設集合 S 包含變數 x，若集合 S 存在變數 y 滿足 $x*y=e$ 之計算，即集合 S 具有反元素。

2-2 布林代數的公理與定義

布林代數是代數的結構，由一群元素集合所定義，結合 "+" 與 "・" 二個運算子，滿足下列六點假說（Huntington 杭亭頓假說）：

1. 運算子 "+" 與 "・" 具封閉性。
2. 對於運算子 "+"，元素 0 為單位元素（$x+0=0+x=x$）；對於運算子 "・"，元素 1 為單位元素（$x\cdot 1=1\cdot x=x$）。
3. 運算子 "+" 與 "・" 具交換性（$x+y=y+x$；$x\cdot y=y\cdot x$）。
4. 運算子 "+" 對運算子 "・" 具分配性，亦即 $x+(y\cdot z)=(x+y)\cdot(x+z)$；另運算子 "・" 對運算子 "+" 亦具分配性，亦即 $x\cdot(y+z)=(x\cdot y)+(x\cdot z)$。
5. 集合 S 中的每一個元素 $x\in S$，存在元素 $\overline{x}\in S$（亦即 x 之補數），滿足 $x+\overline{x}=1$ 以及 $x\cdot\overline{x}=0$ 之運算。
6. 集合 S 存在至少二個元素 x 和 y（$x,y\in S$），且 $x\neq y$。

然布林代數和算術及一般代數仍略有不同，概述如下：

1. 布林代數沒有加法或乘法的反向計算，亦即沒有減法和除法的計算；另假說提及之補數計算在一般代數中並不成立。
2. 於布林代數中，運算子 "+" 對運算子 "‧" 之 x＋(y‧z)＝(x＋y)‧(x＋z)計算，具分配律特性，然一般代數則不成立。
3. 杭亭頓（Huntington）假說並未包含結合律，然布林代數確實符合結合律，並可自其他假說推導證明。
4. 一般代數探討實數，構成集合元素有無限多個，然本章布林代數所討論的僅包含兩個固定的元素，分別是二元數值 0 和 1，且 0≠1。

二元值的布林代數基本運算（如下表列）：

- 兩個二元的運算子：

  (1) "＋" 的運算，亦即二元之或（or）運算。

  (2) "‧" 的運算，亦即二元之及（and）運算。

- 一個補數運算，亦即二元之否（not）運算。

x	y	x＋y（or）	x‧y（and）	$\bar{x}$（not）
0	0	0	0	1
0	1	1	0	1
1	0	1	0	0
1	1	1	1	0

- 驗證運運算子 "‧" 對運算子 "+" 之分配律：假設 x、y 和 z 都是二元值，驗證 x‧(y＋z)＝(x‧y)＋(x‧z)：

x	y	z	x‧(y+z)	x‧y	x‧z	(x‧y)＋(x‧z)
0	0	0	0	0	0	0
0	0	1	0	0	0	0
0	1	0	0	0	0	0
0	1	1	0	0	0	0
1	0	0	0	0	0	0

x	y	z	x・(y+z)	x・y	x・z	(x・y)+(x・z)
1	0	1	1	0	1	1
1	1	0	1	1	0	1
1	1	1	1	1	1	1

- 驗證運算子 "+" 對運算子 "・" 之分配律：假設 x、y 和 z 都是二元值，驗證 x+(y・z)=(x+y)・(x+z)：

x	y	z	x+(y・z)	x+y	x+z	(x+y)・(x+z)
0	0	0	0	0	0	0
0	0	1	0	0	1	0
0	1	0	0	1	0	0
0	1	1	1	1	1	1
1	0	0	1	1	1	1
1	0	1	1	1	1	1
1	1	0	1	1	1	1
1	1	1	1	1	1	1

- 補數驗證：

(1) $x+\overline{x}=1 \rightarrow 0+\overline{0}=0+1=1$；$1+\overline{1}=1+0=1$

(2) $x \cdot \overline{x}=0 \rightarrow 0 \cdot \overline{0}=0 \cdot 1=0$；$1 \cdot \overline{1}=1 \cdot 0=0$

2-3 布林代數的基本定理與特性

對偶性：

- 或（or）運算子和及（and）運算子互換：AND←→OR
- 單位元素 0 和 1 互換：1←→0

基本定理：

1. $x+x=x$，亦即，x 數值自己加自己，不論是累加多少次，最後的結果值還是 x。

   $x+x=(x+x)\cdot 1=(x+x)\cdot(x+\bar{x})=x+x\bar{x}=x$

2. $x\cdot x=x$；亦即，x 數值自己乘自己，不論是累乘多少次，最後的結果值還是 x。

   $x\cdot x=xx+0=xx+x\bar{x}=x(x+\bar{x})=x\cdot 1=x$

3. 計算 $x+1=1$；$x\cdot 0=0$

   $x+1=1\cdot(x+1)=(x+\bar{x})\cdot(x+1)=x+\bar{x}\cdot 1=x+\bar{x}=1$

4. 自補定理：原值的補數的補數之運算結果仍等於原值：$\bar{\bar{x}}=x$ 或 $\overline{(\bar{x})}=x$；亦即一個二進位數值反向的反向，即回到原來的二進位數；或二進位中，1 的補數為 0，0 的補數為 1，補數再補數即回到自己。

5. 結合律：x＋(y＋z)=(x＋y)＋z；

   x．(y．z)=(x．y)．z

6. 消去或合併律：x＋xy=x；

   x．(x＋y)=x

   x＋xy＝x(1＋y)＝x．1＝x

   x．(x＋y)＝x．x＋x．y＝x＋xy＝x

7. 迪摩根（DeMorgan）定律：$\overline{(x+y)}=\bar{x}\bar{y}$，$\overline{(xy)}=\bar{x}+\bar{y}$

   迪摩根（DeMorgan）定律可由下表證明之：

x	y	x+y	$\overline{(x+y)}$	$\bar{x}$	$\bar{y}$	$\bar{x}\bar{y}$
0	0	0	1	1	1	1
0	1	1	0	1	0	0
1	0	1	0	0	1	0
1	1	1	0	0	0	0

$\overline{(w+x+y+z)}=\overline{w}\overline{x}\overline{y}\overline{z}$；$\overline{(wxyz)}=\overline{w}+\overline{x}+\overline{y}+\overline{z}$

迪摩根（DeMorgan）定律依此類推，不論（ ）內包含多少運算元素皆成立。

8. 重合定理：

$xy+\overline{x}z+yz=xy+\overline{x}z$

$(x+y)(\overline{x}+z)(y+z)=(x+y)(\overline{x}+z)$

假說：

1. 計算 $x+0=x$，$x\cdot 1=x$
2. 交換律：x+y=y+x，xy=yx
3. 分配律：x(y+z)=xy+xz，x+yz=(x+y)(x+z)
4. 計算 $x+\overline{x}=1$，$x\cdot\overline{x}=0$

例題1

請就下列函式進行化簡計算。

(1) x+0=x

(2) x+x=x

(3) x+xy=x(1+y)=x・1=x

(4) $\overline{x}\cdot 0=0$

(5) $x+\overline{x}y=(x+\overline{x})(x+y)=x+y$

(6) $x(\overline{x}+y)=x\overline{x}+xy=xy$

例題2

請就下列函式進行化簡計算。

(1) $xy+\overline{x}y=(x+\overline{x})y=y$

(2) $(\overline{x}+\overline{y})(\overline{x}+y)=\overline{x}+y\overline{y}=\overline{x}$

(3) $x[x+(xy)]=x[x(1+y)]=x[x]=x$

(4) $\overline{w}\cdot\overline{(wxyz)}=\overline{w}\cdot(\overline{w}+\overline{x}+\overline{y}+\overline{z})=\overline{w}+\overline{w}(\overline{x}+\overline{y}+\overline{z})$
$=\overline{w}(1+\overline{x}+\overline{y}+\overline{z})=\overline{w}\cdot 1=\overline{w}$

(5) $\overline{(\overline{x}+\overline{x})}=\overline{(\overline{x})}=x$

(6) $\overline{(x+\overline{x})}=\overline{1}=0$

例題3

請證明重合定理 $xy+\bar{x}z+yz=xy+\bar{x}z$。

▼證明：

$xy+\bar{x}z+yz=xy(z+\bar{z})+\bar{x}z(y+\bar{y})+(x+\bar{x})yz$

$=xyz+xy\bar{z}+\bar{x}yz+\bar{x}\bar{y}z+xyz+\bar{x}yz$

$=xyz+xy\bar{z}+\bar{x}yz+\bar{x}\bar{y}z$

$=xy(z+\bar{z})+\bar{x}z(y+\bar{y})=xy+\bar{x}z$

2-4 數位基本邏輯閘

數位邏輯閘是計算機或微處理器系統執行布林運算（Boolean operation）的基礎單元，而邏輯電路中最常用基本的數位邏輯閘包含及（and）電路、非及（nand）電路、或（or）電路、非或（nor）電路、反向器（inverter）電路或稱否電路（not）、互斥或（xor）電路、互斥非或（xnor）電路和緩衝器（buffer）電路等，計算機系統中的算術邏輯單元都可以由上述電路配合中央處理器、暫存器、記憶體、時脈週期訊號、控制訊號以及資料的輸出入單元等等組成並運作。

有關基本數位邏輯閘概述如下：

及（AND）邏輯閘（如下圖）：如二進一出之及運算，其運算式為 $C=A\cdot B$，若是三進一出的及運算，其運算是為 $F=xyz$，常用及運算邏輯閘 IC 型號有 7408 和 7411。

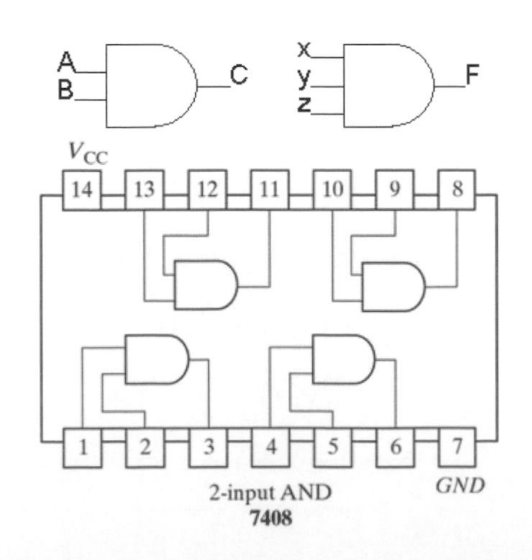

或邏輯閘（如下圖）：如二進一出之或運算，其運算式為 $F = x + y$，若是三進一出的或運算，其運算式為 $F = x + y + z$，常用或運算邏輯閘 IC 型號有 7432。

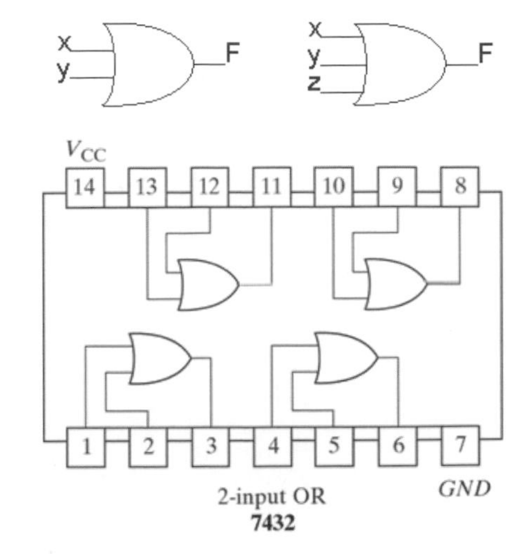

假設或邏輯閘之輸入 x 為 010100110101、輸入 y 為 011101010011，則輸出值 F 為 011101110111，其時序工作情形如下圖（Clk 表示時序 clock）：

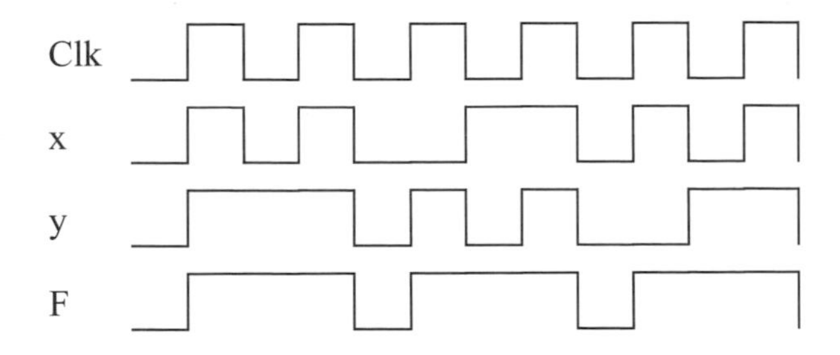

非及邏輯閘：AND 電路的輸出加上反電路就會形成非及（NAND）運算電路，如二進一出之非及運算，其運算式為 $F1 = \overline{(x \cdot y)}$，若是三進一出的非及運算，其運算式為 $F2 = \overline{xyz}$，常用非及運算邏輯閘 IC 型號有 7400、7420 和 7430。

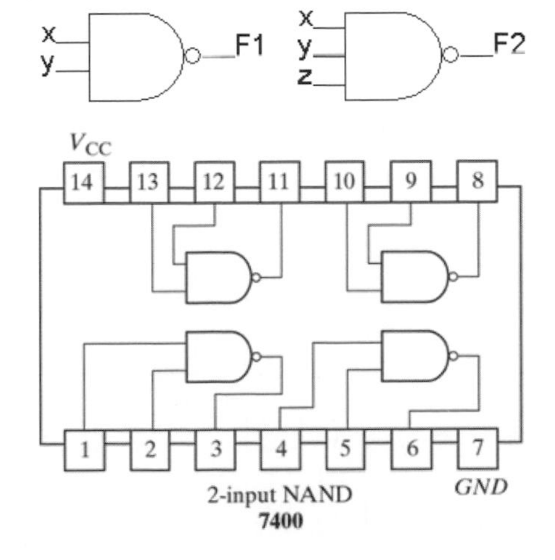

非或邏輯閘（如下圖）：OR 電路的輸出加上反電路就會形成非或（NOR）運算電路，如二進一出之非或運算，其運算式為 $F=\overline{(x+y)}$，若是三進一出的非或運算，其運算是為 $F=\overline{x+y+z}$，常用非或運算邏輯閘 IC 型號有 7402。

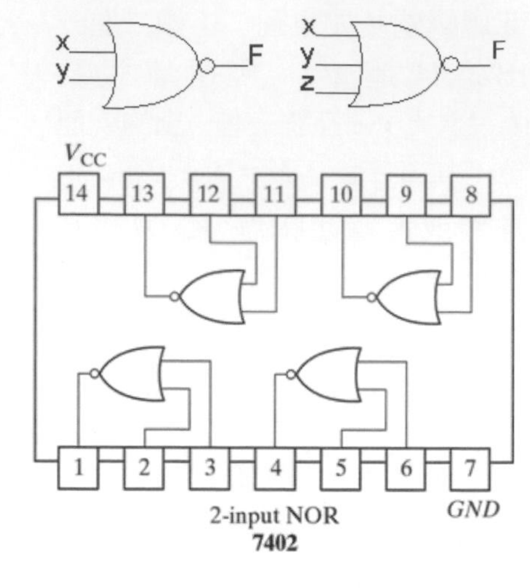

互斥或邏輯閘（如下圖）：算式為 $F=x\oplus y$，常用 IC 型號有 7486。

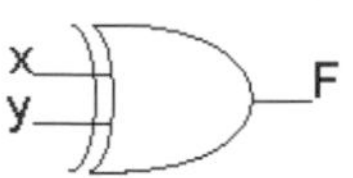

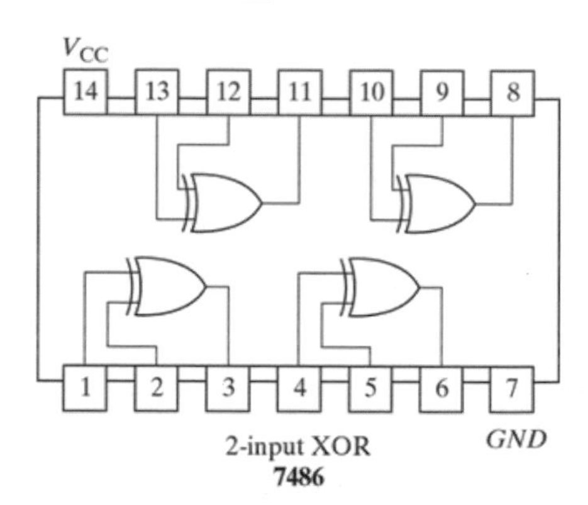

假設輸入 x 為 010100110101、輸入 y 為 011101010011，則輸出值 $F=x\oplus y$ 為 001001100110，其時序工作情形如下圖（Clk 表示時序 clock）：

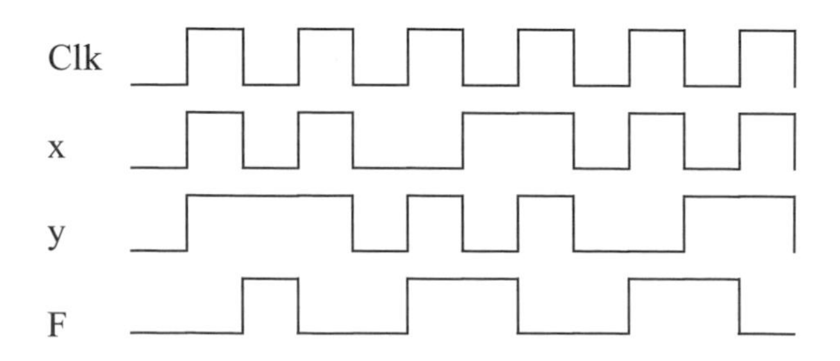

互斥非或邏輯閘（如下圖）：算式為$F = \overline{x \oplus y}$，常用 IC 型號有 74266（請參閱 http://www.electronics-tutorials.ws/logic/logic_8.html ）。

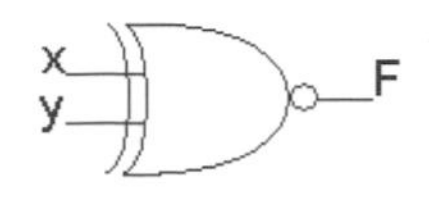

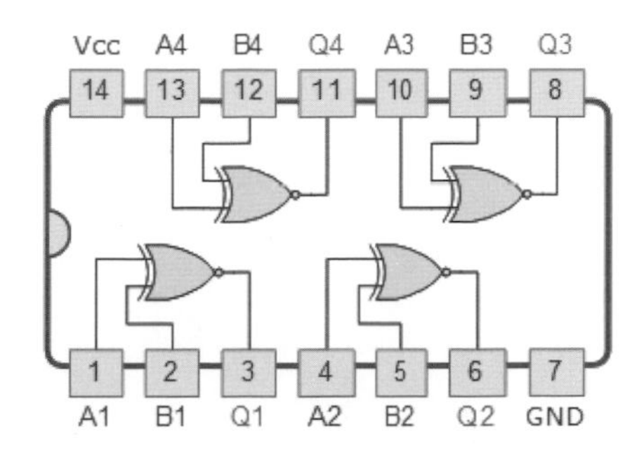

反向器（如下圖）：算式為$F = \overline{x}$，常用 IC 型號有 7404。

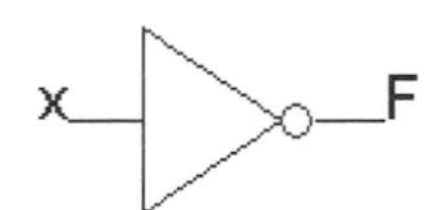

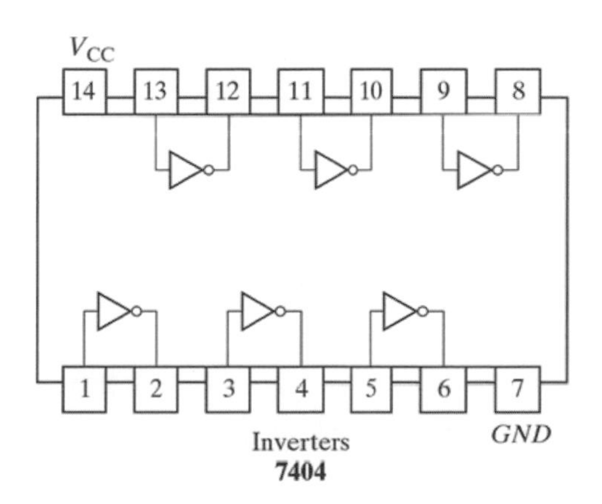

假設輸入 X 為 010100110101，則輸出值 F 為 101011001010，其時序工作情形如下圖（Clk 表示時序 clock）：

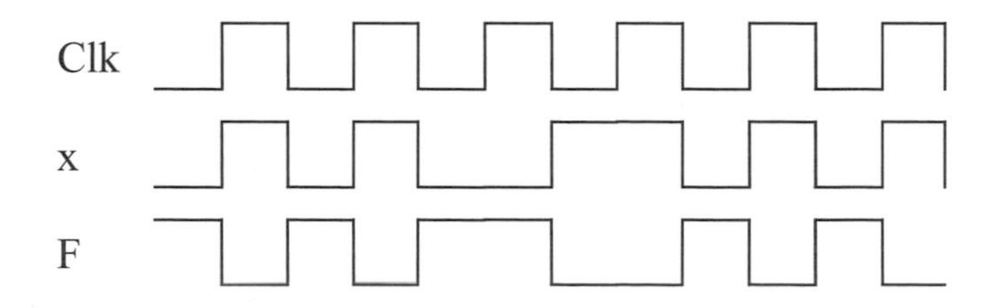

- **緩衝器**（如下圖）：運算式 F=x，常用 IC 型號為 7407（請參閱 http://www.electronics-tutorials.ws/logic/logic_9.html）。

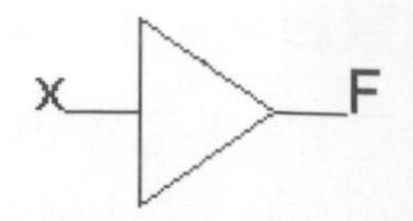

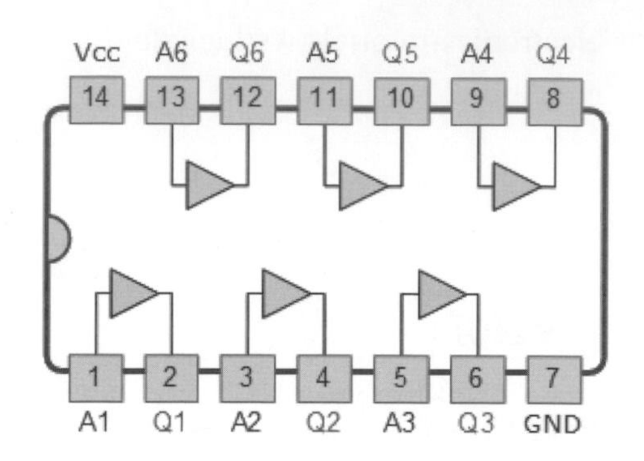

另三態緩衝器（如下圖）則由控制訊號 Enable 來決定輸出值，當 Enable 為高電位（亦即 Enable＝1），則 F＝x；否則，F 則為高阻抗。

前面四種基礎邏輯電路的輸入（出）**真值表（Truth table）**整理如下：

邏輯電路真值表						
輸入值		**AND 輸出**	**OR 輸出**	**XOR 輸出**	**NAND 輸出**	**NOR 輸出**
x	y	F	F	F	F	F
0	0	0	1	0	1	1
0	1	0	1	1	1	0
1	0	0	1	1	1	0
1	1	1	0	0	0	1

給予邏輯電路圖如下，請完成真值表。

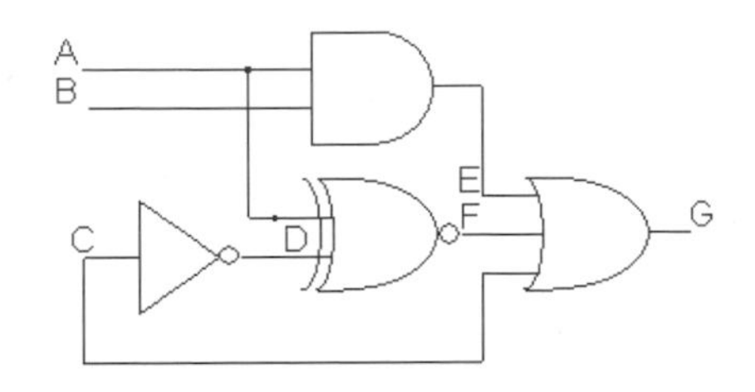

▼說明：

由上圖可知 $D=\overline{C}$、$E=AB$、$F=\overline{A\oplus D}=AD+\overline{A}\,\overline{D}=A\overline{C}+\overline{A}C$、

$G=C+E+F=AB+C+A\oplus C$，真值表完成如下：

A	B	C	D	E	F	G
0	0	0	1	0	0	0
0	0	1	0	0	1	1
0	1	0	1	0	0	0
0	1	1	0	0	1	1
1	0	0	1	0	1	1
1	0	1	0	0	0	1
1	1	0	1	1	1	1
1	1	1	0	1	0	1

二進制（binary）邏輯定義：二進制邏輯含一組邏輯以及輸入該邏輯進行運算之二進位的變數，變數可以大寫或小寫之英文字母表示，每個變數之值僅能為 1 或 0。其基本邏輯運算包含 "及（AND）" 運算、"或（OR）" 運算以及 "否（NOT）" 運算等。

邏輯閘：

1. 邏輯閘是數位系統所使用的基礎元件，顧名思義即是經由邏輯閘來產生運算的結果。邏輯閘通常具輸入埠和輸出埠，可將一或多個輸入訊號或數值經過該邏輯閘之特定運算後，將結果由輸出埠端予以輸出。

2. 邏輯閘運作時需配合該顆 IC 所規定之工作電壓和電流之設計，常用之 7400 序列 IC 通常是以+5（伏特，volt）高電位當作 1，0 V（伏特）當作 0（接地，ground），但屬於 ECL（射極耦合之邏輯電路）工作電壓則又不一樣，0 V 可能是代表高電位的 1 值，-12 V 代表接地的低電位。以現在的邏輯閘設計頗多已將高電壓降低至 3 V 或 2.5 V，以達低耗能節省功率之效。高、低電壓亦即代表邏輯閘的高、低準位，以二進制數值表示即為 1 和 0。

3. 然電子電路和積體電路之設計，其高或低電壓之工作是有上下限門檻值的規範（如下圖例說明），以 5 V 代表高電位為例，由低電位轉換至高電位的階段，只要是電壓超過 3 V 即可算是高電位了，反之電壓降至 1 V 當然亦會被當作是低電位。

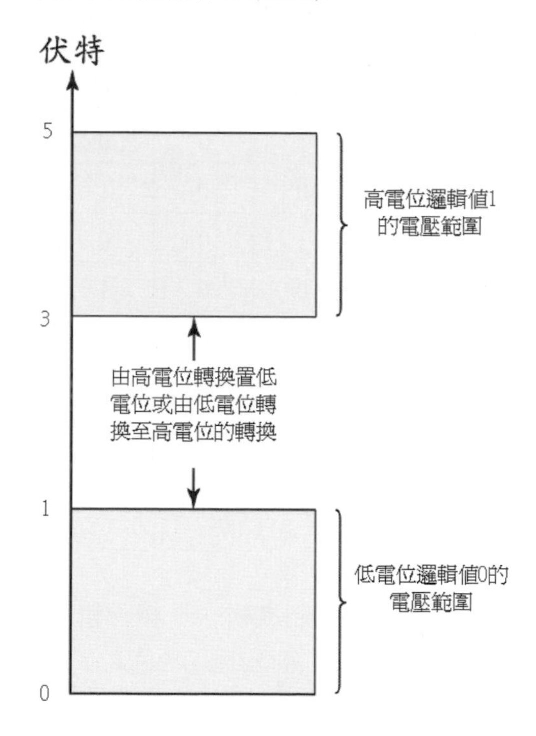

4. 電壓轉換，不論是由低電位轉至高電位或由高電位轉換到低電位接需要時間，即使非常短暫，並且其轉換之過程亦非垂直（very sharp）理想型達成，而是存在轉換傳播延遲，如下圖示，t_{PHL} 表示由高電位輸入轉換至低電位輸出所需之傳播延遲（propogation delay）時間，t_{PLH} 表

示由低電位輸入轉換至高電位輸出所需之傳播延遲（propogation delay）時間。

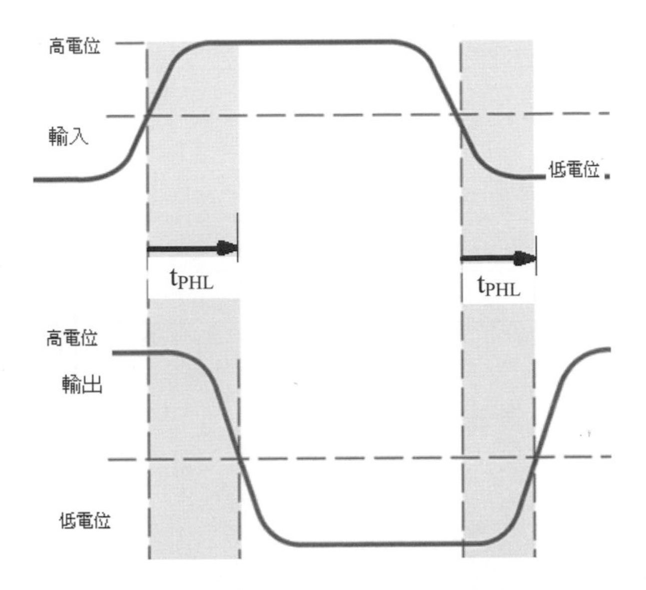

5. 事實上，每顆 IC 的輸入和輸出的高低電位門檻值是不同的（如下圖例說明），皆須詳查該顆 IC 操作手冊上所列規格和規範方為精確。

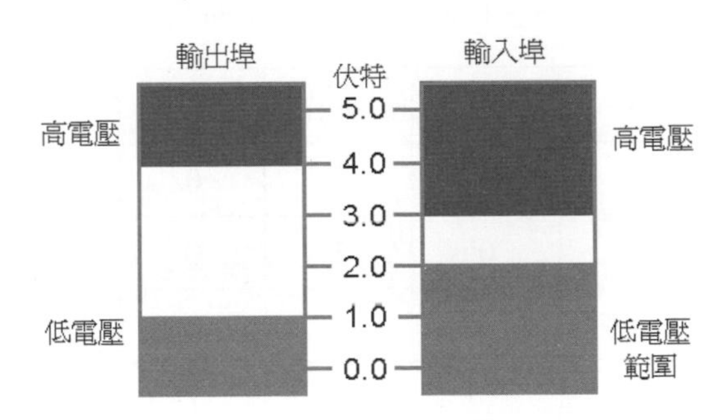

2-5 布林函式

布林代數係探討包含二元變數（1 和 0）以及邏輯運算的代數。布林函數可以包含二元變數、常數 1 和 0 以及邏輯運算符號之代數表示式來描述。

例如，給予布林函式 F=X+YZ，當 X 之輸入值為 1，輸出之布林函式值 F 就為 1，或是當 Y＝Z＝1 時，布林函式值 F 亦為 1，至於其他 X≠1 且 Y 和 Z 又不同時等於 1 之狀況下，布林函式值 F 為 0，其運作呈現於真值表如下：

X	Y	Z	F=X+YZ
0	0	0	0
0	0	1	0
0	1	0	0
0	1	1	1
1	0	0	1
1	0	1	1
1	1	0	1
1	1	1	1

上例之布林函式，其邏輯閘電路圖如下：

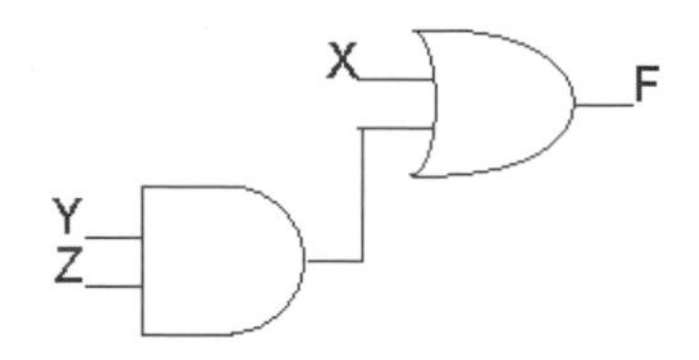

再如布林函式 $F = xy + \overline{x}z + yz$ ，其真值表如下：

x	y	z	xy	$\overline{x}z$	yz	$F = xy + \overline{x}z + yz$
0	0	0	0	0	0	0
0	0	1	0	1	0	1
0	1	0	0	0	0	0
0	1	1	0	1	1	1
1	0	0	0	0	0	0
1	0	1	0	0	0	0
1	1	0	1	0	0	1
1	1	1	1	0	1	1

$F = xy + \overline{x}z + yz$ 函式之邏輯閘電路圖如下：

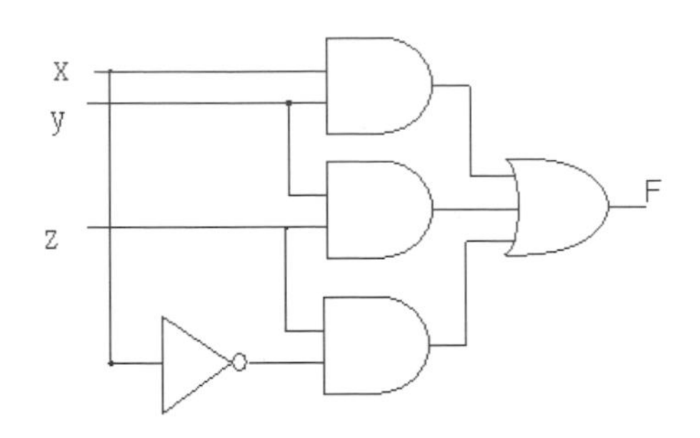

由重合定理可知 $F = xy + \overline{x}z + yz = xy + \overline{x}z$ ，以真值表驗證如下：

x	y	z	xy	$\overline{x}z$	$F = xy + \overline{x}z$	$F = xy + \overline{x}z + yz$
0	0	0	0	0	0	0
0	0	1	0	1	1	1
0	1	0	0	0	0	0
0	1	1	0	1	1	1
1	0	0	0	0	0	0
1	0	1	0	0	0	0
1	1	0	1	0	1	1
1	1	1	1	0	1	1

函式 $F = xy + \overline{x}z$ 之邏輯閘電路圖如下：

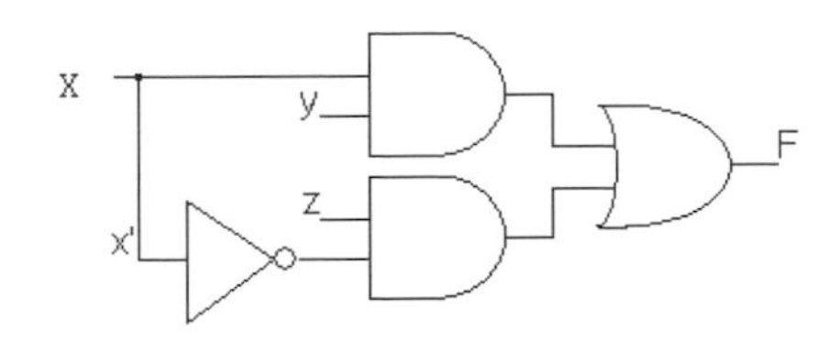

上圖其實就是函式 $F = xy + \overline{x}z + yz = xy + \overline{x}z$ 簡化後的邏輯閘電路圖，少了 yz 項電路，另外原使用三進一出的或（or）邏輯閘電路，亦簡化改使用二進一出的或（or）邏輯閘。

例題5

假設 $F = \bar{x}y\bar{z} + \bar{x}\bar{y}z$ ，請計算其互補函式。

▼**說明：**

使用 DeMorgan 定律求解如下：

$$\overline{F} = \overline{\left(\bar{x}y\bar{z} + \bar{x}\bar{y}z\right)} = \overline{\left(\bar{x}y\bar{z}\right)}\,\overline{\left(\bar{x}\bar{y}z\right)} = \left(x + \bar{y} + z\right)\left(x + y + \bar{z}\right)$$

2-6 正規型式與標準型式

數位邏輯之布林函式表示法，一般分為正規式與標準式；其中，正規式的表示法又分為全及項(Minterm)的和以及全或項(Maxterm)的積等二種表示法。至於標準式之表示法亦分為和項之積(POS；Product of Sums)與積項之和(SOP；Sum of Products)等二種表示法。

全及項和全或項：以 3 個二進位的變數 x、y、z 為例，有關全及項和全或項的表示，如下表所列：

x	y	z	全或項(Maxterm)		全或項(Maxterm)	
			項目	符號	項目	符號
0	0	0	$\bar{x}\bar{y}\bar{z}$	m_0	$x + y + z$	M_0
0	0	1	$\bar{x}\bar{y}z$	m_1	$x + y + \bar{z}$	M_1
0	1	0	$\bar{x}y\bar{z}$	m_2	$x + \bar{y} + z$	M_2
0	1	1	$\bar{x}yz$	m_3	$x + \bar{y} + \bar{z}$	M_3
1	0	0	$x\bar{y}\bar{z}$	m_4	$\bar{x} + y + z$	M_4
1	0	1	$x\bar{y}z$	m_5	$\bar{x} + y + \bar{z}$	M_5
1	1	0	$xy\bar{z}$	m_6	$\bar{x} + \bar{y} + z$	M_6
1	1	1	xyz	m_7	$\bar{x} + \bar{y} + \bar{z}$	M_7

那麼任何 3 個二進位變數的函式，皆可使用全及項或全或項的符號來表示，例如，函式$F=\bar{x}y\bar{z}+\bar{x}\bar{y}z$，若使用全及項表示即為 F（x,y,z）＝$m_1$＋$m_2$，又可表示成 F（x,y,z）＝Σ(1,2)；若是改採全或項表示則為 F（x,y,z）＝M_0・M_3・M_4・M_5・M_6・M_7＝$M_0M_3M_4M_5M_6M_7$，亦可表示成 F（x,y,z）＝Π（0,3,4,5,6,7）。

觀察全及項與全或項對同一布林函式之表示，從Σ(1,2)和Π(0,3,4,5,6,7)二式，可發現括號內之數值恰好是**互補的**且**具有對偶性**，亦即Σ( ) 有的，Π( ) 就沒有；反之亦然。實際上，此恰符合 DeMorgan 定理：

$$\overline{m_i}=M_i\text{，}m_i=\overline{M_i}$$

例如，函式$F=\overline{(m_1+m_3+m_6)}=\overline{m_1}\,\overline{m_3}\,\overline{m_6}=M_1M_3M_6$＝Π(1,3,6)，若採全及項表示則為 F＝Σ(0,2,4,5,7)。

例題6

請以全及項和全或項表示函式$F=\bar{x}y\bar{z}+\bar{x}\bar{y}z+x\bar{y}z+xy\bar{z}$

▼**說明：**

以全及項表示：

$F=\bar{x}y\bar{z}+\bar{x}\bar{y}z+x\bar{y}z+xy\bar{z}$＝$m_1$＋$m_2$＋$m_5$＋$m_6$＝Σ(1,2,5,6)

若以全或項表示

$F=\bar{x}y\bar{z}+\bar{x}\bar{y}z+x\bar{y}z+xy\bar{z}$＝M0M3M4M7＝Π（0,3,4,7）

＝$(x+y+z)(x+\bar{y}+\bar{z})(\bar{x}+y+z)(\bar{x}+\bar{y}+\bar{z})$

例題7

假設$F=(wx+y)(x+\bar{y}z)$**，請將此函式轉換成積項之和與和項之積的表示式。**

▼**說明：**

求解如下：$F=(wx+y)(x+\bar{y}z)=wx+wx\bar{y}z+xy+y\bar{y}z$

$=wx+xy=x(w+y)$

例題8

給予函式 $F = w + yz + wxy$ **，請實現邏輯圖。**

▼**說明：**

本例只需使用一個二進一出和三進一出的 and 邏輯閘，以及一個三進一出的 or 邏輯閘即可，電路圖如下：

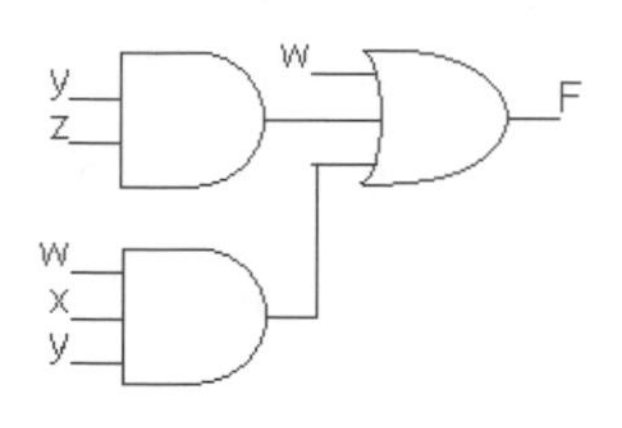

例題9

給予函式 $F(w,x,y,z) = \overline{x}z + \overline{w}z + xz$ **，請以全及項和全或項表示函式。**

▼**說明：**

$F(w,x,y,z) = \overline{x}z + \overline{w}z + xz$

$= \Sigma(1,3,5,7,9,11,13,15)$

$= \Pi(0,2,4,6,8,10,12,14)$

標準式的和項之積或積項之和之表示，若以二層級的邏輯閘實現來看，是非常符合模組化設計的概念，亦即在同一層級使用**相同邏輯閘**（本節係此同類說明）做設計。

和項之積(POS)：亦即布林表示式包含 OR 項例如，$F = (x + y)(\overline{y} + z)(\overline{x} + \overline{y} + z)$，此即屬於和項之積表示法，其邏輯閘電路如下圖，其中前一層級係使用 or 邏輯閘設計，後一層級使用 and 邏輯閘：

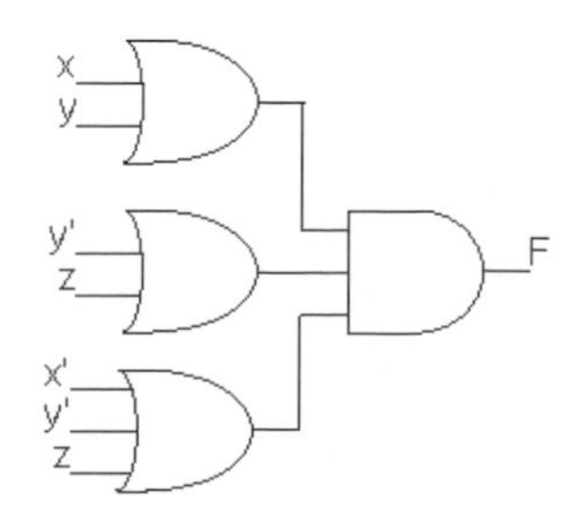

積項之和(SOP)：亦即布林表示式包含 AND 項例如，$F = x\overline{y} + \overline{x}y\overline{z} + xz$，此即屬於積項之和表示法，其邏輯閘電路如下圖，其中前一層級係使用 and 邏輯閘設計，後一層級使用 or 邏輯閘：

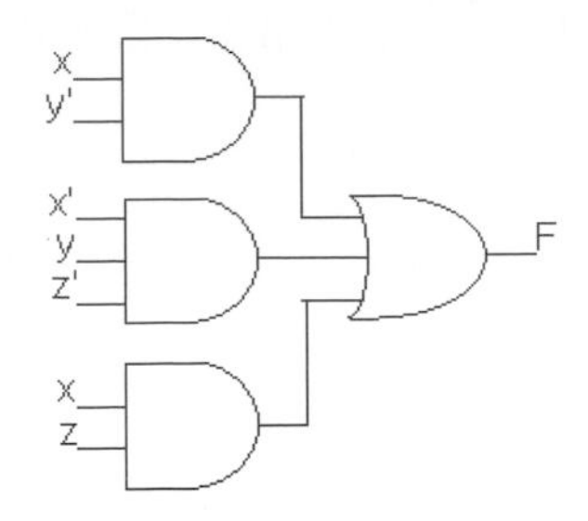

2-7 布林代數化簡

任何邏輯之布林函式都可採用下列方法予以化簡：

1. **相同因子（相同項）之結合**：如同數學之因式分解計算，舉例如下：

   $xyz + xy\overline{z} = xy\left(z + \overline{z}\right) = xy$

2. **相同因子之刪去**：利用提出相同項之技巧來進行簡化計算，舉例如下：

   $x + xy = x(1 + y) = x$

3. **因子（項）或變數之刪去**：應用 $x + \overline{x}y = \left(x + \overline{x}\right)\left(x + y\right) = x + y$ 原理來刪除多餘之因子。

4. **加入冗餘因子（累贅項）**：如上例可使用加入冗餘項方法另解如下：

   $$x + \overline{x}y = x\left(y + \overline{y}\right) + \overline{x}y = xy + x\overline{y} + \overline{x}y = xy + x\overline{y} + xy + \overline{x}y$$
   $$= x\left(y + \overline{y}\right) + \left(x + \overline{x}\right)y = x + y$$

5. **互斥或（Exor；exclusive OR）**：$x \oplus y = x\overline{y} + \overline{x}y$

   - $x \oplus 0 = x$
   - $x \oplus 1 = \overline{x}$
   - $x \oplus x = 0$
   - $x \oplus \overline{x} = 1$
   - 交換律：$x \oplus y = y \oplus x$

- 結合律：$x \oplus y \oplus z = (x \oplus y) \oplus z = x \oplus (y \oplus z) = y \oplus (x \oplus z)$
- 分配律：$x(y \oplus z) = (xy) \oplus (xz) = xy \oplus yz$
- $\overline{(x \oplus y)} = \bar{x} \oplus y = x \oplus \bar{y} = xy + \bar{x}\bar{y} = xnor$（exclusive NOR，互斥 nor）

二變數之布林表示式有 16 個函式如下表所列（下列二表請參閱 Digital Design，M. Morris Mano and Michael D. Ciletti，Pearson Education International）：

布林函式	運算子符號	名稱	註解
$F_0=0$		Null 空值	常數恆為 0
$F_1=xy$	x・y	and	x 及 y
$F_2=x\bar{y}$	x/y	抑制 inhibition	x 但非 y
$F_3=x$		轉換	x
$F_4=\bar{x}y$	y/x	抑制 inhibition	y 但非 x
$F_5=y$		轉換	y
$F_6=x\bar{y}+\bar{x}y$	$x \oplus y$	xor	互斥或
$F_7=x+y$	x＋y	or	x 或 y
$F_8=\overline{(x+y)}$	x↓y	nor	非或
$F_9=xy+\bar{x}\bar{y}$	$\overline{(x \oplus y)}$	對等運算；**xnor**	x 等於 y
$F_{10}=\bar{y}$	$\bar{y}$	補數	非 y（反向）
$F_{11}=x+\bar{y}$	$x \subset y$	隱含 implication	若 y 則 x
$F_{12}=\bar{x}$	$\bar{x}$	補數	非 x（反向）
$F_{13}=\bar{x}+y$	$y \subset x$	隱含 implication	若 y 則 x
$F_{14}=\overline{(xy)}$	x↑y	nand	非及
$F_{15}=1$		identity	常數恆為 1

上表若以真值表呈現其運算關係如下：

x	y	F_0	F_1	F_2	F_3	F_4	F_5	F_6	F_7	F_8	F_9	F_{10}	F_{11}	F_{12}	F_{13}	F_{14}	F_{15}
0	0	0	0	0	0	0	0	0	0	1	1	1	1	1	1	1	1
0	1	0	0	0	0	1	1	1	1	0	0	0	0	1	1	1	1
1	0	0	0	1	1	0	0	1	1	0	0	1	1	0	0	1	1
1	1	0	1	0	1	0	1	0	1	0	1	0	1	0	1	0	1
註記		恆 0	And		同 x		同 y	xor	or	nor	xnor	$\overline{y}$		$\overline{x}$		nand	恆 1

例題10

給予真值表如下，請使用最少的文字符號來表示函式。

▼說明：

由真值表可知函式 F1=Σ（1,2,4,7）；F2=Σ（0,3,5,6）=Π（1,2,4,7）

$$F1 = \overline{x}\,\overline{y}z + \overline{x}y\overline{z} + x\overline{y}\,\overline{z} + xyz = \overline{x}(\overline{y}z + y\overline{z}) + x(\overline{y}\,\overline{z} + yz)$$

$$= \overline{x}(y \oplus z) + x(\overline{y \oplus z}) = x \oplus y \oplus z$$

x	y	z	F1	F2
0	0	0	0	1
0	0	1	1	0
0	1	0	1	0
0	1	1	0	1
1	0	0	1	0
1	0	1	0	1
1	1	0	0	1
1	1	1	1	0

$$F2 = \overline{x}\,\overline{y}\,\overline{z} + \overline{x}yz + x\overline{y}z + xy\overline{z} = \overline{x}(\overline{y}\,\overline{z} + yz) + x(y\overline{z} + \overline{y}z)$$

$$= \overline{x}(\overline{y \oplus z}) + x(y \oplus z) = \overline{(x \oplus y \oplus z)}$$

本例由真值表即可觀察獲得 $F2 = \overline{F1} = \overline{(x \oplus y \oplus z)}$

1. 布林代數和算術或一般代數有何不同？

2. 何謂封閉性（Closure）？

3. 請證明重合定理 $(x+y)(\overline{x}+z)(y+z)=(x+y)(\overline{x}+z)$。

4. 請以全及項和全或項表示函式 $F=\overline{x}y\overline{z}+\overline{x}\,\overline{y}z+x\overline{y}z$。

5. 給予函式 $F=(\overline{w}+\overline{x})(y+\overline{z})$，請實現邏輯圖。

6. 給予函式 $F(w,x,y,z)=x\overline{y}+xy+xz$，請以全及項和全或項表示函式。

7. 給予真值表如下，請使用最少的文字符號來表示函式。

x	y	z	F1	F2
0	0	0	1	0
0	0	1	1	0
0	1	0	1	0
0	1	1	0	1
1	0	0	0	1
1	0	1	0	1
1	1	0	0	1
1	1	1	0	1

8. 請計算函式：(1)$B(AB+A\overline{b}+B)$；(2)$A\overline{b}+\overline{a}B+\overline{a}\,\overline{b}$；(3)$X+YZ+XYZ=X+YZ$。

9. 給予邏輯電路圖如下，請完成真值表。

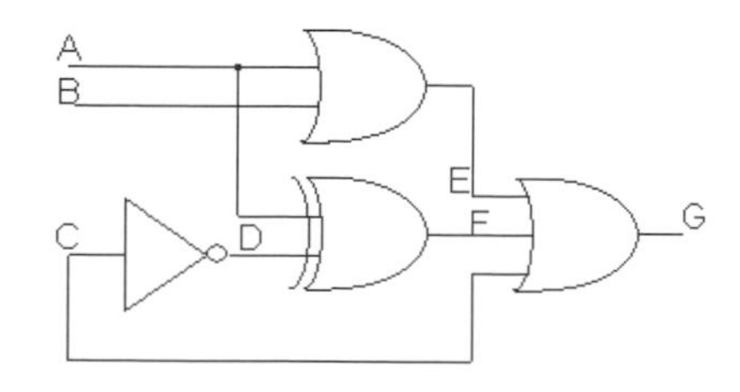

10. 請計算函式：(1) $b(a+\overline{b})$；(2) $\overline{a}\,\overline{(abcd)}$；(3) $(x+y)(x+y+\overline{z})+\overline{y}$。

3

邏輯閘階層最小化

課程重點

- 邏輯閘階層最小化
- 卡諾圖化簡
- 和項之積的化簡
- 不理會條件之化簡
- 二階及多階電路設計

3-1 邏輯閘階層最小化

面對複雜的邏輯電路，除了需處理複雜的布林函數表示式，加上並無特定的法則可以預估布林代數化簡的下一步驟及其結果，以布林函數雖可以項數最少（每一項的文字變數最少）的最簡形式來表示積項之和（Sum of Products；SOP）或和項之積（Product of Sums；POS）之函式，然最簡表示式並非唯一。

卡諾圖化簡是相對快速有效的函式化簡法，卡諾圖化簡除具有簡單、直接的優點，可當作是真值表的圖解，另藉卡諾圖可清楚的呈現鄰近變數之關係，並進而達到合併簡化函式。

雖卡諾圖所求之函式解，有時候亦非僅為一解，然而，卡諾圖對處理邏輯閘階層的最小化(gate-level minimization)已甚具助益。

3-2 卡諾圖化簡法

有關卡諾圖之應用，一般以變數少於 7 個為宜，因圖表呈現之限制，本章所探討之卡諾圖化簡，其使用之變數範圍將以二至五個為例說明。

卡諾圖是由許多正方形構成的圖，每一個方格代表擬化簡函數的一個全及項，其化簡法則皆以相鄰為計算基礎，都是 2 的次方倍，如 2 個相鄰、4 個相鄰、8 個相鄰或 16 個相鄰等，其合併化簡通則如下：

基本全及項之合併化簡：不論是幾個變數的卡諾圖，其圖中每一個小方格即代表一個全及項，當選擇相鄰的方格以進行合併化簡時，須注意：

1. 相鄰行之間僅有一個位元的變化（此為葛雷碼之特性），亦即相鄰的方格可合併化簡。任何 4 個相鄰的正方格或是一整列、一整行都可進行合併化簡。
2. 於合併相鄰方格時，所有全及項都應包含並顯示在函式中。
3. 化簡完成後，在函式的表示式中，項數必須最少。
4. 需確認沒有遺漏任何多餘的項未被合併或呈現於函式中。

質含項(prime implicant)的定義：在卡諾圖中，最大可合併的相鄰方格以最少的變數呈現所得到的積項。若是，某一方格的全及項只被一個質含項所包含，此質含項稱為基本質含項。

有關二至五個變數的卡諾圖化簡分別敘述如下：

二個變數卡諾圖（如下圖）：

1. 每一個方格有一個全及項，每一個全及項為 2 個字元，若使用之變數為 x 和 y，則二個變數卡諾圖共包含四個全及項（minterm），分別是$\overline{x}\overline{y}$（00）、$\overline{x}y$（01）、$x\overline{y}$（10）以及xy（11）等四項，其對應橫式表示之卡諾圖順序為 m0、m1、m2 和 m3，函式之表示式為 F(x,y)＝Σ（全及項）。

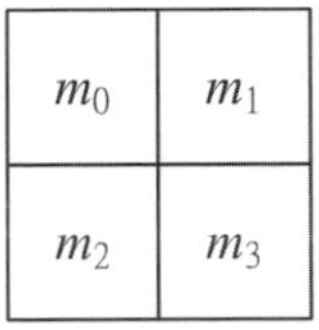

m_0	m_1
m_2	m_3

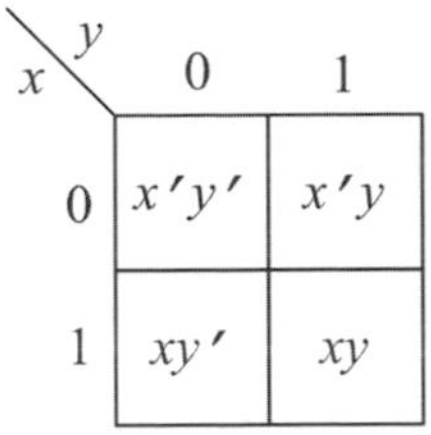

x \ y	0	1
0	$x'y'$	$x'y$
1	xy'	xy

2. 相鄰的兩空格即可進行化簡成一個字元的積項，如函式$F(x,y)=\overline{x}y+xy$，其化簡結果為$F(x,y)=y$，卡諾圖如下：

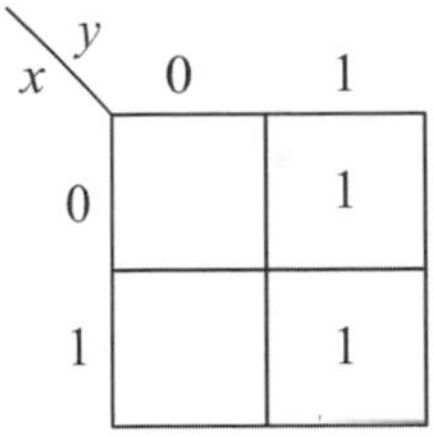

x \ y	0	1
0		1
1		1

3. 若是函式為$F(x,y)=x\overline{y}+xy$，其化簡結果為$F(x,y)=x$，卡諾圖如下：

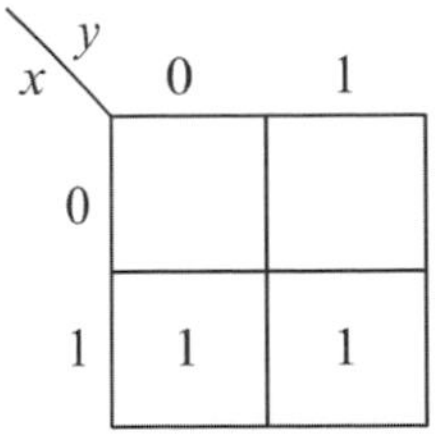

x \ y	0	1
0		
1	1	1

3. 當四個空格之全及項都存在（亦即每個空格都有 1 值），其化簡後之函式結果值為 1，亦即 F（x,y）＝1＝Σ（0,1,2,3），卡諾圖如下：

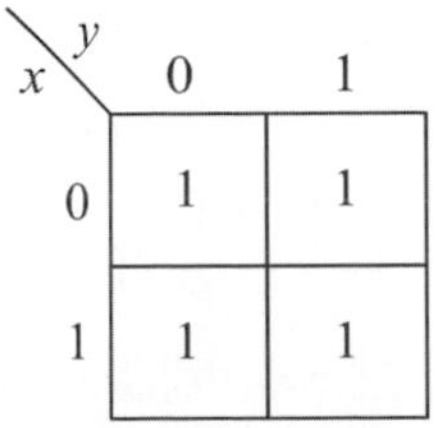

x \ y	0	1
0	1	1
1	1	1

三個變數卡諾圖（如下圖）：

m_0	m_1	m_3	m_2
m_4	m_5	m_7	m_6

x \ yz	00	01	11	10
0	m_0 $x'y'z'$	m_1 $x'y'z$	m_3 $x'yz$	m_2 $x'yz'$
1	m_4 $xy'z'$	m_5 $xy'z$	m_7 xyz	m_6 xyz'

1. 三個變數之卡諾圖，每一個方格有一個全及項，每一個全及項為 3 個字元，若使用之變數為 x、y 和 z，8 個全及項依序為 $\overline{x}\,\overline{y}\,\overline{z}$（000）、$\overline{x}\,\overline{y}z$（001）、$\overline{x}y\overline{z}$（010）、$\overline{x}yz$（011）、$x\overline{y}\,\overline{z}$（100）、$x\overline{y}z$（101）、$xy\overline{z}$（110）以及 xyz（111）；其順序係類同葛雷碼的順序排列為 m_0、m_1、m_3、m_2、m_4、m_5、m_7 和 m_6，以對應 8 個全及項（minterm），函式之表示式為 F(x,y,z)＝Σ（全及項）；下表為八進位編碼之順序和葛雷碼編碼之順序對照：

八進位編碼				葛雷碼			
順序值	x	y	z	A	B	C	順序值
0	0	0	0	0	0	0	0
1	0	0	1	0	0	1	1
2	0	1	0	0	1	1	3
3	0	1	1	0	1	0	2
4	1	0	0	1	0	0	4
5	1	0	1	1	0	1	5
6	1	1	0	1	1	1	7
7	1	1	1	1	1	0	6

2. 三個變數的卡諾圖，除橫式的呈現法，亦可採直式呈現（如下圖），其中 A 為 MSB 位元，C 為 LSB 位元，函式之表示式模式為 F(A,B,C) ＝ Σ（全及項），其化簡法與橫式圖解法完全相同（本章中，三個變數之卡諾圖將以直式法來呈現）。

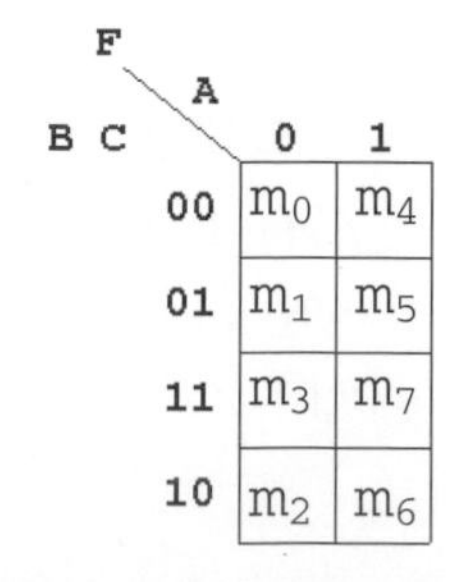

3. 化簡法則：

- 相鄰行之間僅有一個位元的變化（此為葛雷碼之特性），亦即相鄰的方格可合併化簡。兩相鄰空格可化簡成 2 個字元的積項。例如，m_0和 m_4相鄰，m_0和 m_1相鄰，m_0和 m_2亦相鄰，每個全及項基本因式（m）都有 3 個相鄰的全及項因式。再以 m_2為例，其與 m_0、m_3、m_6相鄰，驗證如下：

  (1) $F = m_0 + m_1 = \overline{x}\,\overline{y}\,\overline{z} + \overline{x}\,\overline{y}z = \overline{x}\,\overline{y}(z + \overline{z}) = \overline{x}\,\overline{y}$

  (2) $F = m_0 + m_2 = \overline{x}\,\overline{y}\,\overline{z} + \overline{x}y\overline{z} = \overline{x}\,\overline{z}(y + \overline{y}) = \overline{x}\,\overline{z}$

  (3) $F = m_0 + m_4 = \overline{x}\,\overline{y}\,\overline{z} + x\overline{y}\,\overline{z} = (x + \overline{x})\overline{y}\,\overline{z} = \overline{y}\,\overline{z}$

- 任何 4 個相鄰的方格都可進行合併化簡成 1 個字元的積項：例如正方格的 0、2、4 與 6，或者正方格 1、3、5 與 7，以及一整列或一整行的 0、1、3、2 和 4、5、7、6 都可進行化簡。

  (1) 若 F(A,B,C)=Σ（0,2,4,6），卡諾圖化簡如下：

  $$F = \overline{A}\,\overline{B}\,\overline{C} + \overline{A}B\overline{C} + A\overline{B}\,\overline{C} + AB\overline{C} = \overline{B}\,\overline{C} + B\overline{C} = \overline{C}$$

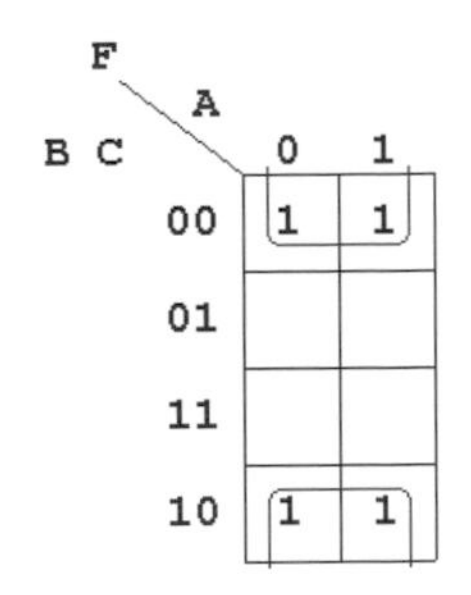

  (2) 若 F(A,B,C)=Σ（1,3,5,7），卡諾圖化簡如下：

  $$F = \overline{A}\,\overline{B}C + \overline{A}BC + A\overline{B}C + ABC = \overline{A}C + AC = C$$

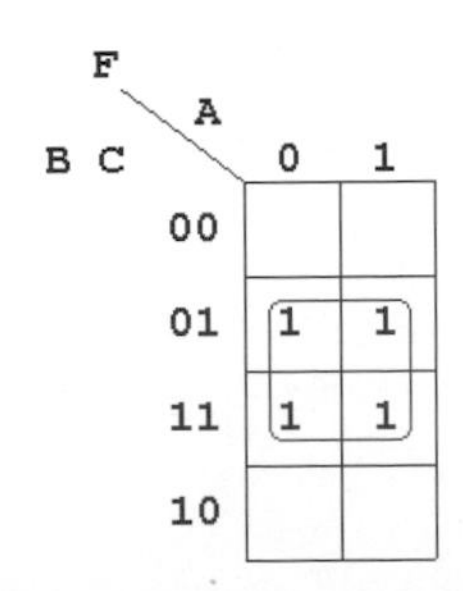

(3) 若 F(A,B,C)=Σ（0,1,2,3），卡諾圖化簡如下：

$$F=\overline{A}\overline{B}\overline{C}+\overline{A}\overline{B}C+\overline{A}BC+\overline{A}B\overline{C}=\overline{A}\overline{B}+\overline{A}B=\overline{A}$$

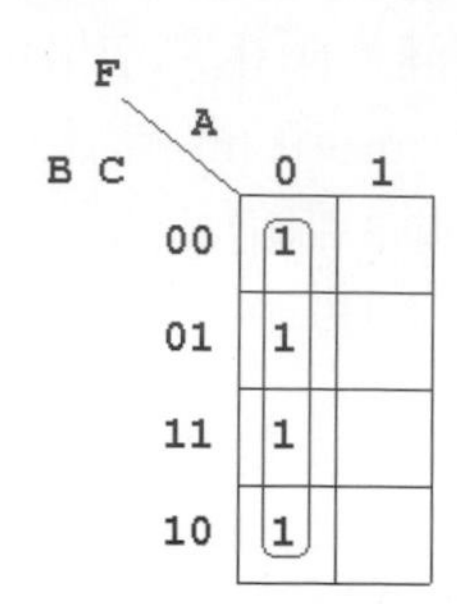

- 若是 8 個空格中全部都存在（8 個全及項），函式值為 1，亦即 F(A,B,C)=1。

例題1

給定布林函式 F(A,B,C)=∑(2,3,4,5)，請以卡諾圖進行化簡。

▼**說明：**

F(A,B,C)=∑(2,3,4,5)

$=\overline{A}BC+\overline{A}B\overline{C}+A\overline{B}\overline{C}+A\overline{B}C=\overline{A}B\left(C+\overline{C}\right)+A\overline{B}\left(C+\overline{C}\right)=\overline{A}B+A\overline{B}$，卡諾圖如下：

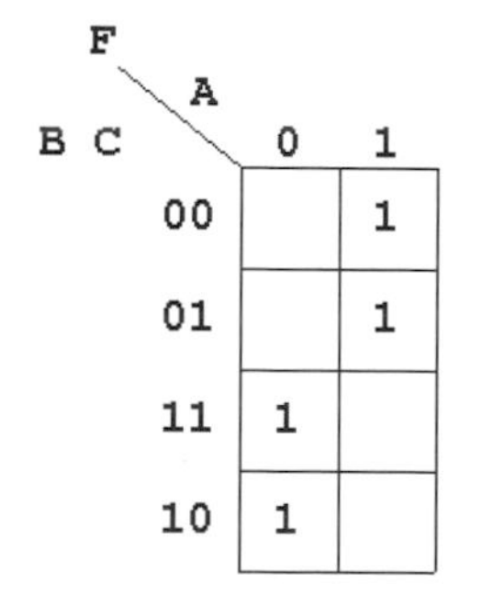

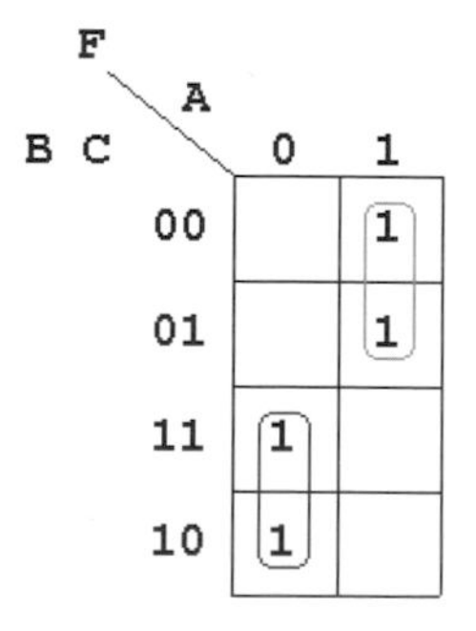

SOP 最簡式為 $F=A\overline{B}+\overline{A}B=A\oplus B$，其電路圖如下：

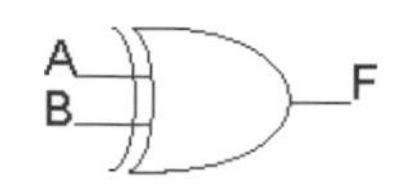

例題2

給定布林函式 F(A,B,C)= ∑(3,4,6,7)，請以卡諾圖進行化簡。

▼說明：

$F(A,B,C)=\sum(3,4,6,7)$

$= \overline{A}BC + A\overline{B}\overline{C} + ABC + AB\overline{C} = BC\left(A+\overline{A}\right) + A\overline{C}\left(B+\overline{B}\right) = A\overline{C} + BC$，

卡諾圖如下：

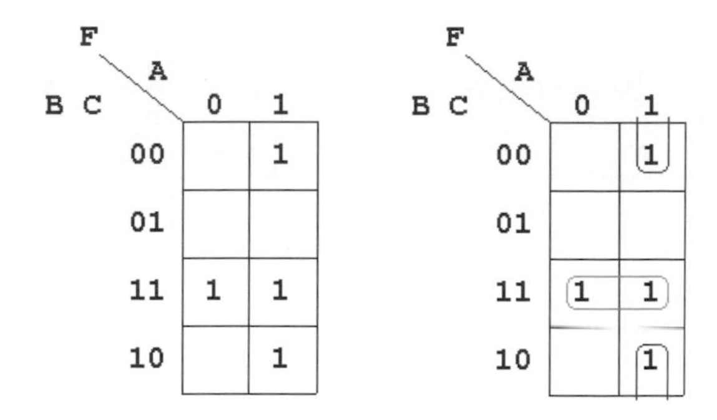

SOP 最簡式為 $F = A\overline{C} + BC$，電路圖如下：

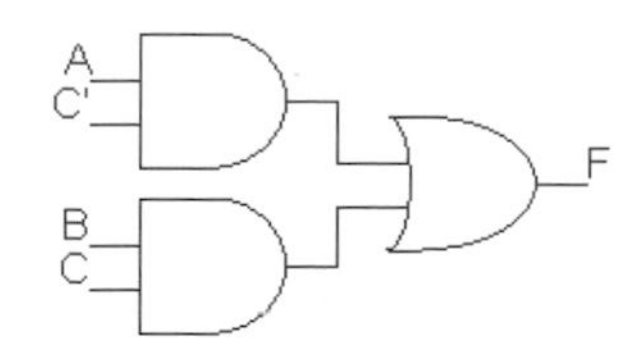

四個變數卡諾圖（如下圖）：

m_0	m_1	m_3	m_2
m_4	m_5	m_7	m_6
m_{12}	m_{13}	m_{15}	m_{14}
m_8	m_9	m_{11}	m_{10}

wx \ yz	00	01	11	10
00	$w'x'y'z'$	$w'x'y'z$	$w'x'yz$	$w'x'yz'$
01	$w'xy'z'$	$w'xy'z$	$w'xyz$	$w'xyz'$
11	$wxy'z'$	$wxy'z$	$wxyz$	$wxyz'$
10	$wx'y'z'$	$wx'y'z$	$wx'yz$	$wx'yz'$

橫式表示圖

1. 四個變數卡諾圖有 16 個方格，每一個方格有一個全及項，每一個全及項為 4 個字元，若使用之變數為 w、x、y 和 z，每一個方格分別代表 16 個全及項中的一個，例如 $\overline{w}\,\overline{x}\,\overline{y}\,\overline{z}$（0000）、$\overline{w}\,\overline{x}\,\overline{y}z$（0001）、... $wxyz$（1111）等，其順序亦係類同葛雷碼的順序（為換行或列時即直接相連反向接續）排列為 m_0、m_1、m_3、m_2、m_4、m_5、m_7、m_6、m_{12}、m_{13}、m_{15}、m_{14}、m_8、m_9、m_{11} 和 m_{10}，以對應 16 個全及項（minterm），函式表示式為 F(w,x,y,z)＝Σ（全及項）；下表為 16 進位編碼之順序和卡諾圖之順序對照：

16 進位編碼					卡諾圖序				
順序值	w	x	y	z	A	B	C	D	順序值
0	0	0	0	0	0	0	0	0	0
1	0	0	0	1	0	0	0	1	1
2	0	0	1	0	0	0	1	1	3
3	0	0	1	1	0	0	1	0	2
4	0	1	0	0	0	1	1	0	4
5	0	1	0	1	0	1	0	1	5
6	0	1	1	0	0	1	1	1	7
7	0	1	1	1	0	1	1	0	6
8	1	0	0	0	1	1	0	0	12
9	1	0	0	1	1	1	0	1	13
10	1	0	1	0	1	1	1	1	15
11	1	0	1	1	1	1	1	0	14
12	1	1	0	0	1	0	0	0	8
13	1	1	0	1	1	0	0	1	9
14	1	1	1	0	1	0	1	1	11
15	1	1	1	1	1	0	1	0	10

2. 四個變數的卡諾圖，除橫式呈現法，亦可採直式呈現（如下圖），其中 A 為 MSB 位元，D 為 LSB 位元，函式之表示式模式為 F(A,B,C,D)＝Σ（全及項），其化簡法與橫式圖解法完全相同（本章中，四個變數之卡諾圖亦將以直式法來呈現）。

F (AB \ CD)

CD \ AB	00	01	11	10
00	m_0	m_4	m_{12}	m_8
01	m_1	m_5	m_{13}	m_9
11	m_3	m_7	m_{15}	m_{11}
10	m_2	m_6	m_{14}	m_{10}

3. 化簡法則：

- 相鄰行之間僅有一個位元的變化（此為葛雷碼之特性），亦即相鄰的方格可合併化簡成 3 個字元的積項。例如，函式 F(A,B,C,D) ＝ Σ(5,13)＝ $\overline{A}B\overline{C}D + AB\overline{C}D = B\overline{C}D$（卡諾圖如下）：

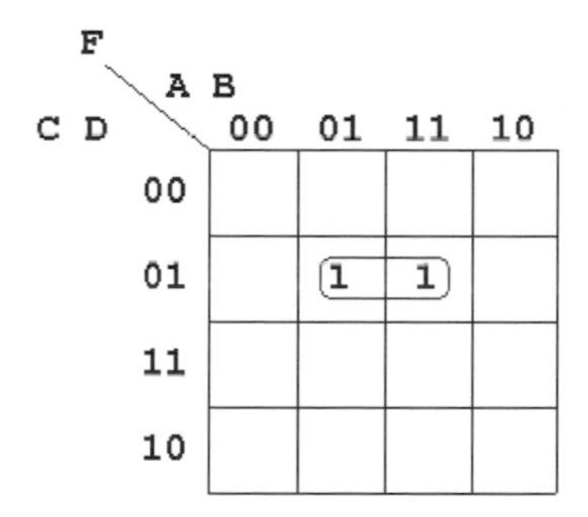

- 任何 4 個相鄰的方格都可進行合併化簡，含正方格及一整列或一整行都可進行化簡成 2 個字元的積項。

  (1) 函式 F(A,B,C,D)＝ Σ(5,7,13,15)

  ＝ $\overline{A}B\overline{C}D + \overline{A}BCD + AB\overline{C}D + ABCD = BD$（卡諾圖如下）：

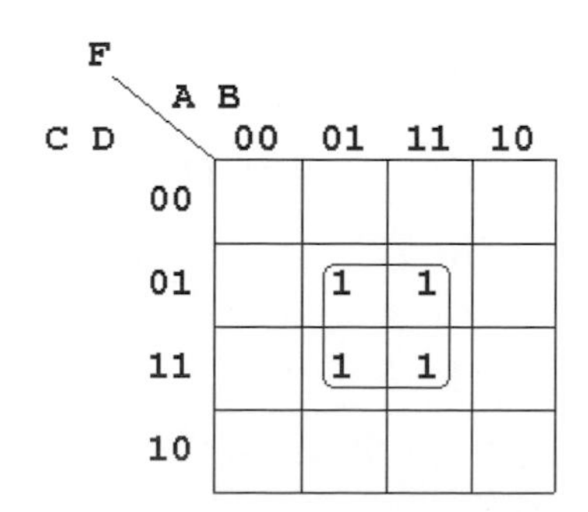

(2) 函式 F(A,B,C,D)＝Σ(1,5,9,13)

$= \overline{A}\,\overline{B}\,\overline{C}D + \overline{A}B\overline{C}D + AB\overline{C}D + A\overline{B}\,\overline{C}D = \overline{C}D$（卡諾圖如下）：

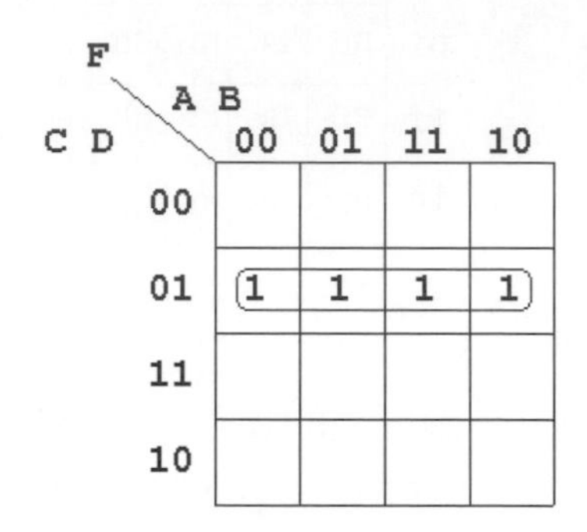

(3) 函式 F(A,B,C,D)＝Σ(0,2,8,10)

$= \overline{A}\,\overline{B}\,\overline{C}\,\overline{D} + \overline{A}\,\overline{B}C\overline{D} + A\overline{B}\,\overline{C}\,\overline{D} + A\overline{B}C\overline{D} = \overline{B}\,\overline{D}$（卡諾圖如下）：

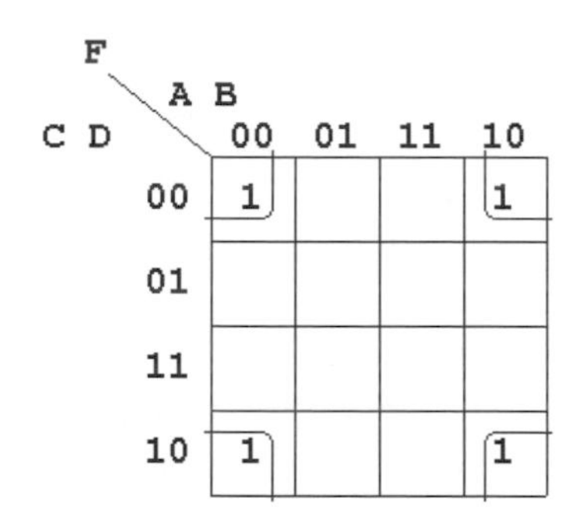

- 任何 8 個相鄰的方格都可進行合併化簡，含二個正方格及二相鄰整列或相鄰整行都可進行化簡成 1 個字元的積項。

(1) 函式 F(A,B,C,D)＝Σ(0,1,4,5,8,9,12,13)

$= \overline{A}\,\overline{B}\,\overline{C}\,\overline{D} + \overline{A}\,\overline{B}\,\overline{C}D + \overline{A}B\overline{C}\,\overline{D} + \overline{A}B\overline{C}D + AB\overline{C}\,\overline{D} + AB\overline{C}D$

$+ A\overline{B}\,\overline{C}\,\overline{D} + A\overline{B}\,\overline{C}D$

$= \overline{C}$

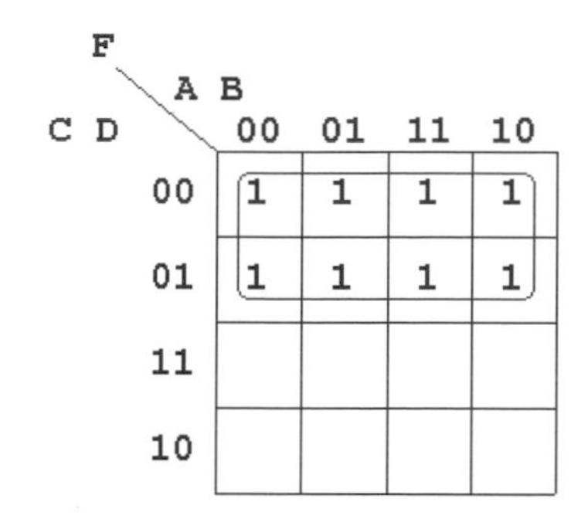

(2) 函式 F(A,B,C,D) = Σ(0,1,2,3,8,9,10,11)

$$= \overline{A}\,\overline{B}\,\overline{C}\,\overline{D} + \overline{A}\,\overline{B}\,\overline{C}D + \overline{A}\,\overline{B}CD + \overline{A}\,\overline{B}C\overline{D} + A\overline{B}\,\overline{C}\,\overline{D} + A\overline{B}\,\overline{C}D$$

$$+ A\overline{B}CD + A\overline{B}C\overline{D}$$

$$= \overline{B}$$

F: CD \ AB	00	01	11	10
00	1			1
01	1			1
11	1			1
10	1			1

■ 若是 16 個空格中全部都存在（16 個全及項），函式值為 1，亦即 F(A,B,C,D)=1，卡諾圖如下：

F: CD \ AB	00	01	11	10
00	1	1	1	1
01	1	1	1	1
11	1	1	1	1
10	1	1	1	1

例題3

函式 F(A,B,C,D)＝Σ(0,1,2,4,5,6,8,9,12,13,14)，請以卡諾圖進行化簡。

▼說明：

F(A,B,C,D)＝Σ(0,1,2,4,5,6,8,9,12,13,14)，卡諾圖如下：

F: CD \ AB	00	01	11	10
00	1	1	1	1
01	1	1	1	1
11				
10	1	1	1	

F: CD \ AB	00	01	11	10
00	1	1	1	1
01	1	1	1	1
11				
10	1	1	1	

積項之和（SOP），亦稱為全及項之和（Sum of Minterms），卡諾圖之最簡式為 $F=\overline{A}\,\overline{D}+\overline{C}+B\overline{D}$，電路圖如下：

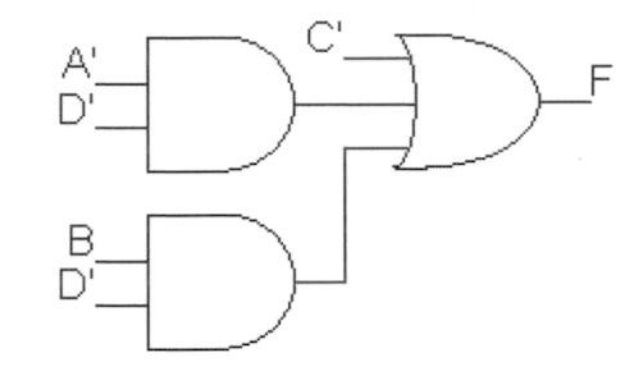

若採和項之積（POS），亦稱為全或項之積（Product of Maxterms），其最簡式為 $F=(\overline{A}+B+\overline{C})(\overline{C}+\overline{D})$，卡諾圖與電路圖如下：

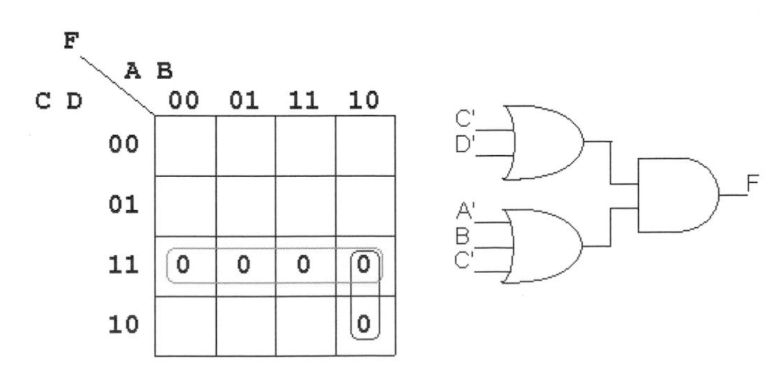

例題4

函式 F(A,B,C,D)＝Σ(1,2,4,7,8,11,13,14)，請以卡諾圖進行化簡。

▼說明：

F(A,B,C,D)＝Σ(1,2,4,7,8,11,13,14)

$$= \overline{A}\,\overline{B}\,\overline{C}D + \overline{A}\,\overline{B}C\overline{D} + \overline{A}B\overline{C}\,\overline{D} + \overline{A}BCD + AB\overline{C}D + ABC\overline{D}$$

$$+ A\overline{B}\,\overline{C}\,\overline{D} + A\overline{B}\,\overline{C}D$$

$$= A \oplus B \oplus C \oplus D$$

F (CD \ AB)

CD \ AB	00	01	11	10
00		1		1
01	1		1	
11		1		1
10	1		1	

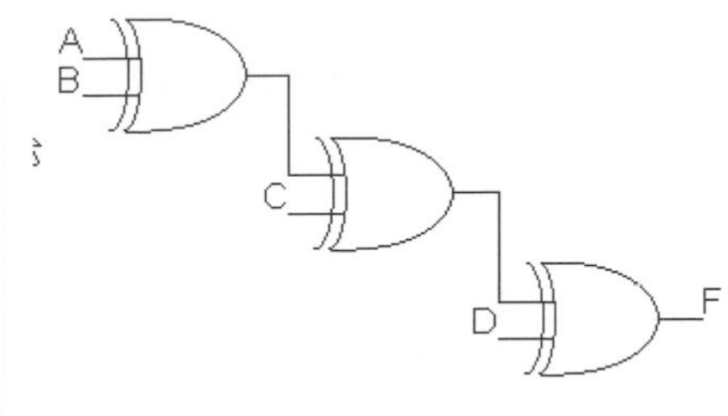

例題5

函式 F(A,B,C,D)＝Σ(0,3,5,6,9,10,12,15)，請以卡諾圖進行化簡。

▼說明：

F(A,B,C,D)＝Σ(0,3,5,6,9,10,12,15)

$$= \overline{A}\,\overline{B}\,\overline{C}\,\overline{D} + \overline{A}\,\overline{B}CD + \overline{A}B\overline{C}D + \overline{A}BC\overline{D} + AB\overline{C}\,\overline{D} + ABCD$$

$$+ A\overline{B}\,\overline{C}D + A\overline{B}C\overline{D}$$

$$= \overline{(A \oplus B \oplus C \oplus D)}$$

F (CD \ AB)

CD \ AB	00	01	11	10
00	1		1	
01		1		1
11	1		1	
10		1		1

函式 F(A,B,C,D)＝Σ(0,2,5,6,7,8,10,12,13,14,15)，請以卡諾圖化簡。

▼說明：

F(A,B,C,D)＝Σ(0,2,5,6,7,8,10,12,13,14,15)

$$= \overline{A}\,\overline{B}\,\overline{C}\,\overline{D} + \overline{A}\,\overline{B}C\overline{D} + \overline{A}B\overline{C}D + \overline{A}BC\overline{D} + \overline{A}BCD + A\overline{B}\,\overline{C}\,\overline{D} + A\overline{B}C\overline{D}$$

$$+ AB\overline{C}\,\overline{D} + AB\overline{C}D + ABCD + ABC\overline{D}$$

本例函式卡諾圖之最後化簡結果共計四種不同組合之函式（下圖僅為卡諾圖化簡之一例）：

(1) $F = \overline{B}\,\overline{D} + BD + C\overline{D} + A\overline{D}$

(2) $F = \overline{B}\,\overline{D} + BD + C\overline{D} + AB$

(3) $F = \overline{B}\,\overline{D} + BD + BC + A\overline{D}$

(4) $F = \overline{B}\,\overline{D} + BD + BC + AB$

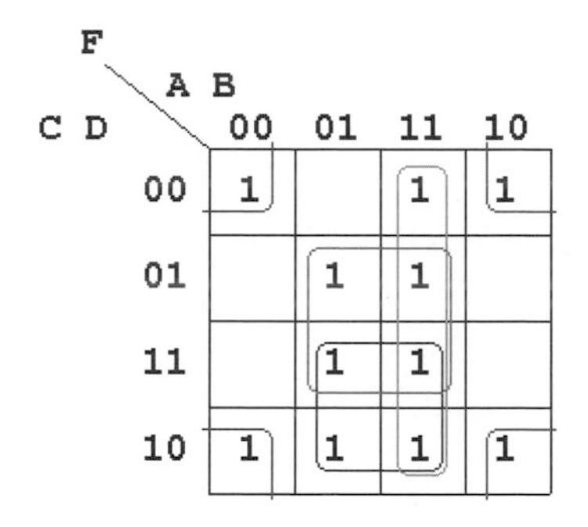

五個變數卡諾圖：超過 4 個變數以上的卡諾圖並不好用，主要是二維空間不易呈現其相鄰關係。

- 五個變數的卡諾圖，通常是以 2 個四個變數的卡諾圖並列呈現，假設函式模式為 F(A,B,C,D,E)＝Σ（全及項），若採左右二圖呈現，32 個全及項之相關位置如下圖：

A=0

F / BC, DE	00	01	11	10
00	m_0	m_4	m_{12}	m_8
01	m_1	m_5	m_{13}	m_9
11	m_3	m_7	m_{15}	m_{11}
10	m_2	m_6	m_{14}	m_{10}

A=1

F / BC, DE	00	01	11	10
00	m_{16}	m_{20}	m_{28}	m_{24}
01	m_{17}	m_{21}	m_{29}	m_{25}
11	m_{19}	m_{23}	m_{31}	m_{27}
10	m_{18}	m_{22}	m_{30}	m_{26}

- 若改採上下二層呈現方式，卡諾圖如下，其中斜線之上三角為 A=1，下三角為 A=0，其餘 BCDE 與四個變數的卡諾圖中之 ABCD 位置對應。如此即可將 5 個變數共 32 個全及項的卡諾圖呈現（本章中，五個變數之卡諾圖將以上、下三角同圖法來呈現）。

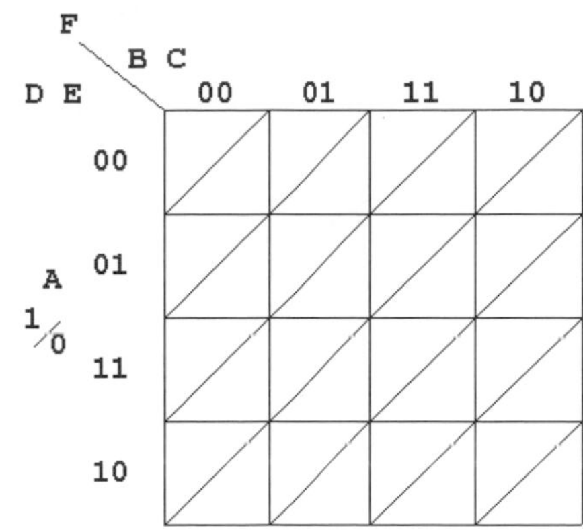

- 化簡法則：

1. 相鄰行之間僅有一個位元的變化（此為葛雷碼之特性），亦即相鄰的方格可合併化簡成 4 個字元的積項。

   (1) 如函式 $F(A,B,C,D,E)=\Sigma(5,13)=\overline{A}\,\overline{B}C\overline{D}E+\overline{A}BC\overline{D}E=\overline{A}C\overline{D}E$（左右相鄰例之卡諾圖如下）：

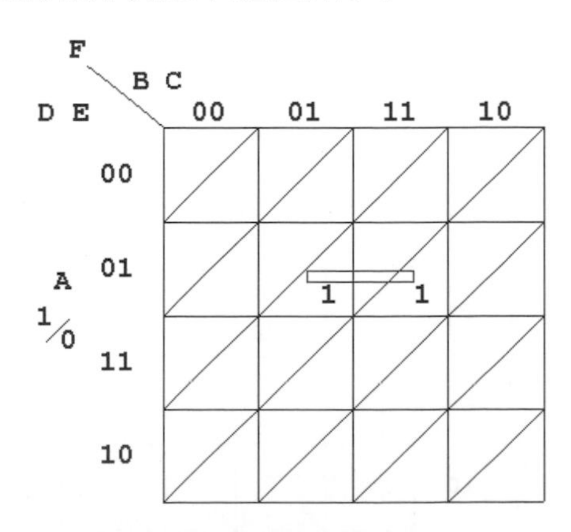

(2) 如函式 F(A,B,C,D,E)＝Σ（5,21）＝$\overline{A}\,\overline{B}C\overline{D}E + A\overline{B}C\overline{D}E = \overline{B}C\overline{D}E$

（上下層相鄰例之卡諾圖如下）：

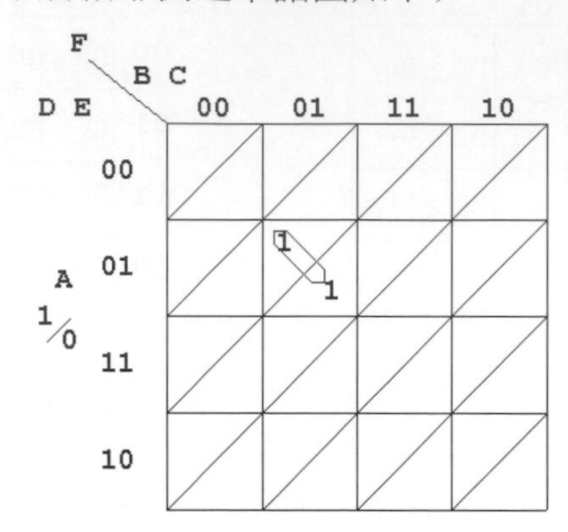

2. 任何 4 個相鄰的方格都可進行合併化簡，含正方格及一整列或一整行都可進行化簡成 3 個字元的積項。

(1) 函式 F(A,B,C,D,E)＝Σ（21,23,29,31）＝ACE，卡諾圖如下：

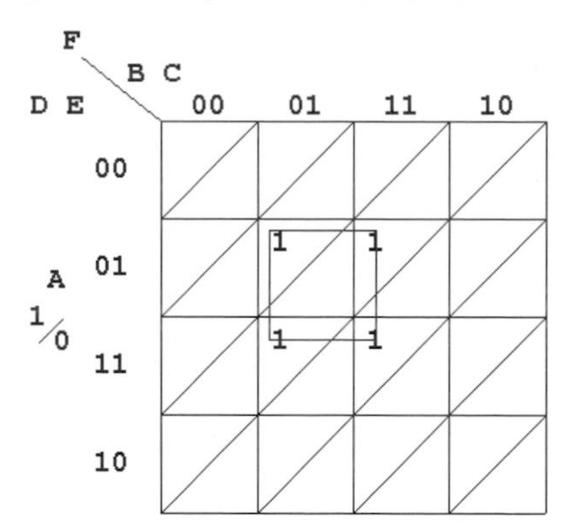

(2) 函式 F(A,B,C,D,E)＝Σ（5,13,21,29）＝$C\overline{D}E$，卡諾圖如下：

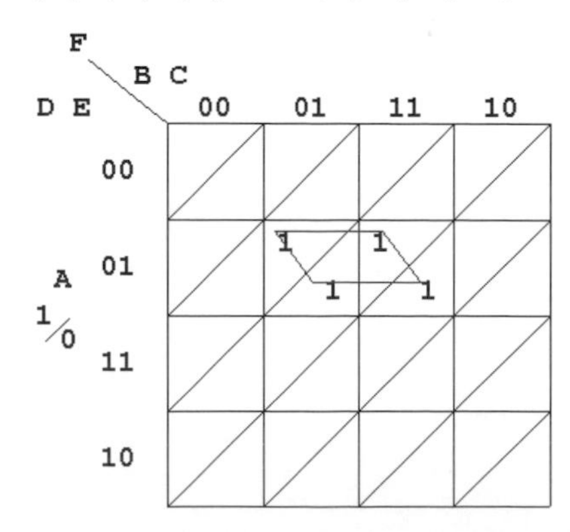

(3) 函式 F(A,B,C,D,E)＝ Σ（16,18,24,26）＝ $\overline{A}\overline{C}\overline{E}$，卡諾圖如下：

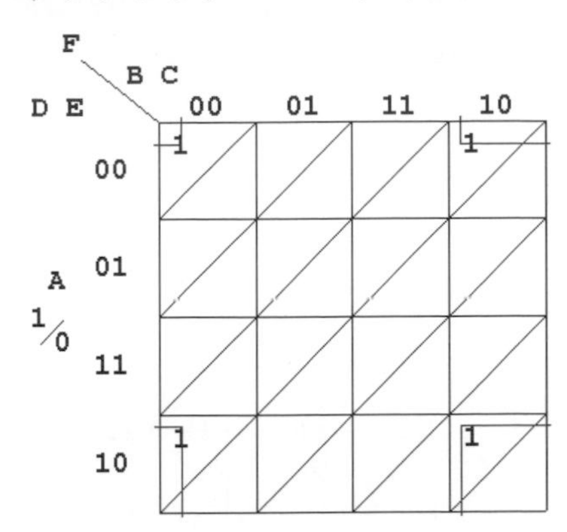

(4) 函式 F(A,B,C,D,E)＝ Σ（0,4,8,12）＝ $\overline{ADE}$，卡諾圖如下：

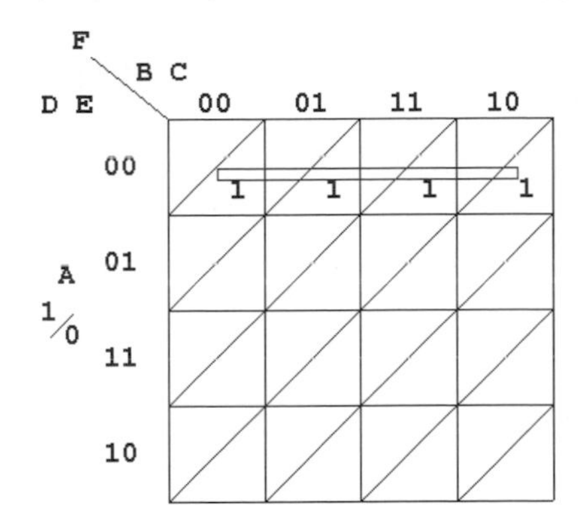

3. 任何 8 個相鄰的方格都可進行合併化簡，含二個正方格及二相鄰整列或相鄰整行都可進行化簡成 2 個字元的積項。

(1) 函式 F(A,B,C,D,E)＝ Σ（8,9,10,11,24,25,26,27）

＝ $B\overline{C}$（上下層）

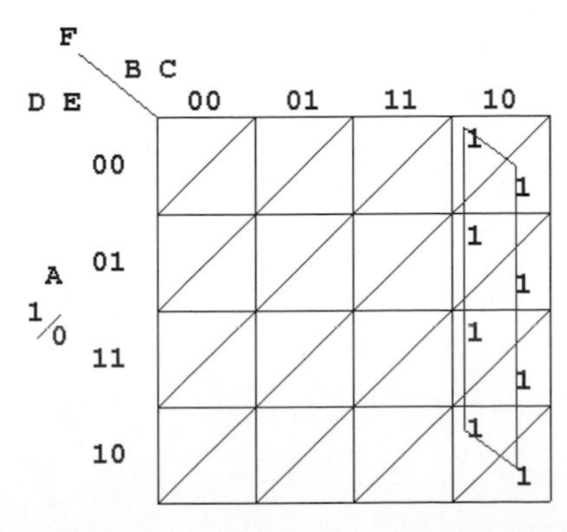

(2) 函式 F(A,B,C,D,E)＝Σ（17,19,21,23,25,27,29,31）

＝AE（同一層）

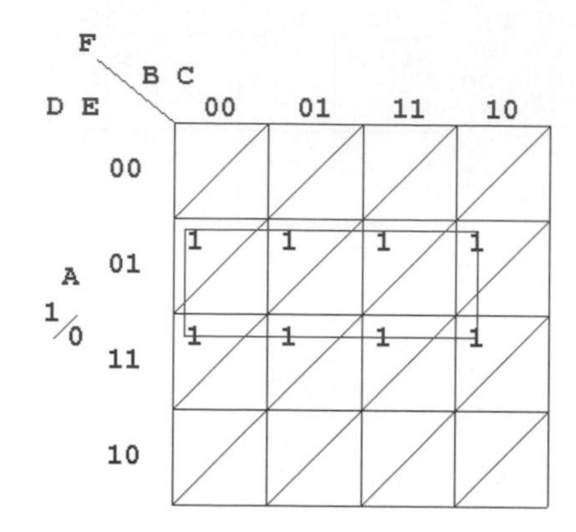

(3) 函式 F(A,B,C,D,E)＝Σ（5,7,13,15,21,23,29,31）

＝CE（正方格例）

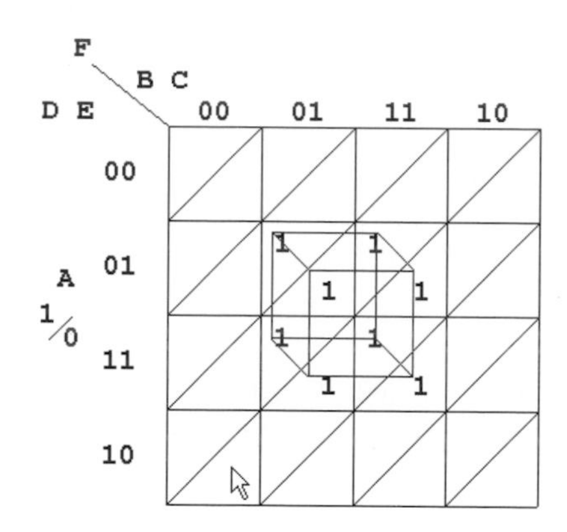

4. 任何 16 個相鄰的方格都可進行合併化簡，含四個正方格及四相鄰整列或相鄰整行都可進行化簡成 1 個字元的積項。

(1) 函式 F(A,B,C,D,E)

＝Σ（0,1,2,3,8,9,10,11,16,17,18,19,24,25,26,27）＝$\overline{C}$

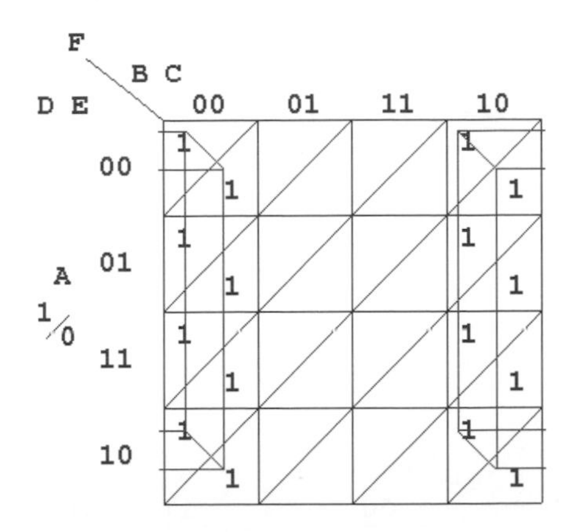

(2) 函式 F(A,B,C,D,E)

$=\Sigma$（16,17,18,19,20,21,22,23,24,25,26,27,28,29,30,31）＝A

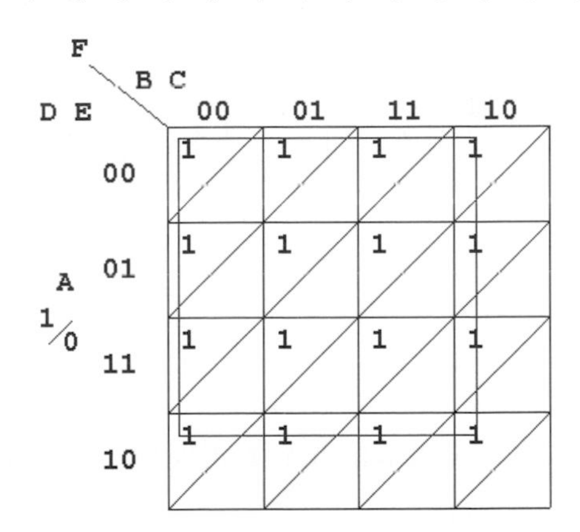

5. 若是 32 個空格中全部都存在（32 個全及項），函式值為 1，亦即 F(A,B,C,D,E) = 1，卡諾圖如下：

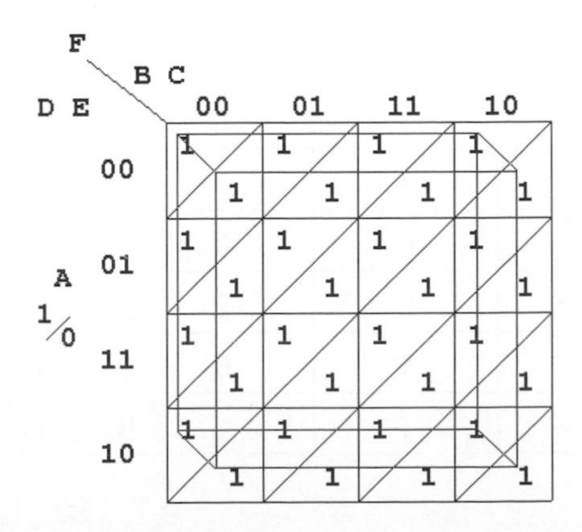

例題7

函式 F(A,B,C,D,E)＝Σ(0,2,4,6,9,13,16,18,20,21,22,23,25,29,31)，請以卡諾圖進行化簡。

▼**說明：**

F(A,B,C,D, E)＝Σ(0,2,4,6,9,13,16,18,20,21,22,23,25,29,31)

$= \overline{B}\overline{E} + B\overline{D}E + ACE$ ，卡諾圖如下：

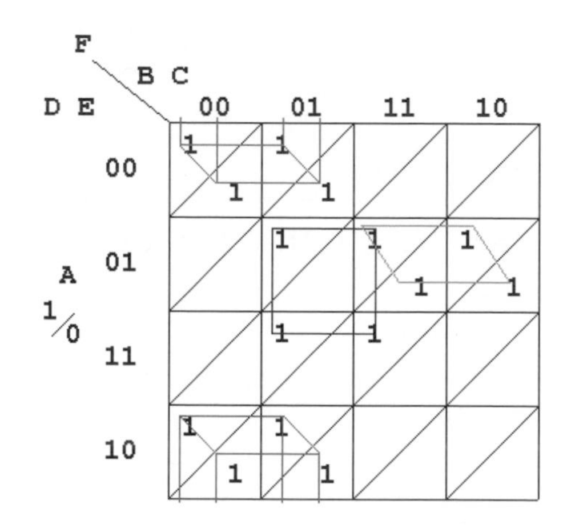

例題8

給予真值表如下表，請以卡諾圖進行化簡導出最簡全及項表示式。

▼**說明：**假設真值表如下：

A	B	C	F
0	0	0	1
0	0	1	0
0	1	0	1
0	1	1	1
1	0	0	1
1	0	1	0
1	1	0	1
1	1	1	1

卡諾圖如下，最簡式為：$B+\overline{C}$

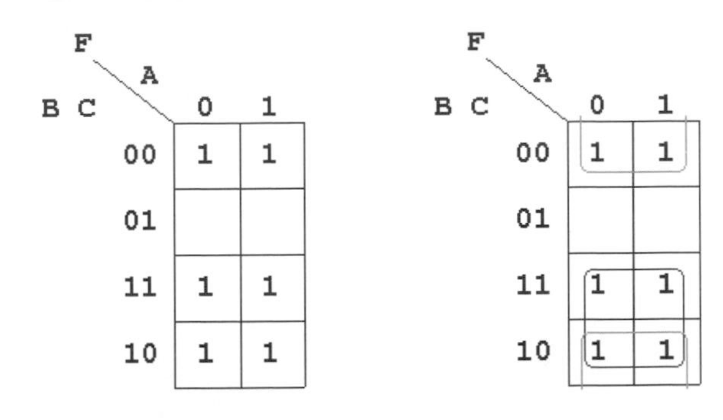

亦可以真值表將函式以最原始式表示如下，再進行簡化，得到結果相同。

$$F=\overline{A}\overline{B}\overline{C}+\overline{A}B\overline{C}+\overline{A}BC+A\overline{B}\overline{C}+AB\overline{C}+ABC$$
$$=\overline{B}\overline{C}(A+\overline{A})+B\overline{C}(A+\overline{A})+BC(A+\overline{A})=\overline{B}\overline{C}+B\overline{C}+B\overline{C}+BC$$
$$=\overline{C}(B+\overline{B})+B(C+\overline{C})=B+\overline{C}$$

3-3 和項之積（POS）的化簡

在數位系統中，所使用之布林函數，包含二元變數、常數值 1 和 0 以及邏輯運算符號的代數表示式，有關布林函數表示式多採積項之和呈現，而和項之積化簡法概略如下：

- 以和項之積形式化簡 $\overline{F}$，再以迪摩根定理求解 $F=\overline{\overline{F}}$，如此即可將和項之積（$\overline{F}$）轉換成積項之和（$F$）的表示式呈現。
- 當以積項之和形式呈現表示式時，係使用全及項，如函式 F（x,y,z）= Σ（1,3,4,6），於此則可採用對偶性，改以全或項之組合 F(x,y,z)= Π（0,2,5,7）來呈現。
  - 全及項 F（x,y,z）= Σ（1,3,4,6）$=\overline{x}z+x\overline{z}=x\oplus z$
  - 全或項 F（x,y,z）= Π（0,2,5,7）$=(x+z)(\overline{x}+\overline{z})$，其結果與全及項相同；因 $(x+z)(\overline{x}+\overline{z})=\overline{x}z+x\overline{z}=x\oplus z$，然實作之邏輯電路不同。

■ 卡諾圖及電路圖如下：

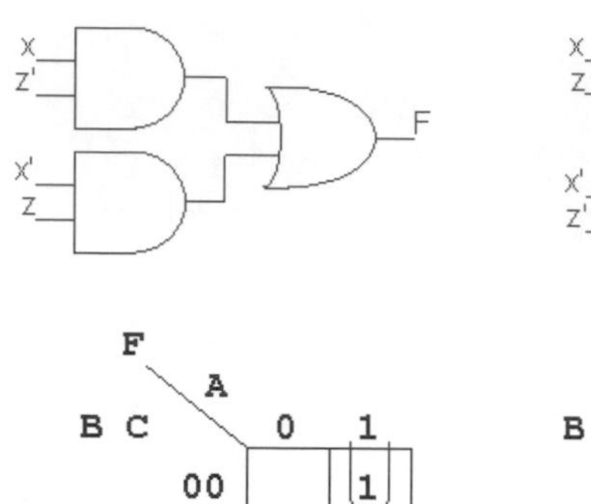

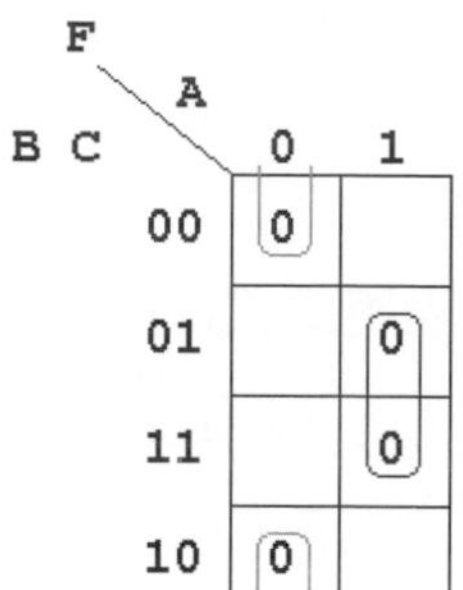

例題9

同例題 1 之布林函式 F(A,B,C)=∑(2,3,4,5)，請以全或項表示式的卡諾圖進行化簡。

▼說明：

於例題 1：F(A,B,C)=∑(2,3,4,5)，當以全及項表示 $F = A\overline{B} + \overline{A}B = A \oplus B$

若採 POS 最簡式為 $F = \left(A + B\right)\left(\overline{A} + \overline{B}\right)$，卡諾圖與電路圖均如下：

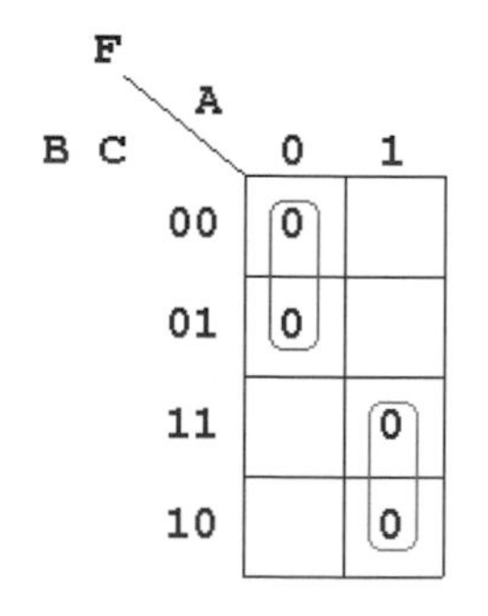

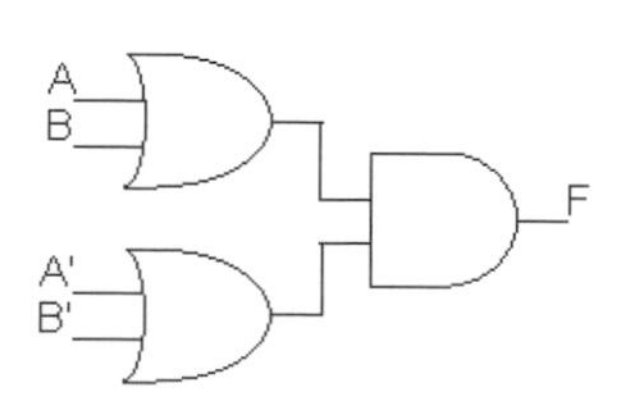

例題10

同例題 2 之布林函式 F(A,B,C)= ∑(3,4,6,7)，請以全或項表示式的卡諾圖進行化簡。

▼**說明：**

於例題 2：F(A,B,C)=∑(3,4,6,7)，其真值表如下：

A	B	C	F
0	0	0	0
0	0	1	0
0	1	0	0
0	1	1	1
1	0	0	1
1	0	1	0
1	1	0	1
1	1	1	1

SOP 最簡式為 $F = A\overline{C} + BC$

若採 POS 最簡式為 $F = (A + C)(B + \overline{C})$，卡諾圖與電路圖如下：

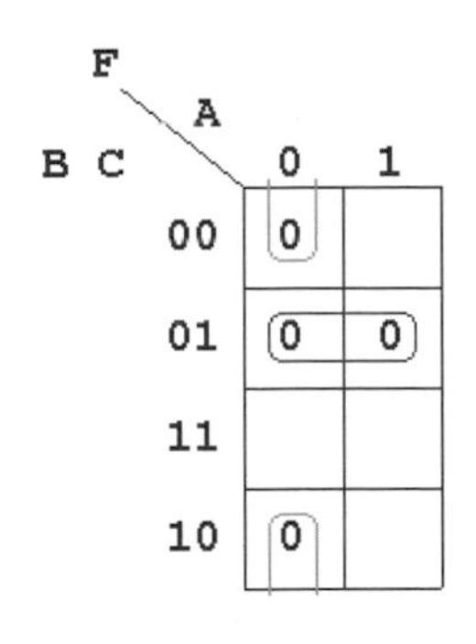

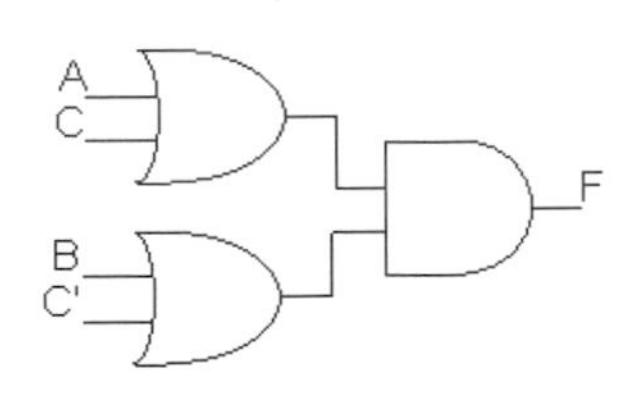

例題11

給予函式 F（A,B,C,D）＝Σ(0,1,2,5,8,9,10)，請分別以 SOP 和 POS 進行卡諾圖化簡。

▼說明：

本例若以全及項之表示式求卡諾圖化簡：

$F = \overline{A}\overline{C}D + \overline{B}\overline{C} + \overline{B}\overline{D}$，卡諾圖及電路圖如下：

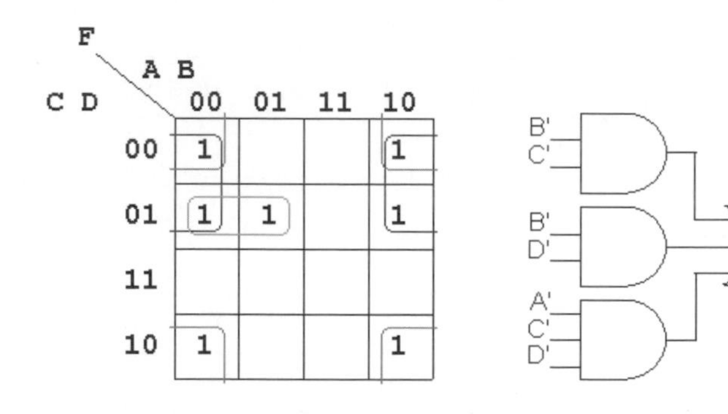

若改採全或項之表示式求解卡諾圖化簡：

$F = \left(\overline{A} + \overline{B}\right)\left(\overline{B} + \overline{D}\right)\left(\overline{C} + \overline{D}\right)$，卡諾圖及電路圖如下：

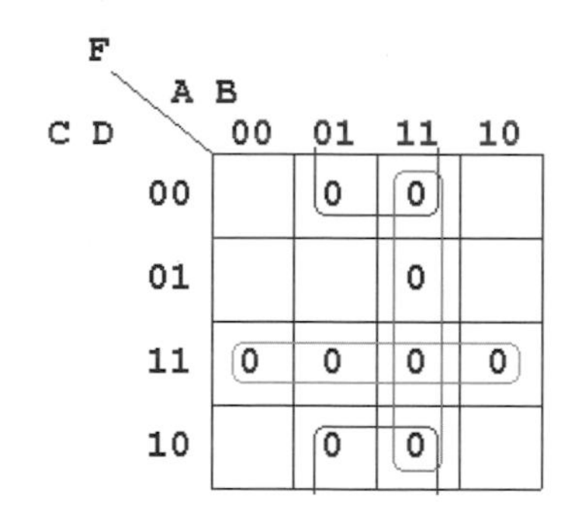

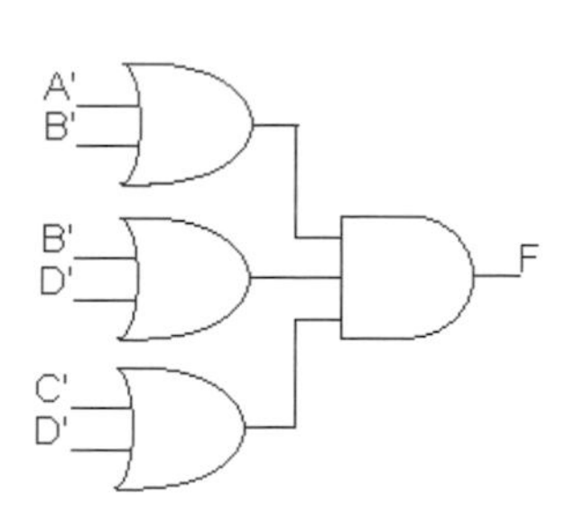

例題12

給予函式 F(A,B,C,D)＝Σ(0,2,5,7,12,13,14,15)，請分別以 SOP 和 POS 進行卡諾圖化簡。

▼說明：

本例若以全及項之表示式求解卡諾圖化簡：

$F=\overline{A}\,\overline{B}\,\overline{D}+AB+BD$，卡諾圖如右：

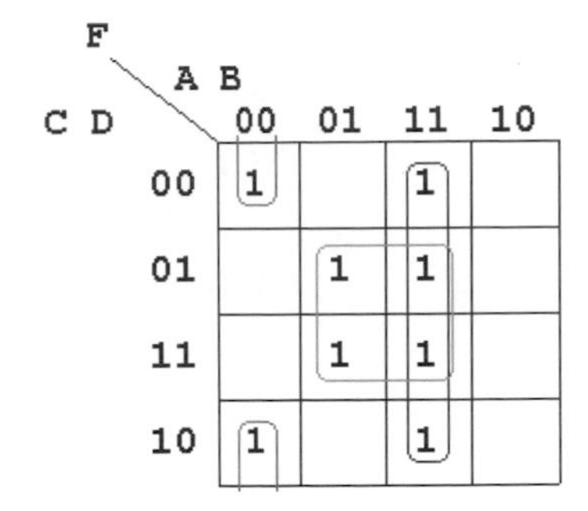

若改採全或項之表示式求解卡諾圖化簡：

$F=\left(A+\overline{B}+D\right)\left(B+\overline{D}\right)\left(\overline{A}+B\right)$，卡諾圖如右：

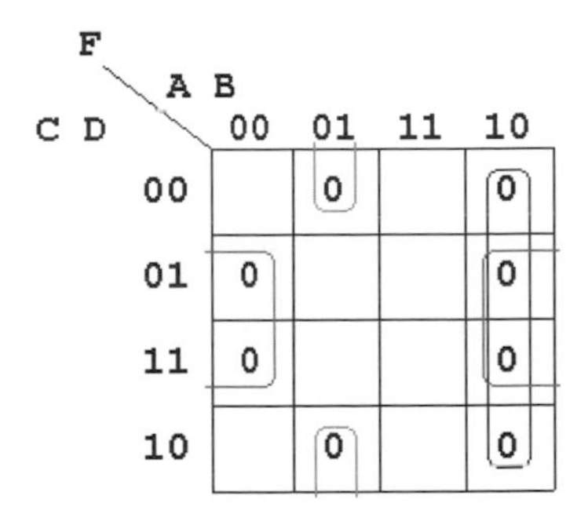

3-4 不理會條件

在數位系統中，部分應用對布林函數當中的變數並沒有指定其值，以二進位轉換為十進位為例，在 BCD（Binary convert to Decimal）編碼中，為表示十進位必須使用 4 個位元來表示，然 4 個位元最多可表達 2^4＝16 種不同數值，是故除 0（0000）～9（1001）外，在十六進位中會使用到的 A（1010）～F（1111），在 BCD 中就會呈現不理會（don’t care）的狀態，在卡諾圖的使用，此類不理會條件係以符號 "X" 來代表，X 之值可當作 0 或 1 進行化簡。

例題13

給予函式 F(A,B,C,D)＝Σ(1,3,7,11,15)，其中不理會條件為 d(A,B,C,D)＝Σ(0,2,5)，請以卡諾圖進行化簡。

▼說明：

本例原始卡諾圖如下左圖，其中不理會的部分，d(A,B,C,D)＝Σ(0,2)的部分可當作 1，如此第一行即可化簡為 $\overline{A}\overline{B}$，至於 d(A,B,C,D)＝Σ(5)的部分可當作 0，因此，最終之卡諾圖（如下右圖），化簡式為：$F=\overline{A}\overline{B}+CD$。

F (CD \ AB)	00	01	11	10
00	X			
01	1	X		
11	1	1	1	1
10	X			

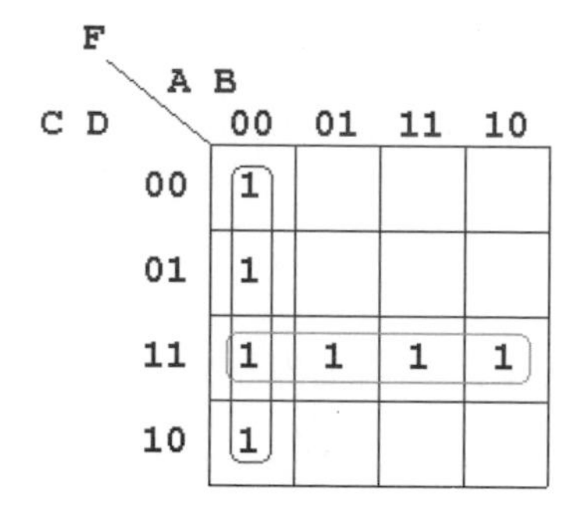

此例另可將不理會的部分處理如下：d(A,B,C,D)＝Σ(5)的部分可當作 1，而 d(A,B,C,D)＝Σ(0,2)的部分可當作 0，另獲得卡諾圖如下，其對應之化簡式為：$F=\overline{A}\overline{D}+CD$。

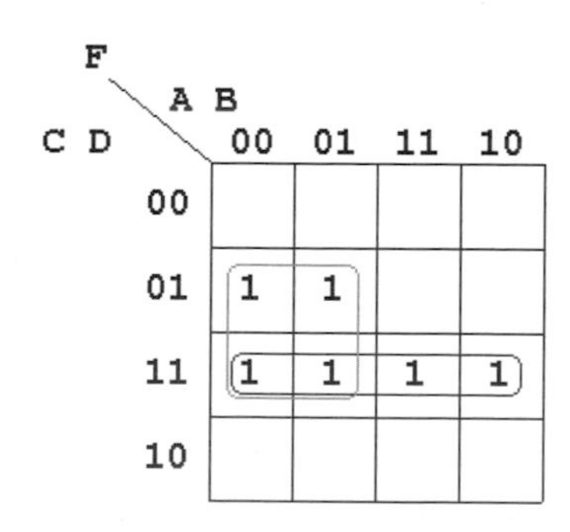

例題14

給予函式 F(A,B,C,D)＝Σ(1,2,3,7,11,15)，其中不理會條件為 d(A,B,C,D)＝Σ(5,9,13)，請以卡諾圖進行化簡。

▼**說明：**

本例原始卡諾圖如下左圖，其中不理會的部分，d(A,B,C,D)＝Σ(5,9,13)的部分全部都會被當作 1，以化簡至最簡式，最終之卡諾圖（如下右圖），化簡式為：$F = D + \overline{A}\,\overline{B}C$

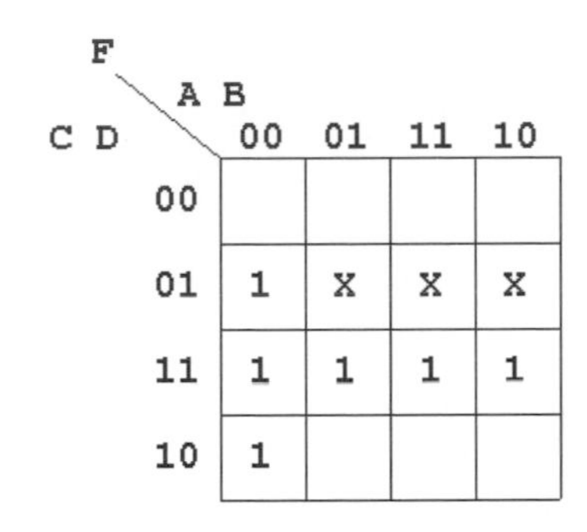

F (CD \ AB)	00	01	11	10
00				
01	1	X	X	X
11	1	1	1	1
10	1			

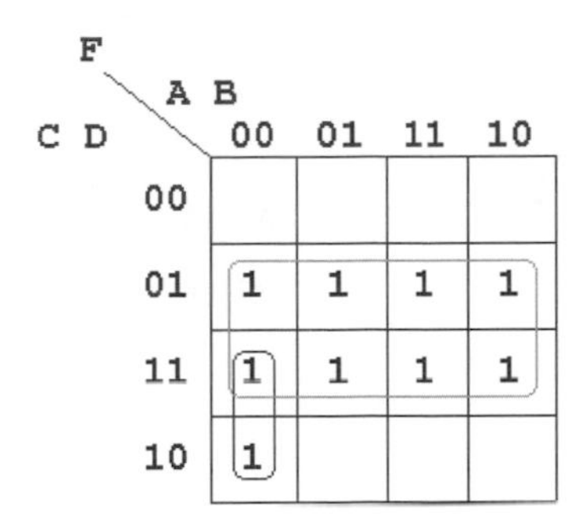

F (CD \ AB)	00	01	11	10
00				
01	1	1	1	1
11	1	1	1	1
10	1			

3-5 二階和多階電路

數位系統中，非及邏輯閘（NAND）和非或邏輯閘（NOR）都非常好用，且互相為對偶（dual），可說是通用邏輯閘(universal gate)，任何布林函式都可以使用 NAND 或 NOR 邏輯閘來實現。

例如，及邏輯閘（AND）即可改由非及邏輯閘與反相邏輯閘實現，如右圖：

A B F=AB

A B F=AB

同理，或邏輯閘（OR）即可改由非或邏輯閘與反相邏輯閘實現，$F = \overline{\overline{(x+y)}} = x + y$，如右圖：

x y F=x+y

非及邏輯閘的另一種形式亦採用 DeMorgan 定理，以反相器-或邏輯閘（Invertor-OR）來實現，如右圖：

再如，或邏輯閘（OR）即可應用 DeMorgan 定理，改由非及邏輯閘與反相邏輯閘實現，如右圖：

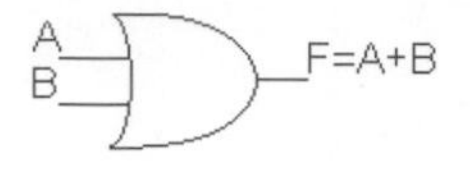

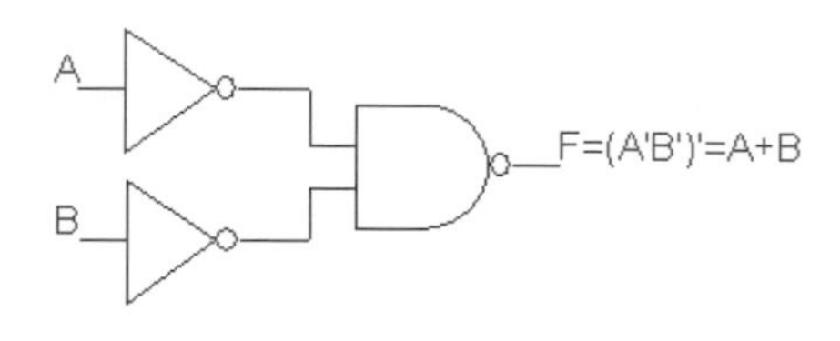

同理，及邏輯閘（AND）即可應用 DeMorgan 定理，改由非或邏輯閘與反相邏輯閘實現，如右圖：

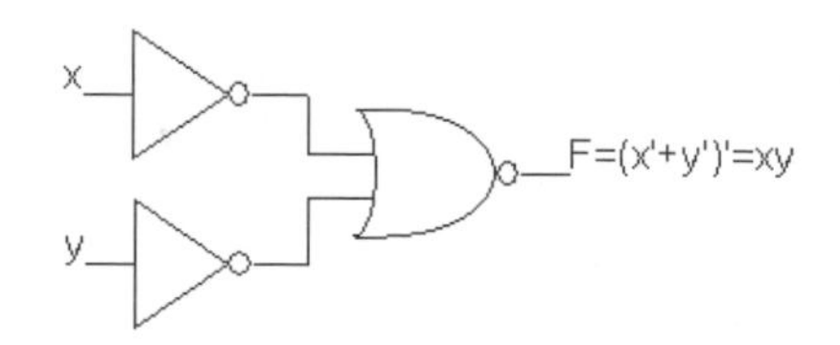

任何邏輯電路，其對應之布林函式都可以採用下列的方法進行化簡：

二級非及邏輯閘（NAND）電路設計：二級（two-level，或稱二階）電路若擬用非及邏輯閘（NAND）來實現布林函式，則須先將布林函式化簡為積項之和的形式，其步驟如下：

1. 函式化簡成積項之和形式。
2. 將函式表示式中，至少含有 2 個字元的積項，以非及（NAND）邏輯閘表示。每個非及（NAND）邏輯閘的輸入即為一個變數，以完成第一層的邏輯電路設計。
3. 在第二層的邏輯電路設計使用單一個 And—Invertor 或 Invertor—OR 邏輯閘表示，其輸入埠端是由第一層邏輯閘的輸出所提供。
4. 若是函數某一積項只有單一變數（文字），則此一變數在第一層的電路建構需使用，而若採用補數來取代，則可直接連接到第二層的非及邏輯閘，當作是非及電路的一個輸入即可。

例如，函式 F＝wx＋yz，其邏輯電路之實現即具下列多種模式：其中第一張圖是直接呈現法，第二張電路圖是以 DeMorgan 定理：$\overline{\overline{(wx)}\,\overline{(yz)}} = wx + yz$，以非及—非及（NAND—NAND）邏輯電路來實現；第三張電路圖是以另一種非及電路（Invertor-OR）來實現。

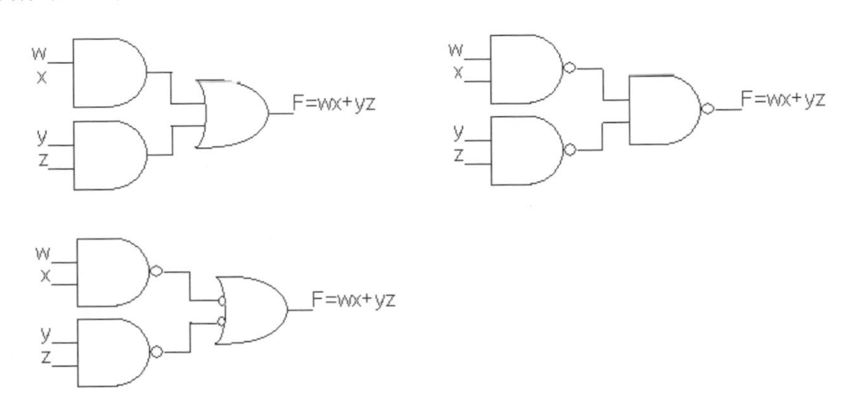

例題15

給予函式 F(A,B,C)＝Σ(0,1,2,5,6,7)，請以非及（NAND）邏輯閘實現電路設計。

▼說明：

本例之卡諾圖化簡式為：$F = AB + C + \overline{A}\,\overline{B}$，其中 C 為單一變數之積項，於電路圖中使用補數 $\overline{C}$ 直接連接到第二層的非及邏輯閘，亦可於第一層以 C 接反相器後，再輸入到第二層的非及邏輯閘（電路圖與卡諾圖均如下）。

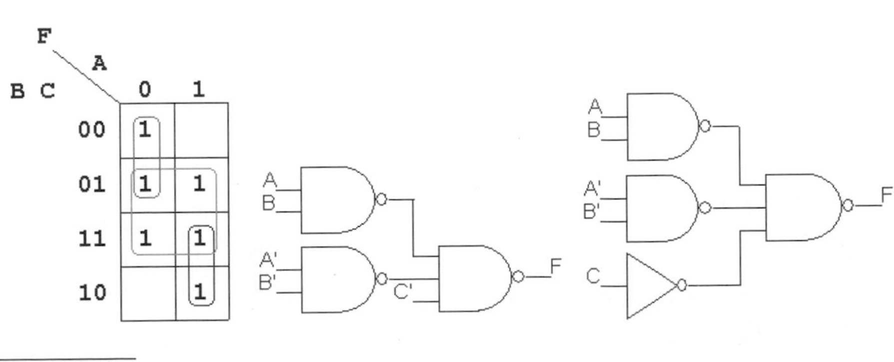

$$\overline{\overline{(AB)}\,\overline{(\overline{A}\,\overline{B})}\,\overline{C}} = AB + \overline{A}\,\overline{B} + C$$

二級非或邏輯閘（NOR）電路設計：二級電路若擬用非或邏輯閘（NOR）來實現布林函式，則須先將布林函式化簡為和項之積的形式。其執行步驟與非及邏輯電路之設計類同。有關 NOR 邏輯閘之設計符號如下二圖所示：

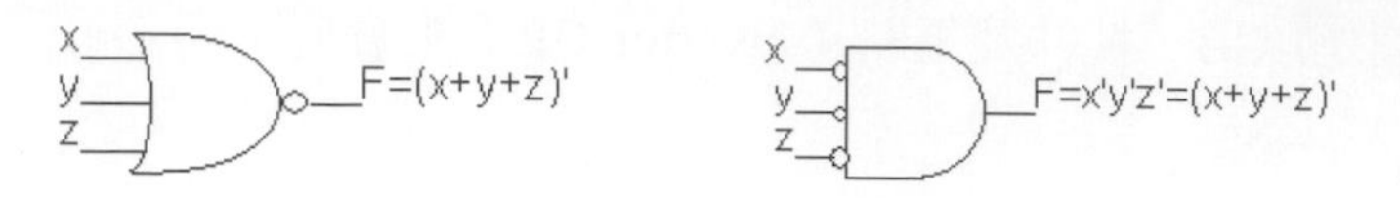

二級線接邏輯(wired logic)設計：在二個邏輯閘的輸出埠（針腳）直接以繞線連接所形成的特定邏輯，常用之電路設計法如下：

1. 採用開集極電晶體非及邏輯閘的輸出直接連接時：形成 "線接-AND" 邏輯，如下圖之形式，其函式可應用 DeMorgan 定理：$F=\overline{(AB)}\overline{(CD)}=\overline{(AB+CD)}$，此模式稱為 "及-或-反相"（And-Or-Invert）函式。

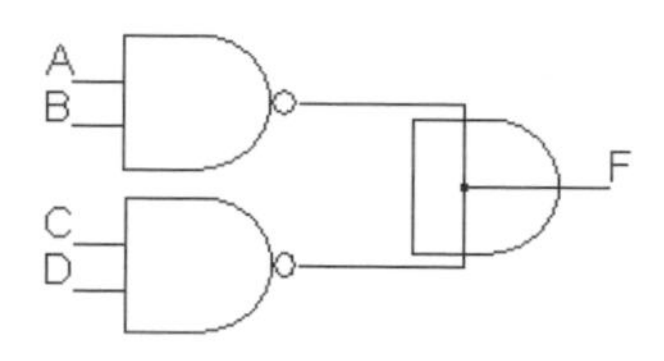

2. 若採用的是射極耦合（ECL；Emitter-Coupled Logic）電晶體非或邏輯閘的輸出直接連接時：形成 "線接-OR" 邏輯，如下圖之形式，其函式亦可應用 DeMorgan 定理：$F=\overline{(A+B)}+\overline{(C+D)}=\overline{(A+B)(C+D)}$，此模式則稱為 "或-及-反相"（And-Or-Invert）函式。

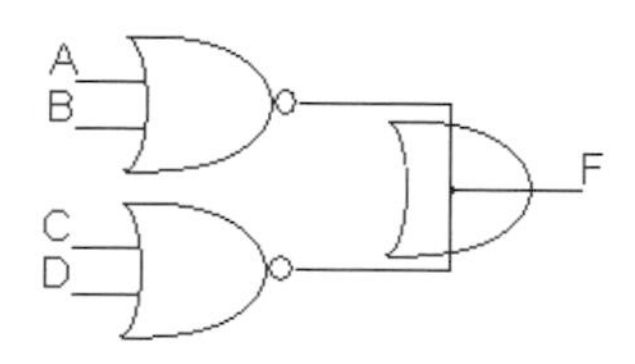

非退化形式：在二級電路中，考量四種基本的邏輯閘型態（及、或、非及、非或），若第一層係以其中某一種形式的邏輯閘來設計，並且在第二層也以某一種形式的邏輯閘來設計，則可安排 16 種不同組合的二級邏輯電路設計之模式（2^4=16）。例如，在第一、二層都使用相同 NOR-NOR 邏輯閘電路來設計；或是在第一、二層分別使用不同的 AND-OR 邏輯閘電路來設計。然此 16 種邏輯電路設計可歸納為二大類，其中 8 種因會退化變成如同執行一個單一的運算，故被歸類稱為退化（degenerate）邏輯形式，另外的 8 種是屬於非退化（nondegenerate）的邏輯形式，包含 "及-或"（AND-OR）邏輯、"及-非或"（AND-NOR）邏輯、"或-及"（OR-AND）邏輯、"或-非及"（OR-NAND）邏輯、"非及-及"（NAND-AND）邏輯、"非及-非及"（NAND-NAND）邏輯、"非或-或"（NOR-OR）邏輯和 "非或-非或"（NOR-NOR）邏輯等。

互斥或（XOR）與互斥非或（XNOR）：除了及、或、非及、非或等四種基本邏輯閘，互斥或和互斥非或邏輯閘的應用也非常的廣，例如，全加法器的和加總計算 Sum=Cin⊕x⊕y，或是同位元產生器和同位元的核對（於第四章介紹），或是其函數與偶函數的設計都會使用到互斥或邏輯閘的設計。為須注意的是，目前常用的互斥或 IC 是二進一出的 7486，若是要表達 Sum=Cin⊕x⊕y，宜採下圖設計：

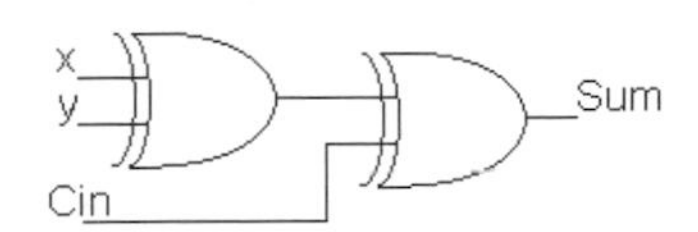

雖然，部分書籍會以下圖顯示三項互斥或的運算，然不建議：

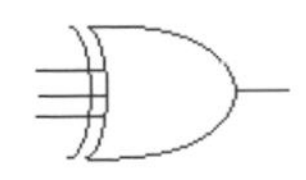

1. 奇（odd）函數：

   - 以互斥或計算三個變數 x、y、z 是否為奇函數：

     $x \oplus y \oplus z = \overline{x}\,\overline{y}z + \overline{x}y\overline{z} + x\overline{y}\,\overline{z} + xyz$，由式中可知，001、010、100、111（對應函式中的積項）為奇數個 1。卡諾圖及電路圖如下：

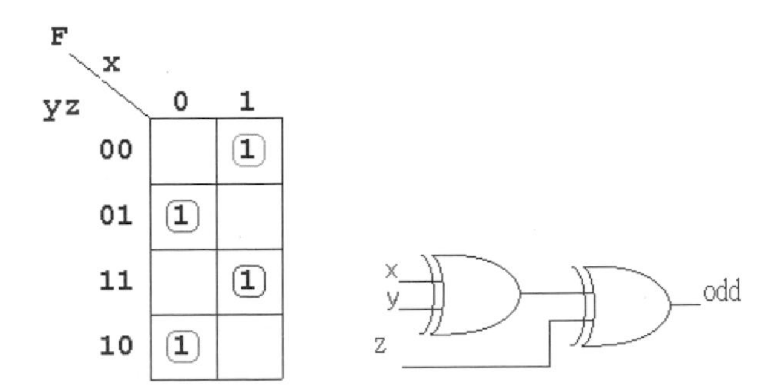

■ 四個變數 A、B、C、D 是否為奇函數（卡諾圖及二種電路圖設計均如下）：

$F_{odd}(A,B,C,D)$

$= \overline{A}\,\overline{B}\,\overline{C}D + \overline{A}\,\overline{B}C\overline{D} + \overline{A}B\overline{C}\,\overline{D} + \overline{A}BCD + AB\overline{C}D + ABC\overline{D}$

$+ A\overline{B}\,\overline{C}\,\overline{D} + A\overline{B}\,\overline{C}D$

$= A \oplus B \oplus C \oplus D$

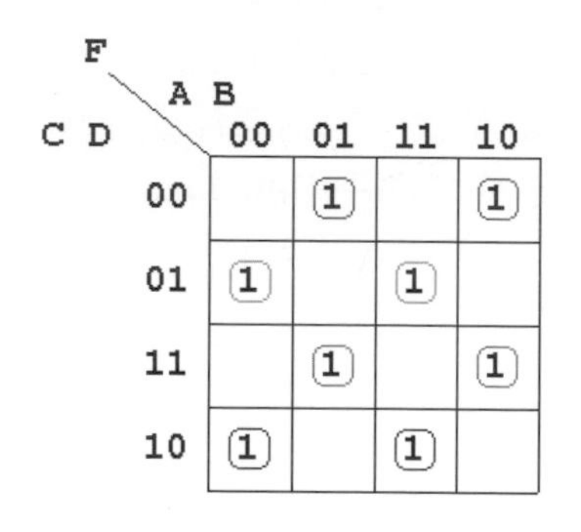

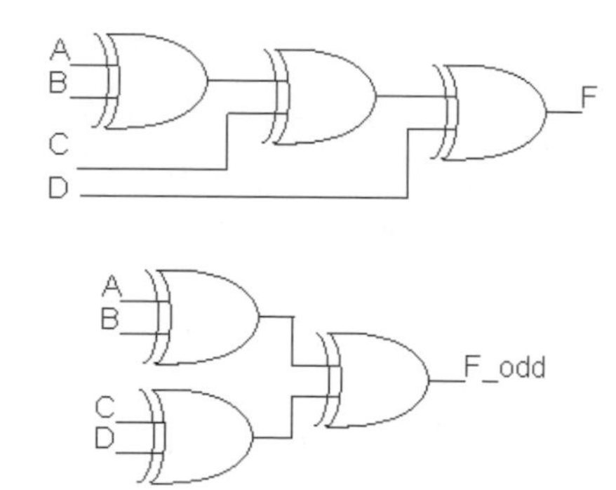

2. 偶（even）函數：

■ 以互斥或計算三個變數 x、y、z 是否為偶函數：

$x \oplus y \oplus z = \overline{x}\,\overline{y}z + \overline{x}y\overline{z} + x\overline{y}\,\overline{z} + xyz$ 由式中可知，000、011、101、110（對應函式中的積項）為偶數個 0。卡諾圖及電路圖如下：

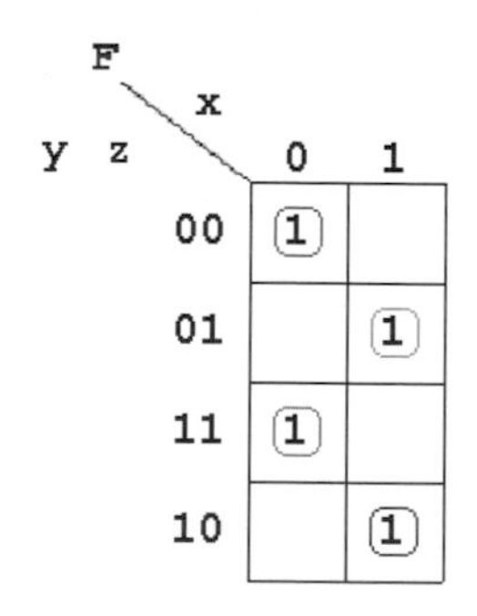

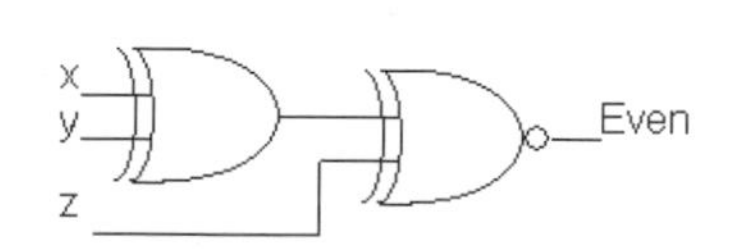

- 四個變數 A、B、C、D 是否為偶函數（卡諾圖及二種電路圖設計均如下）：

$$F_{even}(A,B,C,D)$$
$$= \overline{A}\,\overline{B}\,\overline{C}\,\overline{D} + \overline{A}\,\overline{B}CD + \overline{A}B\overline{C}D + \overline{A}BC\overline{D} + AB\overline{C}\,\overline{D} + ABCD$$
$$+ A\overline{B}\,\overline{C}D + A\overline{B}C\overline{D}$$
$$= \overline{(A \oplus B \oplus C \oplus D)}$$

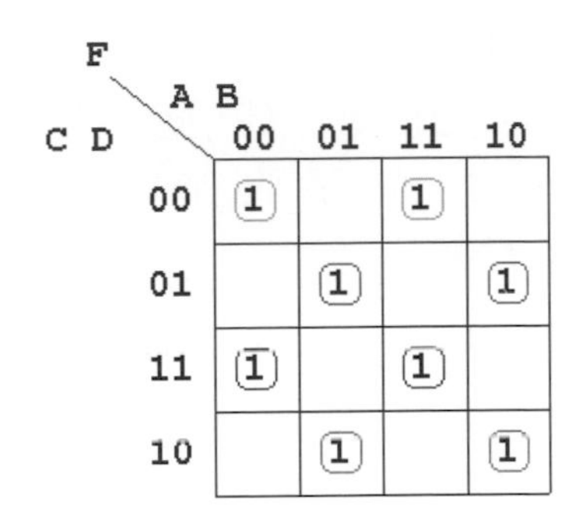

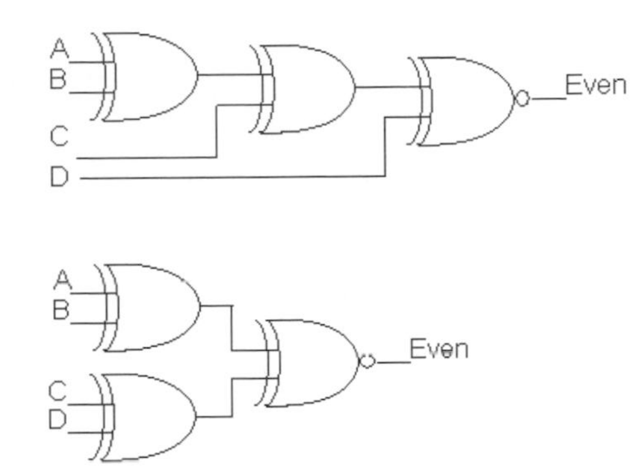

多級（multi-level，多階）非及（NAND）邏輯電路設計：

1. 實現布林函式邏輯電路設計，可將"及-或"（AND-OR）邏輯改採 "非及-非及"（NAND-NAND）邏輯設計，或者將及（AND）邏輯電路改以"非及邏輯＋反相器" 來設計。
2. 非及（NAND）邏輯電路亦可採用 "反相器＋或（OR）邏輯" 來替代設計。
3. 可採用混合（hybrid）表示法，將多級的 "及-或"（AND-OR）邏輯電路轉換為全部以非及邏輯（NAND）設計的電路，其轉換執行步驟概略如下：
   - 所有及（AND）邏輯閘使用 And—Invert 符號的非及（NAND）邏輯閘取代。
   - 所有或（OR）邏輯閘使用 Invert—OR 符號的非及（NAND）邏輯閘取代。

例如，函式 $F = C(AB + D) + D + \overline{C}D$ 若以 "及-或"（AND-OR）邏輯實現如下圖：

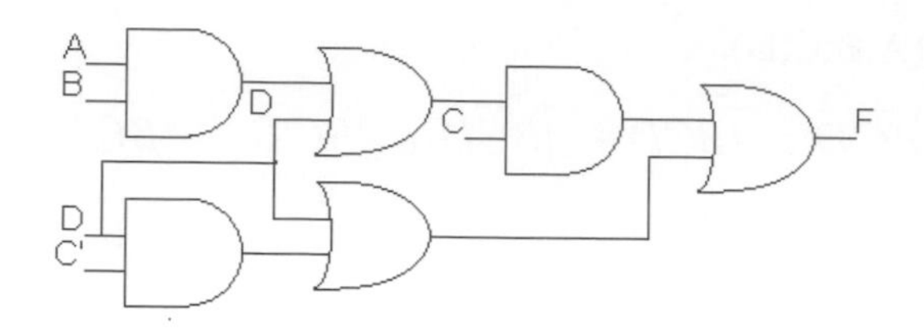

- 檢查所有電路圖中 Invert 符號所使用的泡泡小圈，同一線接的每一個泡泡小圈，如果不是用以補償其他泡泡小圈，則需插入一個反相器(或僅單一個輸入的非及邏輯閘)，亦可採取將輸入字元取補數的方式來呈現（如下圖中之輸入 $\overline{C}$ ）。

上例函式 $F = C(AB + D) + D + \overline{C}D$ ，若改以非及（NAND）邏輯閘，搭配使用 Invert—OR 符號的非及邏輯，電路實現如下圖：

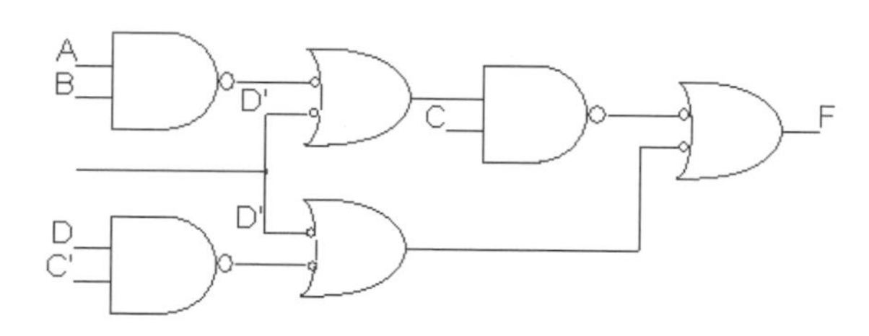

例題16

給予函式 F＝A(B+C)(D+E)，請以非及（NAND）邏輯閘實現電路設計。

▼說明：

本例電路實現如下圖：

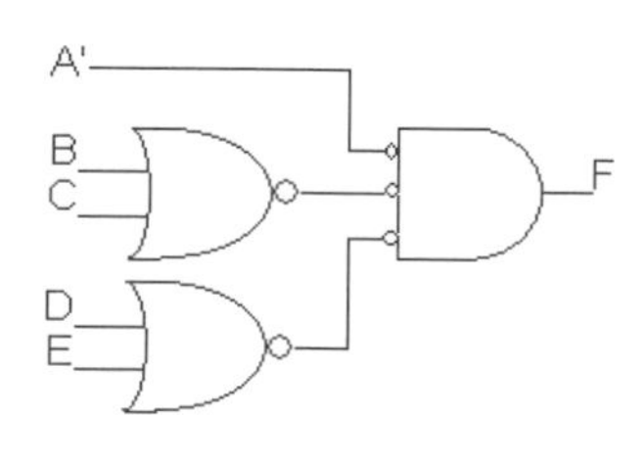

例題17

給予函式 $F=(A\overline{B}+\overline{A}B)(C+D)$，請以非或（NOR）邏輯閘實現電路設計。

▼說明：

本例電路實現如右圖：

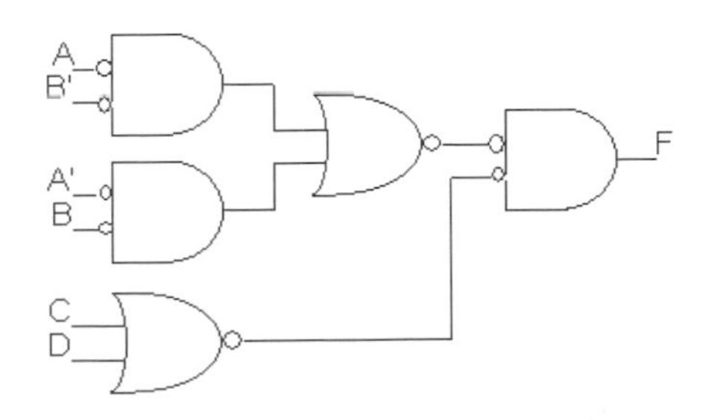

例題18

請以卡諾圖化簡法，設計 4-bits 十六進位輸入轉換成 4-bits 葛雷碼輸出的函式並畫出相應的邏輯電路圖。

▼說明：

(1) 完成 4-bits 十六進位轉換成 4-bits 葛雷碼對應真值表：

4-bits 十六進位（輸入）				4-bits 葛雷碼（輸出）			
A	B	C	D	W	X	Y	Z
0	0	0	0	0	0	0	0
0	0	0	1	0	0	0	1
0	0	1	0	0	0	1	1
0	0	1	1	0	0	1	0
0	1	0	0	0	1	1	0
0	1	0	1	0	1	1	1
0	1	1	0	0	1	0	1
0	1	1	1	0	1	0	0
1	0	0	0	1	1	0	0
1	0	0	1	1	1	0	1
1	0	1	0	1	1	1	1
1	0	1	1	1	1	1	0

4-bits 十六進位（輸入）				4-bits 葛雷碼（輸出）			
A	B	C	D	W	X	Y	Z
1	1	0	0	1	0	1	0
1	1	0	1	1	0	1	1
1	1	1	0	1	0	0	1
1	1	1	1	1	0	0	0

(2) 完成卡諾圖及布林函式：

布林函式 W＝A

W

CD \ AB	00	01	11	10
00			1	1
01			1	1
11			1	1
10			1	1

布林函式 X＝A⊕B

X

CD \ AB	00	01	11	10
00		1		1
01		1		1
11		1		1
10		1		1

布林函式 Y＝B⊕C

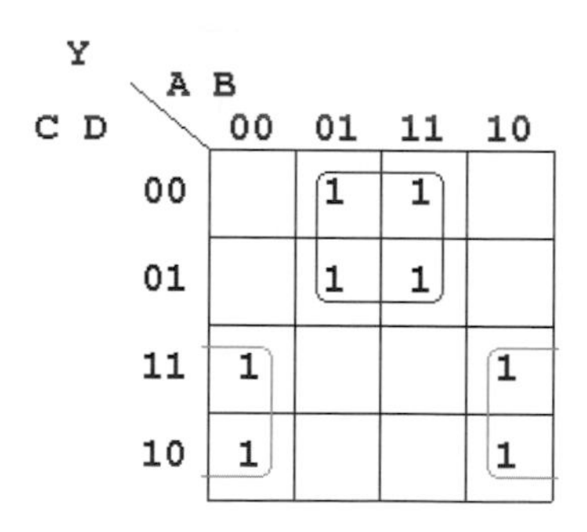

布林函式 Z＝C⊕D

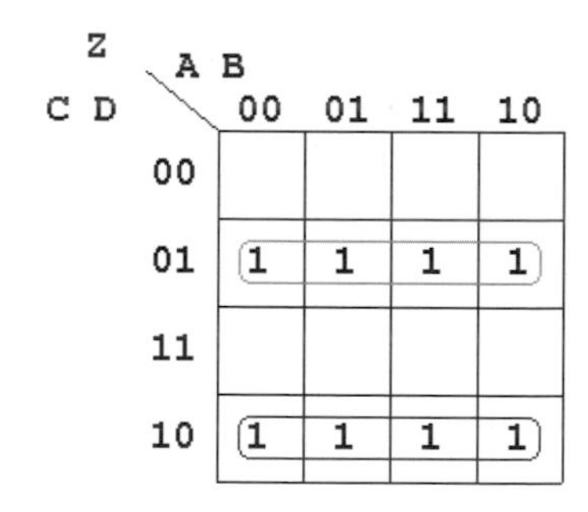

(3) 完成邏輯電路設計如右圖：

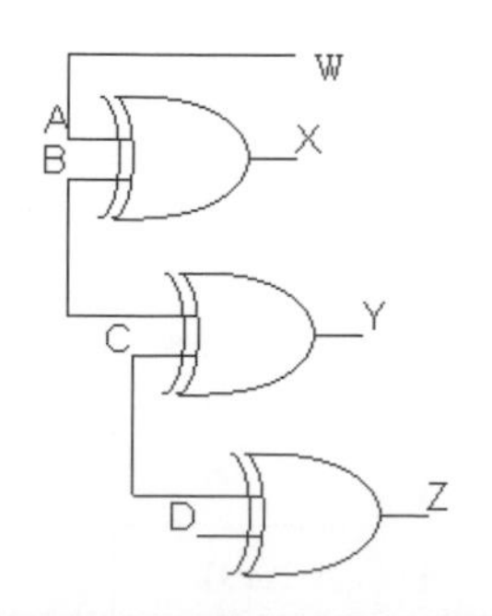

例題19

請以卡諾圖化簡法，設計輸入 4-bits 葛雷碼轉換成 4-bits 十六進位輸出的函式並畫出相應的邏輯電路圖。

▼說明：

(1) 完成 4-bits 葛雷碼轉換成 4-bits 十六進位對應真值表：

4-bits 葛雷碼（輸入）				4-bits 十六進位（輸出）			
A	B	C	D	W	X	Y	Z
0	0	0	0	0	0	0	0
0	0	0	1	0	0	0	1
0	0	1	1	0	0	1	0
0	0	1	0	0	0	1	1
0	1	1	0	0	1	0	0
0	1	1	1	0	1	0	1
0	1	0	1	0	1	1	0
0	1	0	0	0	1	1	1
1	1	0	0	1	0	0	0
1	1	0	1	1	0	0	1
1	1	1	1	1	0	1	0
1	1	1	0	1	0	1	1
1	0	1	0	1	1	0	0
1	0	1	1	1	1	0	1
1	0	0	1	1	1	1	0
1	0	0	0	1	1	1	1

(2) 完成卡諾圖及布林函式：

布林函式 $W=A$

W

CD \ AB	00	01	11	10
00			1	1
01			1	1
11			1	1
10			1	1

布林函式 $X=A\oplus B$

X

CD \ AB	00	01	11	10
00		1		1
01		1		1
11		1		1
10		1		1

布林函式 $X=A\oplus B\oplus C$

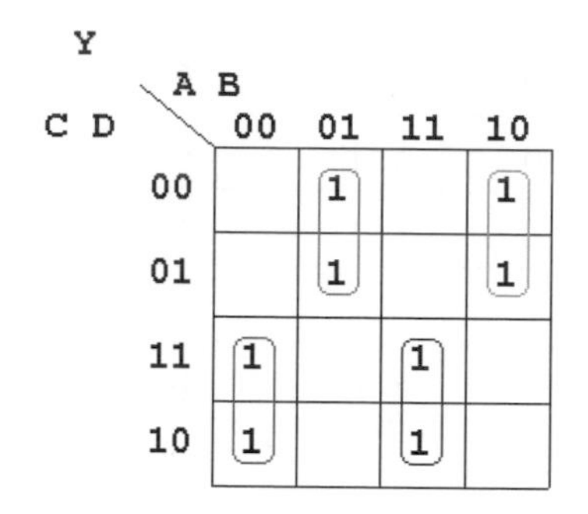

Y

CD \ AB	00	01	11	10
00		1		1
01		1		1
11	1		1	
10	1		1	

布林函式 $X=A\oplus B\oplus C\oplus D$

Z

CD \ AB	00	01	11	10
00		1		1
01	1		1	
11		1		1
10	1		1	

(3) 完成邏輯電路設計如下：

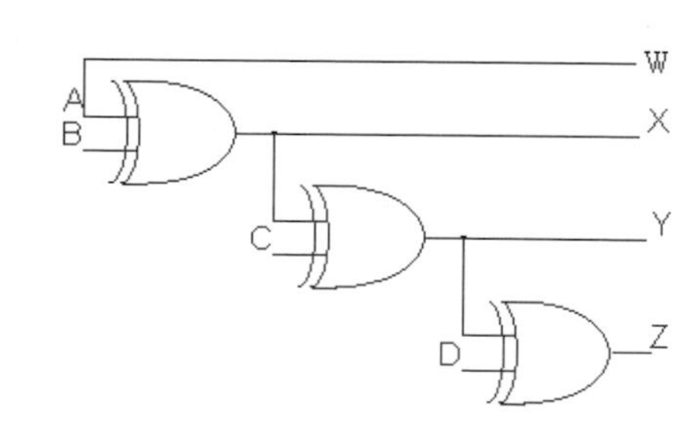

1. 請說明卡諾圖化簡執行原則。
2. 給定布林函式 F(A,B,C)= Σ（1,3,4,5），請以卡諾圖進行化簡。
3. 函式 F(A,B,C,D)＝Σ（1,4,5,7,9,13），請以卡諾圖進行化簡。
4. 請說明哪 8 種二級邏輯電路是屬於非退化邏輯形式。
5. 何謂質含項(Prime Implicant)？
6. 給予函式 F(A,B,C,D)＝Σ（1,2,3,7,11,15），其中不理會條件為 D(A,B,C,D)＝Σ（5,10,14），請以卡諾圖進行化簡。
7. 給予函式 F(A,B,C)＝Σ（1,5,6,7），請以卡諾圖化簡並實現邏輯閘電路設計。
8. 給予函式 F(A,B,C,D)＝Σ（0,1,2,3,6,8,9,10），請分別以 SOP 和 POS 進行卡諾圖化簡。
9. 給定真值表如下，請以全或項表示式的卡諾圖進行化簡。

A	B	C	F
0	0	0	0
0	0	1	0
0	1	0	1
0	1	1	0
1	0	0	1
1	0	1	0
1	1	0	1
1	1	1	1

10. 函式 F(A,B,C,D,E)＝Σ（1,2,4,7,8,11,13,14,16,19,21,22,25,26,28,31），請以卡諾圖進行化簡。
11. 請以卡諾圖化簡函式 F(A,B,C,D)=Σ（0,1,2,4,5,6,8,9,12,13,14）。

12. 請寫出下面卡諾圖的相應函式。

F (CD \ AB)

CD \ AB	00	01	11	10
00	1			
01	1	1		1
11	1	X	X	
10	X		1	X

13. 請寫出下面卡諾圖的相應函式。

F (BC \ A)

BC \ A	0	1
00		1
01	1	1
11		
10		1

4 組合邏輯

課程重點

- 組合邏輯的概述
- 系統電路分析與設計
- 同位元與比較電路設計
- 加法器與乘法器設計
- 編碼器與多工器設計

4-1 組合邏輯電路

數位系統中的基礎邏輯電路設計主要包含二大類，一類是無記憶的組合（combinational）邏輯電路，也就是使用沒有時脈控制或是記憶功能的基本邏輯閘所形成的邏輯電路；另一類則是有記憶功能（如儲存元件）的序向(sequential)邏輯電路，通常具備時脈或設定與重置等控制訊號，有關序向邏輯將於第五章再做介紹，本節僅概述如下：

組合邏輯電路：

1. 組成：包含基本的邏輯閘以及輸入和輸出變數等。
2. 運作：邏輯電路會依據輸入埠端之輸入信號值來作用和反應，以產生相對應的輸出信號值。
3. 系統電路之輸出值，概依邏輯電路而定，與時間無關，當邏輯組合有變更時，輸出結果亦隨之調整。

序向電路 ：

1. 除基本邏輯閘，並包含最重要的儲存單元（如正反器 flip-flop 或暫存器 register 等）。
2. 序向邏輯系統之輸出，除與目前時間點所輸入的資料相關，另根據序向電路的設計，記憶單元所儲存的資料或狀態值（先前紀錄之值或輸入之函數）可能會被讀取運用（如回授 feedback），故而會影響實際的輸出結果。所以，序向邏輯系統的電路輸出值，係由目前的輸入訊號或輸入值結合先前或過去所輸入並記憶於儲存元件的資料值所共同影響，並據此決定輸出之結果值。
3. 序向邏輯電路的行為模式：可表示為具有時間參數的時間序列的輸入值（訊號）和內部記憶狀態的函式。

設計邏輯系統電路時，需完成三項重要的工作如下：

- 分析所設計的邏輯電路之作用（behavior，或稱行為）。
- 對所給予之作用合成（synthesize）邏輯電路。
- 針對常用或共用之電路撰寫 VHDL 程式模組。

若某組合邏輯電路有 n 個輸入項（輸入變數），該電路將具有 2^n 種可能的輸入組合（000…000～111…111）【n 個 0 到 n 個 1】，如下圖所示：

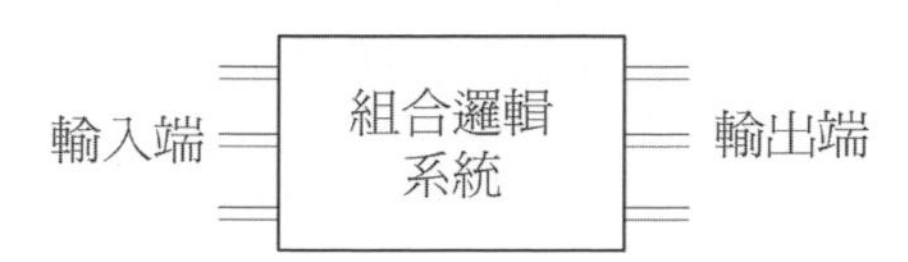

- **標準組合電路**：包含具特定函式功能的加法器（減法以加法器修改替代）、比較器（comparator）、編碼器（encoder）、解碼器（decoder）、多工器（multiplexer）以及解多工器等，均有特定 IC 型號（部分於第二章以述及），並大量應用於中型積體電路（MSI；Midium Scale Integrated Circuit）、大型積體電路（LSI）和 1975 年問市的超大型積體電路（VLSI；Very Large Scale Intergrated Circuit）或特殊應用積體電路（ASIC；Application-Specific Integrated Circuit），作為基本的標準晶片細胞(standard cells)。

4-2 組合電路分析和設計

- **分析步驟**：分析組合電路係為決定實作該電路之函數功能及落實設計理念，有關組合電路之分析步驟概略如下：

  1. 確認系統邏輯電路是屬於組合電路設計，而非序向電路設計。
  2. 該系統電路應不具有儲存記憶之單元或回授之路徑。
  3. 推導系統電路之布林函式或真值表。
  4. 驗證系統電路之設計，給定輸入值，驗證輸出結果是否符合預定目標。
  5. 解讀系統電路之操作。

布林函式推導：若擬由邏輯電路圖獲得系統電路之布林函式，其步驟如下：

1. 標示所有輸出閘：挑選任意之符號作為輸出與輸入變數（每個埠端僅使用一個唯一的符號代表），並將各級（各階）所有輸出閘以符號標示之，輸出函式 F() 並以輸入變數符號表示之。
2. 每一個邏輯閘之輸出埠端都有其布林函式，最後之系統電路輸出埠端亦應各自有其相對應的函式。例如，有三個輸入變數（x、y、z），二個輸出埠端，因此，可對應獲得輸出函式 F_1（x,y,z）和 F_2（x,y,z）。
3. 重複執行步驟 2，直到獲得所有輸出端的函式。
4. 將之前定義的函式之變數重複替代、消除或置換，即可獲得輸入變數與輸出布林函式之相對應表示式。
5. 最後宜再確認系統電路的輸出函式正確為止。

布林函式之推導：

1. **順向推導法**：假設一前述步驟給予邏輯電路圖並標示（輸入包含 A、B、C 和 D；第一層輸出包含 L_{11}、L_{12}、L_{13} 和 L_{14}；第二層輸出包含 L_{21} 和 L_{22}；系統輸出包含 F_1 和 F_2）如下：

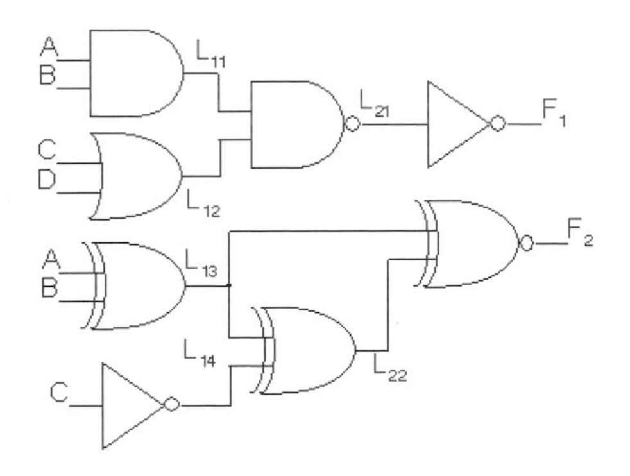

若採順向推導布林函式，亦即由輸入端開始推導

- 第一層的布林函式如下：$L_{11}=AB$，$L_{12}=C+D$；$L_{13}=A\oplus B=A\overline{B}+\overline{A}B$；$L_{14}=\overline{C}$
- 第二層的布林函式如下：$L_{21}=\overline{(L_{11}L_{12})}$，$L_{22}=L_{13}\overline{L_{14}}+\overline{L_{13}}L_{14}$

以第一層式子取代如下：

$$L_{21} = \overline{(AB)(C+D)} = \overline{AB} + \overline{(C+D)} = \overline{AB} + \bar{C}\bar{D}$$

$$L_{22} = \left(A\bar{B} + \bar{A}B\right)\bar{\bar{C}} + \overline{\left(A\bar{B} + \bar{A}B\right)}\bar{C} = A\bar{B}C + \bar{A}BC + \overline{\left(A\bar{B}\right)}\,\overline{\left(\bar{A}B\right)}\bar{C}$$

$$= A\bar{B}C + \bar{A}BC + \left(\bar{A} + B\right)\left(A + \bar{B}\right)\bar{C}$$

$$= \bar{A}BC + A\bar{B}C + \bar{A}\bar{B}\bar{C} + AB\bar{C}$$

- 系統輸出布林函式：$F_1 = \overline{L_{21}}$，$F_2 = L_{13}L_{22} + \overline{L_{13}}\,\overline{L_{22}}$

  以上面推導之結果替換可得出系統輸出之布林函式如下：

$$F_1 = \overline{\left(\overline{AB} + \bar{C}\bar{D}\right)} = AB\left(\overline{\bar{C}\bar{D}}\right) = AB\left(C + D\right) = ABC + ABD$$

$$F_2 = \left(A\bar{B} + \bar{A}B\right)\left(\bar{A}BC + A\bar{B}C + \bar{A}\bar{B}\bar{C} + AB\bar{C}\right)$$

$$+ \overline{\left(A\bar{B} + \bar{A}B\right)\left(\bar{A}BC + A\bar{B}C + \bar{A}\bar{B}\bar{C} + AB\bar{C}\right)}$$

$$= A\bar{B}C + \bar{A}BC + \bar{A}\bar{B}C + ABC = C$$

2. **逆向倒推法**：若採逆向推導，則需由輸出埠端往輸入埠端回推，以求得系統輸出與輸入變數間之布林函式關係表示式。

   - 輸出層：以上例說明，F1 之前為反向器，故函式必為 $F = \overline{(\ )}$之型式，可得到 $F_1 = \overline{L_{21}}$。

   - 輸出層之前一層：再往前回推，反向器之前為非及（NAND）邏輯閘，所以，L21 必為 $L_{21} = \overline{(\ )(\ )}$之型式，實際推導獲得 $L_{21} = \overline{(L_{11}L_{12})}$，此時亦可先替代推出 $F_1 = \overline{\overline{(L_{11}L_{12})}} = L_{11}L_{12}$，或者等待 L_{11} 和 L_{12} 推導出與輸入項變數之關係後再一起處理替換。

   - 輸出層之前二層：再回推可再獲得 $L_{11} = AB$，$L_{12} = C + D$，此時可替代獲得函式 $L_{21} = \overline{(AB)(C+D)}$。

   - 完成式：因本例之邏輯閘階層數不多，否則應持續推導至輸入項為止。本例，此步驟完成最後系統輸出之一的 F_1 之替代：$F_1 = ABC + ABD$。

   - 有關 F_2 之函式推導亦同此理；然順向推導法會比較簡單完成。

真值表：

1. 推導真值表亦屬於向前推導之方法，可直接針對輸入項給予變數，如上例，輸入項共 4 個變數 A、B、C 和 D，其餘為各階層系統電路之實際輸出，可針對 4 個輸入變數給予自 0000～1111 的值（若是變數有 n 個，輸入範圍則自 0～2^n-1，以二進位表示），便可依電路完成各階層輸出與系統輸出之真值表如下（完成真值表，宜再進行比對是否正確無誤）：

A	B	C	D	L_{11}	L_{12}	L_{13}	L_{14}	L_{21}	L_{22}	F_1	F_2
0	0	0	0	0	0	0	1	1	1	0	0
0	0	0	1	0	1	0	1	1	1	0	0
0	0	1	0	0	1	0	0	1	0	0	1
0	0	1	1	0	1	0	0	1	0	0	1
0	1	0	0	0	0	1	1	1	0	0	0
0	1	0	1	0	1	1	1	1	0	0	0
0	1	1	0	0	1	1	0	1	1	0	1
0	1	1	1	0	1	1	0	1	1	0	1
1	0	0	0	0	0	1	1	1	0	0	0
1	0	0	1	0	1	1	1	1	0	0	0
1	0	1	0	0	1	1	0	1	1	0	1
1	0	1	1	0	1	1	0	1	1	0	1
1	1	0	0	1	0	0	1	1	1	0	0
1	1	0	1	1	1	0	1	0	1	1	0
1	1	1	0	1	1	0	0	0	0	1	1
1	1	1	1	1	1	0	0	0	0	1	1

2. 當獲得系統輸出之真值表即可藉由卡諾圖來獲得布林函式

■ 本例之卡諾圖如下所示，F_1（A,B,C,D）＝Σ（13,14,15）：

F_1 CD \ AB	00	01	11	10
00				
01			1	
11			1	
10			1	

由卡諾圖可推導獲得布林函式 $F_1 = ABC + ABD$ 。

■ F_2（A,B,C,D）＝Σ（2,3,6,7,10,11,14,15），卡諾圖如下：

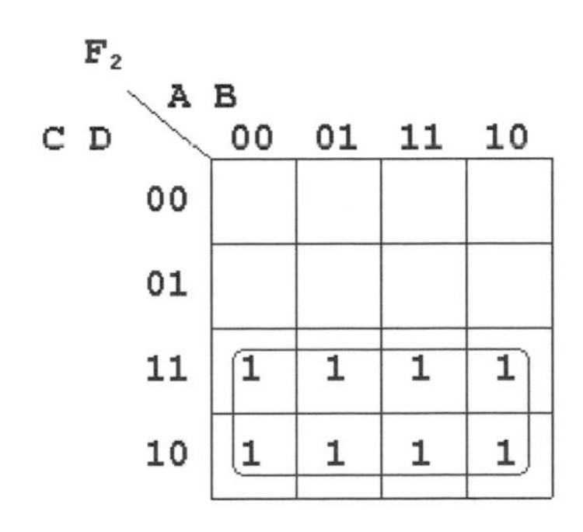

由卡諾圖可推導獲得布林函式 $F_2 = C$

組合電路設計：首先需了解電路的設計目標和功能為何，其次為規格描述和邏輯閘的選擇（配合功能或二階與多階電路的設計規劃等），其後為完成邏輯圖並獲得最簡布林函式。

1. 組合電路設計步驟概略如下：

   (1) 確認電路功能目標。

   (2) 詳定邏輯電路規格。

   (3) 決定輸入變數項與輸出變數項之數量。

   (4) 賦予輸入變數項與輸出變數項各自單獨的變數符號。

(5) 推導真值表，確認輸入變數與系統輸出間之最簡布林函式關係式。

(6) 畫出邏輯圖，驗證系統電路設計之功能目標是否正確無誤。

2. 功能或函式之描述：

(1) 以布林函式表示系統電路之功能。

(2) 硬體描述語言：可採用 Verilog HDL、IEEE VHDL、AHDL 或 Schematic entry 等作設計。

3. 邏輯電路化簡注意事項：

(1) 確認邏輯閘之使用數、輸入變數項之邏輯閘埠端及系統輸出之邏輯閘埠端及數量。

(2) 確認各階層電路邏輯閘相互連接之數目。

(3) 注意扇入（fan-in）與扇出（fan-out）問題，亦即各個邏輯閘的推動能力限制（功率是否足以推動執行運算）。

(4) 概算系統電路自輸入端以迄輸出端所需之傳播延遲（Propogation Delay）時間。

完成 BCD（Binary Coded Decimal）碼與超 3 碼（Excess-3 Code）之轉換電路設計。

▼說明：

本例之設計步驟如下：

(1) 使用輸入變數為 A、B、C、D；輸出變數為 F_1、F_2、F_3、F_4。

(2) 列出真值表，確認 BCD 碼與超 3 碼之對應關係：

BCD／輸入變數					超 3 碼／輸出變數				
十進位值	A	B	C	D	F_1	F_2	F_3	F_4	十進位值
0	0	0	0	0	0	0	1	1	3
1	0	0	0	1	0	1	0	0	4
2	0	0	1	0	0	1	0	1	5
3	0	0	1	1	0	1	1	0	6

BCD／輸入變數					超 3 碼／輸出變數				
十進位值	A	B	C	D	F_1	F_2	F_3	F_4	十進位值
4	0	1	0	0	0	1	1	1	7
5	0	1	0	1	1	0	0	0	8
6	0	1	1	0	1	0	0	1	9
7	0	1	1	1	1	0	1	0	10
8	1	0	0	0	1	0	1	1	11
9	1	0	0	1	1	1	0	0	12

(3) 依據真值表，以卡諾圖求出各個輸出項變數與輸入項間之布林函式關係表示式（本例因輸入項使用 4 個變數，所以超過 9 的部分於卡諾圖中以不理會處理）：

■ F_1 卡諾圖：

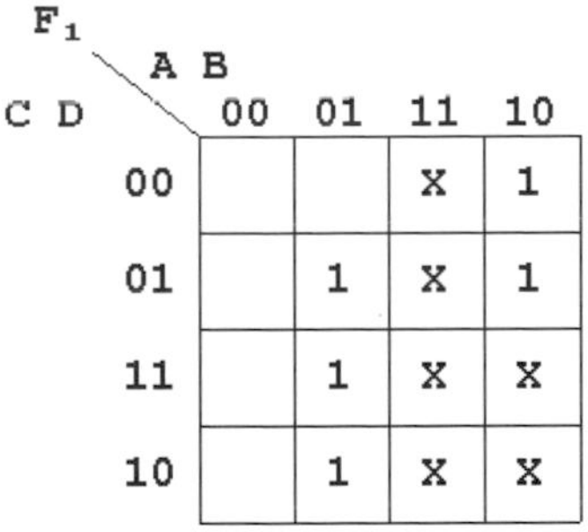

F_1 CD \ AB	00	01	11	10
00			X	1
01		1	X	1
11		1	X	X
10		1	X	X

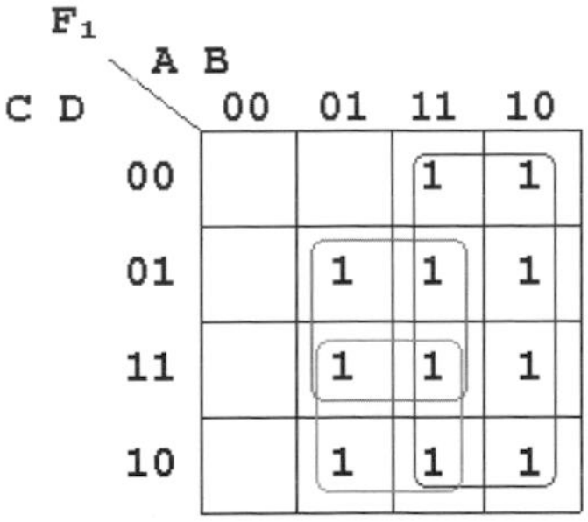

F_1 CD \ AB	00	01	11	10
00			1	1
01		1	1	1
11		1	1	1
10		1	1	1

$$F_1(A,B,C,D) = A + BC + BD$$

■ F_2 卡諾圖：

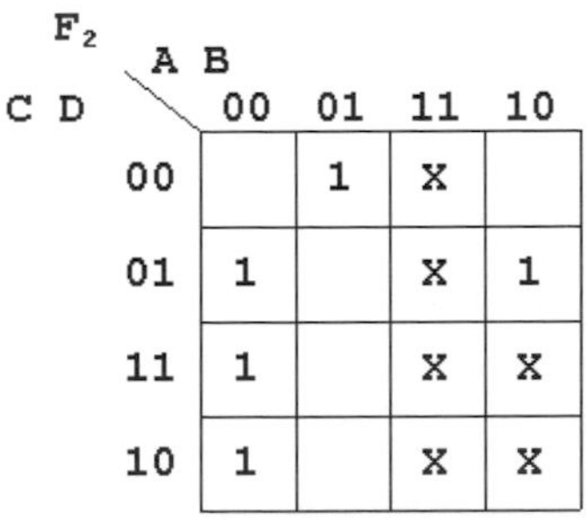

F_2 CD \ AB	00	01	11	10
00		1	X	
01	1		X	1
11	1		X	X
10	1		X	X

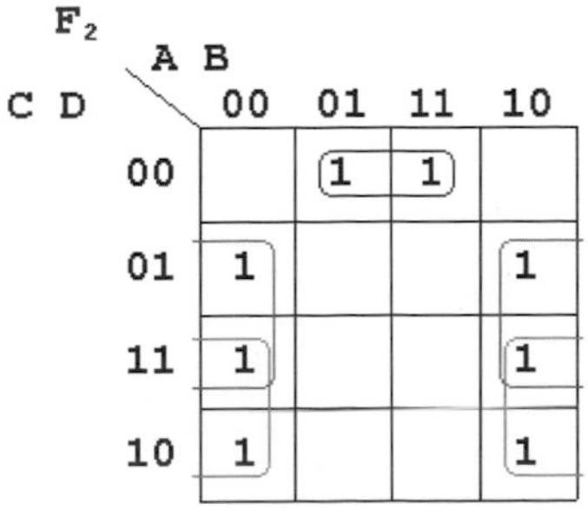

F_2 CD \ AB	00	01	11	10
00		1	1	
01	1			1
11	1			1
10	1			1

$$F_2(A,B,C,D) = \overline{B}C + \overline{B}D + B\overline{C}\,\overline{D}$$

■ F_3 卡諾圖：

F_3 CD \ AB	00	01	11	10
00	1	1	X	1
01			X	
11	1	1	X	X
10			X	X

F_3 CD \ AB	00	01	11	10
00	1	1	1	1
01				
11	1	1	1	1
10				

$$F_3(A,B,C,D) = CD + \overline{C}\,\overline{D}$$

■ F_4 卡諾圖：

F_4 CD \ AB	00	01	11	10
00	1	1	X	1
01			X	
11			X	X
10	1	1	X	X

F_4 CD \ AB	00	01	11	10
00	1	1	1	1
01				
11				
10	1	1	1	1

$$F_4(A,B,C,D) = \overline{D}$$

(4) 最後再依據布林函式畫出系統電路設計如下：

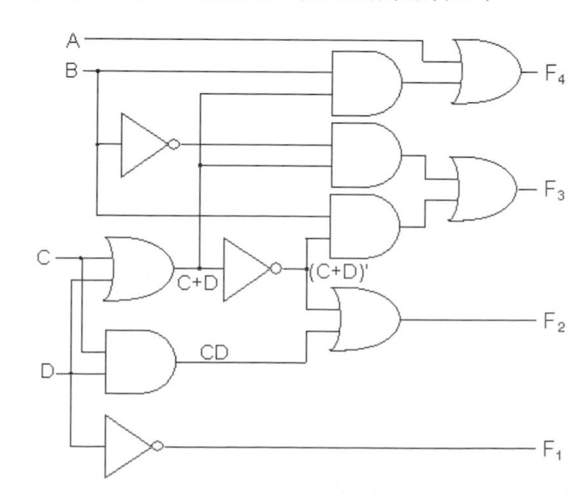

4-3 二進位加法與減法器設計

半加法器（HA；Half Adder）：僅有二個輸入變數（假設為 x、y），二個輸出變數為和（Sum）及進位（Carry），概述如下：

1. 運算：

   - 0＋0＝0
   - 0＋1＝1
   - 1＋0＝1
   - 1＋1＝10（含進位）

2. 真值表：

輸入變數		輸出變數	
x	y	進位（Carry）	和（Sum）
0	0	0	0
0	1	0	1
1	0	0	1
1	1	1	0

3. 布林函式：由真值表可推導輸出變數之布林函式如下：

4. 進位（Carry）＝xy（及邏輯閘電路）

   和（Sum）＝x⊕y＝ $x\overline{y}+\overline{x}y$ （互斥或邏輯閘電路）

5. 電路圖如下：

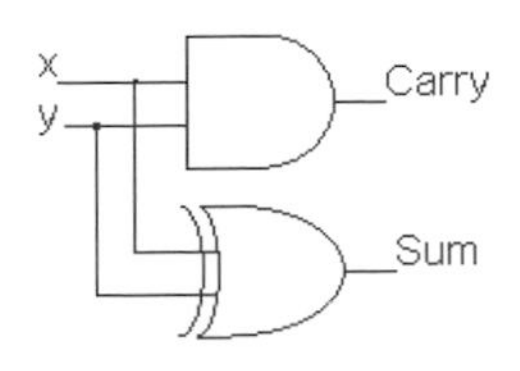

全加法器（FA；Full Adder）：三個輸入變數（假設為 x、y、z），二個輸出變數為和（Sum）及進位（Carry），概述如下：

1. 運算（以真值表呈現）：

輸入變數			輸出變數	
x	y	z	進位（Carry）	和（Sum）
0	0	0	0	0
0	0	1	0	1
0	1	0	0	1
0	1	1	1	0
1	0	0	0	1
1	0	1	1	0
1	1	0	1	0
1	1	1	1	1

2. 卡諾圖與布林函式：由真值表可完成卡諾圖並推導輸出變數之布林函式：

■ 進位（Carry）卡諾圖：

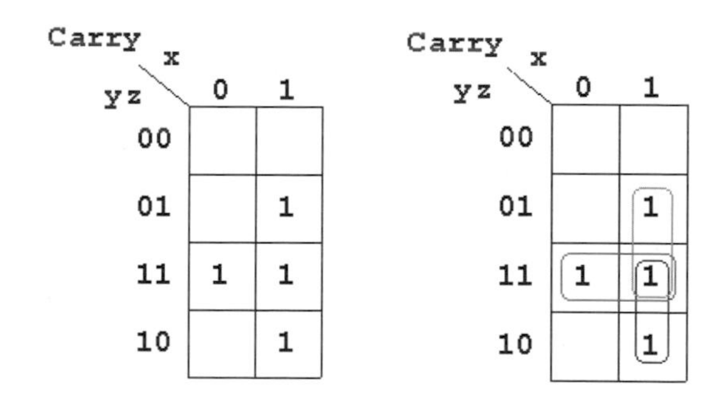

布林函式：$Carry(x, y, z) = xy + xz + yz$

■ 和值（Sum）卡諾圖：

Sum yz \ x	0	1
00		1
01	1	
11		1
10	1	

Sum yz \ x	0	1
00		⓵
01	⓵	
11		⓵
10	⓵	

布林函式：$Sum(x,y,z)=\overline{x}\,\overline{y}z+\overline{x}y\overline{z}+x\overline{y}\,\overline{z}+xyz=x\oplus y\oplus z$

3. 電路圖：

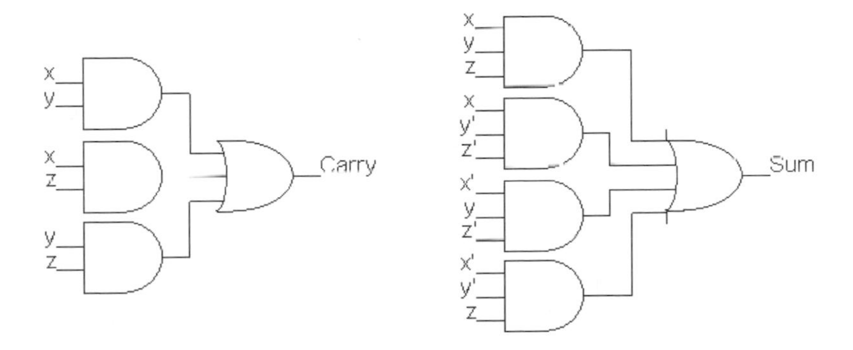

4. 半加法器實現全加法器之電路圖：

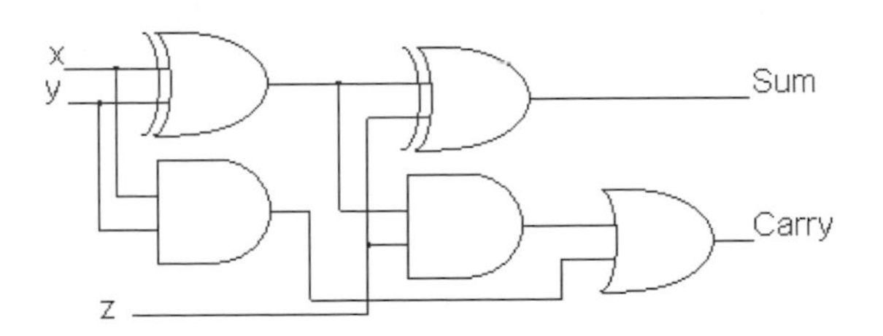

四位元全加法器：

1. 單一個全加法器：包含三個輸入變數 x、y 和輸入進位 Cin，二個輸出變數和值（Sum）及輸出進位（Cout），如下圖：

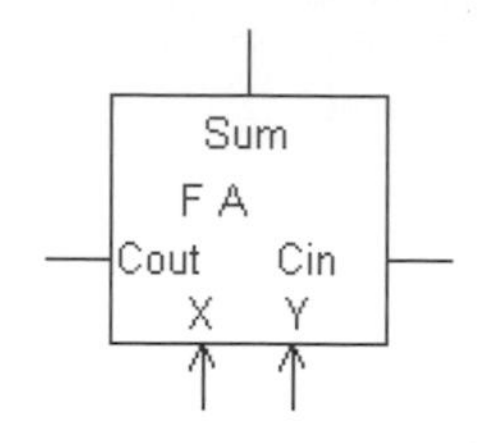

2. 四位元全加法器：

■ 若以四個單一全加法器來實現四位元全加法器：

(1) 輸入變數：一個第一級的輸入進位 C_0。

(2) 二個四位元的輸入變數 A（$A_3A_2A_1A_0$）和 B（$B_3B_2B_1B_0$），其中 A_3 與 B_3 為 MSB 位元，A_0 與 B_0 為 LSB 位元。

(3) 輸出變數：四位元的和（Sum）值 $S_3S_2S_1S_0$（S_3 為 MSB 位元，S_0 為 LSB 位元）及最後一級之輸出進位 C_4，其餘各級之輸入進位等於前一級之輸出進位值。

(4) 運算原理（表列說明如下）：

假設給予二組四個位元的值，被加數為 0011，加數 1111，其運算結果值為 10010，對照如下：

被加數		0	0	1	1
加數		1	1	1	1
結果	1	0	0	1	0
說明	C4	S3	S2	S1	S0

若使用四個位元全加法器，其對應如下表：

項次	3	2	1	0	符號別
輸入進位	1	1	1	0	C_i
被加數	0	0	1	1	A_i
加數	1	1	1	1	B_i
和值	0	0	1	0	S_i
輸出進位	1	1	1	1	C_{i+1}

(5) 邏輯電路圖如下：

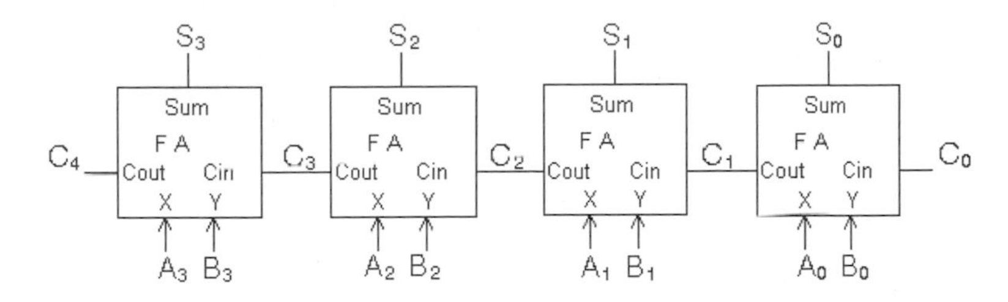

- 使用四位元全加法器 7483IC：一個進位輸入 Cin，二組四個位元的輸入 A（$A_3A_2A_1A_0$）和 B（$B_3B_2B_1B_0$），一個進位輸出 Cout，一組四個位元的和（Sum）值輸出 $S_3S_2S_1S_0$，其運算如上例，邏輯電路圖如下：

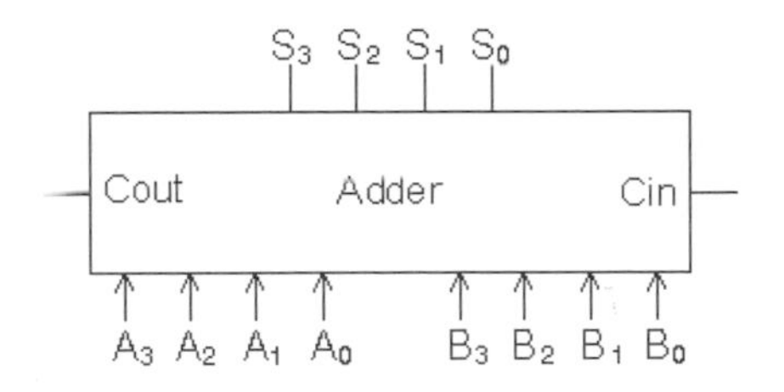

進位傳播全加法器：

1. 二個二進位的數值之加法平行運算意味著所有被加數與加數之位元都可同時進行計算，然各級進位值必須在正確的總和值輸出前，先經邏輯閘往輸出埠端方向傳送並被計算到。

2. 在加法器的計算中，因和值 $S_i = A_i \oplus B_i \oplus C_i$，因此電路中最長的傳播延遲時間是發生於將進位值於整個全加法器中傳播。總傳播時間計算如下：

$T_{total\_propogation} = T_{propogation} \times Gates$

總傳播時間等於一般邏輯閘之傳播延遲時間乘上其經過的邏輯閘個數。

3. 各級邏輯電路簡圖如下（參閱 Degital Design, M. Morris Mano and Michael D. Ciletti, Pearson Prentice Hall）：

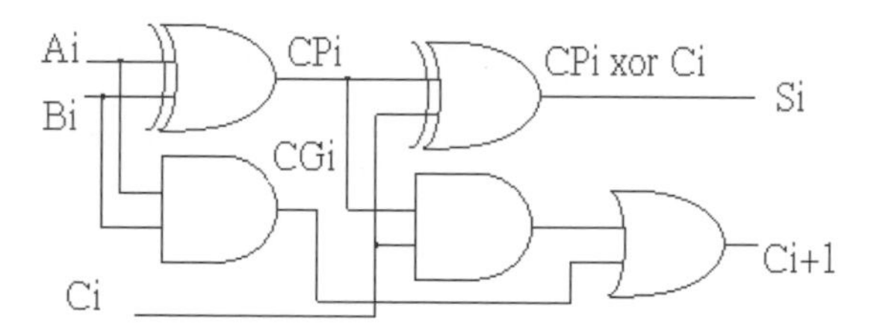

- 和值 $S_i = A_i \oplus B_i \oplus C_i$
- 進位傳播 $CP_i = A_i \oplus B_i$，此值決定進位值是否由第 *i* 級傳播至第 *i+1* 級。
- 進位產生 $CG_i = A_iB_i$，當 A_i 和 B_i 之輸入值均為 1 時，產生進位，

  $C_{i+1} = CP_iC_i + CG_i$。

4. **進位超前（lookahead）**：前例推導出 $C_{i+1} = CP_iC_i + CG_i$，若能將進位提前傳播至下一級，將有利縮短傳播延遲時間，因此，提前運算進位結果值（將每一級之進位輸出以前一級之變數替代，推導出其運算關係式），並送至下一級或輸出前之最後一級（此舉係藉增加邏輯閘數量，來降低進位傳播延遲所需之時間），布林函式如下：

- C_0＝輸入進位值。
- $C_1 = CG_0 + CP_0C_0$
- $C_2 = CP_1C_1 + CG_1$，將 C_1 依上式替代如下：

  $C_2 = CP_1(CP_0C_0 + CG_0) + CG_1 = CG_1 + CP_1CG_0 + CP_1CP_0C_0$

- $C_3 = CP_2C_2 + CG_2$，將 C_2 依上式替代如下：

  $C_3 = CG_2 + CP_2（C_0CP_0CP_1 + CG_0CP_1 + CG_1）$

  $= CG_2 + CP_2CG_1 + CP_2CP_1CG_0 + CP_2CP_1CP_0C_0$

- 經推導出 $C_0 \sim C_3$ 的進位式，可發現每一級之進位輸出係以 SOP 全及項表示，故進位超前之邏輯電路設計可採及（AND）邏輯閘搭配或（OR）邏輯閘來實現，如下圖：

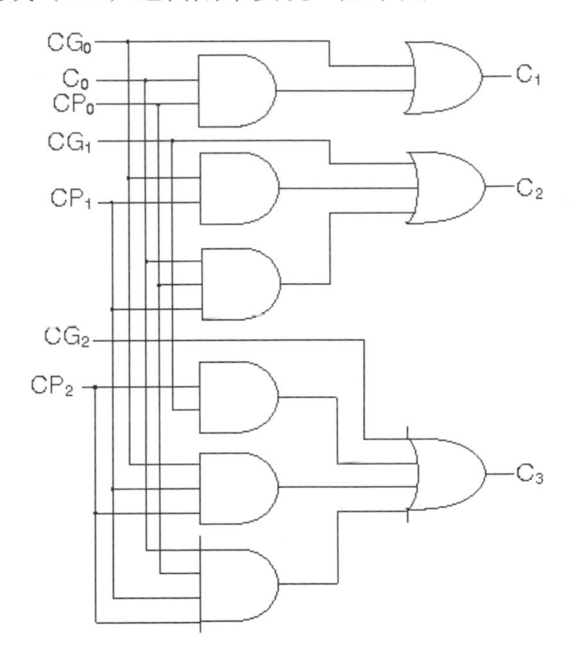

減法器：邏輯電路中的減法器可以加法器來實現如下：

1. 前例四位元全加法器之二組四位元的輸入 A（$A_3A_2A_1A_0$）和 B（$B_3B_2B_1B_0$），只需將其中一組輸入各個位元輸入埠端之前加上互斥或邏輯電路（共四個），其中互斥或邏輯閘的一個輸入埠端接其中之一組輸入項（減數）之位元值，並將互斥或邏輯閘的另一個輸入埠端給定輸入值 1。
2. C_0 亦同時給 1 值即可形成減法器，因為 $1 \oplus x = \overline{x}$，如此即可執行減法功能（亦即加補數等於減的概念）。

3. 假設執行 A－B，其電路圖如下：

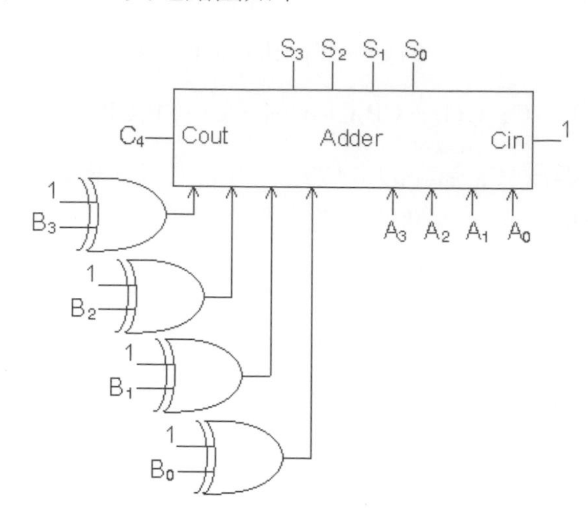

4. 加減法功能並列邏輯：上例，若是互斥或（XOR）邏輯閘一個輸入埠端給定輸入值 0，且 C_0 亦同時為 0，即可變更為加法器功能，因此，上例邏輯電路可修改以具備加法及減法功能，當 M=0 時執行加法，M=1 時執行減法（$A+\overline{B}+1$），功能由賦予 M 值決定，邏輯電路圖如下：

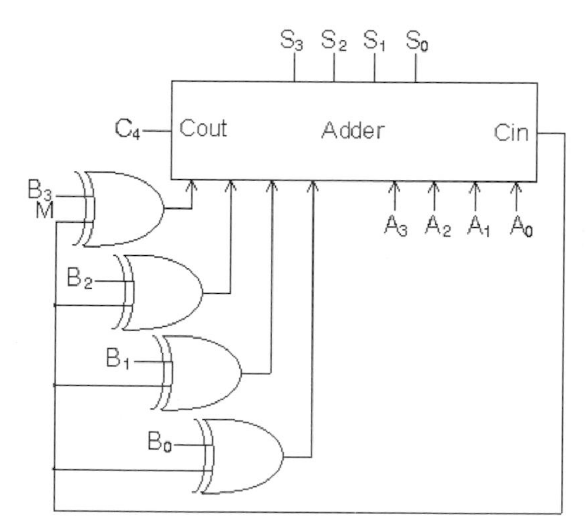

亦可使用 IC 編號 7483 加法器來實現如下圖：

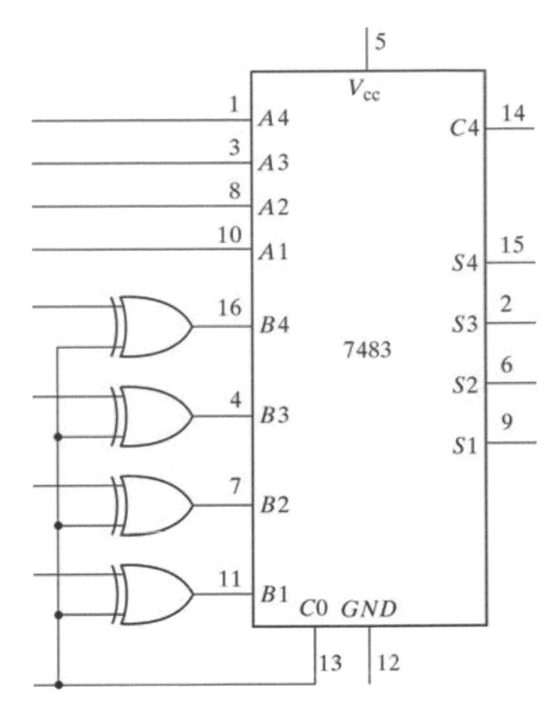

5. 然執行減法計算時（如 A－B）時，尚需考慮溢位狀況之表示：

- 如 A＜B 時，A－B 之結果為負值必須以補數表示之，對有號之數值 A－B 沒有表示之問題，二進位系統有號補數系統之加法和減法是與無號數使用相同基本的加法與減法邏輯規則來處理計算的，**A－B＝A＋(B 的 2 的補數值)**。
- 上例邏輯電路可再修改以具備全加法、減法以及溢位（Overflow）偵測功能（以 OV 表示），當二正數相加時，若得出一負數，或是二負數相加得出一正數，都可能是出現溢位的問題。此係因有號值與無號值之表示不同，因有號值的第一個位元式正負符號，該符號值為 1 時表示是補數（負值），若為 0 則是正值，若二正數相加並進位到正負號符號位元，就可能發生二正數相加得出一負數的溢位狀況（如下表例）。

十進位	進位位元	二進位	十進位	進位位元	二進位
+65	0	1000001	-65	1	0111111
+70	0	1000110	-70	1	0111010
+135	1	0000111	-135	10	1111001

- 此外，溢位尚儲存位元之限制（亦即，有限的記憶位元無法完整紀錄溢位所需之位元資料）。
- 下面邏輯電路圖中，當 V＝0 表示沒有溢位；若 V＝1 表示溢位：

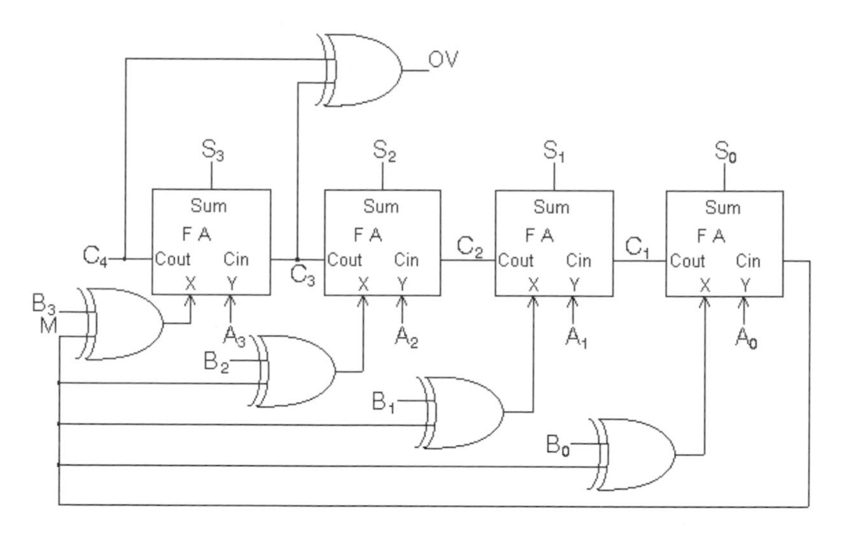

十進位加法器：

1. 雖然機器語言是以 On－Off（0 和 1）來執行運算或處理，然一般人在操作電腦與計算機時還是以十進位為主。十進位加法器至少有 9 個輸入（加數與被加數各 4 個位元，輸入進位 1 個位元）與 5 個輸出（4 個位元的和值級 1 個位元的進位輸出位元），使用 4 個位元係為表示 0～9 等 10 個數字。

2. 二個 BCD 數值相加之總和最小數為 0，最大數 9＋9＋1＝19，其結果可表示成下列真值表（含二進位與十進位表示法）：

二進位總和值					BCD 總和值					十進位值
C_B	B_8	B_4	B_2	B_1	C_{BCD}	S_8	S_4	S_2	S_1	S_1
0	0	0	0	0	0	0	0	0	0	0
0	0	0	0	1	0	0	0	0	1	1
0	0	0	1	0	0	0	0	1	0	2
0	0	0	1	1	0	0	0	1	1	3
0	0	1	0	0	0	0	1	0	0	4
0	0	1	0	1	0	0	1	0	1	5
0	0	1	1	0	0	0	1	1	0	6
0	0	1	1	1	0	0	1	1	1	7
0	1	0	0	0	0	1	0	0	0	8
0	1	0	0	1	0	1	0	0	1	9
0	1	0	1	0	1	0	0	0	0	10
0	1	0	1	1	1	0	0	0	1	11
0	1	1	0	0	1	0	0	1	0	12
0	1	1	0	1	1	0	0	1	1	13
0	1	1	1	0	1	0	1	0	0	14
0	1	1	1	1	1	0	1	0	1	15
1	0	0	0	0	1	0	1	1	0	16
1	0	0	0	1	1	0	1	1	1	17
1	0	0	1	0	1	1	0	0	0	18
1	0	0	1	1	1	1	0	0	1	19

3. 邏輯電路設計概述：

- 經觀察上述之真值表，可發現右半部之 BCD 表示法中 4 個位元的和值（$S_8S_4S_2S_1$）即為以二進位表示的個位數值，輸出進位 C_{BCD} 即是十位數的數值。$S_8S_4S_2S_1$ 和值在超過數值 10 後，即進位至輸出進位位元 C_{BCD} 並將 $S_8S_4S_2S_1$ 歸零（0000）。

- 至於左半部之二進位表示法，係將 $C_BB_8B_4B_2B_1$ 等 5 個位元合併看待，亦即 C_B 是代表 16 進位的值，所以當和值超過 16 時，C_B 才會是 1 值，小於 16 以內都是 $C_B=0$。

- 再觀察，$S_8S_4S_2S_1$ 與 $B_8B_4B_2B_1$ 值在數值 0～9 之間是相同的，等於或大於 10 以上時，$S_8S_4S_2S_1$ 與 $B_8B_4B_2B_1$ 值差 6（因十進位與十六進位值，差 6 才進位之故），其修正方式可採 "$-(10)_{decimal}$" 或是 "+6" 方式處理，有關 C_{BCD} 數學式表示如下：

  $C_{BCD}=C_B+B_8B_4+B_8B_2$

  因 $B_8B_2=1$，數值至少是 1010（$10_{decimal}$），而 $B_8B_4=1$，數值至少是 1100（$12_{decimal}$），若 $C_B=1$ 則數值至少值為 16（含）以上，此些時候，都是超過 10 以上的數值，以 BCD 表示法而言，應進位，所以 C_{BCD} 值會等於 1。

- 二進位碼與 BCD 碼轉換邏輯電路圖如下（圖中以 Cbcd 表示 C_{BCD}，以 Cb 表示 C_B）：

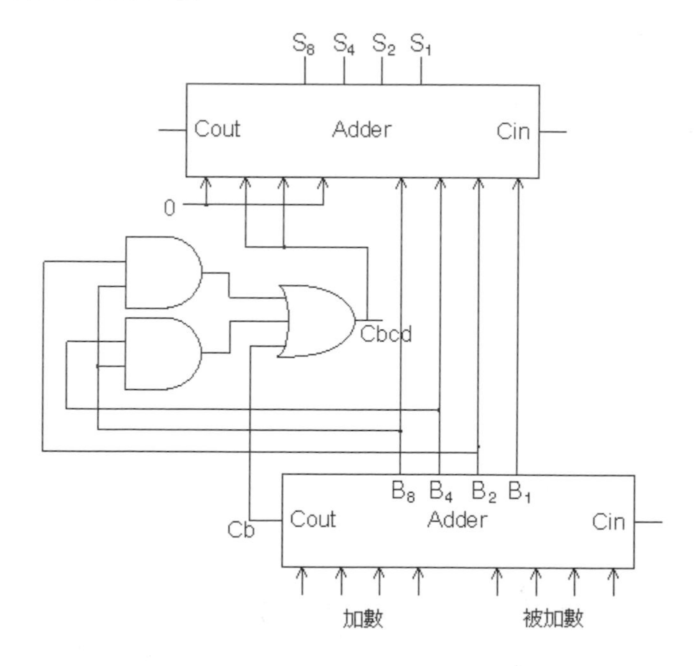

4-4 乘法器設計

乘法計算概念：

1. 二進位的乘法與十進位的乘法計算模式相同。
2. 先將數值轉換成二進位表示，再仿十進位乘法，由二進位表示值的最不重要位元（LSB）往 MSB 方向依序執行乘的計算。
3. 假設 2 個二位元的數值 X 和 Y，分別以 x_1x_0 和 y_1y_0 表示被乘數和乘數 2 個二位元的乘積最大值為 9（需以 4 個二進位的位元來表示），乘法計算如下：

   - 二進位乘法示意：

		x_1	x_0	被乘數
	×	y_1	y_0	乘數
		x_1y_0	x_0y_0	
+	x_1y_1	x_0y_1		
C_3	C_2	C_1	C_0	乘積

   - 布林函式：

     $C_0 = x_0y_0$

     $C_1 = x_1y_0 + x_0y_1$

     $C_2 = x_1y_1$ + 來自 C_1 之進位

     C_3 = 來自 C_2 之進位

- 二位元乘法器邏輯電路設計：

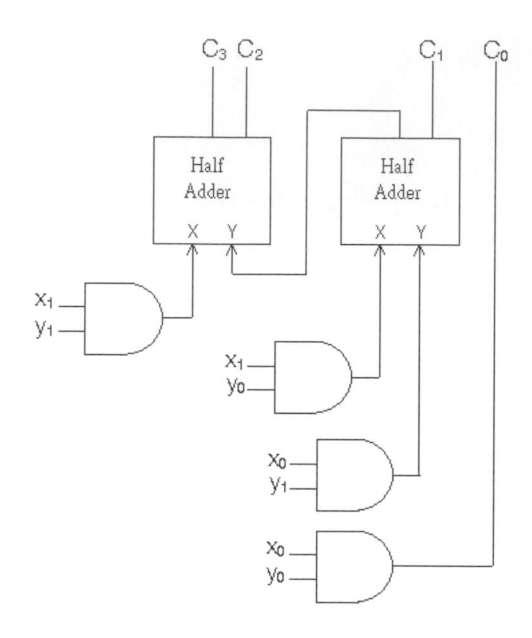

四位元乘三位元之乘法器設計

1. 假設被乘數為四位元數值 X、乘數為三位元數值 Y，分別以 $x_3x_2x_1x_0$ 和 $y_2y_1y_0$ 表示，X 乘 Y 所得之乘積最大值為 15×7＝105（需以 7 個二進位的位元來表示），乘法計算如下：

2. 二進位乘法示意：

			x_3	x_2	x_1	x_0	被乘數
		×		y_2	y_1	y_0	乘數
			x_3y_0	x_2y_0	x_1y_0	x_0y_0	
		x_3y_1	x_2y_1	x_1y_1	x_0y_1		
+	x_3y_2	x_2y_2	x_1y_2	x_0y_2			
C_6	C_5	C_4	C_3	C_2	C_1	C_0	乘積

3. 數學式表示：

- $C_0 = x_0y_0$
- $C_1 = x_1y_0 + x_0y_1$
- $C_2 = x_2y_0 + x_1y_1 + x_0y_2 +$ 來自 C_1 之進位

- $C_3 = x_3y_0 + x_2y_1 + x_1y_2 +$ 來自 C_2 之進位
- $C_4 = x_3y_1 + x_2y_2 +$ 來自 C_3 之進位
- $C_5 = x_3y_2 +$ 來自 C_4 之進位
- $C_6 =$ 來自 C_5 之進位

4. 四位元乘三位元之乘法器邏輯電路設計如下：

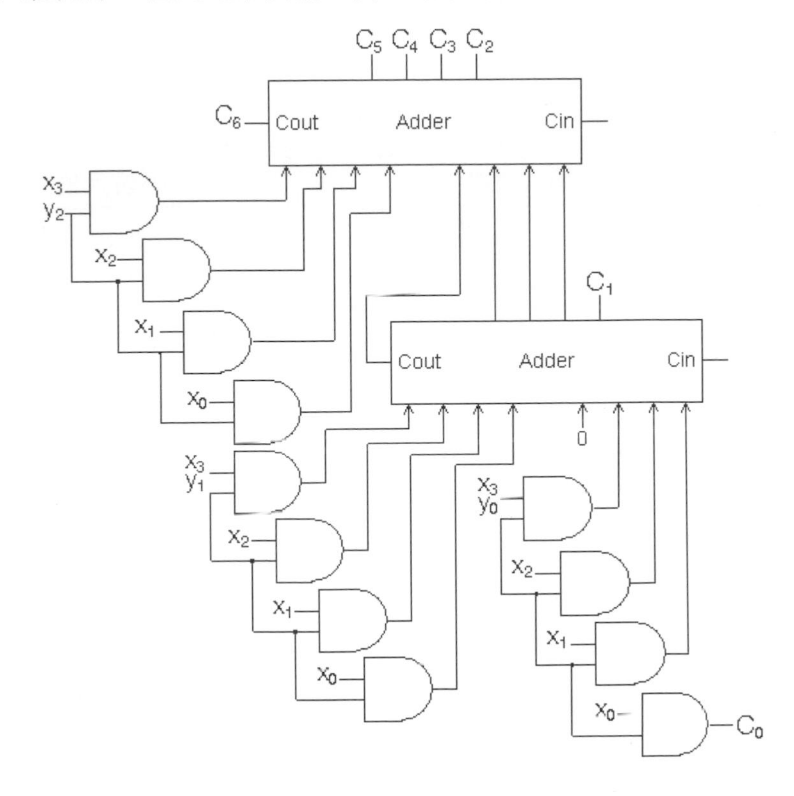

4-5 同位元檢查與比較器

同位元產生器（Parity generator）與同位元檢查器（parity checker）係使用第三章所述及之奇函數與偶函數邏輯運算之概念作設計，同位元多應用於通訊傳輸編碼錯誤控制或更正（error control coding 或 error correcting code），雖然光纖通訊已將位元錯誤率由過去二十年的 10^{-6}（百萬位元一個錯的機率）的水準大幅提高正確率，降低位元錯誤率至 10^{-12}，然網路通訊、光纖通訊、微波通訊、衛星通訊...，皆需使用到位元偵錯之機制，又如 ASCII 編碼使用 7

個位元，通訊傳輸時即會加上 1 個同位元（通常為偶同位元）以為通訊傳輸之位元錯誤偵測用，本節介紹的同位元僅為簡例，實際上不論是奇同位或偶同位元之設計，除了一維（陣列）編碼的使用，還有二維（矩陣）編碼於垂直與水平二方向同時實施奇同位或偶同位元之設計。

同位元產生器：

1. 偶同位元產生器（以三位元輸入變數為例）：

- 運算式：$P_{even} = x \oplus y \oplus z$
- 真值表：

輸入變數		同位元值	
x	y	z	Peven
0	0	0	0
0	0	1	1
0	1	0	1
0	1	1	0
1	0	0	1
1	0	1	0
1	1	0	0
1	1	1	1

- 卡諾圖：

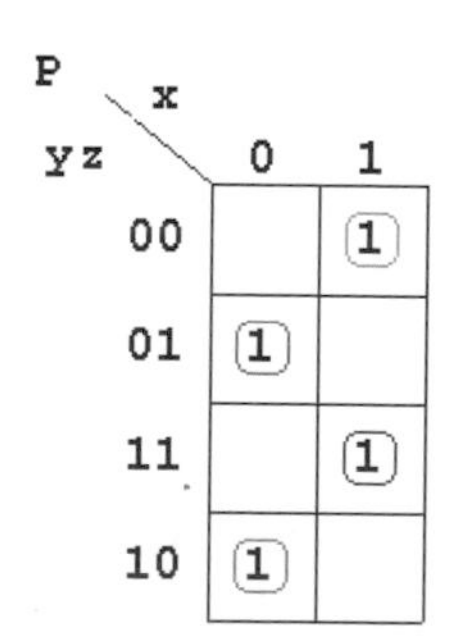

- 電路圖：

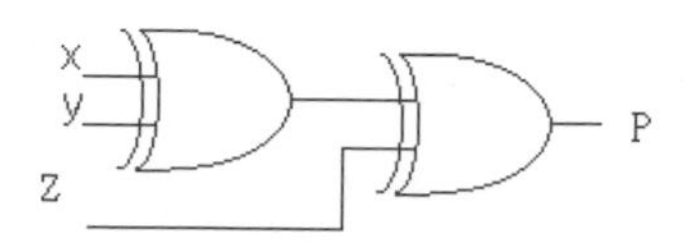

2. 奇同位元產生器（以三位元輸入變數為例）：

- 運算式：$P_{odd}=x \oplus y \oplus z$
- 真值表：

輸入變數			同位元值
x	y	z	Podd
0	0	0	1
0	0	1	0
0	1	0	0
0	1	1	1
1	0	0	0
1	0	1	1
1	1	0	1
1	1	1	0

- 卡諾圖：

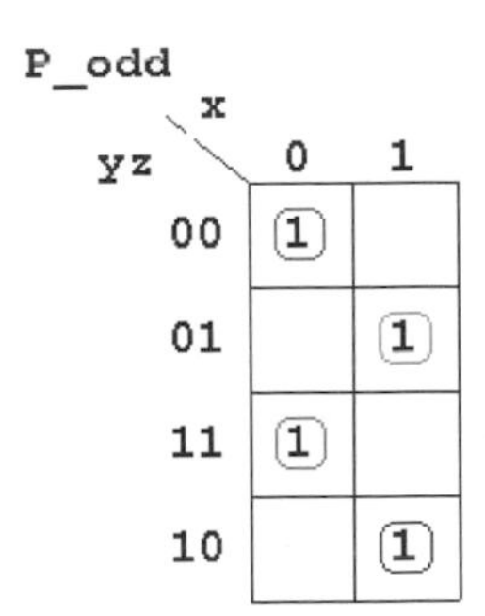

- 電路圖：

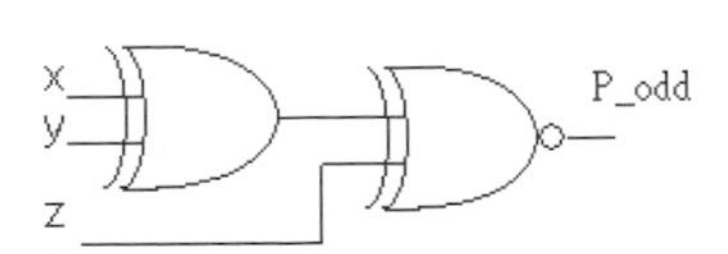

同位元檢查器（parity checker）：當編碼完成並加上同位元傳輸至接收端時，為驗證傳送之數據資料是否正確無誤，此時需使用同位元檢查器，其檢核之概念是使用到互斥或的設計，如 X⊕X＝0，假如 X 代表傳送出去的資訊，經空中漫遊被接收後（假設為 R），如果 X⊕R＝0，即代表收到的資訊是原來傳送出來完整無誤的 X，如果 X⊕R≠0，即表示存在資訊錯誤的狀況。

1. **同位元檢查布林函式表示式**：Check=x⊕y⊕z⊕Parity

   - **當 Check＝0 時，表示資料正確或發生偶數個資料位元錯誤。**假設 x 和 y 位元同時錯，經檢查收到之資訊是否存在錯誤：

     $$\overline{x}\oplus\overline{y}\oplus z\oplus Parity=(1\oplus x)\oplus(1\oplus y)\oplus z\oplus Parity$$
     $$=(1\oplus 1)\oplus x\oplus y\oplus z\oplus Parity=x\oplus y\oplus z\oplus Parity$$
     $$=x\oplus y\oplus z\oplus(x\oplus y\oplus z)=0$$

     因為，Parity＝x⊕y⊕z。上式計算可發現二個錯誤存在時，得到的檢查結果值會與正確無誤相同，然此機率不大，因為傳送 4 個位元（x, y, z 和 Parity）錯 2 個位元，錯誤率達 50%，除非通訊環境和品質非常差（干擾雜訊大），而這也是僅使用一個同位位元的缺點，錯誤控制碼在編碼理論學門有詳細之探討各式各樣的編碼設計，非本書詳析範圍，因此，不多作敘述。

   - **當 Check＝1 時，表示發生奇數個資料位元錯誤。**如存在 1 個位元錯誤或 3 個位元錯誤，1⊕x⊕y⊕z⊕Parity 和 1⊕1⊕1⊕x⊕y⊕z⊕Parity 值是相等的。

2. 同位元檢查器真值表：

接收端收到之數據資訊				同位元檢查
x	y	z	Parity	Check
0	0	0	0	0
0	0	0	1	1
0	0	1	0	1
0	0	1	1	0
0	1	0	0	1

接收端收到之數據資訊				同位元檢查
x	y	z	Parity	Check
0	1	0	1	0
0	1	1	0	0
0	1	1	1	1
1	0	0	0	1
1	0	0	1	0
1	0	1	0	0
1	0	1	1	1
1	1	0	0	0
1	1	0	1	1
1	1	1	0	1
1	1	1	1	0

3. 卡諾圖：

Check

z Parity \ xy	00	01	11	10
00		1		1
01	1		1	
11		1		1
10	1		1	

4. 考量電路傳播延遲與平衡設計，邏輯電路圖採二級完成如下（不建議採三級設計）：

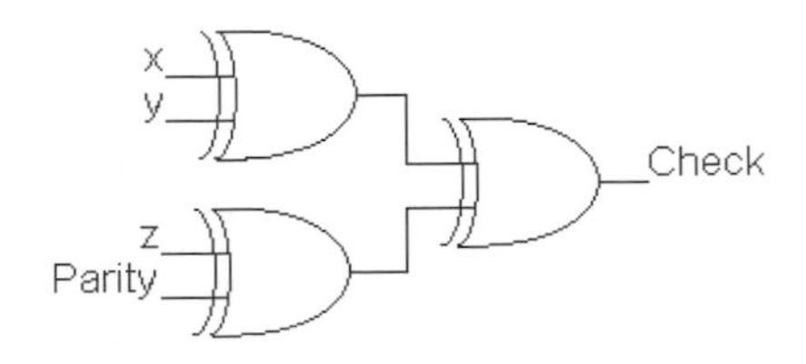

比較器（Comparator）：邏輯運算系統中經常會使用到的電路，假設存在 X 與 Y 二數值，則其數值大小比較之結果不外乎 X＞Y，X＜Y 和 X＝Y 等 3 種結果；而條件式的比較（如程式語言所使用），其結果常為真（true）或假（false），本節之邏輯電路設計係以二數值之比較為主。

1. 輸出結果：X＞Y，X＜Y 和 X＝Y。

2. 設計概念：不論是多少位元的值皆可轉換成下列二進位表示式的型式，假設 X 和 Y 都是小於或等於 15 以內的值（亦即最大值以 4 個位元的 1111 來表示）：

   - X 以 4 個位元之 $x_3x_2x_1x_0$ 表示，Y 以 4 個位元之 $y_3y_2y_1y_0$ 表示
   - 當 $x_3=y_3$、$x_2=y_2$、$x_1=y_1$ 且 $x_0=y_0$ 時➔X＝Y。
   - 設計比較器，可由 MSB 至 LSB 針對每一個位元的相等性來思考，亦即使用布林函數的 XNOR 來計算 $C_i = x_i y_i + \overline{x_i}\,\overline{y_i}$，以比較二數值 X 和 Y 的第 i 個位元之位元是否相等，若是相等則計算之 C_i 結果值必為 1，因為不論是 $x_i=y_i=0$ 或 $x_i=y_i=1$ 時，$C_i=1$；反之，當 $x_i \neq y_i$ 時，$C_i=0$。

3. 布林函式表示式：

   - (X＝Y)➔$x_3x_2x_1x_0=1$，亦即 4 個位元（$x_i=y_i$）之值全等，此時方為 X＝Y。
   - (X＞Y)➔X 大於 Y 之條件為由 MSB 開始往 LSB 方向針對每一個位元進行比較，若 $x_i>y_i$，即是 X＞Y；若比較結果 $x_i=y_i$，則往下一位元對再進行比較，直至最後一個 LSB 位元為止，一定有一個位元是 $x_i>y_i$，否則即是其他二種狀況（X＜Y 或 X＝Y）。以布林函式表示如下：

     $$x_3\overline{y_3} + C_3x_2\overline{y_2} + C_3C_2x_1\overline{y_1} + C_3C_2C_1x_0\overline{y_0} = 1$$ ➔ X＞Y

     若 $x_3>y_3$（亦即 $x_3=1$，$y_3=0$），則上式計算結果必為 1；若是 $x_3=y_3$➔$C_3=1$➔ $x_3\overline{y_3}=0$➔再計算比較 $C_3x_2\overline{y_2}$，此時若 $x_2>y_2$（亦即 $x_2=1$，$y_2=0$），則上式計算結果仍為 1；否則再往下計算比較 $C_3C_2x_1\overline{y_1}$，最後是計算比較 $C_3C_2C_1x_0\overline{y_0}$ 值是否為 1（$x_3=y_3$、$x_2=y_2$ 且 $x_1=y_1$ 條件下，最後比較 x_0 與 y_0）。

- (X＜Y)➔ X 小於 Y 之條件為由 MSB 開始往 LSB 方向針對每一個位元對進行比較，若 $x_i < y_i$，即是 X＜Y；若比較結果 $x_i = y_i$，則往下一位元對再進行比較，直至最後一個 LSB 位元對為止，一定有一個位元對是 $x_i < y_i$，否則即是其他二種狀況（X＞Y 或 X＝Y）。以布林函式表示如下：

$$\overline{x_3}y_3 + C_3\overline{x_2}y_2 + C_3C_2\overline{x_1}y_1 + C_3C_2C_1\overline{x_0}y_0 = 1 \Rightarrow X < Y$$

若 $x_3 < y_3$（亦即 $x_3 = 0$，$y_3 = 1$），則上式計算結果必為 1；若是 $x_3 = y_3$ ➔ $C_3 = 1$ ➔ $\overline{x_3}y_3 = 0$ ➔再計算比較 $C_3\overline{x_2}y_2$，此時若 $x_2 < y_2$（亦即 $x_2 = 0$，$y_2 = 1$），則上式計算結果仍為 1；否則再往下計算比較 $C_3C_2\overline{x_1}y_1$，最後是計算比較 $C_3C_2C_1\overline{x_0}y_0$ 值是否為 1（$x_3 = y_3$、$x_2 = y_2$ 且 $x_1 = y_1$ 條件下，最後比較 x_0 與 y_0）。

4. 邏輯電路圖：限於版面，電路圖將僅以 3 個位元（X 以 3 個位元之 $x_2x_1x_0$ 表示，Y 以 3 個位元之 $y_2y_1y_0$ 表示），繪製說明如下：

- $x_2x_1x_0 = 1 \Rightarrow X = Y$
- $x_2\overline{y_2} + C_2x_1\overline{y_1} + C_2C_1x_0\overline{y_0} = 1 \Rightarrow X > Y$
- $\overline{x_2}y_2 + C_2\overline{x_1}y_1 + C_2C_1\overline{x_0}y_0 = 1 \Rightarrow X < Y$
- 比較器之真值表範例如下：

輸入	輸入	輸出比較結果
X	Y	C
0	0	＝
1	0	＞
0	1	＜
1	1	＝

■ 電路圖如下（常用比較器 IC 如型號 7485）：

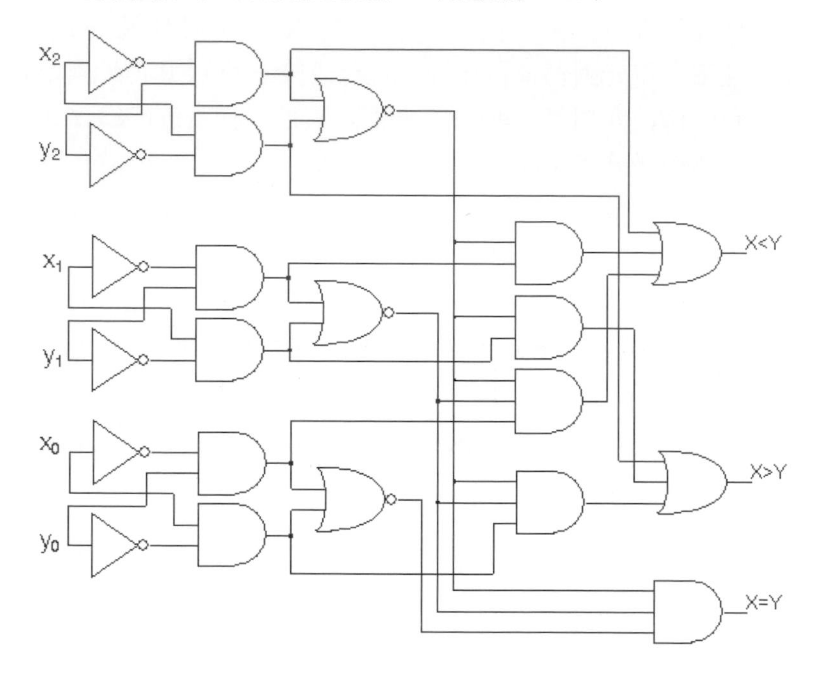

值得探討的是，在比較器的邏輯電路中，若數值之位元數很大時，邏輯電路將非常的複雜，然從上圖可約略觀察出，比較器的邏輯電路實際上具有規則性，因此可尋求模組化或較簡化的設計。

4-6 編碼器與解碼器

數位系統中，將資訊量化並表示成二進位的編碼乃是方便處理與儲存的必要工作。當使用 n 個位元編碼時，最多可將資訊量化區分成 2^n 個不同的階層（元素）。解碼器基本上是屬於組合電路，可將二位元的資訊由 n 條輸入線轉換到最大 2^n 個（個個獨一無二）不同的輸出，當然若不需要輸出那麼多種選擇，允許少於 2^n 個輸出規劃。通常，定義解碼器如下：

n 對 m 線解碼器（Decoder）：工作形態類似解多工器，由 n 個輸入中選擇 m 條輸出線中的 1 個作為輸出的邏輯電路；當輸入為 n 個位元的二進位數值，輸出將是 2^n 個位元（0 和 1 的資料）。

1. n 對 m 線解碼器，表示 $m \leqq 2^n$。
2. n 個位元的二進位編碼＝2^n 個不同的資訊或元素別。
3. n 個輸入變數，最多只能對應最大 2^n 條不同的輸出線。
4. 於任何給定之時間，僅能有唯一的一個輸出（通常等於 0，如 74138 解碼器），而其他所有（2^n-1）個輸出則給予反向輸出值（亦即都等於 1）。
5. 真值表（以 3 對 8 線解碼器為例）：

   - 3 個輸入 x、y 和 z，每個輸入有二種（0 和 1）狀態➔$2^3=8$ 個輸出，分別以 O_0～O_7 表示（輸出時採高電位表示，亦即解碼線之輸出值為 1；其餘線輸出為 0），真值表如下：

輸入項			輸出項								函式
x	y	z	O_0	O_1	O_2	O_3	O_4	O_5	O_6	O_7	
0	0	0	1	0	0	0	0	0	0	0	$\overline{x}\overline{y}\overline{z}$
0	0	1	0	1	0	0	0	0	0	0	$\overline{x}\overline{y}z$
0	1	0	0	0	1	0	0	0	0	0	$\overline{x}y\overline{z}$
0	1	1	0	0	0	1	0	0	0	0	$\overline{x}yz$
1	0	0	0	0	0	0	1	0	0	0	$x\overline{y}\overline{z}$
1	0	1	0	0	0	0	0	1	0	0	$x\overline{y}z$
1	1	0	0	0	0	0	0	0	1	0	$xy\overline{z}$
1	1	1	0	0	0	0	0	0	0	1	xyz

■ 邏輯電路圖：

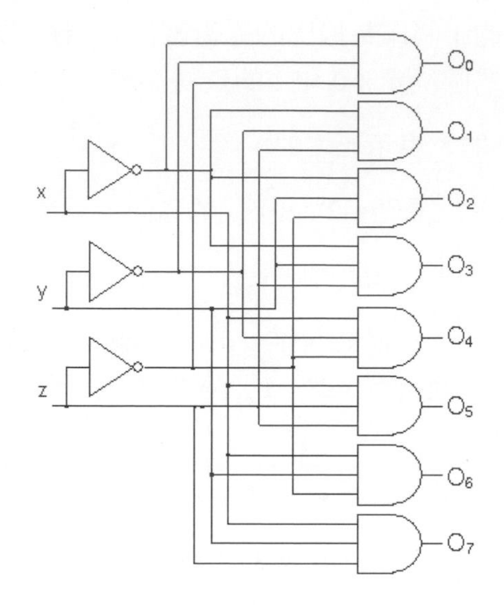

亦可採用下列電路簡圖表示之：

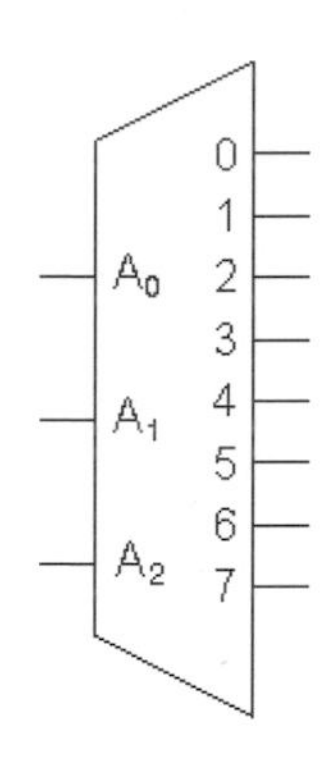

例題2

設計 1 個輸入，對應 4 個輸出，可做為 16 進位和 2 進位轉換的解碼器。

▼說明：

本例之輸入僅 1 個字元為 I（其具有 16 種輸入型態），輸出為 O_0～O_3，其對應之電路簡圖與真值表如下：

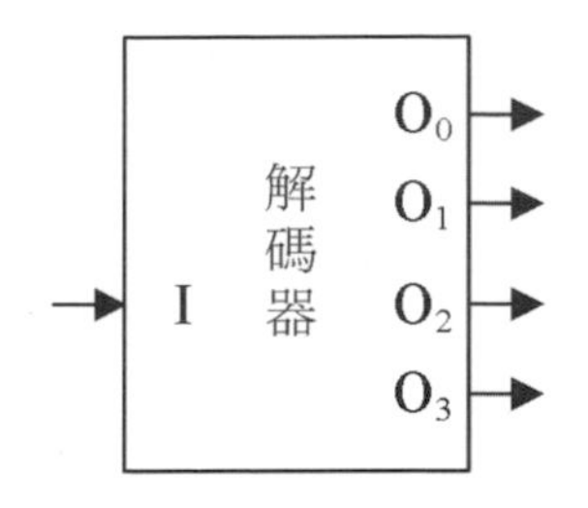

解碼器真值表				
輸入	輸出			
I	O_3	O_2	O_1	O_0
0	0	0	0	0
1	0	0	0	1
2	0	0	1	0
3	0	0	1	1
4	0	1	0	0
5	0	1	0	1
6	0	1	1	0
7	0	1	1	1
8	1	0	0	0
9	1	0	0	1
A	1	0	1	0
B	1	0	1	1
C	1	1	0	0
D	1	1	0	1
E	1	1	1	0
F	1	1	1	1

常用的解碼器 IC 型號有 74138 和 74139 及 74155（電路及真值表如下圖，請參閱 http://www.datasheetcatalog.com/datasheets_pdf/7/4/1/3/74138.shtml http://www.alldatasheet.com/view.jsp?Searchword=74LS155）等。

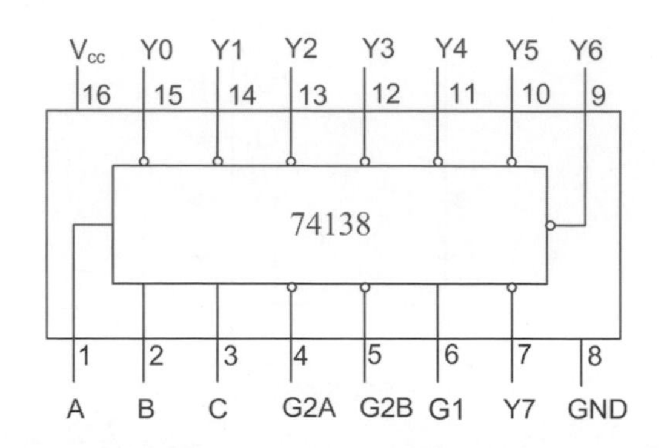

IC74138 輸入項					IC74138 輸出項（低電位代表解碼輸出）							
Enable	輸入選擇											
G1	G2	C	B	A	Y0	Y1	Y2	Y3	Y4	Y5	Y6	Y7
X	1	X	X	X	1	1	1	1	1	1	1	1
0	X	X	X	X	1	1	1	1	1	1	1	1
1	0	0	0	0	0	1	1	1	1	1	1	1
1	0	0	0	1	1	0	1	1	1	1	1	1
1	0	0	1	0	1	1	0	1	1	1	1	1
1	0	0	1	1	1	1	1	0	1	1	1	1
1	0	1	0	0	1	1	1	1	0	1	1	1
1	0	1	0	1	1	1	1	1	1	0	1	1
1	0	1	1	0	1	1	1	1	1	1	0	1
1	0	1	1	1	1	1	1	1	1	1	1	0

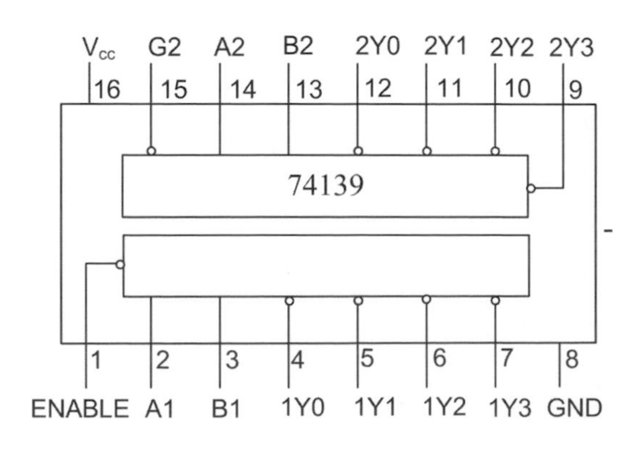

IC74139 輸入項			IC74139 輸出項（低電位代表解碼輸出）			
Enable	輸入選擇					
G	B	A	Y0	Y1	Y2	Y3
1	X	X	1	1	1	1
0	0	0	0	1	1	1
0	0	1	1	0	1	1
0	1	0	1	1	0	1
0	1	1	1	1	1	0

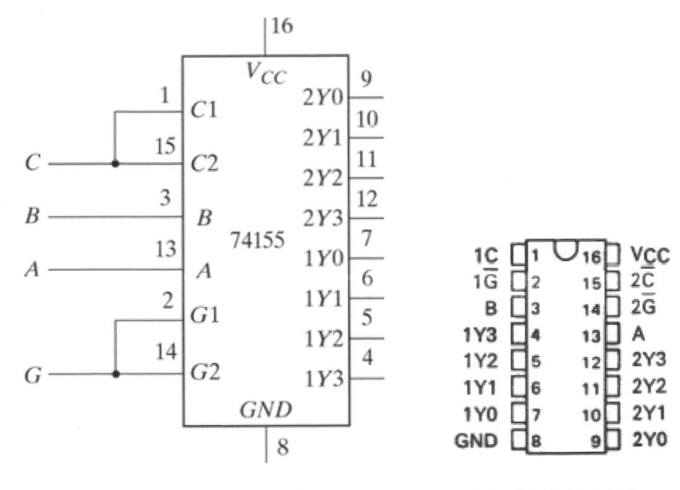

輸入				輸出							
G	C	B	A	2Y0	2Y1	2Y2	2Y3	1Y0	1Y1	1Y2	1Y3
1	X	X	X	1	1	1	1	1	1	1	1
0	0	0	0	0	1	1	1	1	1	1	1
0	0	0	1	1	0	1	1	1	1	1	1
0	0	1	0	1	1	0	1	1	1	1	1
0	0	1	1	1	1	1	0	1	1	1	1
0	1	0	0	1	1	1	1	0	1	1	1
0	1	0	1	1	1	1	1	1	0	1	1
0	1	1	0	1	1	1	1	1	1	0	1
0	1	1	1	1	1	1	1	1	1	1	0

例題3

設計解碼器具致能輸入，並能接收單一線上的資訊，將之於 4 條輸出線的其中一條傳輸。

▼說明：

本例係採低電位致能，解碼輸出亦以低電位表示之，有關真值表與電路簡圖設計如下：

Enable	A	B	O_0	O_1	O_2	O_3
1	X	X	1	1	1	1
0	0	0	0	1	1	1
0	0	1	1	0	1	1
0	1	0	1	1	0	1
0	1	1	1	1	1	0

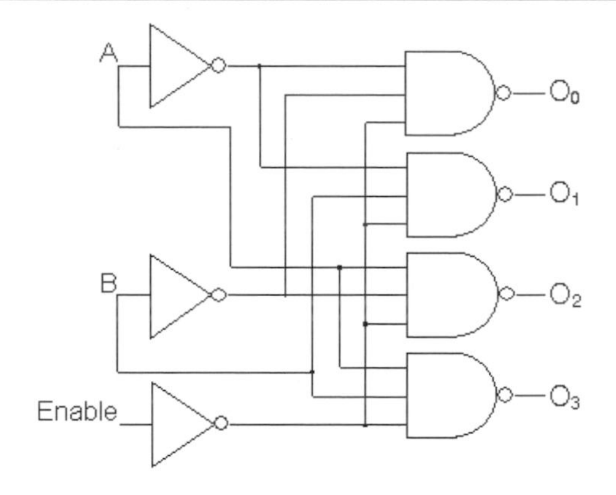

編碼器（Encoder）：工作形態類似多工器，是一個用來執行解碼器之反向操作的數位電路，為 2^n 條輸入線對應 n 條輸出線的邏輯電路，其工作意涵為由 2^n 個輸入信號產生並輸出 n 個位元（n 條輸出線）的二進位數值。

例如，八進位對二進位編碼器的真值表如下：

輸入項								輸出項		
I_0	I_1	I_2	I_3	I_4	I_5	I_6	I_7	X	Y	Z
1	0	0	0	0	0	0	0	0	0	0
0	1	0	0	0	0	0	0	0	0	1
0	0	1	0	0	0	0	0	0	1	0
0	0	0	1	0	0	0	0	0	1	1
0	0	0	0	1	0	0	0	1	0	0
0	0	0	0	0	1	0	0	1	0	1
0	0	0	0	0	0	1	0	1	1	0
0	0	0	0	0	0	0	1	1	1	1

其布林函式推導如下：

1. $X = I_4 + I_5 + I_6 + I_7$
2. $Y = I_2 + I_3 + I_6 + I_7$
3. $Z = I_1 + I_3 + I_5 + I_7$

電路圖設計如下（無效輸入：如 $I_3 = I_6 = 1$，輸出＝111）：

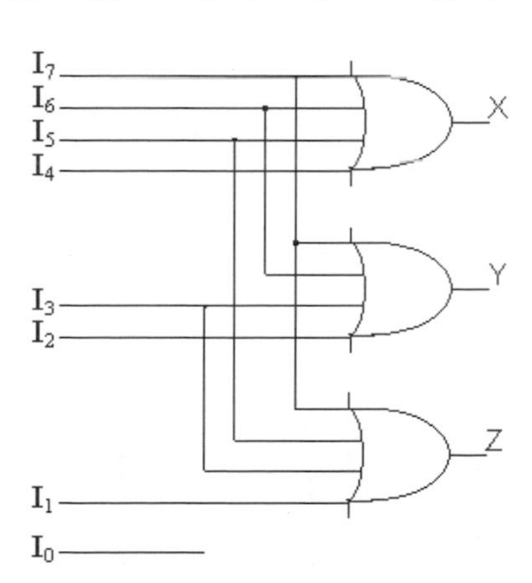

優先權編碼器：具有機率的概念之邏輯電路，其編碼電路包含優先選擇權功能，可將非法或無效輸入的邏輯電路之模糊問題有效解決，電路中亦僅有其中的一個輸入將被編碼輸出。

具優先權之編碼器設計範例：

1. 真值表：

   - 下表中 X 表不理會條件，V 為有效位元(valid bit)指示位元。
   - A 輸入具最高優先權：有 0001、0011、0101、0111、1001、1011、1101 和 1111 等八種出現機會，機率 1/2。
   - D 輸入具最低優先權：只有 1 個出現機會 1000，機率 1/16。
   - B 有 0010, 0110,1010,1110 四種出現機會，機率 1/4；C 有 0100 和 1100 二種出現機會，機率 1/8。

輸入項				輸出項		
A	B	C	D	O_1	O_2	V 有效
0	0	0	0	X	X	0
1	0	0	0	0	0	1
X	1	0	0	0	1	1
X	X	1	0	1	0	1
X	X	X	1	1	1	1

2. 卡諾圖：

   - 布林函式 $O_1 = C+D$

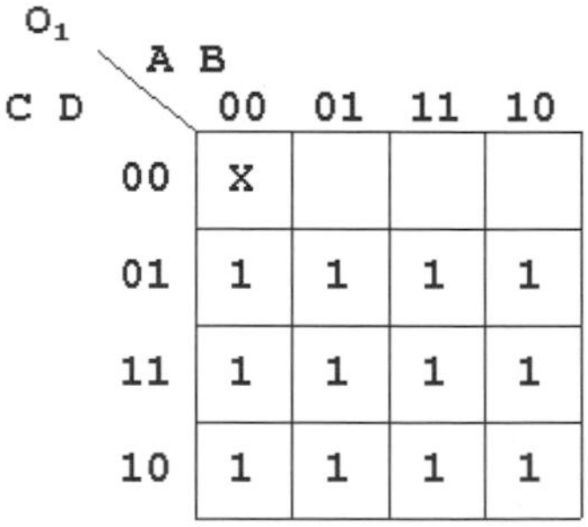

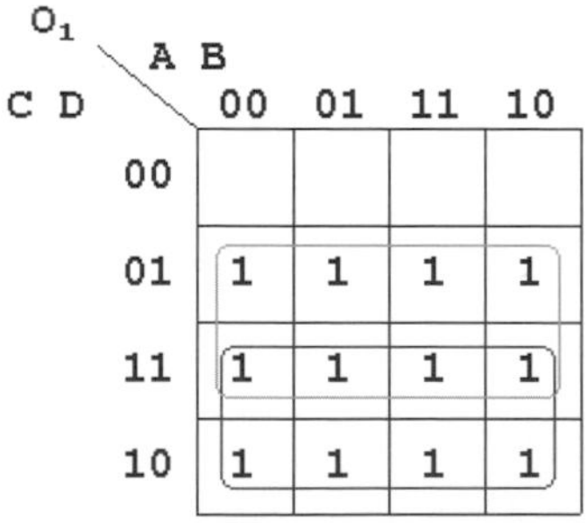

O_1

CD \ AB	00	01	11	10
00	X			
01	1	1	1	1
11	1	1	1	1
10	1	1	1	1

O_1

CD \ AB	00	01	11	10
00				
01	1	1	1	1
11	1	1	1	1
10	1	1	1	1

- 布林函式 $O_2 = B\overline{C} + D$

O_2

CD \ AB	00	01	11	10
00	X	1	1	
01	1	1	1	1
11	1	1	1	1
10				

O_2

CD \ AB	00	01	11	10
00		1	1	
01	1	1	1	1
11	1	1	1	1
10				

- 布林函式 V＝A+B+C+D

3. 電路圖：

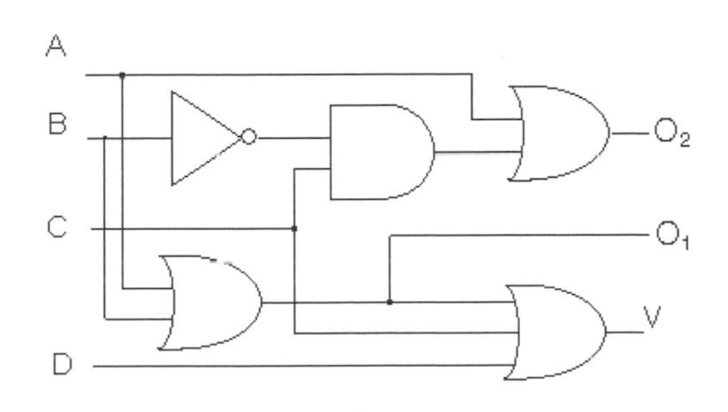

例題4

設計一個 4 對 2 的編碼器。

▼**說明：**

本例輸入變數為 I_0～I_3，編碼輸出為 O_0 和 O_1，有關真值表與電路簡圖設計如下：

編碼器真值表					
輸入				輸出	
I_3	I_2	I_1	I_0	O_1	O_0
0	0	0	0	0	0
0	0	0	1	0	0
0	0	1	0	0	1
0	1	0	0	1	0
1	0	0	0	1	1

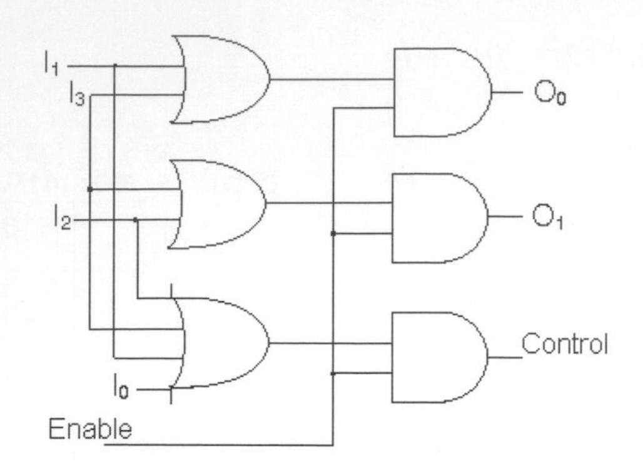

例題5

使用兩個 3 對 8 解碼器設計一個 4 對 16 的編碼器。

▼說明：

本例輸入變數為 Enable（致能解碼器）和 x、y、z，編碼輸出為 O_0～O_{16}，邏輯電路圖設計如右：

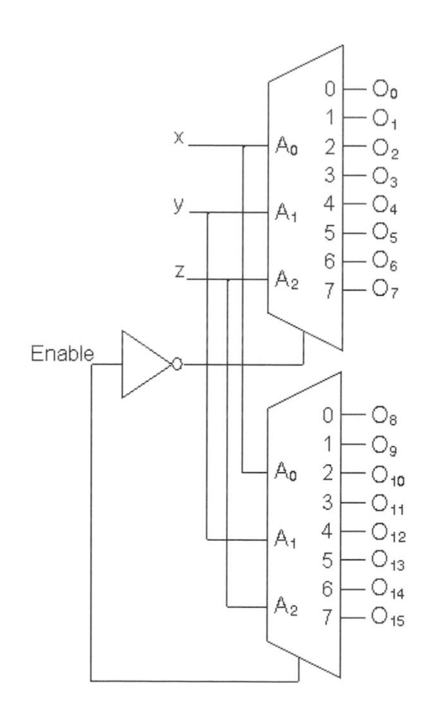

例題6

使用解碼器設計全加法器組合邏輯電路。

▼說明：

全加法器之布林函式為和值 Sum(x,y,z) = Σ(1,2,4,7)，進位 Carry(x,y,z) = Σ（3,5,6,7），設計概念為每一個輸出對應一個全及項，邏輯電路圖設計如下：

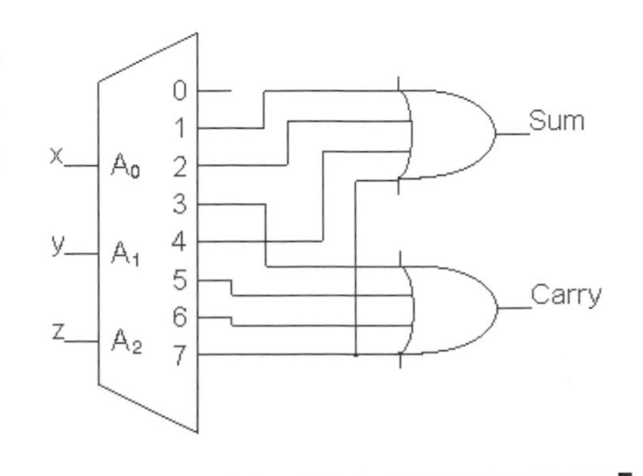

4-7 多工器與解多工器

多工器（MUX）：2^n 個資料輸入和 n 個選擇對應單 1 個輸出的邏輯電路，這種電路通常會有 n 個選項的接腳，以提供由 2^n 個輸入信號中選取想要輸出的信號。

多工器電路設計範例：

1. 例如：設計 4 個輸入對應 1 個輸出的多工器功能如右：

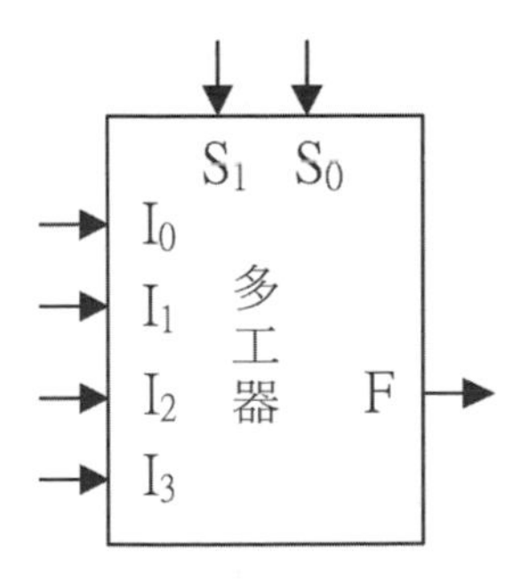

2. 上圖之真值表：

多工器真值表		
選擇控制訊號		輸出
S_1	S_0	F
0	0	I_0
0	1	I_1
1	0	I_2
1	1	I_3

3. 邏輯電路圖如下（其中，S_1和S_0為選擇控制訊號線）：

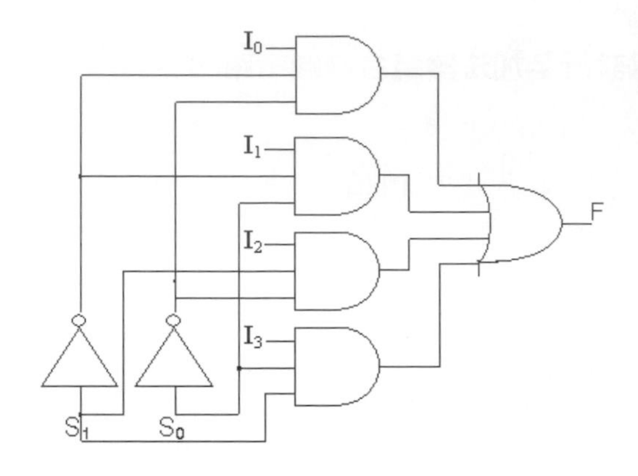

常用的多工器 IC 型號有 74151（8 對 1 多工器，電路及真值表如下圖，請參閱 http://www.datasheetcatalog.com/datasheets_pdf/7/4/1/5/74151.shtml）和 74153（2 套 4 對 1 多工器）。

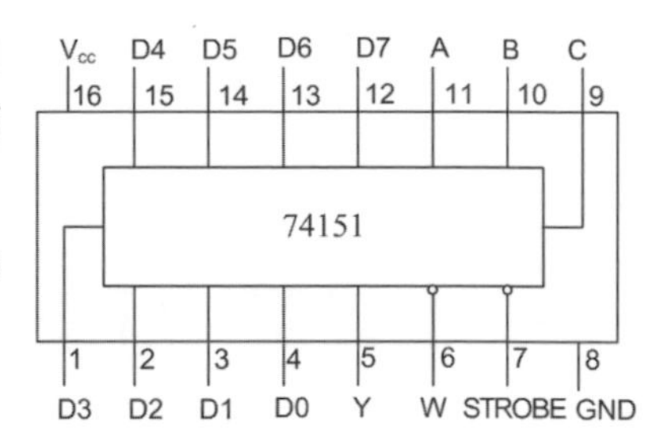

74151 真值表				
觀測	選擇線			輸出
S	C	B	A	Y
1	X	X	X	0
0	0	0	0	D_0
0	0	0	1	D_1
0	0	1	0	D_2
0	0	1	1	D_3
0	1	0	0	D_4
0	1	0	1	D_5
0	1	1	0	D_6
0	1	1	1	D_7

例題7

設計一個 2 對 1 的多工器電路：

▼說明：

此例多工器電路設計，當選擇線 S 輸入 0 時，選擇 I_0 線之輸入值輸出於 F；若是 S 輸入 1 時，則選擇 I_1 線之輸入值輸出予 F。邏輯電路圖如下：

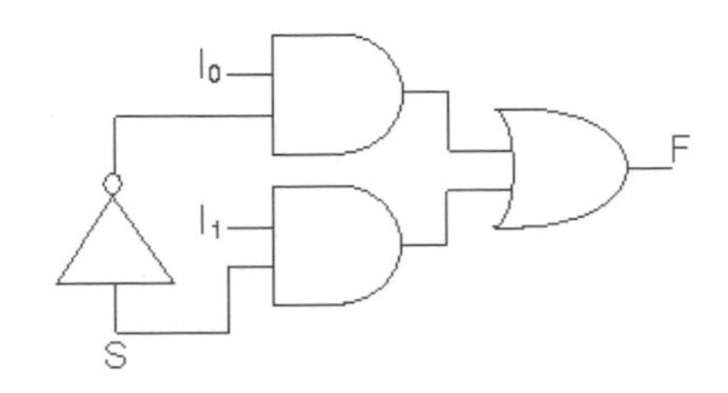

有關 2 對 1，4 對 1 或 8 對 1 之多工器，其圖示如下：

■ **解多工器(demultiplexer)**：其功能恰與多工器相反，是將一個輸入訊號變換成 2^n 個輸出訊號。

■ **邏輯電路設計概略步驟：**

1. 首先指定輸入變數之個數及其順序。
2. 將最右邊的變數當作輸入線來使用；其餘 n–1 個變數再依其對應之順序指定給選擇線。
3. 完成真值表功能建構。
4. 由 m_0 開始，按次序考慮每一對全及項，最後決定輸入線。

解多工器設計範例：

1. 例如：設計 1 個輸入對應 4 個輸出的解多工器如右：
2. 真值表：

解多工器真值表			
輸入值（I）	控制訊號		輸出端（O）
	S_1	S_0	
0	0	0	O_0
1	0	1	O_1
2	1	0	O_2
3	1	1	O_3

常用解多工器 IC 型號有 74138（本型號可同時當作解多工器和解碼器使用）。

請設計二個 2 對 1 的多工器電路。

▼說明：

此例之多工器電路設計，輸入為低電位致能的 Enable 線，搭配輸入選擇線 S 運作，輸出則為全部的 A 或 B，真值表如下：

Enable	Select	Output
1	X	0
0	1	A
0	0	B

邏輯電路圖如下：

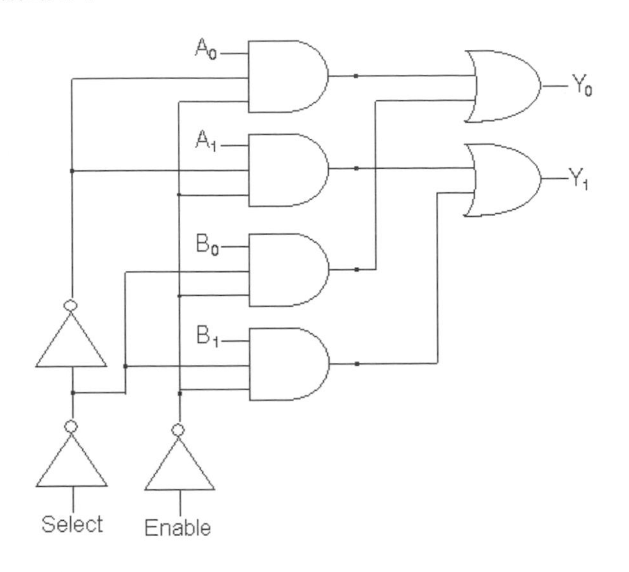

例題9

以 4 對 1 的多工器設計 F(x,y,z)＝Σ(1,2,6,7)，真值表與功能輸出如下的邏輯電路。

▼說明：

輸入項			輸出	
x	y	z	F	功能說明
0	0	0	0	$F = \overline{z}$
0	0	1	1	
0	1	0	1	F=z
0	1	1	0	
1	0	0	0	F=0
1	0	1	0	
1	1	0	1	F=1
1	1	1	1	

邏輯電路設計如下（將 x 和 y 當作選擇線輸入，x 為 MSB 位元，y 為 LSB 位元）：

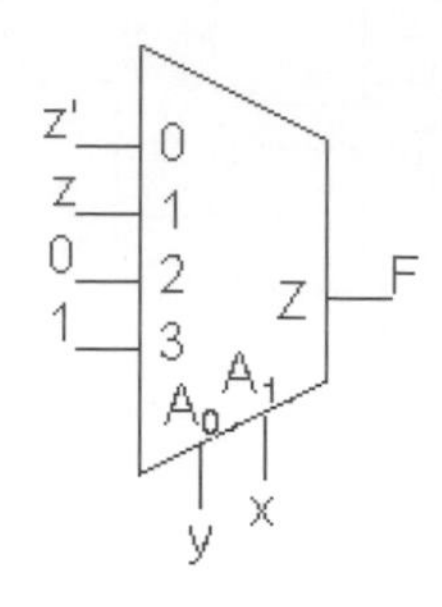

例題10

以 8 對 1 的多工器設計 F(w,x,y,z)＝Σ(1,3,4,11,12,13,14,15)，真值表與功能輸出如下的邏輯電路。

▼說明：

由真值表，選擇 w、x 和 y 當作選擇線來使用，

輸入項變數				輸出	
w	x	y	z	F	功能說明
0	0	0	0	1	F=1
0	0	0	1	1	
0	0	1	0	1	F=1
0	0	1	1	1	
0	1	0	0	0	F=0
0	1	0	1	0	
0	1	1	0	1	$F=\overline{z}$
0	1	1	1	0	
1	0	0	0	0	F=z
1	0	0	1	1	
1	0	1	0	0	F=z
1	0	1	1	1	
1	1	0	0	1	F=1
1	1	0	1	1	

輸入項變數				輸出	
w	x	y	z	F	功能說明
1	1	1	0	1	$F=\overline{z}$
1	1	1	1	0	

邏輯電路設計如下：

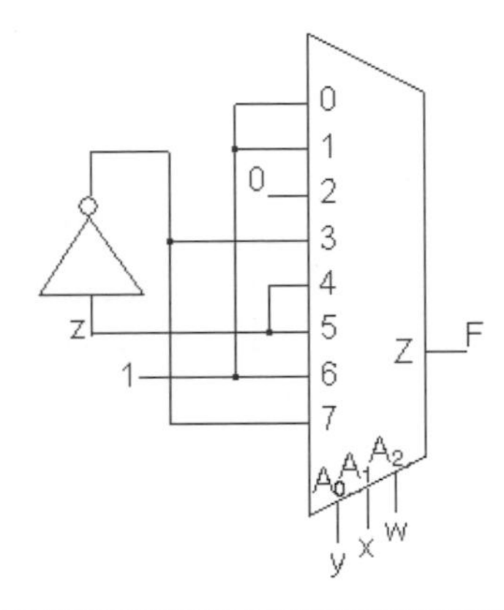

三態閘(tri-state)：多工器可採用三態邏輯閘（如下圖）來建立，當控制線為高電位（控制訊號之輸入值為 1）時，將輸入值輸出至輸出端，若是控制線為低電位（值為 0）時，輸出端為高阻抗。其輸出狀態共計 0、1 和高阻抗(high-impedance)等 3 種狀態。

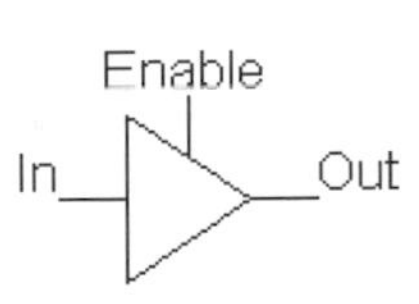

例題11

請以三態邏輯閘設計 2 對 1 的線多工器。

▼**說明：**

假設輸入為 In1 和 In2，輸出為 Out，當控制線 Enable 為高電位時，選擇 In2 輸出至 Out；若是 Enable 為低電位時，選擇 In1 輸出至 Out，電路圖如右：

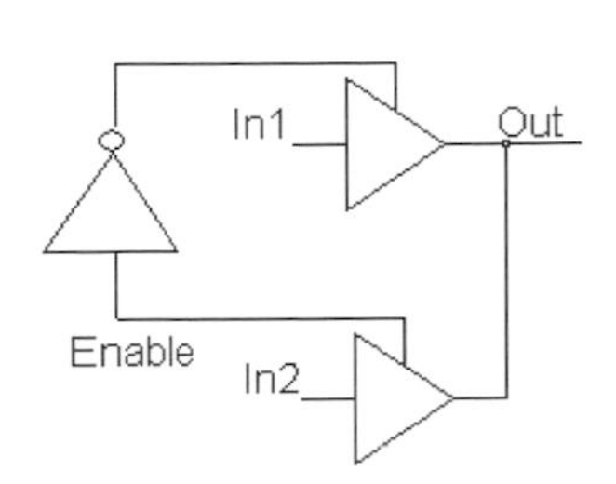

例題12

請以 2 個全加法器、1 個 AND 電路、1 個 OR 電路、1 個 NOT 電路和 1 個多工器設計一個同時具備有加、減、AND 和 OR 功能的 1 位元算術邏輯單元（真值表如下）。

算術邏輯單元真值表		
控制線輸入		輸出功能
F1	F0	F
0	0	A AND B
0	1	A OR B
1	0	A＋B
1	1	A－B

▼說明：

電路圖如下：

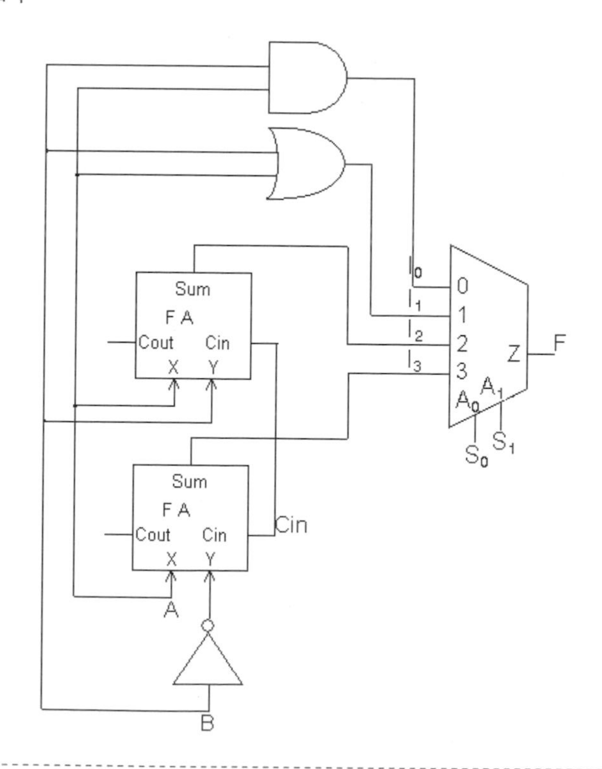

1. 請分析組合電路與序向電路之差異。
2. 設計邏輯系統電路時，需完成哪三項重要工作？
3. 請說明組合電路之分析步驟。
4. 邏輯電路化簡應注意哪些事項？
5. 給予邏輯電路圖如下，請推導其布林函式？

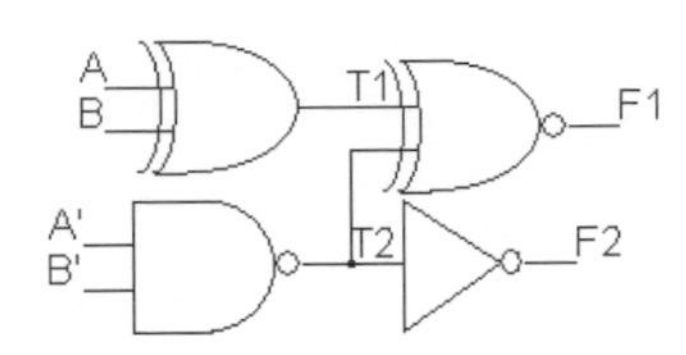

6. 請設計三位元乘二位元的乘法器。
7. 請設計二位元數值之比較器邏輯電路。
8. 請設計 2 對 1 的多工器。
9. 請設計 2 對 4 線解碼器。
10. 請設計 1 個輸入，對應 3 個輸出，可做為 8 進位和 2 進位轉換的解碼器。

5 序向邏輯

課程重點

- 同步序向電路
- SR閂鎖器
- D型、JK型和T型正反器
- 正反器
- 序向電路之設計分析
- 狀態簡化與指定

5-1 序向電路

組合邏輯電路是沒有儲存或記憶元件的電路設計，其邏輯輸出完全依據當時所給予輸入埠端的信號而定。

序向電路（sequential circuit）則是具有回授路徑的邏輯電路設計，其電路多採狀態表示，亦即給予 "輸入" 和 "目前的狀態（present state）"，經邏輯電路之運作而得到 "輸出" 和 "下一個狀態（next state）" 的輸出資訊。

序向電路之設計區分同步與非同步，同步電路係基於統一時脈（週期相同）來運作，非同步則是各個序向邏輯元件的觸發時脈是不一致的（週期非統一）。

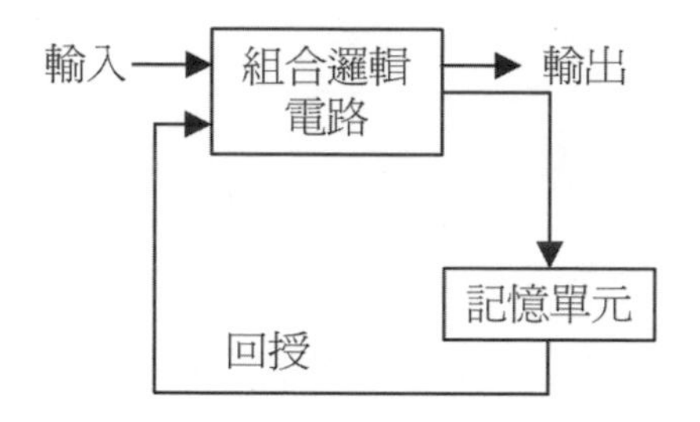

同步序向邏輯電路：

1. 閂鎖器或正反器系統之運作係依據所賦予之時脈，時脈之觸發可分為正緣觸發、負緣觸發、高電位準位觸發和低電位準位觸發等。時脈一般可使用時脈產生器（clock generator）來產生一序列連續具週期性的時脈脈波，而具時脈的序向電路（clocked sequential circuits）也是最常見的應用模式。

   - 觸發：閂鎖器或正反器狀態切換係依控制輸入之改變而變化。瞬時的變化稱為觸發（trigger），並導致狀態的變遷轉換，因此，可藉控制輸入（如 Enable 之功能）訊號值之改變而達到輸出訊號值之切換或變更。

   - 採用準位觸發型的正反器，其回授路徑可能會導致邏輯電路系統產生不穩定；至於邊緣觸發型的正反器，其狀態變換只發生於觸發信號的正邊緣或負邊緣，故能消除多重的變換問題。

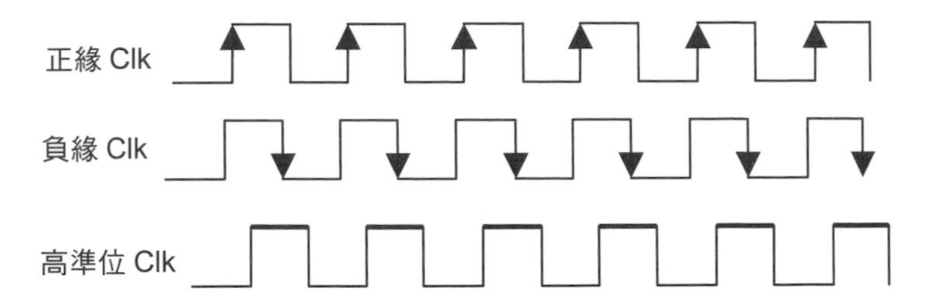

2. 具統一時脈的序向電路，因其週期規律，故邏輯電路較少出現不穩定的狀況，較須注意的是競跑現象，將於後續章節再述。

3. 序向電路所使用的儲存記憶元件一般為正反器（flip-flop）：

 - 正反器僅能記憶 1 個位元的資訊，屬於二元的記憶元件。
 - 穩定狀態下，正反器的輸出非 0 即 1；不穩定的狀態下，正反器的輸出可能出現 toggle（0 和 1 雙態交互變換）的現象。
 - 正反器多受時脈或觸發訊號所控制，其儲存之值，於時脈觸發時，將依據邏輯電路之輸入值和正反器目前記憶之儲存值來決定其狀態之改變與否。

非同步序向邏輯電路：非由統一時脈所控制與觸發的序向電路，將於第六章介紹。

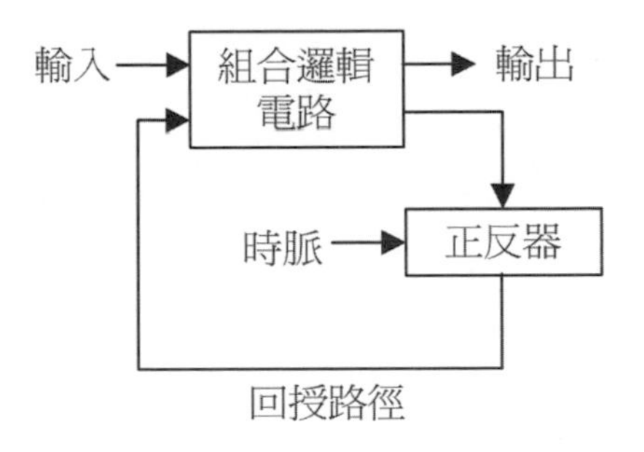

5-2 門鎖器

SR 門鎖器（SR Latch）：區分為以 NOR 邏輯閘或 NAND 邏輯閘之不同實作電路設計，常應用於開關等門鎖控制之電路設計：

1. NOR 型 SR 門鎖器邏輯電路之設計：

- 由兩個輸出回授相互連接的 NOR 邏輯閘電路所組成，屬於同步序向邏輯電路；其中，S 稱為設定（Set），R 稱為重置（Reset），其電路圖及運作真值表如下：

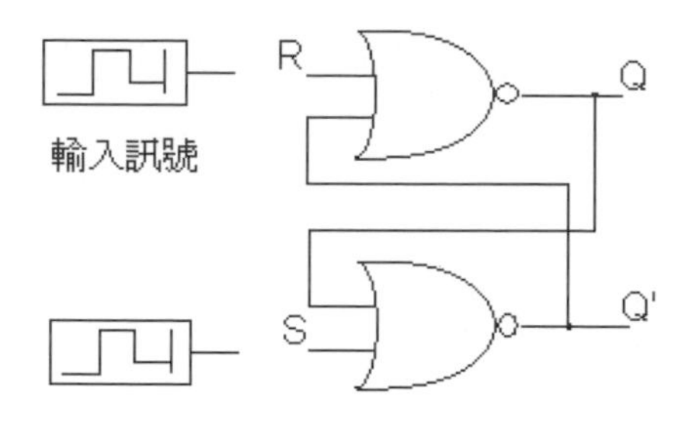

輸入		輸出		NOR 實作之 SR 門鎖器功能說明
S	R	Q	$\overline{Q}$	
1	0	1	0	
0	0	1	0	於 S=1, R=0 之後，會記憶前值
0	1	0	1	
0	0	0	1	於 S=0, R=1 之後，會記憶前值
1	1	0	0	原則禁用此狀態

- 當輸入(S,R)＝(0,0)時，不動作，將記憶之前值輸出；若輸入(S,R)＝(0,1)時為 "設定" 狀態(set state)，此時輸出 Q＝0（又稱為清除狀態）；若當輸入(S,R)＝(1,0)時，輸出 Q＝1(又稱設定狀態)；若當輸入(S,R)＝(1,1)時，會導致輸出(Q＝$\overline{Q}$＝0)的狀況發生，此屬未定義或半穩定狀態，設計時應妥善加以考慮。

- 可以 NOR 型之 SR 門鎖器來建構較複雜的邏輯電路。

2. NAND 型 SR 閂鎖器邏輯電路之設計：

- 由兩個輸出回授相互連接的 NOR 邏輯閘電路所組成，屬於同步序向邏輯電路；其中，S 稱為設定（Set），R 稱為重置（Reset），其電路圖及運作真值表如下：

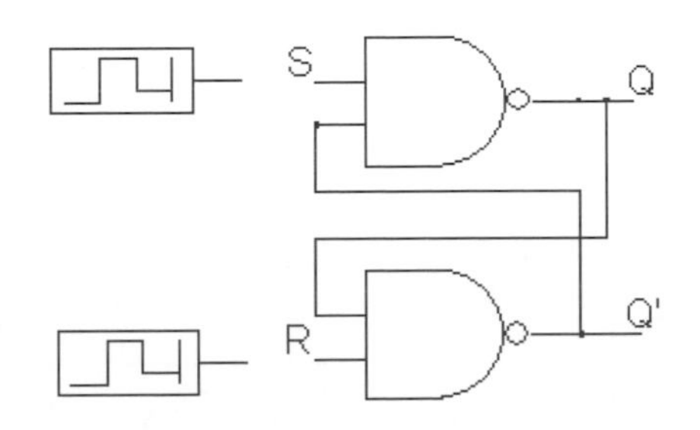

輸入		輸出		NOR 實作之 SR 閂鎖器功能說明
S	R	Q	$\overline{Q}$	
1	0	0	1	
1	1	0	1	於 S=1, R=0 之後，會記憶前值
0	1	1	0	
1	1	1	0	於 S=0, R=1 之後，會記憶前值
0	0	1	1	原則禁用此狀態

- 當輸入(S,R)＝(1,1)時，不動作，將記憶之前值輸出；若輸入(S,R)＝(1,0)時為 "設定" 狀態(set state)，此時輸出 Q＝0（又稱為清除狀態）；若當輸入(S,R)＝(0,1)時，輸出 Q＝1(又稱設定狀態)；若當輸入(S,R)＝(0,0)時，屬於未定義或半穩定狀態(Q＝$\overline{Q}$＝1)。

3. 具控制輸入的 SR 閂鎖器：

- 控制訊號 Enable 輸入為 0 時，SR 邏輯電路之輸出不改變，當控制訊號 Enable 輸入為 1 時，狀態如下面真值表所列：

輸入項			**輸出狀態**
Enable	S	R	Q 下一個狀態 "Q(t+1)"
0	X	X	不改變
1	0	0	不改變

輸入項			輸出狀態	
1	0	1	Q=0	重置狀態
1	1	0	Q=1	設定狀態
1	1	1	處於未決定之狀態	

■ 邏輯電路圖如下：

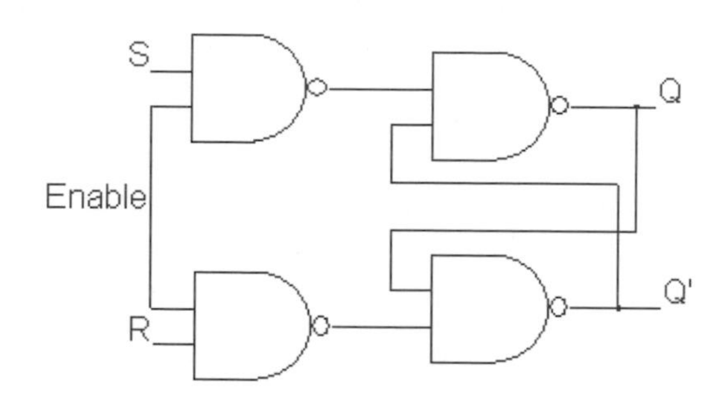

D 型透通（transparent）閂鎖器：由於 SR 閂鎖器的電路設計具有不確定狀態發生的機率，D 型透通閂鎖器之設計乃因應而生：

1. 真值表：當控制訊號 Enable 輸入 0 時，輸出狀態不改變；**若當控制訊號 Enable 輸入 1 時，D 之輸入值會輸出給 Q**，亦因此而稱透通。

輸入項		輸出狀態	
Enable	D	Q 下一個狀態 "Q(t+1) "	
0	X	不改變	
1	0	Q=0	重置狀態
1	1	Q=1	設定狀態

2. 電路圖：由 D 型閂鎖器之輸入端可看到電路設計是屬於具控制的 SR 閂鎖的修改型式，S 端之輸入為 D，R 端之輸入為 $\overline{D}$（不論 D 值為何，二個輸入端的輸入值恰恰相反），此設計可確保 S 和 R 端的輸入絕不會一樣（最重要的是不同時為 1），以避免發生不穩定之狀態。

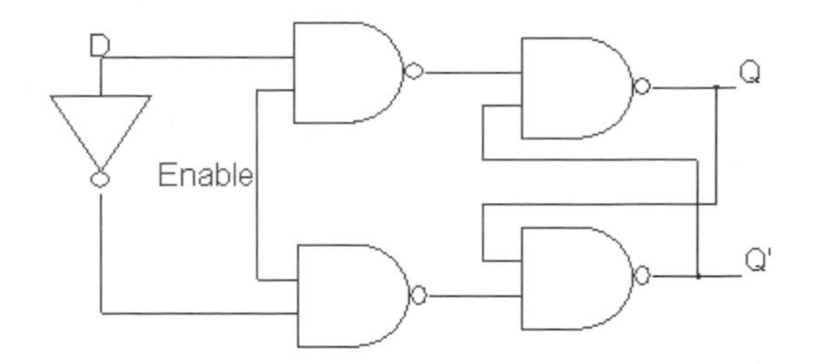

閂鎖器常用表示圖形符號如下：

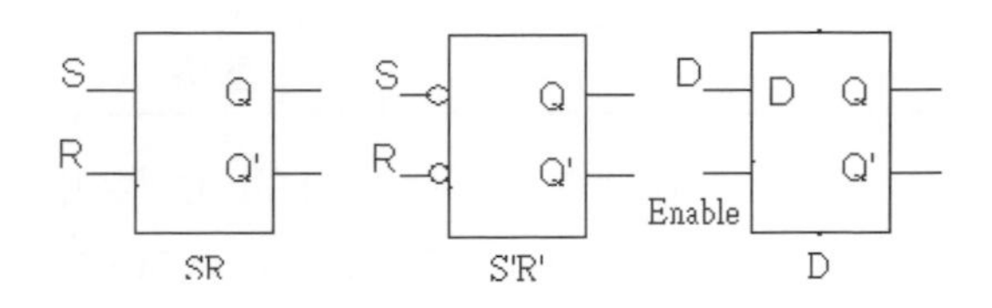

例題1

給予高位準觸發之時脈控制之 SR 型正反器，其 S 和 R 輸入以及時脈如下圖，請求輸出 Q 之值。

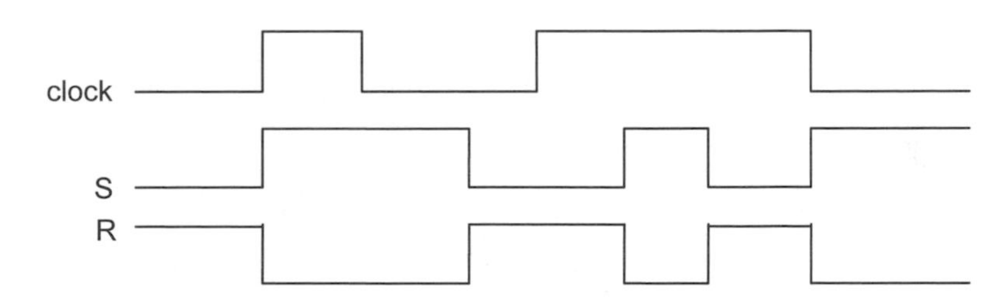

▼說明：

輸出之波形圖如下：

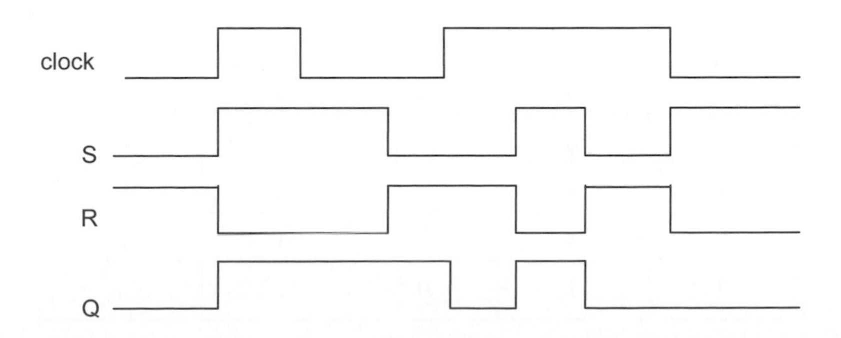

5-3 正反器

特性方程式：$Q_D(t+1)=D(t)$，亦即下一個狀態之輸出值等於前一個時間之 D 輸入值（一般是觸發或時脈控制輸出），其真值表如下：

D	$Q_D(t+1)$	狀態
0	0	重置
1	1	設定

1. IC 型號 7474 即為一顆 IC 具有 2 組的 D 型正反器（請參閱：http://www.datasheetarchive.com/7474-datasheet.html）：

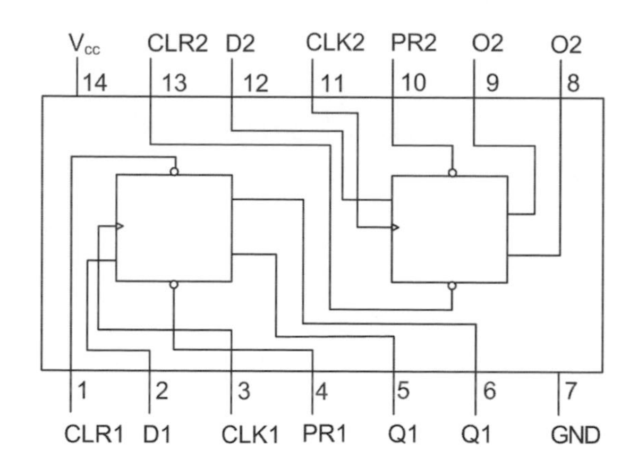

2. 7474 功能表如下（Preset 為預置埠、Clear 為清除埠，↑ 表正緣觸發）：

輸入項				輸出項	
Preset	Clear	Clock	D	Q	$\overline{Q}$
0	1	X	X	1	0
1	0	X	X	0	1
0	0	X	X	1	1
1	1	↑	1	1	0
1	1	↑	0	0	1
1	1	0	X	Q_0	$\overline{Q_0}$

邊緣觸發 D 型正反器：

1. 主僕（Master-Slave）式 D 型正反器：使用二級分開的二個 D 型正反器，其第一級的 D 型閂鎖器是主(master)閂鎖器，採正緣觸發，第二級的 D 型閂鎖器是僕(slave)閂鎖器，採負緣觸發(clock 輸入為 0 時觸發)，電路圖如下：

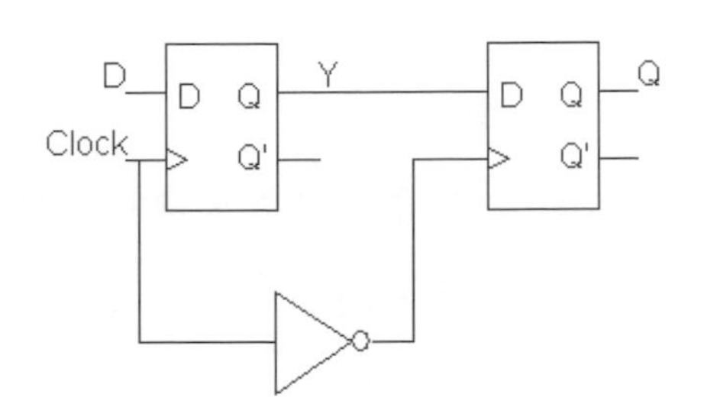

當時脈為正緣時，第一級主閂鎖器的輸入值 D 會輸出給 Y，此時第二級的僕閂鎖器尚不會有動作，需待其時脈轉為負緣時，才能觸發並將 Y 輸出給 Q，因第二級的僕閂鎖器之輸出，係根據第一級主閂鎖器的輸出，於負緣觸發時直接送出給 Q，有亦步亦趨的意涵，故美其名為主僕式正反器。

2. D 型正緣觸發正反器：

- 本 D 型正緣觸發正反器之設計係使用 3 個 SR 閂鎖器來實現如下圖：

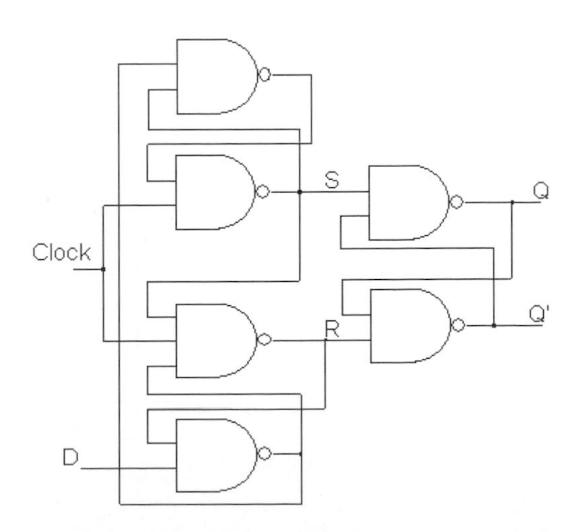

(1) 第一級的 2 個 SR 閂鎖器會根據外部輸入的 D 和 Clock 而反應，而第二及電路中的第 3 個 SR 閂鎖器則是提供此 D 型正反器電路的最終輸出。

(2) 三個 SR 閂鎖器之運作：

當(S,R)＝(0,1)➔Q＝1

當(S,R)＝(1,0)➔Q＝0

當(S,R)＝(1,1)➔不動作

當(S,R)＝(0,0)，不穩定狀態，應避免發生此狀態

- 邏輯運作概況（如下列 4 圖所示）：

(1) 當 Clock 為低電位（0）時，輸出會處於高電位（1），此將導致電路保持目前的狀態。

(2) 若輸入 D＝0，當 Clock 變為高電位（1）時，R 會變成 0，此時為正反器處於重置狀態，輸出 Q＝0。若 Clock 仍處於高電位，而此時改變輸入 D 之值，並不會影響輸出給 R 的值，R 仍為 0 且輸出 Q 亦為 0。

(3) 當 Clock 回到 0，R 會變成 1，輸出之閂鎖器將處於靜態，不會改變輸出值。

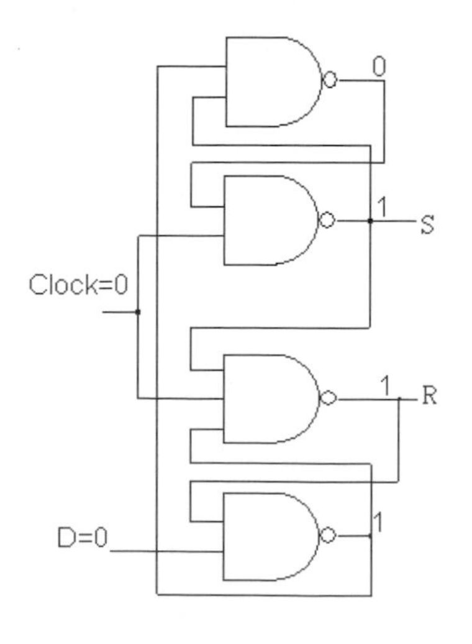

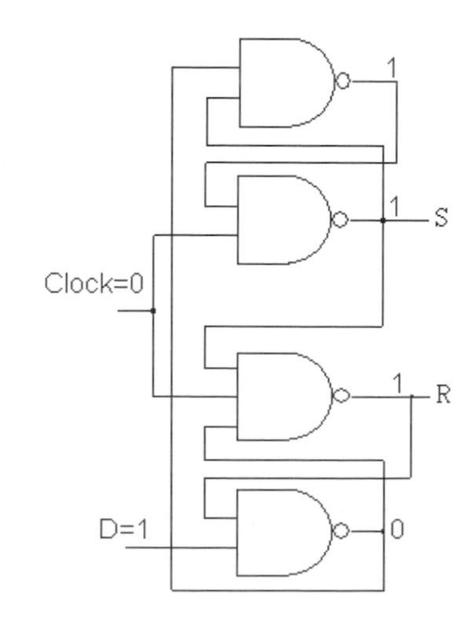

(4) 同樣的，若輸入 D＝1，當 Clock 由低電位（0）變為高電位（1）時，S 會變成 0，此時為正反器處於設定狀態，輸出 Q＝1。若 Clock 仍處於高電位，而此時改變輸入 D 之值，並不會影響輸出給 S 的值，S 仍為 0 且輸出 Q 亦仍為 1。

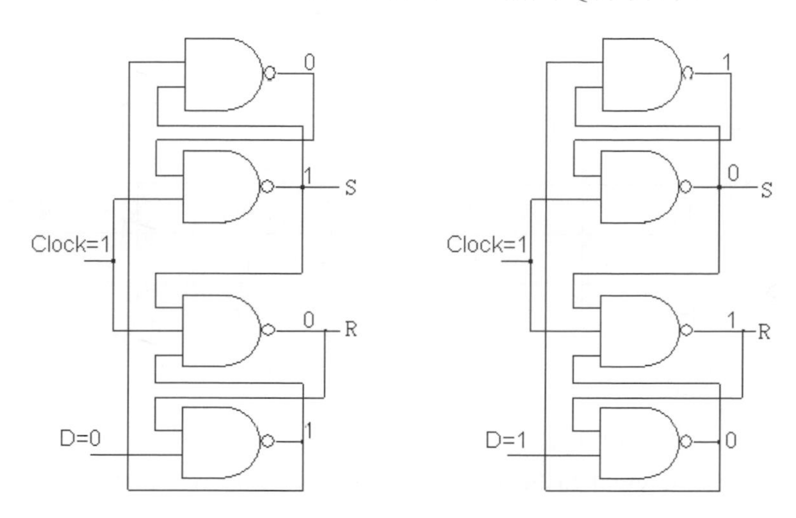

■ 邏輯電路圖如下：由圖中可發現，若當時脈（Clock）之輸入為負準位時，S 和 R 之輸入必為 1（因第一級閂鎖器之 NAND 非及邏輯閘之輸出影響），此時之 SR 正反器是屬於輸出前一個記憶狀態的動作。

3. 圖形符號（如下圖，區分左圖之正緣觸發和右圖之負緣觸發）：

JK 型正反器：

1. 特性方程式：$Q_{JK}(t+1) = J(t)\overline{Q(t)} + \overline{K(t)}Q(t) = J\overline{Q} + \overline{K}Q$

■ 由 JK 正反器之特性方程式可知當 J＝1 而 K＝0 時，$Q_{JK}(t+1) = \overline{Q} + Q = 1$（於時脈觸發後輸出為 1）。

- 若當 J＝0 而 K＝1 時，$Q_{JK}(t+1)=0$（於時脈觸發後輸出為 0）。
- 當 J＝K＝1 時，$Q_{JK}(t+1)=\overline{Q}$（於時脈觸發後輸出為 $\overline{Q}$）。
- 當 J＝K＝0 時，$Q_{JK}(t+1)=Q$（於時脈觸發後輸出為 Q）。

2. 真值表如下：

J	K	$Q_{JK}(t+1)$	狀態
0	0	$Q(t)$	不改變
0	1	0	重置
1	0	1	設定
1	1	$\overline{Q(t)}$	補數輸出

3. 邏輯電路圖：

- IC 型號 7476 即為一顆 IC 具有 2 組的 JK 正反器（請參閱：http://www.datasheetcatalog.com/datasheets_pdf/7/4/7/6/7476.shtml）

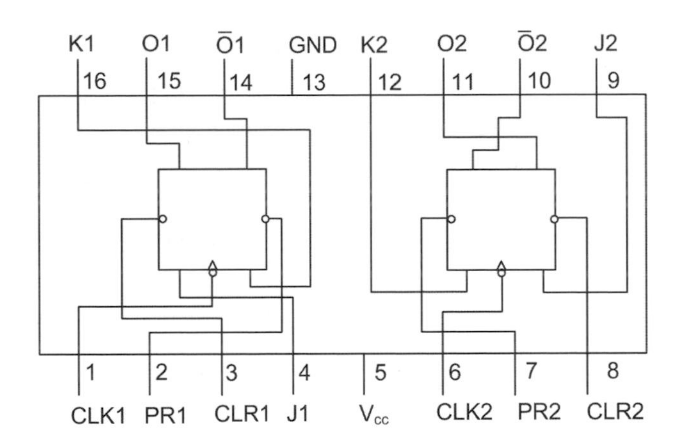

- 7476 功能表如下（Preset 為預置埠、Clear 為清除埠）：

輸入項					輸出項	
Preset	Clear	Clock	J	K	Q	$\overline{Q}$
0	1	X	X	X	1	0
1	0	X	X	X	0	1
0	0	X	X	X	1	1

輸入項					輸出項	
Preset	Clear	Clock	J	K	Q	$\overline{Q}$
1	1	⊓⊔⊓	0	0	Q_0	$\overline{Q_0}$
1	1	⊓⊔⊓	1	0	1	0
1	1	⊓⊔⊓	0	1	0	1
1	1	⊓⊔⊓	1	1	toggle	

- 此外，JK 型正反器亦可使用 D 型正反器來實作，如下圖所示：

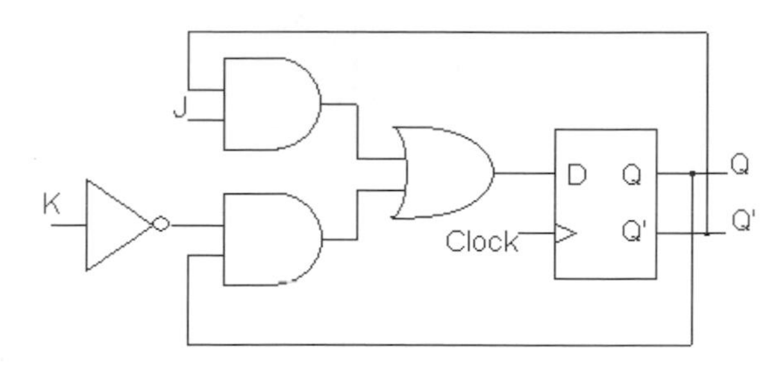

4. 圖形符號（下圖之時脈為負緣觸發）：

J Q
K Q'

T 型正反器：

1. 特性方程式：$Q_T(t+1) = T(t) \oplus Q(t) = T\overline{Q} + \overline{T}Q$

   - 由 T 型正反器特性方程式可知，當 T＝0 時，$Q_T(t+1) = Q(t)$，亦即輸出同前一狀態並沒有改變。
   - 當 T＝1 時，$Q_T(t+1) = \overline{Q(t)}$，亦即輸出為前一狀態之補數值。

2. 真值表如下：

T	$Q_T(t+1)$	狀態
0	$Q(t)$	不改變
1	$\overline{Q(t)}$	補數輸出

3. 邏輯電路圖：T 型正反器一般可使用 D 型或 JK 型正反器來實作，如下圖所示：

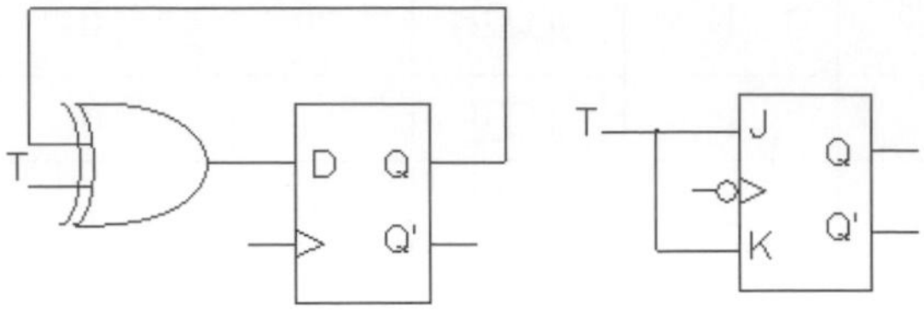

4. 圖形符號：

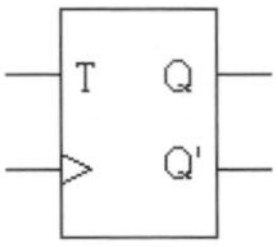

部分正反器具有非同步的輸入，其設計可讓正反器不受制於時脈，而輸出特定的值。若輸入設定正反器為 1，則稱為預置（Preset）或直接設定（direct set），若輸入將正反器清除為 0，則稱為清除（Clear）或直接重置（direct reset）。當數位系統之電源剛開啟時，其正反器所處之狀態值是未知的。

前述使用 3 個 SR 閂鎖器所實作之 D 型正緣觸發正反器，若欲增加重置（reset）之設計，其真值表如下：

輸入項			輸出	
Reset	Clock	D	Q	$\overline{Q}$
0	X	X	0	1
1	↑	0	0	1
1	↑	1	1	0

亦即當輸入 Reset＝0 時，輸出會先重置為 0，此與輸入 D 之值和 Clock 均無關，正常的運作是當輸入 Reset＝1，並於 Clock 正緣觸發時，輸入 D 之值才會轉送輸出給 Q 輸出埠。

本例之圖形符號（其中 R 代表 Reset）及邏輯電路圖修定分如下圖所示：

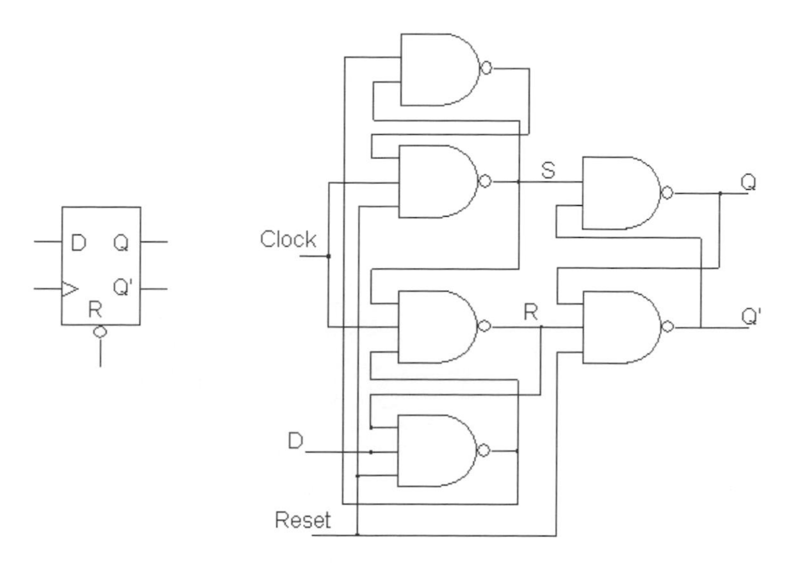

5-4 序向電路之設計分析

具時序之序向電路，其作用（behaviour）模式是由輸入、輸出和正反器的狀態所決定，其輸出與下一個狀態可表示成是輸入與目前狀態的函式關係如下：

f（input,prestate）➔（output, nextstate）

分析序向電路，需真值表或是有時間序列的輸入、輸出和內部狀態的圖表，若能再提供布林函式表示式，就更完善了。常用的分析策略是使用狀態方程式、狀態表和狀態圖等，概述如下：

- **狀態方程式（state equation）**：亦即使用如布林函式等方程式來描述下一個狀態與前一個狀態以及輸入和輸出間的關係。其中，輸入方程式（input equation）又稱為激勵方程式（excitation equation），其結合輸出方程式（output equation）即可繪製序向電路之邏輯圖。

1. 假設某邏輯電路圖使用二個 D 型正反器，其外部輸入為 X，輸出為 Y，詳細電路圖如下：

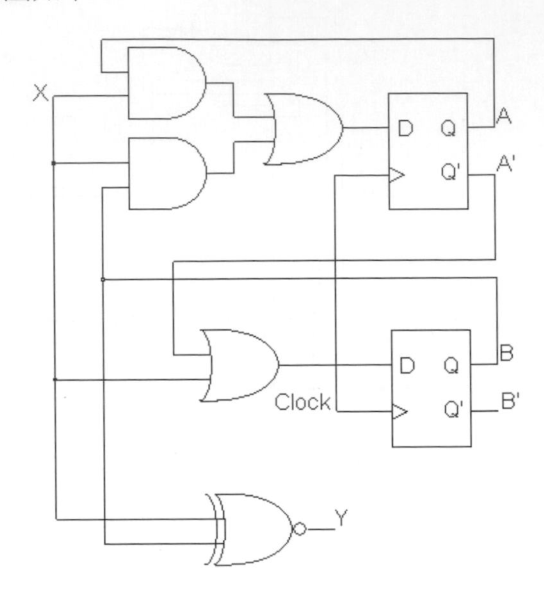

2. 狀態方程式：

- 首先分析上面的 D 型正反器（此處以 D_A 表示），其輸入埠之值為：D_A＝（AX）＋（BX），將時間因子加入方程式如下：

  A(t+1)＝A(t)X(t)＋B(t)X(t)，可簡化表示如下：

  A(t+1)＝AX＋BX

- 其次分析上圖下面的第二個 D 型正反器（此處以 D_B 表示），其輸入埠之值為：$D_B = \overline{A} + X$，將時間因子加入方程式如下：

  B(t+1)＝$\overline{A}(t) + X(t)$，可簡化表示如下：

  B(t+1)＝$\overline{A} + X$

- 最後分析輸出布林方程式，Y＝$\overline{(X \oplus B)} = XB + \overline{X}\,\overline{B}$，將時間因子加入方程式如下：

  Y(t)＝$X(t)B(t) + \overline{X(t)}\,\overline{B(t)}$，可簡化表示如下：

  Y(t)＝$XB + \overline{X}\,\overline{B}$

狀態表（state table）：又稱狀態轉換表（transition table，或變遷表、轉置表），有關輸入、輸出與正反器狀態之改變可以列舉的方法於狀態表中呈現（就如同真值表一般）如下：

1. 方程式 $A(t+1) = AX + BX$、$B(t+1) = \overline{A} + X$ 和輸出布林函式 $Y(t) = XB + \overline{X}\overline{B}$ 之狀態表彙整如下：

Prestate 目前狀態		輸入	Next state 下一個狀態		輸出
A(t)	B(t)	X	A(t+1)	B(t+1)	Y
0	0	0	0	1	1
0	0	1	0	1	0
0	1	0	0	1	0
0	1	1	1	1	1
1	0	0	0	0	1
1	0	1	1	1	0
1	1	0	0	0	0
1	1	1	1	1	1

2. 另一種狀態表的呈現方式是將上表之 A 和 B 整併為 4 種輸入狀態 00、01、10 和 11，於下一個狀態和輸出再將 X 因子納入（同上表一樣，A、B、X 共計 8 種組合）：

Prestate 目前狀態		Next state 下一個狀態				輸出	
		X=0		X=1		X=0	X=1
A	B	A(t+1)	B(t+1)	A(t+1)	B(t+1)	Y	Y
0	0	0	1	0	1	1	0
0	1	0	1	1	1	0	1
1	0	0	0	1	1	1	0
1	1	0	0	1	1	0	1

狀態圖（state diagram）：狀態表和狀態圖都可以用來描述序向邏輯電路的動作。下列狀態圖係依據上例第二種狀態轉換表來表示，A 和 B 有 4 種輸入狀態 S0（00，A 和 B 同時為 0）、S1（01）、S2（10）和 S3（11），其目前狀態與下一個狀態之變遷係以拉線結合箭頭方向指示狀態變化，至

於輸入 X 和輸出 Y 則以 "X / Y" 標籤（label）來表示輸入值與輸出值，上例之狀態圖如下：

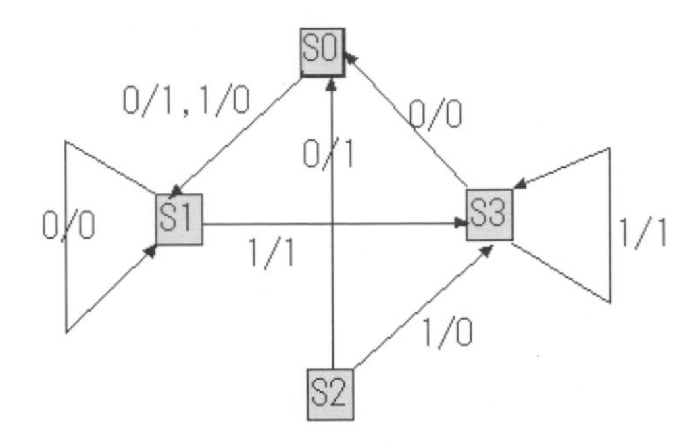

1. 於狀態 S0 時，當不論輸入 X＝0 或 X＝1 時，下一個狀態都會變為 S1，唯一不同的是輸出 Y 之值恰為輸入 X 值之補數。
2. 於狀態 S1 時，當輸入 X＝0 時，下一個狀態不變，會回到目前的狀態，輸出 Y＝0；若是輸入 X＝1 時，下一個狀態會轉換為 S2，輸出 Y＝1。
3. 於狀態 S2 時，當輸入 X＝0 時，下一個狀態會轉換為 S0 狀態，輸出 Y＝1；若是輸入 X＝1 時，下一個狀態會轉換為 S3，輸出 Y＝0。
4. 於狀態 S3 時，當輸入 X＝0 時，下一個狀態會轉換為 S0 狀態，輸出 Y＝0；若是輸入 X＝1 時，下一個狀態不變，會回到目前的狀態 S3，輸出 Y＝1。

正反器之輸入方程式：

1. D 型正反器之分析：D 型正反器之標準特性方程式為 $Q_D(t+1)=D(t)$

   - 假設給予一組邏輯，由 D 型正反器搭配組合邏輯所形成的電路如下：

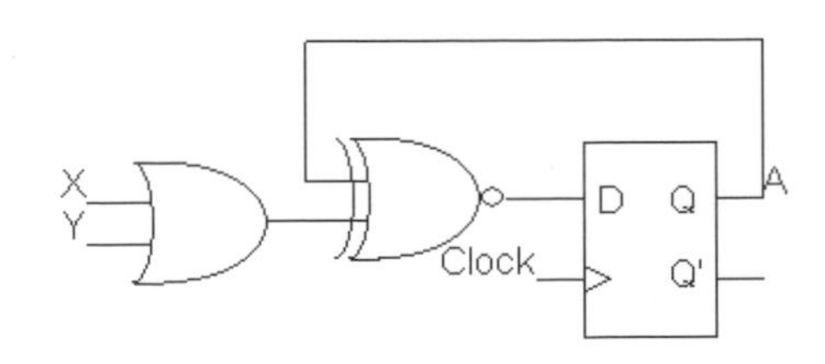

■ 特性方程式：由上圖可知輸入 D 埠之函式如下：

$$A(t+1)=\overline{(X+Y)\oplus A}=(X(t)+Y(t))A(t)+\overline{(X(t)+Y(t))}\overline{A(t)}$$
$$=AX+AY+\overline{A}\overline{X}\overline{Y}$$

■ 狀態轉換表：

輸入項			輸出
Prestate A(t)	X(t)	Y(t)	Next State A(t+1)
0	0	0	1
0	0	1	0
0	1	0	0
0	1	1	0
1	0	0	0
1	0	1	1
1	1	0	1
1	1	1	1

■ 狀態圖：本例僅有二狀態分別以 S0（A＝0）和 S1（A＝1）表示之，狀態轉換圖及轉換過程說明如下：

(1) 於狀態 S0 時，僅有當輸入 X＝Y＝0 時，下一個狀態才會轉變為 S1；其餘非 X＝Y＝0 之 X 和 Y 的不同輸出，下一個狀態都不會改變，將回到目前的狀態 S0。

(2) 於狀態 S1 時，僅有當輸入 X＝Y＝0 時，下一個狀態才會轉變為 S0；其餘非 X＝Y＝0 之 X 和 Y 的不同輸出，下一個狀態都不會改變，將回到目前的狀態 S1。

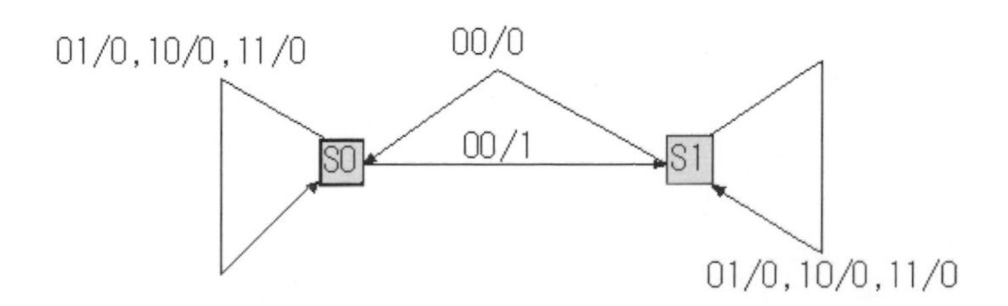

2. JK 型正反器之分析：JK 型正反器之標準特性方程式為 $Q_{JK}(t+1) = J(t)\overline{Q(t)} + \overline{K(t)}Q(t) = J\overline{Q} + \overline{K}Q$。

- 假設給予一組邏輯，由 JK 型正反器搭配組合邏輯所形成的邏輯電路如下：

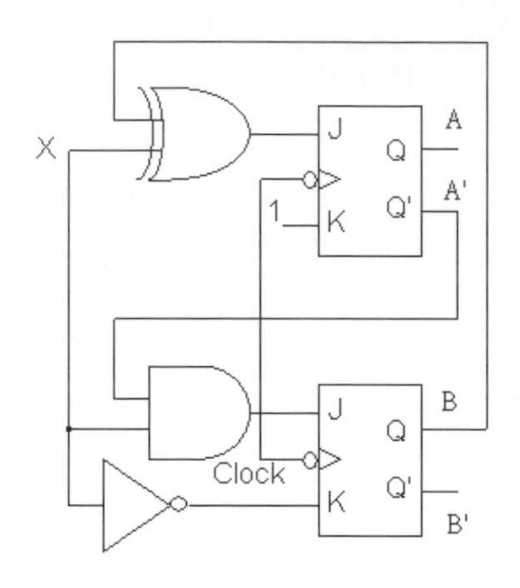

- 特性方程式：

(1) $J_A = A \oplus X$，$K_A = 1$；可推導出 $Q_A(t+1)$布林函式如下：

$Q_A(t+1)$

$$= J_A\overline{Q_A} + \overline{K_A}Q_A = (A \oplus X)\overline{A} + \overline{1}A$$
$$= A\overline{X}\,\overline{A} + \overline{A}X\overline{A} = \overline{A}X$$

(2) $J_B = \overline{A}X$，$K_B = \overline{X}$；可推導出 $Q_B(t+1)$布林函式如下：

$Q_B(t+1)$

$$= J_B\overline{Q_B} + \overline{K_B}Q_B = \overline{A}X\overline{B} + \overline{\overline{X}}B$$
$$= \overline{A}\overline{B}X + BX = \overline{A}X + BX$$

■ 狀態轉換表：

Prestate		輸入	Next State		JK 正反器之輸入			
A(t)	B(t)	X	A(t+1)	B(t+1)	J_A	K_A	J_B	K_B
0	0	0	0	0	0	1	0	1
0	0	1	1	1	1	1	1	0
0	1	0	0	0	0	1	0	1
0	1	1	1	1	1	1	1	0
1	0	0	0	0	1	1	0	1
1	0	1	0	0	0	1	0	0
1	1	0	0	0	1	1	0	1
1	1	1	0	1	0	1	0	0

■ 狀態轉換圖：由上表，A 和 B 有 4 種輸入狀態 S0（00，A 和 B 同時為 0）、S1（01）、S2（10）和 S3（11），本例因僅只標示狀態改變並無實際輸出值，故下圖中之標籤部分 " / " 後未有輸出值：

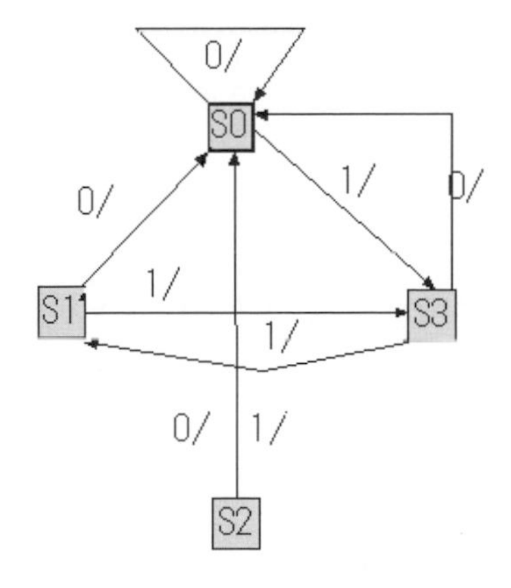

(1) 於狀態 S0 時，當輸入 X＝0 時，下一個狀態不變，會回到目前的狀態 S0；若是輸入 X＝1，下一個狀態都會轉變為 S3 狀態。

(2) 於狀態 S1 時，當輸入 X＝0 時，下一個狀態不變，會轉變為狀態 S0，輸出 Y＝0；若是輸入 X＝1 時，下一個狀態會轉換為 S3 狀態。

(3) 於狀態 S2 時，不論是輸入 X＝0 或 X＝1 時，下一個狀態都會轉換為 S0 狀態。

(4) 於狀態 S3 時，當輸入 X＝0 時，下一個狀態會轉換為 S0 狀態；若是輸入 X＝1 時，會轉換為 S1 態。

3. T 型正反器之分析：T 型正反器之標準特性方程式為 $Q_T(t+1) = T(t) \oplus Q(t) = T\overline{Q} + \overline{T}Q$

■ 假設給予邏輯電路如下：

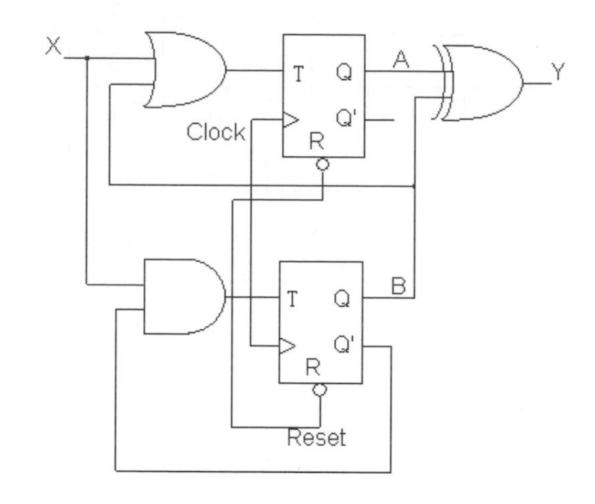

■ 特性方程式：

(1) 輸入方程式：由上圖可知 $T_A = X+B$，$T_B = X\overline{B}$

$Q_A(t+1) = T_A(t) \oplus Q_A(t)$

$= T\overline{Q} + \overline{T}Q = (X+B)\overline{A} + \overline{(X+B)}A$

$= \overline{A}X + \overline{A}B + A\overline{B}\,\overline{X} = \overline{A} + \overline{B}\,\overline{X}$

$Q_B(t+1) = T_B(t) \oplus Q_B(t)$

$= X\overline{B}\,\overline{B} + \overline{(X\overline{B})}B = X\overline{B} + (\overline{X} + B)B$

$= \overline{B}X + B\overline{X} + B = B + X$

(2) 輸出方程式：$Y = A \oplus B = A\overline{B} + \overline{A}B$

■ 狀態轉換表：

Prestate 目前狀態		輸入	Next state 下一個狀態		輸出
A(t)	B(t)	X	A(t+1)	B(t+1)	Y
0	0	0	1	0	0
0	0	1	1	1	0
0	1	0	1	1	1
0	1	1	1	1	1
1	0	0	0	0	1
1	0	1	1	1	1
1	1	0	0	1	0
1	1	1	0	1	0

■ 狀態轉換圖：由上表，A 和 B 有 4 種輸入狀態 S0（00，A 和 B 同時為 0）、S1（01）、S2（10）和 S3（11）：

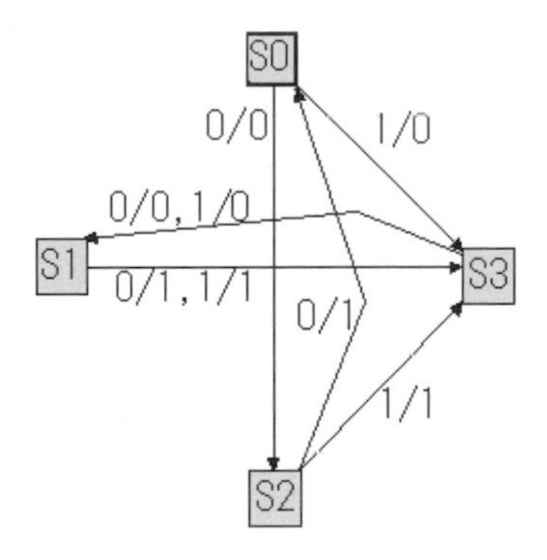

(1) 狀態 S0 時，當輸入 X＝0 時，下一個狀態不變，會回到目前的狀態 S0；若是輸入 X＝1，下一個狀態都會轉變為 S3 狀態。

(2) 狀態 S1 時，當輸入 X＝0 時，下一個狀態不變，會轉變為狀態 S0，輸出 Y＝0；若是輸入 X＝1 時，下一個狀態會轉換為 S3 狀態。

(3) 狀態 S2 時，不論是輸入 X＝0 或 X＝1 時，下一個狀態都會轉換為 S0 狀態。

(4) 狀態 S3 時，當輸入 X＝0 時，下一個狀態會轉換為 S0 狀態；若是輸入 X＝1 時，會轉換為 S1 態。

邏輯圖←→狀態表←→狀態圖皆可相互轉換

例題2

給予狀態表如下，請畫出狀態轉換圖並說明之。

Prestate 目前狀態		Next State 次狀態				輸出	
		X=0		X=1		X=0	X=1
A	B	A	B	A	B	Y	Y
0	0	0	0	0	1	0	1
0	1	0	1	1	0	0	1
1	0	1	0	1	1	0	1
1	1	1	1	0	0	0	1

▼**說明：**

假設 A 和 B 有 4 種輸入狀態 S0（00）、S1（01）、S2（10）和 S3（11）：

(1) 狀態 S0 時，當輸入 X＝0 時，下一個狀態不變，會回到目前的狀態 S0，輸出 Y＝0；若是輸入 X＝1，下一個狀態都會轉變為 S1 狀態，輸出 Y＝1。

(2) 狀態 S1 時，當輸入 X＝0 時，下一個狀態不變，會轉變為狀態 S1，輸出 Y＝0；若是輸入 X＝1 時，下一個狀態會轉換為 S2 狀態，輸出 Y＝1。

(3) 狀態 S2 時，當輸入 X＝0 時，下一個狀態不變，會轉變為狀態 S2，輸出 Y＝0；若是輸入 X＝1 時，下一個狀態會轉換為 S3 狀態，輸出 Y＝1。

(4) 狀態 S3 時，當輸入 X＝0 時，下一個狀態不變，會轉變為狀態 S3，輸出 Y＝0；若是輸入 X＝1 時，下一個狀態會轉換為 S0 狀態，輸出 Y＝1。

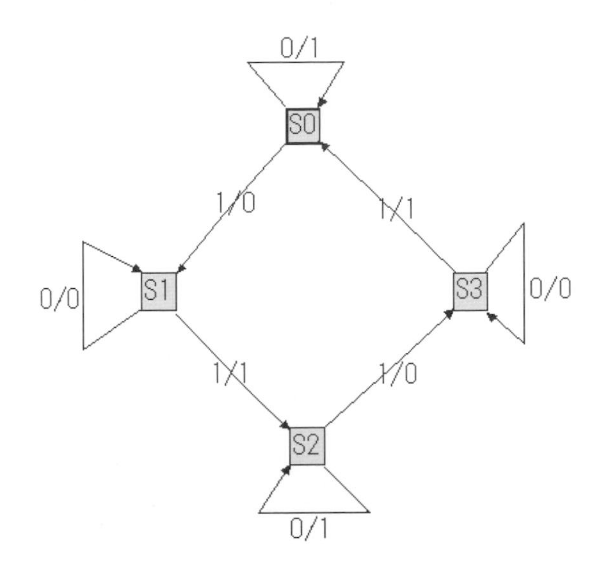

例題3

承例題 2，請以卡諾圖解出相對於輸入變數 X 的 A 和 B 下一個狀態以及輸出 Y 之布林函式。

▼說明：

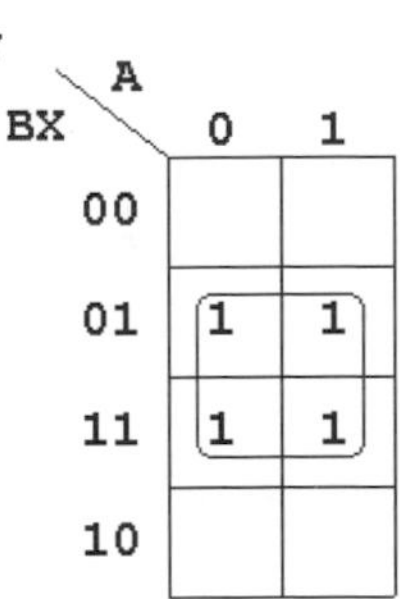

本例有 3 個輸入變數 A、B、X，其中 A 和 B 並同時為狀態，輸出 Y 之布林函式依下面之卡諾圖解出為 Y＝X（如右圖）：

A 和 B 之下一個狀態之布林函式與卡諾圖如下：

A(t+1)＝ $\overline{A}BX + A\overline{B} + A\overline{X}$

B(t+1)＝ $B \oplus X = B\overline{X} + \overline{B}X$

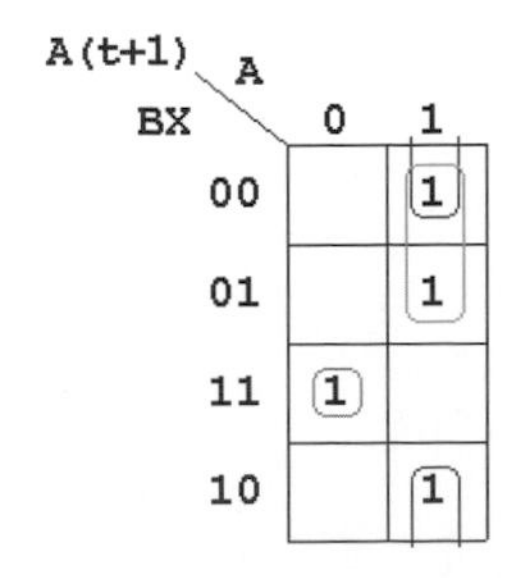

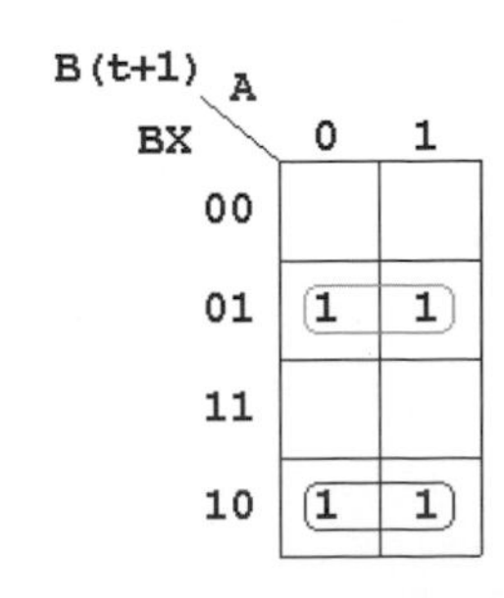

例題4

承例題 3，請以 D 型正反器來實現邏輯電路圖。

▼說明：

D 型正反器之特性方程式為 $Q_D(t+1) = D(t)$，依前例推導出之布林函式：

A(t+1)＝ $\overline{A}BX + A\overline{B} + A\overline{X}$ ，B(t+1)＝ $B \oplus X = B\overline{X} + \overline{B}X$ ，Y＝X

完成電路圖設計如下：

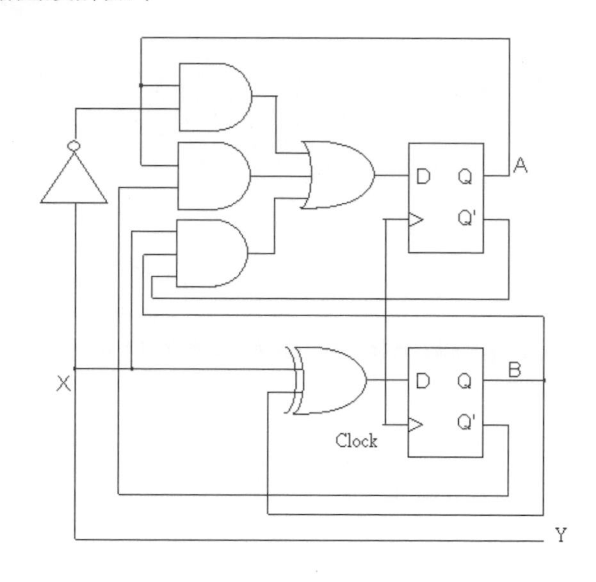

例題5

給予下列狀態圖，請完成狀態轉換表。

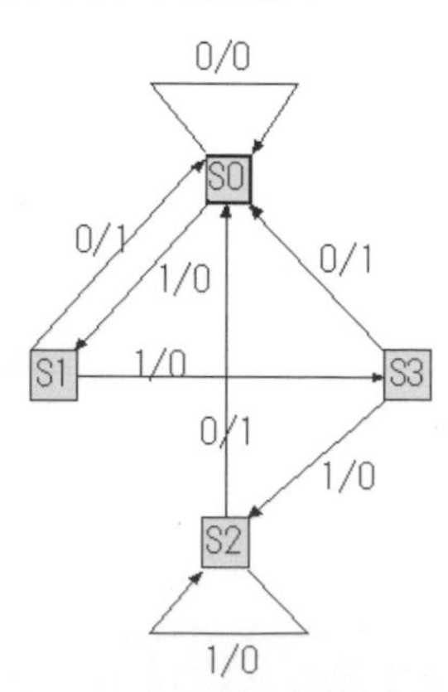

▼說明：

依狀態圖設定 4 種輸入狀態分別為 S0（00）、S1（01）、S2（10）和 S3（11），經推導狀態轉換表如下：

Prestate 目前狀態		Next state 下一個狀態				輸出	
		X=0		X=1		X=0	X=1
A	B	A(t+1)	B(t+1)	A(t+1)	B(t+1)	Y	Y
0	0	0	0	0	1	0	0
0	1	0	0	1	1	1	0
1	0	0	0	1	0	1	0
1	1	0	0	1	0	1	0

例題6

承例題 5，由狀態 S0 開始，當給予輸入序列 101101110，請完成狀態轉換及輸出。

▼說明：

4 種輸入狀態分別為 S0（00）、S1（01）、S2（10）和 S3（11）：

Prestate	00	01	00	01	11	00	01	11	10
Input	1	0	1	1	0	1	1	1	0
Output	0	1	0	0	1	0	0	0	1
Next state	01	00	01	11	00	01	11	10	00

5-5 狀態化簡與狀態指定

狀態化簡：狀態是序向邏輯電路的重要表現方式，然就如布林函式可經卡諾圖化簡一般，序向邏輯初始設計可能有部分的狀態是屬於冗餘的，好比作一件決定可能有好幾個條件是屬於非常接近或有重疊設定的可能，經化簡後，常能更清晰呈現狀態之有效變化，亦可相對的達到諸如邏輯電路所使用到之正反器和邏輯閘的個數可因簡化而減少，達到降低電路複雜度與節省成本等優點。然狀態化簡並不必然會減少正反器使用的數量，而正反器使用數量減少亦有可能造成組合電路所使用的邏輯閘數量的增加，故邏輯電路之設計皆須經縝密之分析。

等效狀態化簡：當二狀態符合下列條件時稱為等效：

1. 當二個狀態，對某一組相同之輸入值，所得到**下一個狀態以及輸出值亦都相同時**，亦即可使邏輯電路達到相等（甚至相同）的狀態，此二狀態即為等效。

2. 經**刪去等效狀態**中之一個狀態，並不會影響及改變原來的輸入與輸出之間的關係。

化簡步驟範例：

1. 假設給予狀態表如下：

Present State	Next state		輸出	
	X=0	X=1	X=0	X=1
A	F	B	0	0
B	D	C	0	0
C	F	E	0	0
D	G	A	1	0
E	D	C	0	0
F	F	B	1	1
G	G	H	0	1
H	G	A	1	0

2. 經觀察上表可發現：

- 狀態 D 和 H，狀態 B 和 E 之下一狀態以及輸出皆相同，故可將 H 化簡刪去並將原狀態 H 改以狀態 D 取代；同樣的，將 E 化簡刪去並將原狀態 E 改以狀態 B 取代，化簡後之表如下：

Present State	Next state		輸出	
	X=0	X=1	X=0	X=1
A	F	B	0	0
B	D	C	0	0

Present State	Next state		輸出	
	X=0	X=1	X=0	X=1
C	F	B	0	0
D	G	A	1	0
F	F	B	1	1
G	G	D	0	1

- 完成上表後，再觀察進行第二次之化簡。此時可發現，狀態 A 和 C 之下一狀態以及輸出皆相同，故可將 C 化簡刪去並將原狀態 C 改以狀態 A 取代如下表：

Present State	Next state		輸出	
	X=0	X=1	X=0	X=1
A	F	B	0	0
B	D	A	0	0
D	G	A	1	0
F	F	B	1	1
G	G	D	0	1

完成上表後，經確認並無任何狀態之下一狀態以及輸出相同，此時即完成最終之化簡。

- 本例之原始狀態轉換圖如下（其中狀態 A～H 之對應為 S0～S7）：

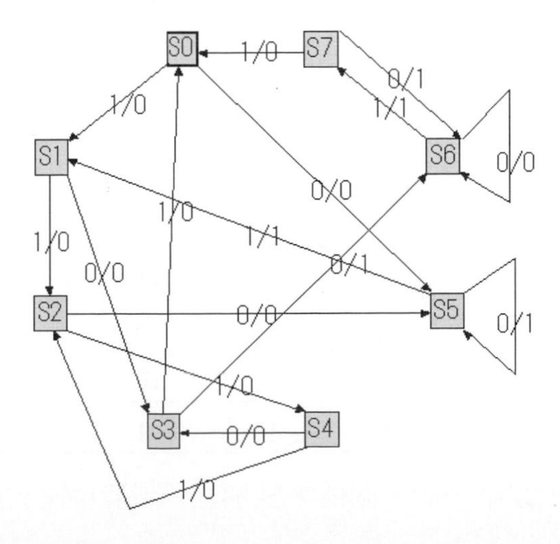

- 經化簡後之狀態轉換圖如下（經化簡後僅有 ABDFG 等 5 個狀態，分別以 S0～S4 狀態對應之）：

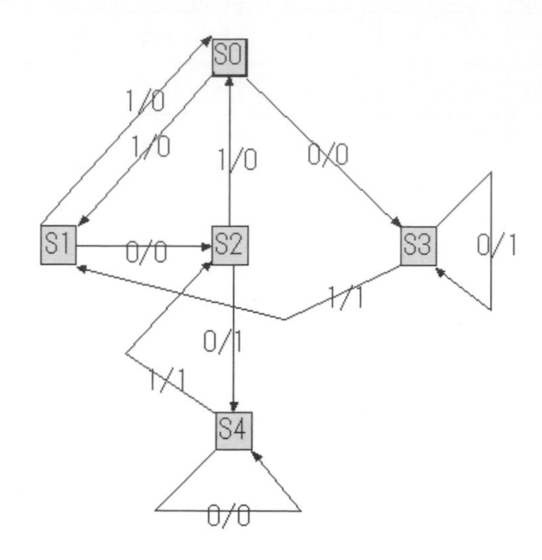

3. 經簡化後，原存狀態若未被使用於簡化後之狀態轉換圖，可將該狀態當作不理會之條件 (don't care conditions)處理。此亦有助於簡化邏輯電路。

狀態指定：完成最終之狀態化簡，其接續為狀態之指定，常用之方法有三，分別是將狀態之個數以按次序的二進位表示、葛雷碼順序（相鄰僅能有一個位元差）的表示法或單擊法（one-shot）等三種方法擇一表示，其中，單擊法相對比較簡單清晰，然缺點為需使用較多之位元數來表示，頗為浪費。舉例說明，假設有 6 種狀態（至少需使用 3 個位元才能表示 6 種），分別以三種方法表列如下：

狀態別	二進位表示法	葛雷碼表示法	單擊法（one-shot）
S0	000	000	000001
S1	001	001	000010
S2	010	011	000100
S3	011	010	001000
S4	100	110	010000
S5	101	101	100000

每一種狀態僅能以唯一的一個值來表示之，不能重複或重疊使用表示值。

5-6 序向邏輯電路設計程序

關於同步序向邏輯電路的設計，一般可按下列步驟實作：

1. 詳加瞭解擬設計之序向邏輯電路，其目標操作功能與規格。
2. 推導所需之序向邏輯電路狀態轉換圖。
3. 進行狀態化簡並確認狀態數。
4. 進行狀態指定並完成二進位編碼之狀態表。
5. 選取適用之正反器種類。
6. 推導輸入和輸出方程式（布林函式）。
7. 最後完成邏輯電路圖。

設計範例：分別以 D 型、JK 型和 T 型正反器設計一個三位元二進位的計數器，計數由 0 開始（0➔1➔2➔…➔7➔0，如下圖），本例之唯一輸入為時脈訊號，依序計數至 7 後回到 0 再重複計數。本例因功能目標已明確，且狀態確認為共 8 種，茲分別說明設計如下：

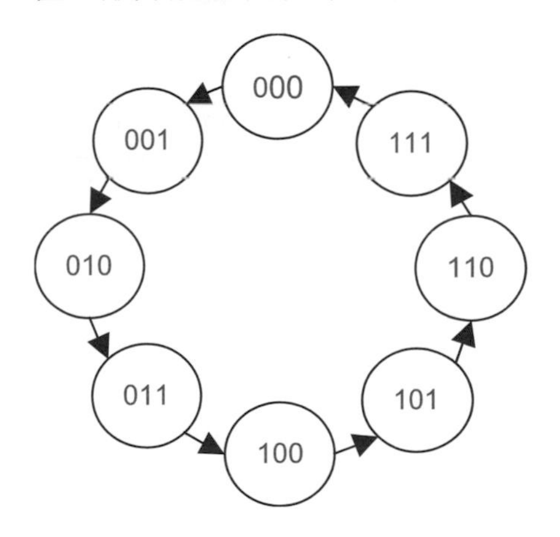

1. D 型正反器：Q(t+1)＝D

■ 狀態表：

目前狀態			下一個狀態			D 型正反器之輸入		
A	B	C	A(t+1)	B(t+1)	C(t+1)	D_A	D_B	D_C
0	0	0	0	0	1	0	0	1
0	0	1	0	1	0	0	1	0
0	1	0	0	1	1	0	1	1
0	1	1	1	0	0	1	0	0
1	0	0	1	0	1	1	0	1
1	0	1	1	1	0	1	1	0
1	1	0	1	1	1	1	1	1
1	1	1	0	0	0	0	0	0

■ 卡諾圖如下：

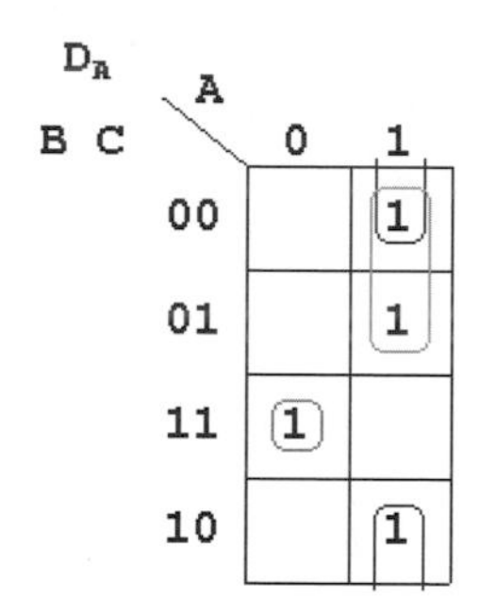

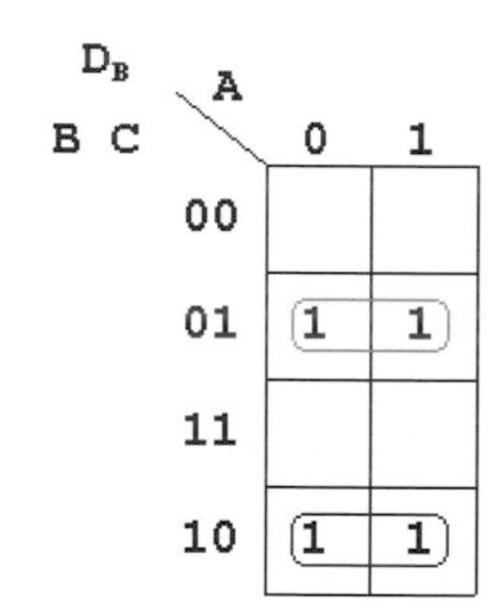

D_C (BC \ A)	0	1
00	1	1
01		
11		
10	1	1

■ 布林函式：

$D_A = \overline{A}BC + A\overline{B} + A\overline{C}$

$D_B = B \oplus C$

$D_C = \overline{C}$

■ 邏輯電路圖設計如下：

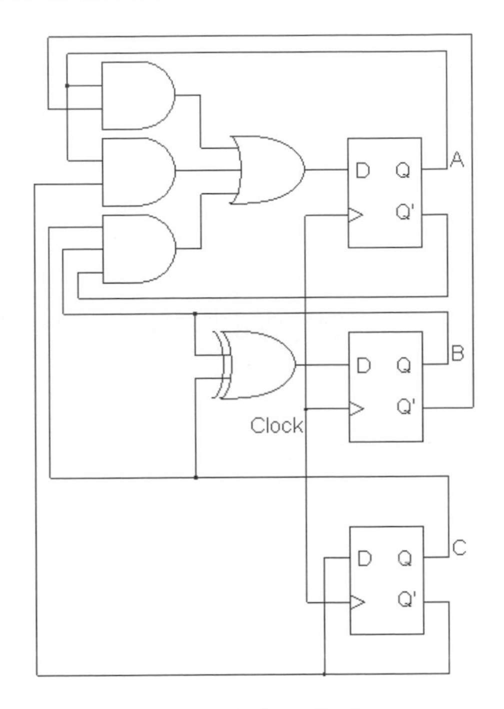

2. JK 型正反器：$Q_{JK}(t+1) = J(t)\overline{Q(t)} + \overline{K(t)}Q(t) = J\overline{Q} + \overline{K}Q$

■ 激勵表（Excitation table，觸發）：係依特性方程式之邏輯性思維來反推邏輯電路中的每一個 JK 型正反器之輸入 J_Q 和 K_Q 值，可使用激勵表，亦可由狀態轉換表來求解正反器的輸入和輸出方程式，有關 JK 型正反器之激勵表如下：

Prestate	Next State	輸入項	
Q(t)值	Q(t+1)值	J_Q	K_Q
0	0	0	X
0	1	1	X
1	0	X	1
1	1	X	0

(1) 當 Q(t)＝Q(t+1)＝0➔ $0 = J\overline{0} + \overline{K}0 = J$ ，此式因 $\overline{K}$ 乘上 0 會得到等於 0 的結果，並不受 K 輸入值之影響，所以 K 值為不理會（可為 0 或 1，以符號 X 表示）。

(2) 當 Q(t)＝0，Q(t+1)＝1➔ $1 = J\bar{0} + \overline{K}0 = J$ ，此式亦因 $\overline{K}$ 乘上 0 會得到等於 0 的結果，不受 K 輸入值之影響，所以 K 值仍為不理會。

(3) 當 Q(t)＝1，Q(t+1)＝0➔ $0 = J\bar{1} + \overline{K}1 = \overline{K}$ ➔K＝1，此式 J 乘上 0（$\bar{1}$）會得到等於 0 的結果，不受 J 輸入值之影響，所以 J 值為不理會。

(4) 當 Q(t)＝1，Q(t+1)＝1➔ $1 = J\bar{1} + \overline{K}1 = \overline{K}$ ➔K＝0，此式 J 乘上 0（$\bar{1}$）會得到等於 0 的結果，不受 J 輸入值之影響，所以 J 值為不理會。

■ 狀態表：

(1) 有關狀態表中，3 個 JK 型正反器之輸入 J_A、K_A、J_B、K_B、J_C 和 K_C 之值可由上述之激勵表結合下表目前狀態（Present state）與下一個狀態（next state）之數據反推獲得。

(2) J_A、K_A 使用 A 和 A(t+1)之值推導；J_B、K_B 使用 B 和 B(t+1)之值推導；J_C 和 K_C 之值使用 C 和 C(t+1)之值推導，結果彙整如下：

目前狀態			下一個狀態			JK 型正反器之輸入					
A	B	C	A(t+1)	B(t+1)	C(t+1)	J_A	K_A	J_B	K_B	J_C	K_C
0	0	0	0	0	1	0	X	0	X	1	X
0	0	1	0	1	0	0	X	1	X	X	1
0	1	0	0	1	1	0	X	X	0	1	X
0	1	1	1	0	0	1	X	X	1	X	1
1	0	0	1	0	1	X	0	0	X	1	X
1	0	1	1	1	0	X	0	1	X	X	1
1	1	0	1	1	1	X	0	X	0	1	X
1	1	1	0	0	0	X	1	X	1	X	1

■ 卡諾圖如下：

J_A

BC \ A	0	1
00		X
01		X
11	1	X
10		X

J_A

BC \ A	0	1
00		
01		
11	1	1
10		

K_A

BC \ A	0	1
00	X	
01	X	
11	X	1
10	X	

K_A

BC \ A	0	1
00		
01		
11	1	1
10		

J_B

BC \ A	0	1
00		
01	1	1
11	X	X
10	X	X

J_B

BC \ A	0	1
00		
01	1	1
11	1	1
10		

K_B

BC \ A	0	1
00	X	X
01	X	X
11	1	1
10		

K_B

BC \ A	0	1
00		
01	1	1
11	1	1
10		

J_C

BC \ A	0	1
00	1	1
01	X	X
11	X	X
10	1	1

J_C

BC \ A	0	1
00	1	1
01	1	1
11	1	1
10	1	1

K_C

BC \ A	0	1
00	X	X
01	1	1
11	1	1
10	X	X

K_C

BC \ A	0	1
00	1	1
01	1	1
11	1	1
10	1	1

- 布林函式：

$J_A = BC$、$K_A = BC$

$J_B = C$、$K_B = C$

$J_C = 1$、$K_C = 1$

- 邏輯電路圖設計如下：

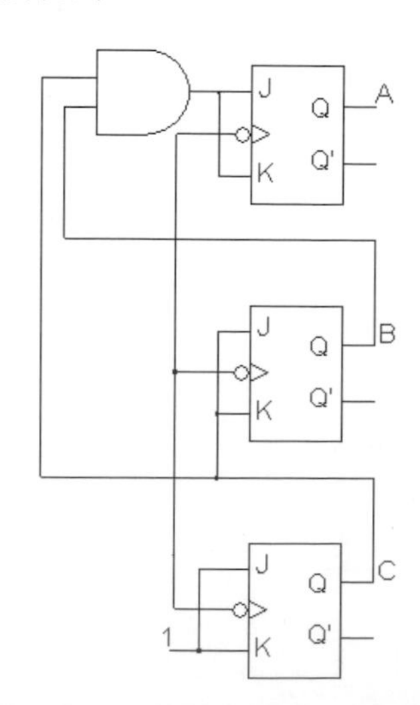

3. T 型正反器：$Q(t+1) = T \oplus Q \rightarrow T = Q(t+1) \oplus Q$

■ 激勵表如下（依 T 型正反器之特性方程式反推）：

Q(t)值	Q(t+1)值	T_Q
0	0	0
0	1	1
1	0	1
1	1	0

T_Q之值可由 Q(t)和 Q(t+1)值進行互斥或計算求得。

■ 狀態表：

目前狀態			下一個狀態			T 型正反器之輸入		
A	B	C	A(t+1)	B(t+1)	C(t+1)	T_A	T_B	T_C
0	0	0	0	0	1	0	0	1
0	0	1	0	1	0	0	1	1
0	1	0	0	1	1	0	0	1
0	1	1	1	0	0	1	1	1
1	0	0	1	0	1	0	0	1
1	0	1	1	1	0	0	1	1
1	1	0	1	1	1	0	0	1
1	1	1	0	0	0	1	1	1

■ 卡諾圖如下：

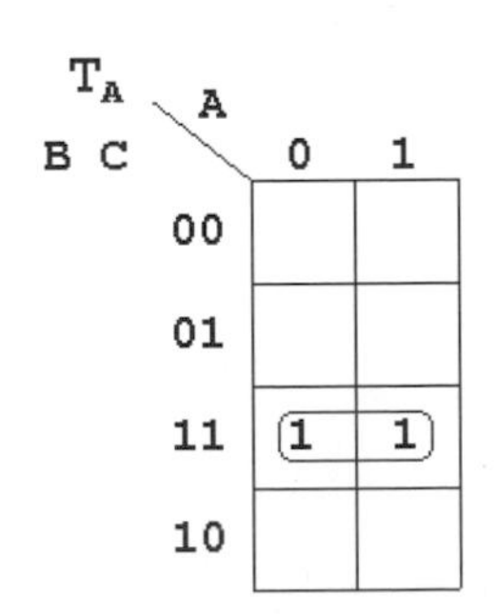

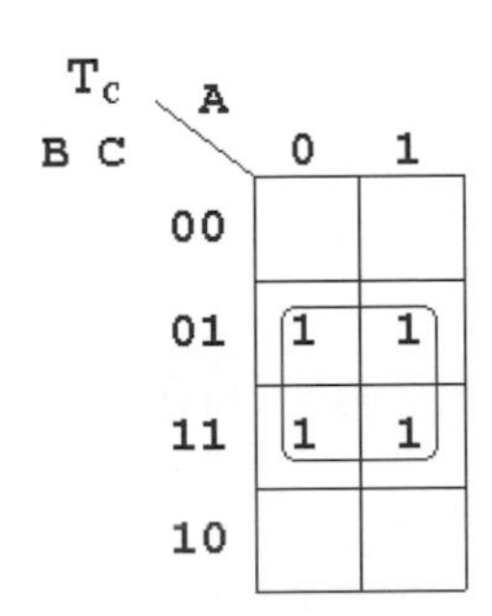

T_C

BC \ A	0	1
00	1	1
01	1	1
11	1	1
10	1	1

■ 布林函式：

$T_A = BC$

$T_B = C$

$T_C = 1$

■ 邏輯電路圖設計如下：

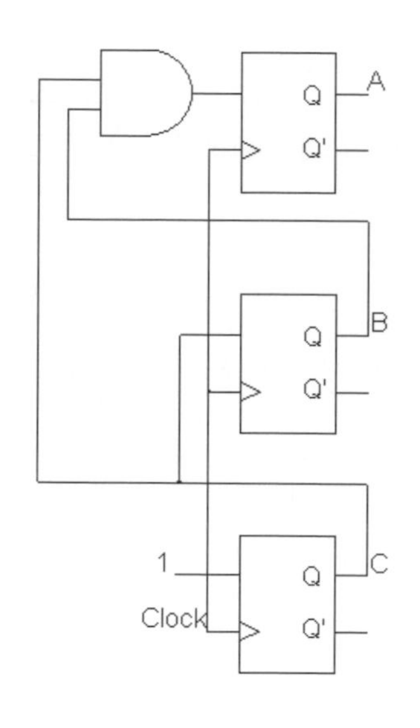

上例狀態改變係屬於順序性的，然邏輯電路某此設計是屬於非正常順序而是具特定順序，如希望出現 1➔3➔5➔7 停止，沒有 0、2、4、6 的狀態；或是 1➔2➔4➔7➔0，或是 0➔6➔4➔3 亂序重複出現等各式各樣的設計要求。

處理此類需求按上述步驟執行即可，摘列重點如下：

1. 先列出二進位表示的狀態表。
2. 推導卡諾圖求解輸入與輸出方程式。
3. 決定使用之正反器。
4. 推導正反器之輸入端組合電路與布林函式。
5. 完成邏輯電路圖設計。

例題7

設計，其中狀態 2(010)和 5(101)為不理會狀態。

▼說明：

(1) 完成狀態表如下：

目前狀態			下一個狀態			D 型正反器之輸入		
A	B	C	A(t+1)	B(t+1)	C(t+1)	D_A	D_B	D_C
0	0	0	0	0	1	0	0	1
0	0	1	0	1	0	0	1	0
0	1	0	1	0	0	1	0	0
0	1	1	X	X	X	X	X	X
1	0	0	1	1	0	1	1	0
1	0	1	X	X	X	X	X	X
1	1	0	1	1	1	1	1	1
1	1	1	0	0	0	0	0	0

(2) 完成卡諾圖如下：

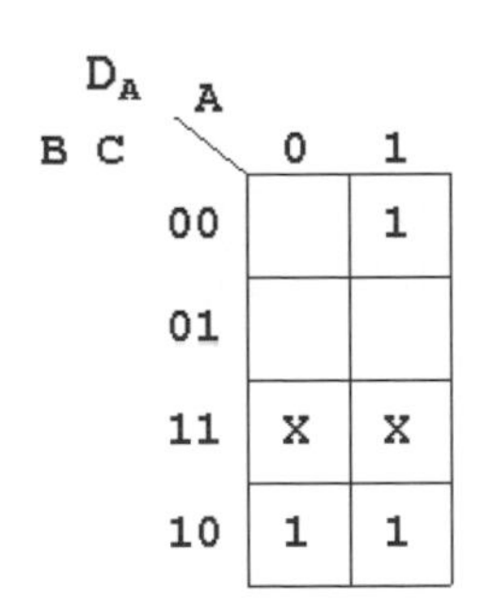

D_A

BC \ A	0	1
00		1
01		
11	1	1
10	1	1

D_B

BC \ A	0	1
00		1
01	1	
11	X	X
10		1

D_B

BC \ A	0	1
00		1
01	1	
11	1	
10		1

D_C

BC \ A	0	1
00	1	
01		
11	X	X
10		1

D_C

BC \ A	0	1
00	1	
01		
11		1
10		1

(3) 布林函式：

$$D_A = B + AC$$

$$D_B = \overline{A}C + A\overline{C} = A \oplus C$$

$$D_C = AB + \overline{A}\,\overline{B}\,\overline{C}$$

(4) 完成邏輯電路設計：

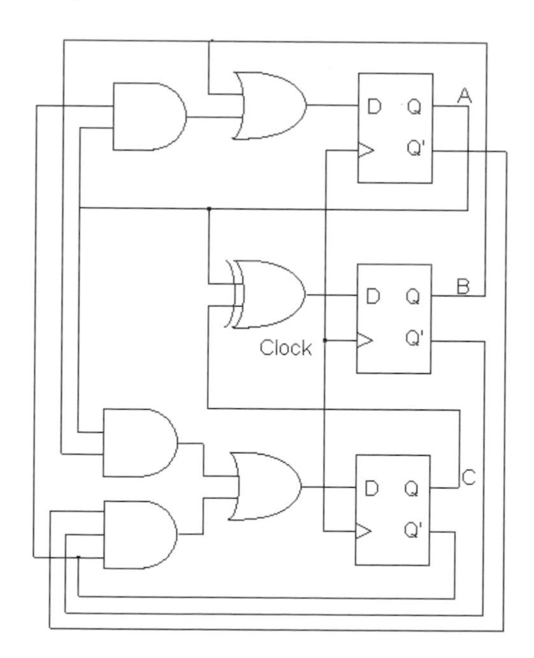

1. 何謂序向邏輯電路。

2 請分析準位觸發和邊緣觸發之邏輯電路運作差異。

3 請說明正反器之觸發原理與意義。

4. 請以 T 型正反器實現重覆出現 0,1,2,4,6,7(二進制)順序之電路設計，其中狀態 3(011)和 5(101)為不理會狀態。

5. 給予狀態表如下，請完成化簡。

Present State	Next state		Output	
	X=0	X=1	X=0	X=1
A	F	B	0	1
B	D	C	0	0
C	F	E	1	1
D	D	A	1	0
E	D	C	0	0
F	F	E	1	1

6. 給予狀態表如下，請畫出狀態轉換圖。

Prestate 目前狀態		Next state 下一個狀態				輸出	
		X=0		X=1		X=0	X=1
A	B	A(t+1)	B(t+1)	A(t+1)	B(t+1)	Y	Y
0	0	0	0	0	1	1	0
0	1	0	1	1	0	0	1
1	0	1	0	1	1	1	0
1	1	1	1	0	0	0	1

7. 承上題 7，請以卡諾圖解出相對應的輸出 Y 之布林函式。

8. 給予下列狀態轉換圖，4 種輸入狀態分別為 S0（00）、S1（01）、S2（10）和 S3（11），由狀態 S0 開始，當給予輸入序列 111011110，請完成狀態轉換及輸出。

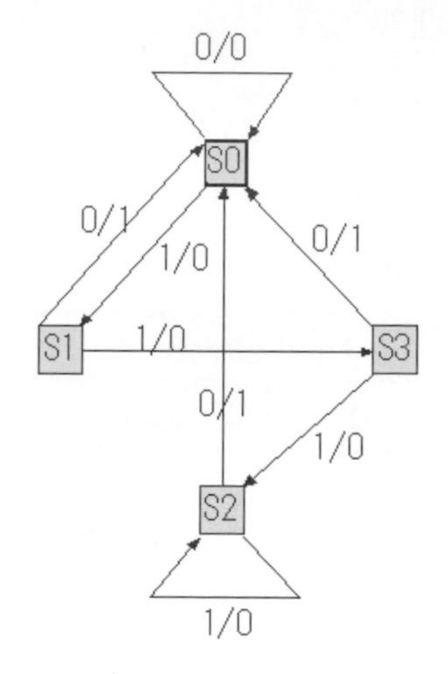

9. 給予時脈控制之 SR 型正反器，其 S 和 R 輸入以及時脈如下圖，請求輸出 Q 之值。

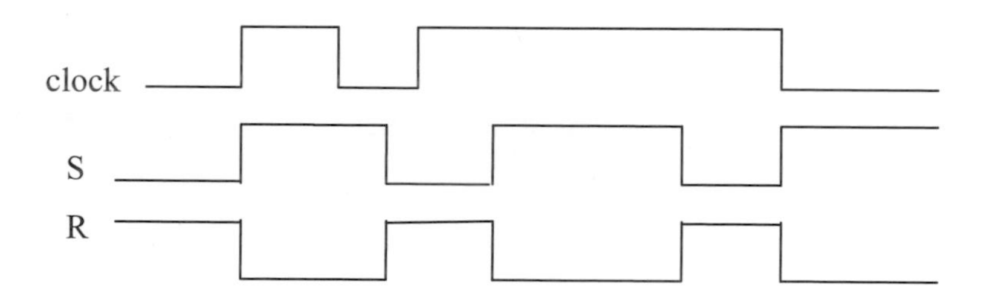

6 計數器設計

課程重點

- 計數器概念
- 漣波計數器
- 同步計數器
- 時脈設計
- 七節顯示器

6-1 計數器概念

計數器（counter）其本質即為一種暫存器（第七章），可依事先決定之二進位狀態的順序來轉變。雖然計數器是一種特別的暫存器，但為有效區別故歸類為計數器。其輸入之脈波可為時脈脈波，亦可能是由外部邏輯所提供的觸發訊號。而狀態順序則可依規劃設計之特定順序、葛雷碼順序或傳統的二進位元表示的任何具數字進位順序的計數器。計數器主要分為二大類，其一為非同步的**漣波計數器**（ripple counter），其二為**同步計數器**（Synchronous counter）。

- **漣波計數器：**每個正反器雖然都有時脈，但該時脈不連接傳統共用的時脈訊號，而是由正反器的輸出埠所送出的訊號來當作觸發的時脈訊號。
- **同步計數器：**所有在此計數器模組中作用的正反器，其 Clock 時脈埠端都需接受相同來源的共同時脈最為時脈的輸入，以達到一致同步。

6-2 漣波計數器

計數器若依二進位之順序變換即稱為二進制計數器（binary counter）；N 位元二進制計數器包含 N 個正反器，可由 0 計數至 2^N-1。

二進制漣波計數器包含依序列相互連接整套相配的正反器，其每一個正反器之輸出會連接到下一個更高排序的正反器的輸入時脈（Clock）埠，並由最不重要位元的（排序最低的）正反器來接受輸入的計數的脈波以起始計數功能。不論是 D 型、JK 型或 T 型正反器都能實現。例如，4 個位元的二進制計數器之順序如下表：

十進值	D_3	D_2	D_1	D_0	十進值	D_3	D_2	D_1	D_0
0	0	0	0	0	8	1	0	0	0
1	0	0	0	1	9	1	0	0	1
2	0	0	1	0	10	1	0	1	0
3	0	0	1	1	11	1	0	1	1
4	0	1	0	0	12	1	1	0	0

十進值	D_3	D_2	D_1	D_0	十進值	D_3	D_2	D_1	D_0
5	0	1	0	1	13	1	1	0	1
6	0	1	1	0	14	1	1	1	0
7	0	1	1	1	15	1	1	1	1

D 型正反器實作二進制漣波計數器：

1. 狀態轉換表：

目前狀態				下一個狀態				D 型正反器輸入			
Z	Y	X	W	Z(t+1)	Y(t+1)	X(t+1)	W(t+1)	D_3	D_2	D_1	D_0
0	0	0	0	0	0	0	1	0	0	0	1
0	0	0	1	0	0	1	0	0	0	1	0
0	0	1	0	0	0	1	1	0	0	1	1
0	0	1	1	0	1	0	0	0	1	0	0
0	1	0	0	0	1	0	1	0	1	0	1
0	1	0	1	0	1	1	0	0	1	1	0
0	1	1	0	0	1	1	1	0	1	1	1
0	1	1	1	1	0	0	0	1	0	0	0
1	0	0	0	1	0	0	1	1	0	0	1
1	0	0	1	1	0	1	0	1	0	1	0
1	0	1	0	1	0	1	1	1	0	1	1
1	0	1	1	1	1	0	0	1	1	0	0
1	1	0	0	1	1	0	1	1	1	0	1
1	1	0	1	1	1	1	0	1	1	1	0
1	1	1	0	1	1	1	1	1	1	1	1
1	1	1	1	0	0	0	0	0	0	0	0

2. 邏輯電路圖：

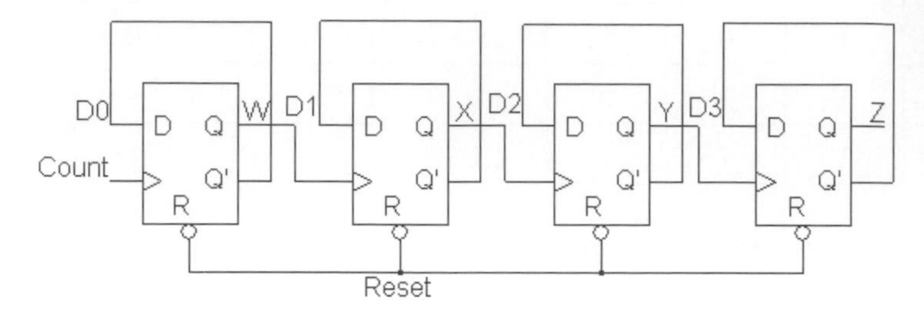

3. 運作說明：

- 由 Count 給予訊號開始計數。
- 計數時，由 0 開始至 15 再歸零重複持續計數。
- 因每一級之正反器係以該級之補數輸出埠（$\overline{Q}$）所輸出之訊號回授至輸入埠端當作 D 之輸入，另每一級之輸出並送至下一級之時脈埠端做為時脈之輸入訊號：

  (1) 第一級正反器（最不重要位元 LSB）W 的輸出訊號會呈現 101010…週期性的變化。

  (2) 第二級正反器 X 的輸出訊號會呈現 110011001100…週期性的變化。

  (3) 第三級正反器 Y 的輸出訊號會呈現 1111000011110000…週期性的變化。

  (4) 最後第四級正反器（最重要位元 MSB）Z 的輸出訊號會呈現 11111111000000001111111100000000…週期性的變化。

  將4個位元按重要次序$D_3D_2D_1D_0$排序，即可實現二進制漣波計數器。

- 時脈示意圖如下：

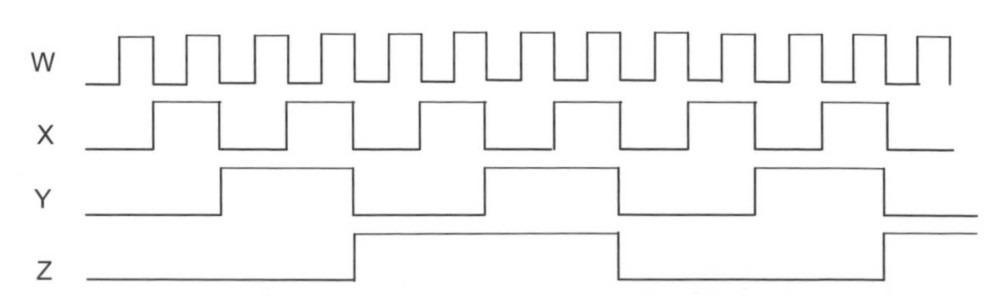

T 型正反器實作二進制漣波計數器：

1. 邏輯電路圖：

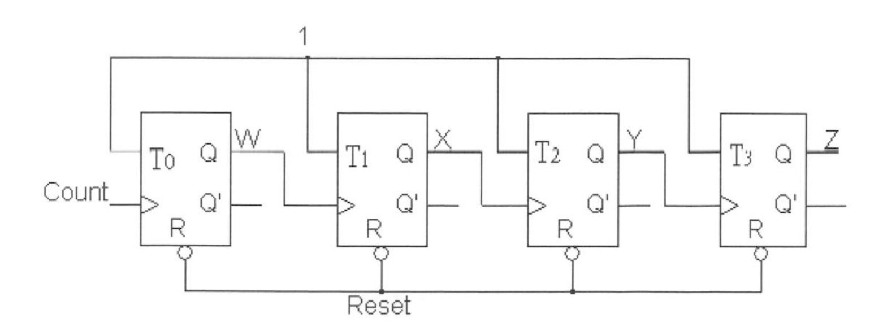

2. 運作說明：

- 由 Count 給予訊號開始計數。
- 計數時，由 0 開始至 15 再歸零重複持續計數。
- 每一級之 T 型正反器之輸入都固定接邏輯值 1（高電位）做為輸入，其每一級之輸出由 T 型正反器之特性方程式 $Q(t+1)=T\oplus Q=1\oplus Q=\overline{Q}$ 即可獲得，該級之輸出（$\overline{Q}$）並將送至下一級之時脈埠端做為時脈之輸入訊號。

  (1) 第一級正反器（最不重要位元 LSB）W 的輸出訊號會呈現 101010…週期性的變化。

  (2) 第二級正反器 X 的輸出訊號會呈現 110011001100…週期性的變化。

  (3) 第三級正反器 Y 的輸出訊號會呈現 1111000011110000…週期性的變化。

  (4) 最後第四級正反器（最重要位元 MSB）Z 的輸出訊號會呈現 11111111000000001111111100000000…週期性的變化。

  將 4 個位元按重要次序 $D_3D_2D_1D_0$ 排序，即可實現二進制漣波計數器。

JK 型正反器實作二進制漣波計數器：

1. 邏輯電路圖：

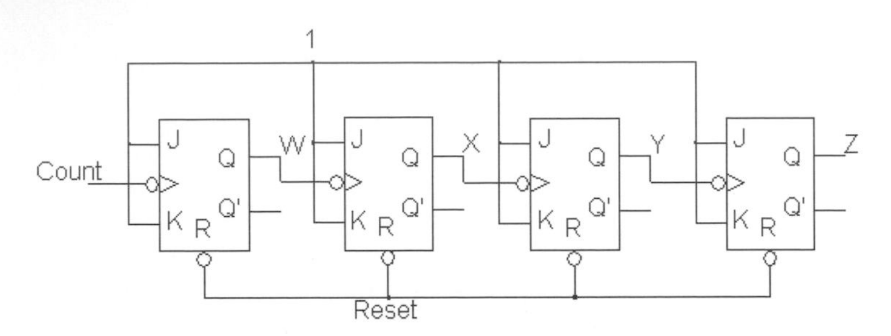

2. 運作說明：

- 由 Count 給予訊號開始計數。
- 計數時，由 0 開始至 15 再歸零重複持續計數。
- 每一級之 JK 型正反器之 J 埠與 K 埠之輸入都固定接邏輯值 1（高電位）做為輸入，其每一級之輸出由 JK 型正反器之特性方程式 $Q_{JK}(t+1) = J(t)\overline{Q(t)} + \overline{K(t)}Q(t) = J\overline{Q} + \overline{K}Q = \overline{Q}$ 即可獲得，該級之輸出（$\overline{Q}$）並將送至下一級之時脈埠端做為時脈之輸入訊號。

  (1) 第一級正反器（最不重要位元 LSB）W 的輸出訊號會呈現 101010…週期性的變化。

  (2) 第二級正反器 X 的輸出訊號會呈現 110011001100…週期性的變化。

  (3) 第三級正反器 Y 的輸出訊號會呈現 1111000011110000…週期性的變化。

  (4) 最後第四級正反器（最重要位元 MSB）Z 的輸出訊號會呈現 11111111000000001111111100000000…週期性的變化。

  將 4 個位元按重要次序 $D_3D_2D_1D_0$ 排序，即可實現二進制漣波計數器。

BCD 漣波計數器：漣波計數器屬於非同步的計數器，十進位的計數器僅有 10 種狀態，因此，需使用 4 個位元來表示，亦即至少需使用 4 個正反器來表示十進制中的每一個數字。其計數規則為由 0 計數（變化）至 9 再歸零重複計數。下例為使用 JK 型正反器實作 BCD 漣波計數器：

1. 計數之狀態轉換圖如下：

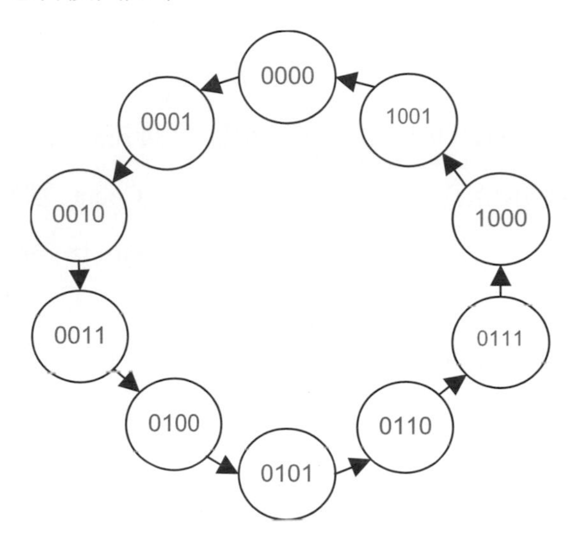

2. 邏輯電路圖設計如下：

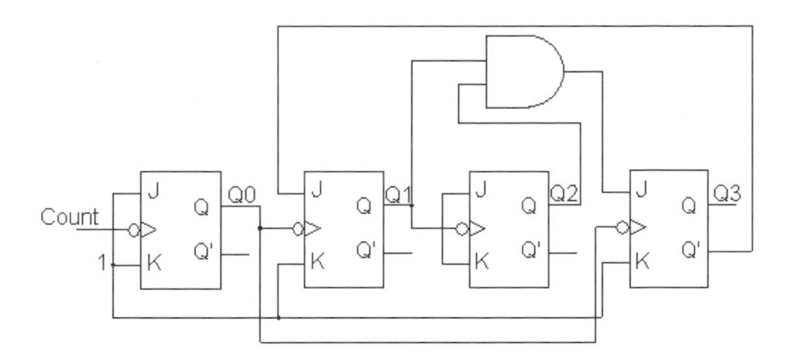

3. 邏輯電路之運作說明：

- 4 個 JK 型正反器之輸出 Q0、Q1、Q2、Q3 係依 2 的乘冪（2^0，2^1，2^2，2^3，亦即權重）排列，其中 Q0 輸出訊號送至第 2 級和第 4 級之 JK 型正反器之時脈埠當作輸入時脈，Q1 輸出訊號送至第 3 級之 JK 型正反器之時脈埠當作輸入時脈。

- 4 個 JK 型正反器之 J 埠和 K 埠不是固接邏輯 1，就是連接到其他級的正反器的輸出埠。
- 時脈之輸入由 1 變 0 之狀況：

  (1) 當 J=1，則正反器被設定（set）。

  (2) 若 K=1，則正反器被清除（clear）。

  (3) 若 J=K=1，則正反器為補數輸出。

  (4) 若 J=K=0，則正反器輸出狀態維持不變。
- 第一級 JK 型正反器之輸出 Q0 隨輸入 Count 之時脈而變。
- 第二級 JK 型正反器之輸出 Q1 於每次 Q0 由 1 變 0 時，並且 Q3 持續為 0 時，輸出補數值。當 Q3 變為 1 時，Q1 則維持為 0。
- 第三級 JK 型正反器之輸出 Q2 於每次 Q1 由 1 變 0 時，輸出補數值。
- 第四級 JK 型正反器之輸出 Q3 於 Q1 或 Q2 為 0 時，維持 0 值；若 Q1 及 Q2 同時為 1 時，且 Q0 由 1 變 0 時，Q3 輸出補數值，並於 Q0 狀態再次改變時清除。

請以串接 BCD 電路設計可計數至百位數的邏輯電路。

▼說明：

使用串接的 BCD 計數器，可組成任何多位數的十進位計數器，若欲設計計數至百位（亦即個位、十位、百位三位數）的十進位計數邏輯圖概略如下（簡圖示意）：

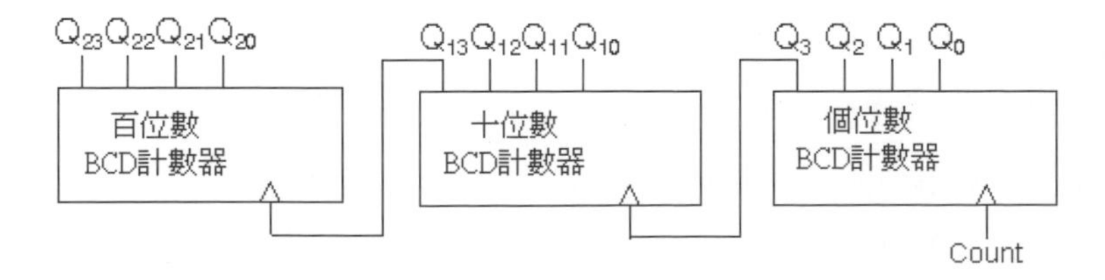

運作說明：

(1) 不論是個位、十位或百位，每一級之計數都是由 0 開始計數至 9 再歸零重複持續計數。

(2) 整個邏輯電路是由最右邊第一級個位 BCD 計數器開始，於輸入 Count 至時脈給予訊號後開始計數。十位數之 BCD 計數器係於個位數之計數器值為 9 並進位歸零時，由 Q3 輸出訊號以觸發計數，百位數係由十位和個位數之BCD計數器於值達99並進位歸零時觸發。

7493 漣波計數器—編號 7493 之 IC 為漣波計數器：

請參閱http://www.datasheetarchive.com/7493-datasheet.html

1. 編號 7493 之 IC 邏輯圖如下圖：其中埠端 4、6、7、13 為 NC（無連結，no connection），A 和 B 為輸入埠端，QA、QB、QC、QD 為輸出埠端。

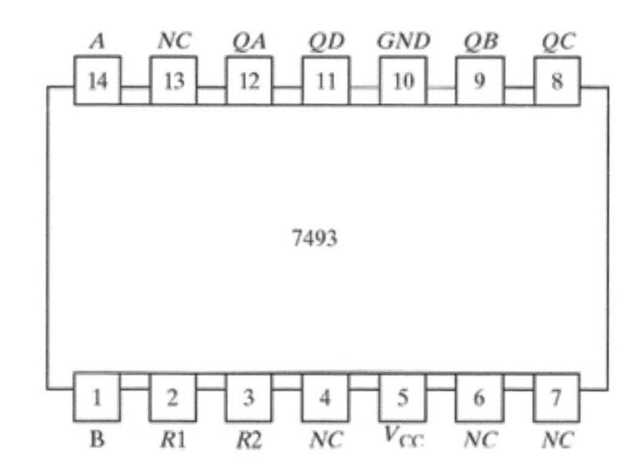

有關 7493 IC 內部之邏輯運作概略如下圖：

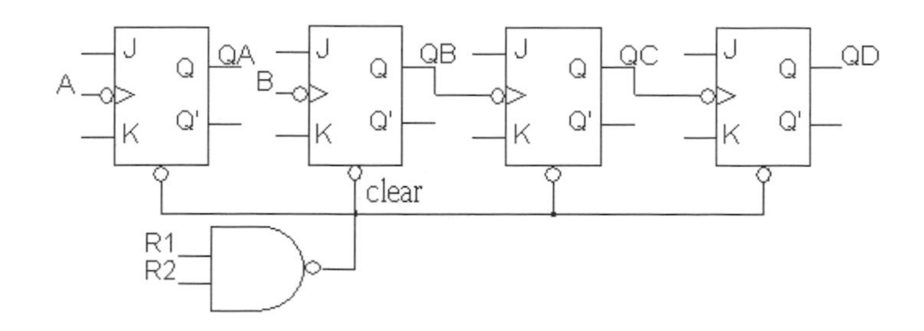

2. 以 7493 IC 設計 BCD 計數器之邏輯電路圖如下：

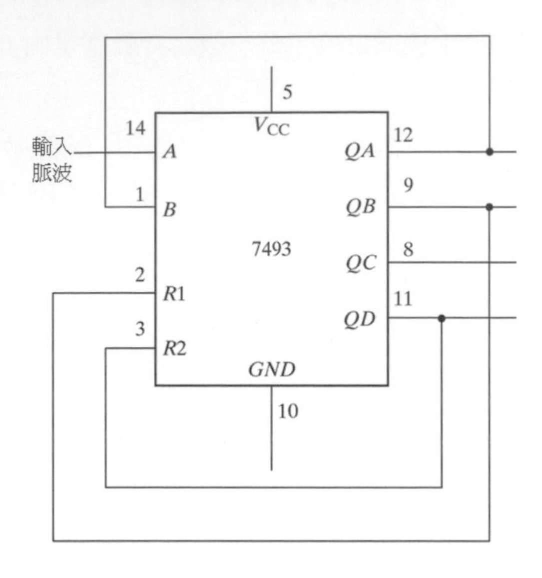

6-3 同步計數器

同步計數器與連波計數器最大的差異是，同步計數器的時脈脈波同時連接到全部正反器的脈波埠輸入，俾能同時觸發計數系統中所有的正反器，而非一級觸發一級式的，以達到同步化作業。

有關同步計數器之設計程序概略與同步序向邏輯電路的設計程序相同，甚至更簡單。

同步計數器設計範例：以 JK 型正反器設計 4 個位元同步二進制計數器

1. 邏輯電路圖設計如下：

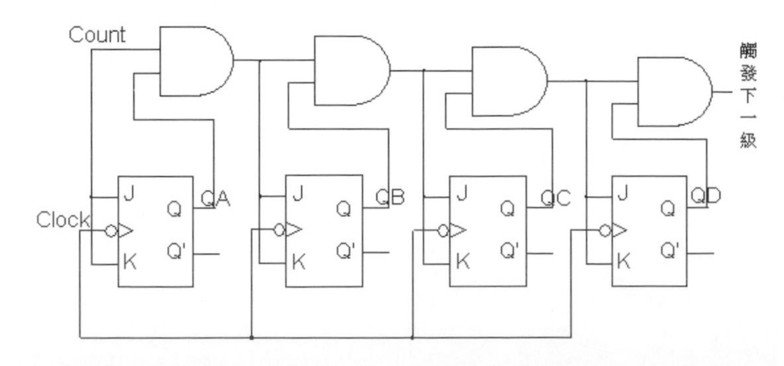

2. 運作說明：

- 4 個正反器所有時脈輸入埠統一連接在一起，由 Clock 給予同步時脈。當時脈之輸入為 0 或 J＝K＝0 之狀況，則正反器輸出狀態維持不變；若時脈之輸入為 1 或 J＝K＝1 時，則正反器為補數輸出。
- 由 Count 給予訊號開始計數；計數時，由 0 開始至 15 再歸零重複持續計數。

  (1) 第一級 JK 型正反器之輸出 QA 隨輸入 Clock 之時脈而變，當 QA 輸出 1 且 Count 為 1 時，第一級的及（AND）邏輯閘之輸出將為 1，可提供 J＝K＝1 之訊號予第二級正反器的 J 埠和 K 埠。

  (2) 第二級 JK 型正反器之輸出 QB 於每次 QA 輸出 1 時，輸出補數值；當 QB 輸出 1 且第一級的及（AND）邏輯閘之輸出為 1 時，第二級的及（AND）邏輯閘之輸出將為 1，可提供 J＝K＝1 之訊號予第三級正反器的 J 埠和 K 埠。

  (3) 第三級 JK 型正反器之輸出 QC 於每次 QB 與 QA 同時輸出 1 時，輸出補數值；當 QC 輸出 1 且第二級的及（AND）邏輯閘之輸出為 1 時，第三級的及（AND）邏輯閘之輸出將為 1，可提供 J＝K＝1 之訊號予第三級正反器的 J 埠和 K 埠。

  (4) 第四級 JK 型正反器之輸出 QD 於 QC、QB 以及 QA 同時輸出 1 時，輸出補數值；當 QD 輸出 1 且第三級的及（AND）邏輯閘之輸出為 1 時，第四級的及（AND）邏輯閘之輸出將為 1，可觸發下一級（若存在）之計數器。

- 將 4 個輸出位元按重要次序 $Q_DQ_CQ_BQ_A$ 排序，即可實現二進制同步計數器。

前面所述皆屬向上計數之邏輯設計，然計數有時是採向下計數模式進行，如倒數計時。

向下計數之二進制同步計數器設計：只需應用前面邏輯電路稍作修改即可，本例擬使用 T 型正反器實作設計：

1. 邏輯電路如下：

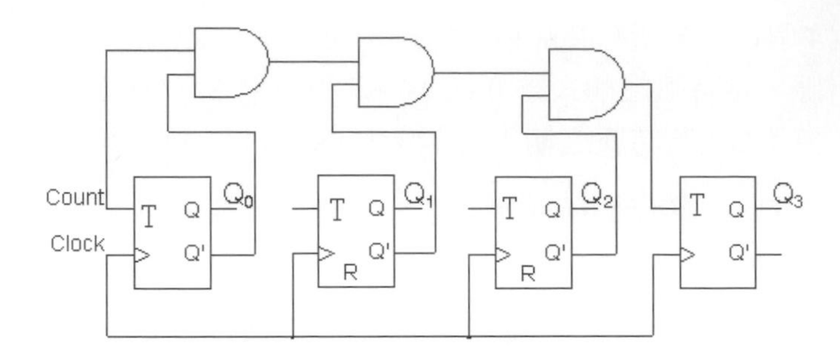

2. 運作說明：由 Count 給予向下計數之訊號，向下計數則是當較重要位元值（如 Q_3 比 Q_2 重要）為邏輯 1 時（如 1000），其次狀態為低於該位元之較不重要位元值均輸出邏輯 1（不論幾個位元都補數輸出，亦即狀態由 0 變 1），而原較重要之位元值則歸零，並持續再向下遞減計數。

同時具向上計數和向下計數之二進制同步計數器設計：本設計擬使用不同的正反器邏輯電路來呈現，考量設計之複雜度，擬實作 4 個位元的二進制同步計數器如下：

1. 向上計數與向下計數的實作概念：向上計數之進位係當較不重要位元值均為邏輯 1 時，其往較重要位元之方向前進一個位元（亦即前一及正反器）以補數輸出（亦即狀態由 0 變 1），而原較不重要位元值（不論幾個位元）全歸零，並再向上累加計數；向下計數運作如前所述。

2. 使用 T 型正反器實作：

   - 邏輯電路圖設計如下：

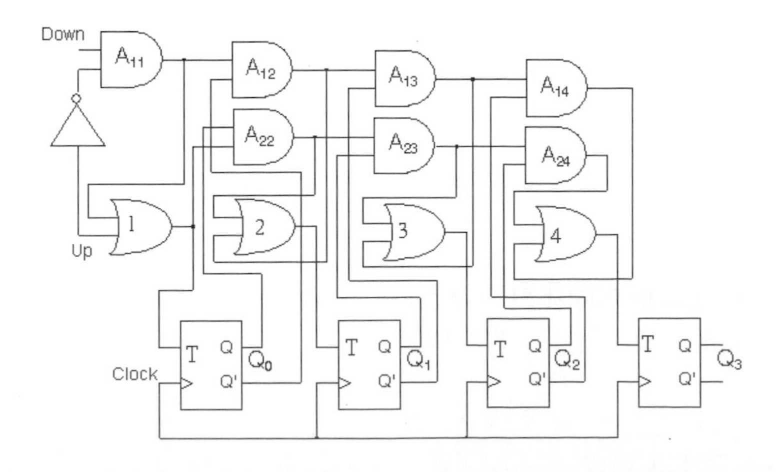

■ 運作說明：

(1) 如上圖 4 個 T 正反器之時脈統一同步接 Clock。

(2) Up 代表向上計數訊號，Down 代表向下計數訊號。當 Up 輸入值為邏輯 1 時，編號 A_{11} 及邏輯閘之輸出（因另一輸入埠係 Up 經過反向，其值為邏輯 0）將為邏輯值 0，此時僅有編號 A_{22}、A_{23} 和 A_{24} 的及邏輯閘會被驅動以執行向上計數；若是 Up 輸入值為邏輯 0 時，Down 輸入值為邏輯 1 時，編號 A_{11} 之及邏輯閘將輸出邏輯值 1 以驅動 A_{12}、A_{13} 和 A_{14} 等級邏輯閘進行向下計數。

(3) 向上計數係由 0000（0）計數至 1111（15），再歸零重複向上計數；向下計數係由 1111（15）向下計數至 0000（0），再回到 1111 重複向下計數。

3. 使用 D 型正反器實作之邏輯電路如下：運作類同 T 型正反器之邏輯。

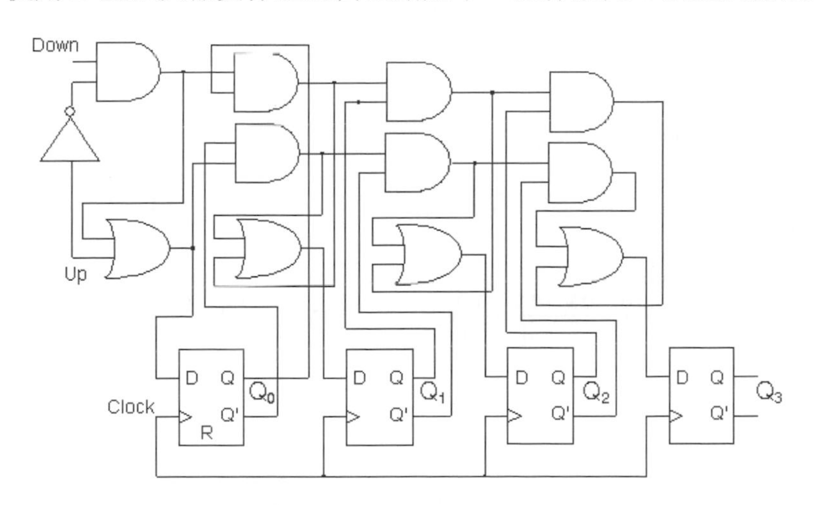

同步 BCD 計數器設計：

1. 使用 T 型正反器：

■ 特性方程式：$Q_T(t+1) = T(t) \oplus Q(t) = T\overline{Q} + \overline{T}Q$

■ 狀態表：由特性方程式→$T_Q = Q_T(t+1) \oplus Q(t)$

目前狀態				下一個狀態				輸出	正反器輸入			
Q_3	Q_2	Q_1	Q_0	$Q_3(t+1)$	$Q_2(t+1)$	$Q_1(t+1)$	$Q_0(t+1)$	Out	T_{Q3}	T_{Q2}	T_{Q1}	T_{Q0}
0	0	0	0	0	0	0	1	0	0	0	0	1
0	0	0	1	0	0	1	0	0	0	0	1	1
0	0	1	0	0	0	1	1	0	0	0	0	1
0	0	1	1	0	1	0	0	0	0	1	1	1
0	1	0	0	0	1	0	1	0	0	0	0	1
0	1	0	1	0	1	1	0	0	0	0	1	1
0	1	1	0	0	1	1	1	0	0	0	0	1
0	1	1	1	1	0	0	0	0	1	1	1	1
1	0	0	0	1	0	0	1	0	0	0	0	1
1	0	0	1	0	0	0	0	1	1	0	0	1

- 卡諾圖分析：數值 9（1001）後之值以不理會處理（下面之左圖為卡諾圖之原始值，下面之右圖為卡諾圖之化簡圖）。

  (1) 由觀察法可知 $T_{Q0}=1$。

  (2) 依卡諾圖推導可得布林函式如下：

  $$T_{Q1}=\overline{Q_3}Q_0\text{，}T_{Q2}=Q_1Q_0\text{，}T_{Q3}=Q_3Q_0+Q_2Q_1Q_0\text{，}Out=Q_3Q_0$$

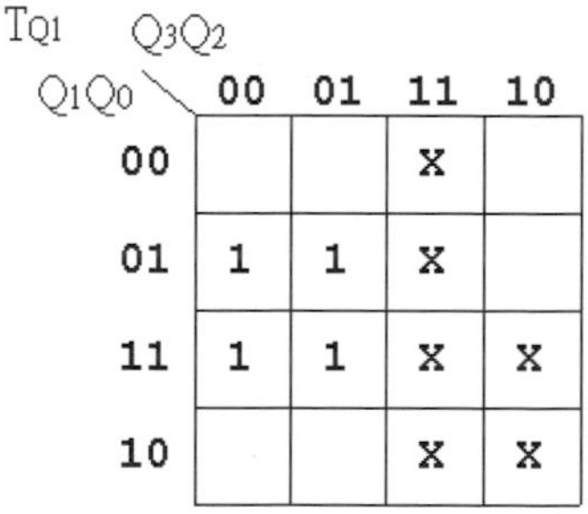

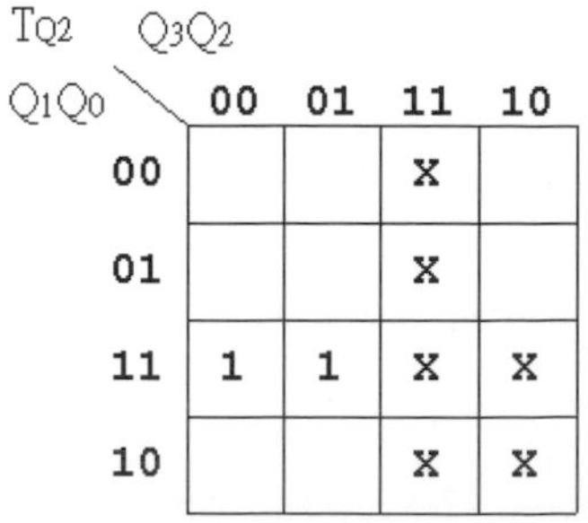

T_{Q1}

Q_1Q_0 \ Q_3Q_2	00	01	11	10
00			X	
01	1	1	X	
11	1	1	X	X
10			X	X

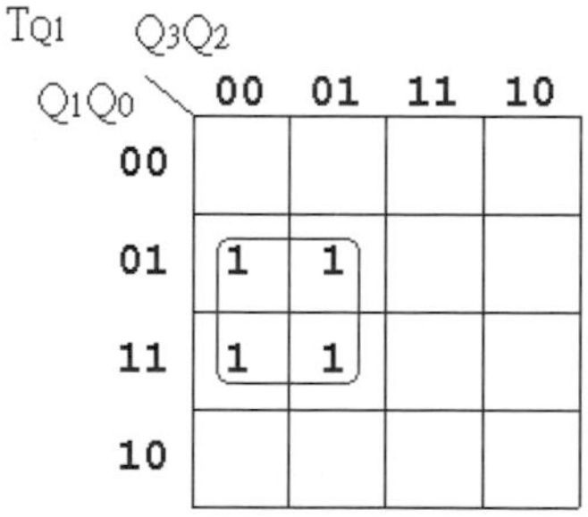

T_{Q1}

Q_1Q_0 \ Q_3Q_2	00	01	11	10
00				
01	1	1		
11	1	1		
10				

T_{Q2}

Q_1Q_0 \ Q_3Q_2	00	01	11	10
00			X	
01			X	
11	1	1	X	X
10			X	X

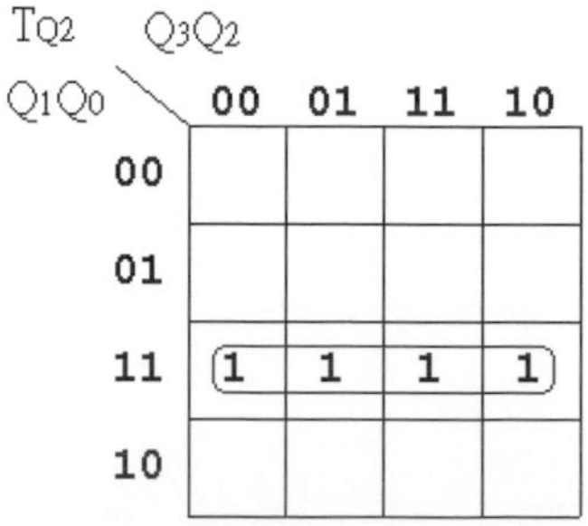

T_{Q2}

Q_1Q_0 \ Q_3Q_2	00	01	11	10
00				
01				
11	1	1	1	1
10				

T_{Q3}

Q_1Q_0 \ Q_3Q_2	00	01	11	10
00			X	
01			X	1
11		1	X	X
10			X	X

T_{Q3}

Q_1Q_0 \ Q_3Q_2	00	01	11	10
00				
01			1	1
11		1	1	1
10				

Out

Q_1Q_0 \ Q_3Q_2	00	01	11	10
00			X	
01			X	1
11			X	X
10			X	X

Out

Q_1Q_0 \ Q_3Q_2	00	01	11	10
00				
01			1	1
11			1	1
10				

■ 邏輯電路設計如下：

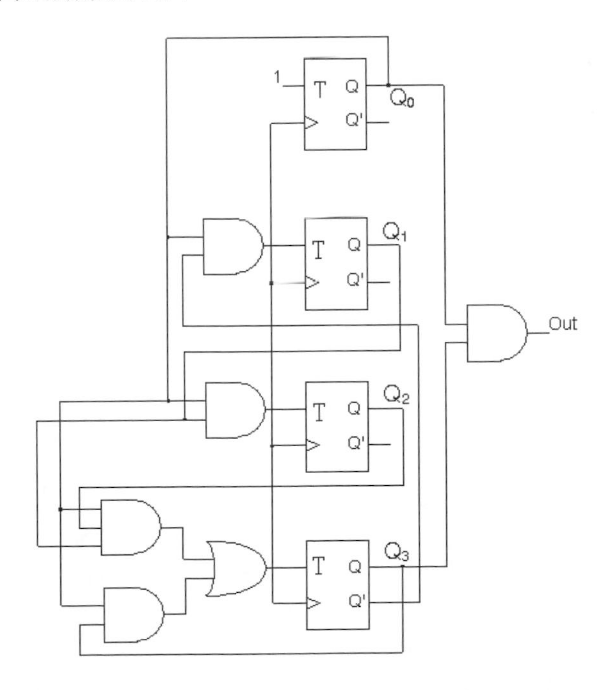

2. 以 D 型正反器設計：

- 特性方程式：$Q_D(t+1) = D(t)$
- 狀態表：

目前狀態				下一個狀態				輸出	正反器輸入			
Q_3	Q_2	Q_1	Q_0	$Q_3(t+1)$	$Q_2(t+1)$	$Q_1(t+1)$	$Q_0(t+1)$	Out	D_{Q3}	D_{Q2}	D_{Q1}	D_{Q0}
0	0	0	0	0	0	0	1	0	0	0	0	1
0	0	0	1	0	0	1	0	0	0	0	1	0
0	0	1	0	0	0	1	1	0	0	0	1	1
0	0	1	1	0	1	0	0	0	0	1	0	0
0	1	0	0	0	1	0	1	0	0	1	0	1
0	1	0	1	0	1	1	0	0	0	1	1	0
0	1	1	0	0	1	1	1	0	0	1	1	1
0	1	1	1	1	0	0	0	0	1	0	0	0
1	0	0	0	1	0	0	1	0	1	0	0	1
1	0	0	1	0	0	0	0	1	0	0	0	0

- 卡諾圖：

(1) 由觀察法可知 $D_{Q0} = \overline{Q_0}$，$Out = Q_3Q_0$（同 T 型）

(2) 依卡諾圖推導可得布林函式如下：

$$D_{Q1} = \overline{Q_3}\,\overline{Q_1}Q_0 + Q_1\overline{Q_0}$$

$$D_{Q2} = Q_2\overline{Q_1} + Q_2\overline{Q_0} + \overline{Q_2}Q_1Q_0$$

$$D_{Q3} = Q_3\overline{Q_0} + Q_2Q_1Q_0$$

D_{Q3}

Q_1Q_0 \ Q_3Q_2	00	01	11	10
00			X	1
01			X	
11		1	X	X
10			X	X

D_{Q3}

Q_1Q_0 \ Q_3Q_2	00	01	11	10
00			1	1
01				
11		1	1	
10			1	1

D_{Q2}

Q_1Q_0 \ Q_3Q_2	00	01	11	10
00		1	X	
01		1	X	
11	1		X	X
10		1	X	X

D_{Q2}

Q_1Q_0 \ Q_3Q_2	00	01	11	10
00		1	1	
01		1	1	
11	1			1
10		1	1	

D_{Q1}

Q_1Q_0 \ Q_3Q_2	00	01	11	10
00			X	
01	1	1	X	
11			X	X
10	1	1	X	X

D_{Q1}

Q_1Q_0 \ Q_3Q_2	00	01	11	10
00				
01	1	1		
11				
10	1	1	1	1

■ 邏輯電路設計：

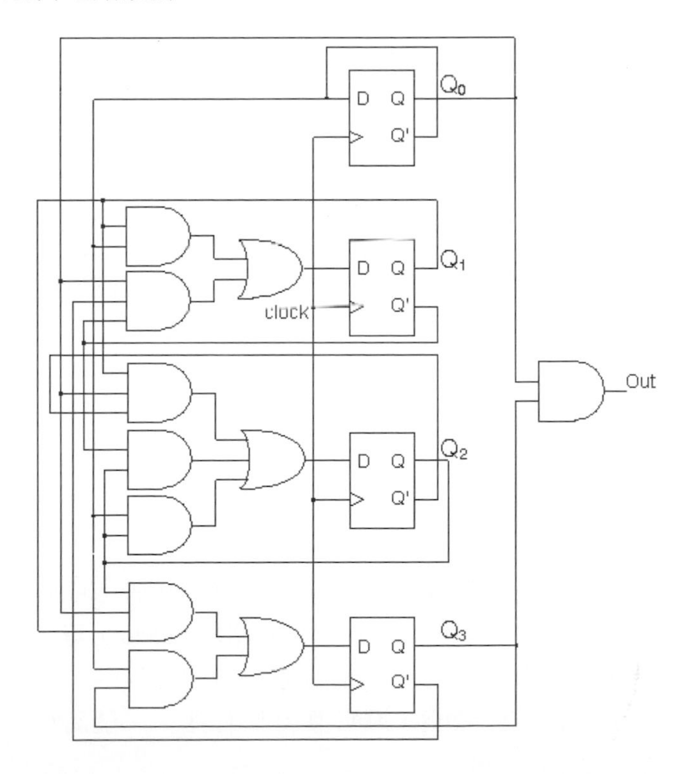

4 個位元具並列載入功能之二進位同步計數器設計：

1. 功能函數表設計如下：

清除	時脈	載入	計數	功能
0	X	X	X	清除為 0
1	↑	1	X	載入輸入
1	↑	0	1	計數下一個二進制狀態
1	↑	0	0	無變化

2. 邏輯電路圖設計如下：

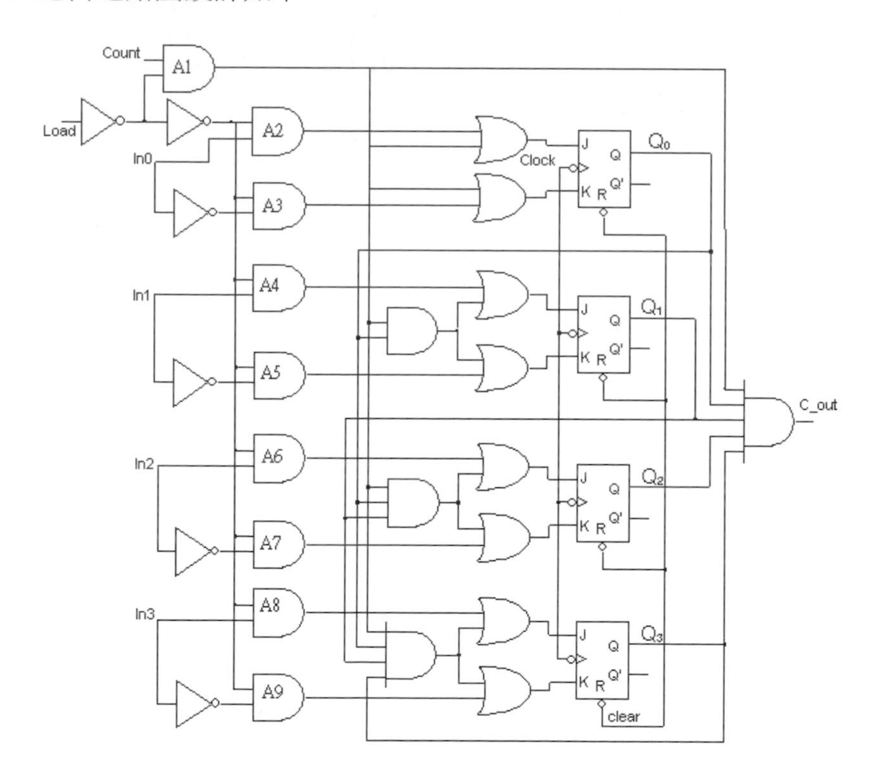

3. 運作說明：

- 本邏輯電路設計有 4 個控制輸入訊號，分別是時脈（clock）、載入（Load）、計數（Count）以及清除（clear）等，此 4 個控制訊號將決定整個計數器下一個狀態的變化。其中，清除訊號是屬於非同步的低電位致能（邏輯值 0 時作用），隨時可以執行清除進入重置作業。當執行載入或計數作業時，清除訊號線之輸入需設定邏輯值為 1。

- 當 Load 載入訊號之輸入邏輯值為 1 時，編號 A_1 的及（AND）邏輯閘，因收到來自 Load 反相後之 0 值訊號，故其輸出亦為 0，此時無法進行計數，而是處於載入資料之階段，因此，In0、In1、In2 與 In3 等輸入資料將於時脈為正緣（觸發）時分別經過 A_2、A_4、A_6 和 A_8 等及邏輯閘送入 4 個 JK 正反器。
- 當 Load 載入訊號為邏輯值 0，且 Count 計數訊號輸入邏輯值為 1 時，編號 A_1 的及（AND）邏輯閘之輸出邏輯值為 1，此時將驅動計數，而 A_2、A_4、A_6 和 A_8 等及邏輯閘因接收來自載入的反向在反相的訊號為邏輯值 0，故不會有載入資料的動作，此時 4 個正反器之 J 埠和 K 埠都將接受來自計數 Count 的 1 值訊號而隨時脈（clock）脈波進行向上計數的動作。
- 當載入與計數訊號之輸入同時為邏輯值 0 時，輸出狀態不改變。

4. 具平行載入功能之計數器可產生任何所需之計數順序（下二圖之 AND 或 NAND 邏輯閘所連接之計數器輸出埠端僅為參考，可自由設計）。

- 使用載入輸入邏輯圖：下圖表示當 Q_3 和 Q_0 之邏輯值同時為 1 時，及邏輯閘將輸出訊號觸發載入，若當此狀態一改變（只要 Q_3 和 Q_0 之邏輯值不同時為 1 時），計數器就不會處於載入狀態而是進行計數作業。

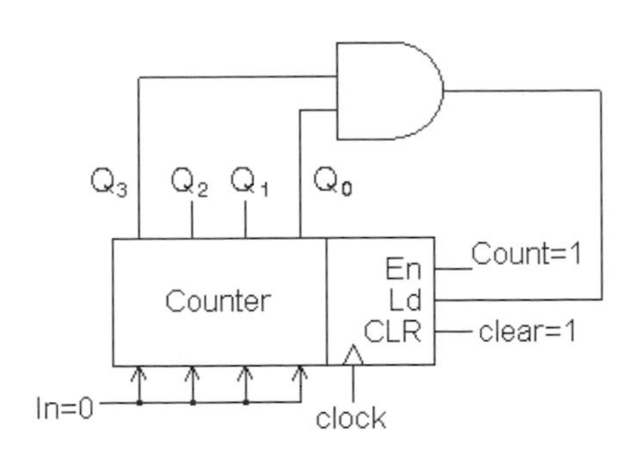

- 使用清除輸入邏輯圖：下圖表示當 Q_3 和 Q_1 之邏輯值同時為 1 時，非及（NAND）邏輯閘將輸出訊號 0 觸發清除，若當此狀態一改變（只要 Q_3 和 Q_1 之邏輯值不同時為 1 時），計數器就不會處於清除狀態，而可進行載入或計數之作業。

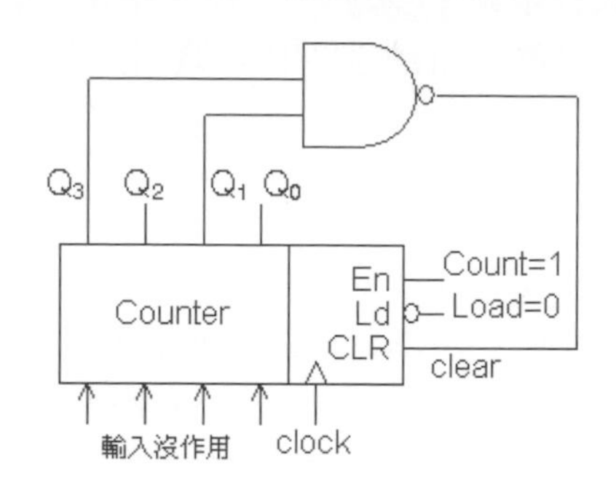

具平行載入之二進位同步計數器 74161：

1. 編號 74161 之 IC 為 4 個位元之同步計數器，具有 4 個輸入埠和 4 個輸出埠，除可提供計數亦可執行資料載入功能，其功能函數表如下：

清除	時脈	載入	計數	備註
0	X	X	X	輸出清為 0
1	↑	0	X	載入輸入之資料
1	↑	1	1	計數至下一個二進位值
1	↑	1	0	輸出無任何變化

參閱 http://pdf1.alldatasheet.com/datasheet-pdf/view/27442/TI/74161.html

2. 74161 邏輯電路圖如下：

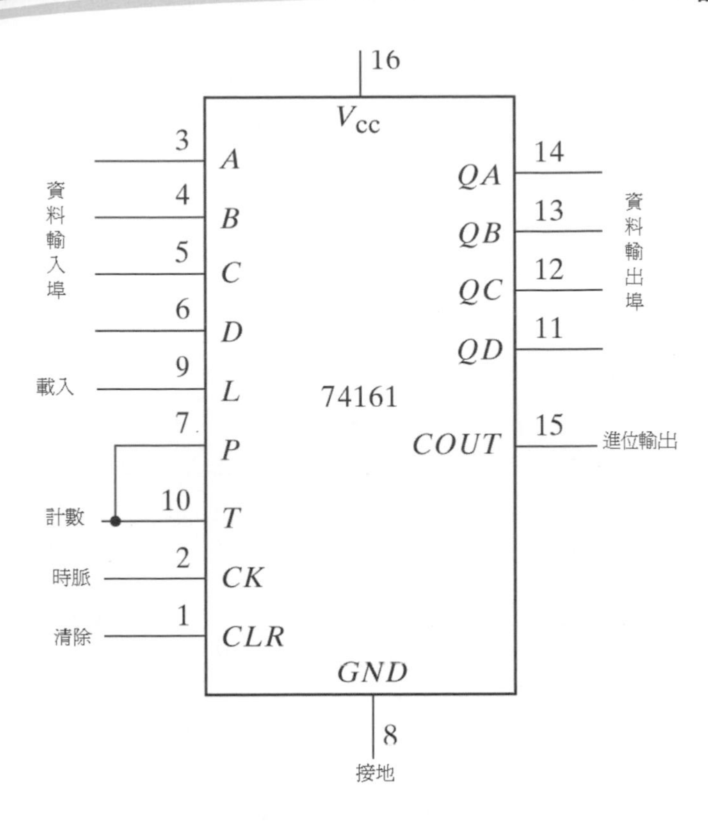

6-4 其他類型之計數器

有關環型計數器（Ring counter）與強生（Johnson counter）計數器因牽涉移位暫存器之運作概念將於第七章再做說明。

特定順序計數器：經特殊設計，計數器可產生所需輸出之特定狀態順序。假設欲實作可出現 0、1、3、5、7、0 特定重覆順序的計數器：

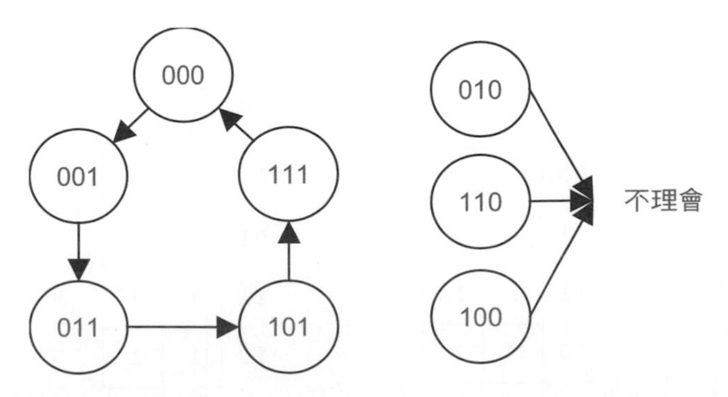

其實作步驟如下：

1. 當使用 JK 型正反器其激勵表如下：

Prestate	Next State	輸入項	
Q(t)值	Q(t+1)值	J_Q	K_Q
0	0	0	X
0	1	1	X
1	0	X	1
1	1	X	0

2. 首先列出狀態轉換表（本例先將狀態 2、4、6 之下一狀態採不理會處理）：

目前狀態			下一個狀態			JK 型正反器之輸入					
A	B	C	A(t+1)	B(t+1)	C(t+1)	J_A	K_A	J_B	K_B	J_C	K_C
0	0	0	0	0	1	0	X	0	X	1	X
0	0	1	0	1	1	0	X	1	X	X	0
0	1	0	X	X	X	X	X	X	X	X	X
0	1	1	1	0	1	1	X	X	1	X	0
1	0	0	X	X	X	X	X	X	X	X	X
1	0	1	1	1	1	X	0	1	X	X	0
1	1	0	X	X	X	X	X	X	X	X	X
1	1	1	0	0	0	X	1	X	1	X	1

3. 完成卡諾圖（原圖及化簡圖並列）：K_B 以觀察法即可獲得 $K_B=1$（全部僅 1 值及不理會），$J_C=1$（全部僅 1 值及不理會）：

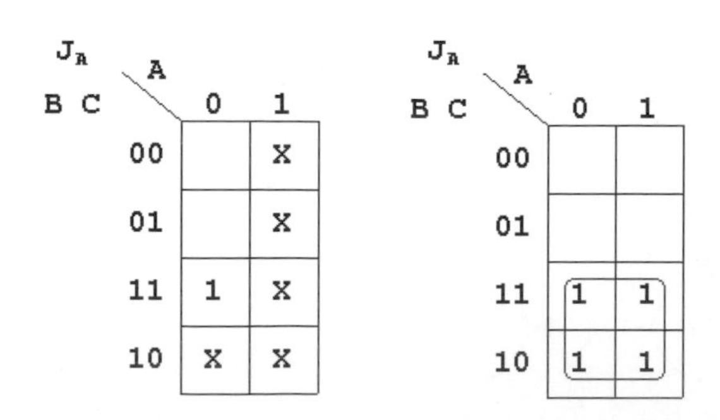

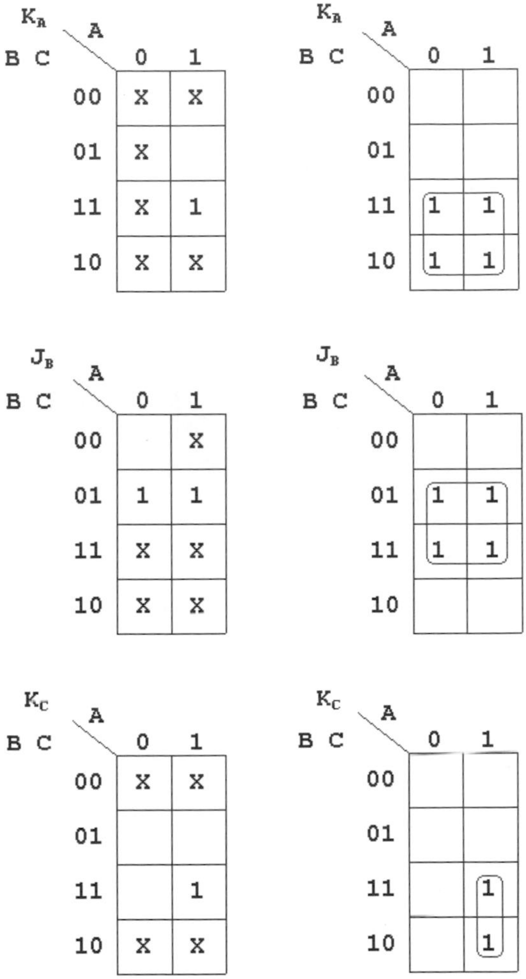

K_A

BC \ A	0	1
00	X	X
01	X	
11	X	1
10	X	X

K_A

BC \ A	0	1
00		
01		
11	1	1
10	1	1

J_B

BC \ A	0	1
00		X
01	1	1
11	X	X
10	X	X

J_B

BC \ A	0	1
00		
01	1	1
11	1	1
10		

K_C

BC \ A	0	1
00	X	X
01		
11		1
10	X	X

K_C

BC \ A	0	1
00		
01		
11		1
10		1

4. 依卡諾圖化簡及觀察法，完成輸入特性方程式如下：

   $J_A = B$；$K_A = B$；$J_B = C$；$K_B = 1$；$J_C = 1$；$K_C = AB$

5. 完成邏輯電路圖設計：本電路增加重置設計，當給予低電位致能之 Clear 清除訊號時歸零。

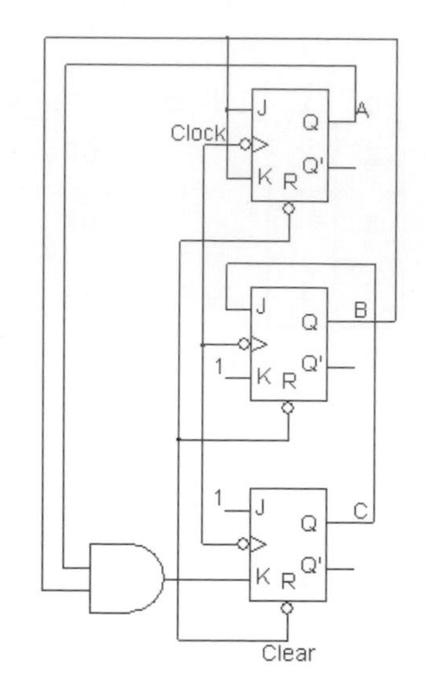

上例中，當出現狀態 2、4、6 時採取不理會方式處理並非電路設計的好方法，可修正指定其下一個狀態如：2➔3、4➔5、6➔7 或是當出現 2、4、6 狀態全部指定為 0（如下圖）

以 JK 正反器實作可出現 0、1、3、5、7、0 特定重覆順序的同步計數器，當出現 2、4、6 狀態全部指定為 0。

▼**說明：**

實作步驟如下：

(1) 狀態順序圖：

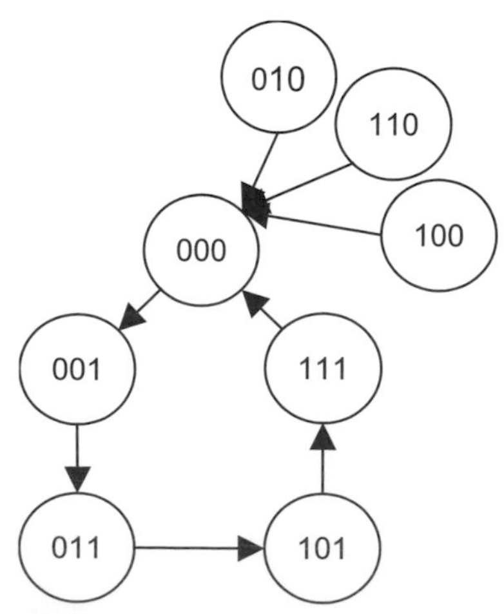

(2) 狀態轉換表：

目前狀態			下一個狀態			JK 型正反器之輸入					
A	B	C	A(t+1)	B(t+1)	C(t+1)	J_A	K_A	J_B	K_B	J_C	K_C
0	0	0	0	0	1	0	X	0	X	1	X
0	0	1	0	1	1	0	X	1	X	X	0
0	1	0	0	0	0	0	X	X	1	0	X
0	1	1	1	0	1	1	X	X	1	X	0
1	0	0	0	0	0	X	1	0	X	0	X
1	0	1	1	1	1	X	0	1	X	X	0
1	1	0	0	0	0	X	1	X	1	0	X
1	1	1	0	0	0	X	1	X	1	X	1

(3) 卡諾圖如下（原圖及化簡圖並列）：K_B 以觀察法即可獲得 $K_B=1$（全部僅 1 值及不理會）。

J_A

BC \ A	0	1
00		X
01		X
11	1	X
10		X

J_A

BC \ A	0	1
00		
01		
11	1	1
10		

K_A

BC \ A	0	1
00	X	1
01	X	
11	X	1
10	X	1

K_A

BC \ A	0	1
00	1	1
01		
11	1	1
10	1	1

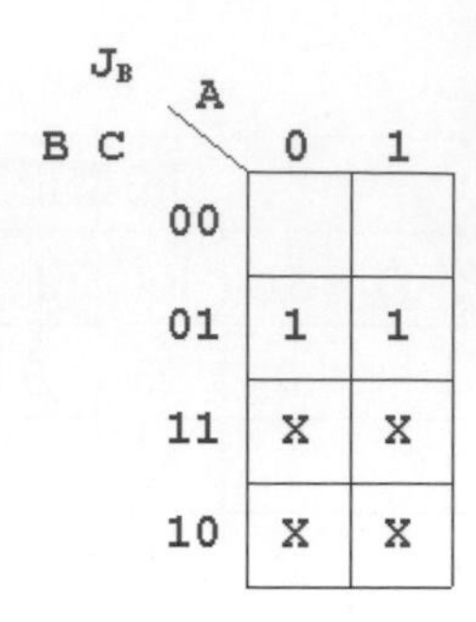

J_B

BC \ A	0	1
00		
01	1	1
11	1	1
10		

J_C

BC \ A	0	1
00	1	
01	X	X
11	X	X
10		

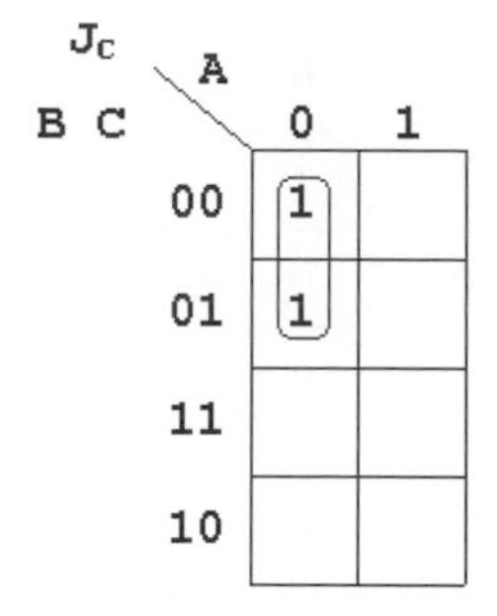

K_C

BC \ A	0	1
00	X	X
01		
11		1
10	X	X

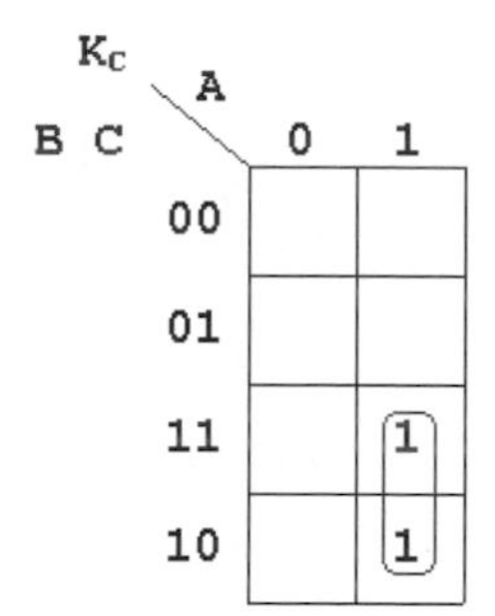

(4) 依卡諾圖化簡及觀察法，完成輸入特性方程式如下：$J_A = BC$；$K_A = B + \overline{C}$；$J_B = C$；$K_B = 1$；$J_C = \overline{AB}$；$K_C = AB$

(5) 邏輯電路圖設計如下：

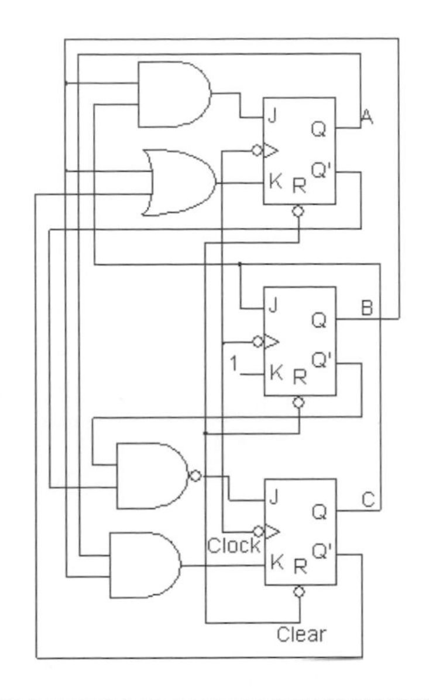

Mod—N 計數器：亦即除 N 計數器，以 N 為計數單位，由 0 至 N－1，按順序重複的計數，當計數至 N 時電路會因 Clear 訊號而清除歸零並再按次序計數。

例題3

請以 JK 正反器實作 Mod 6 計數器，於狀態 110 時會清除電路歸零。

▼**說明：**

實作步驟如下：

(1) 順序圖（虛線為暫態）：

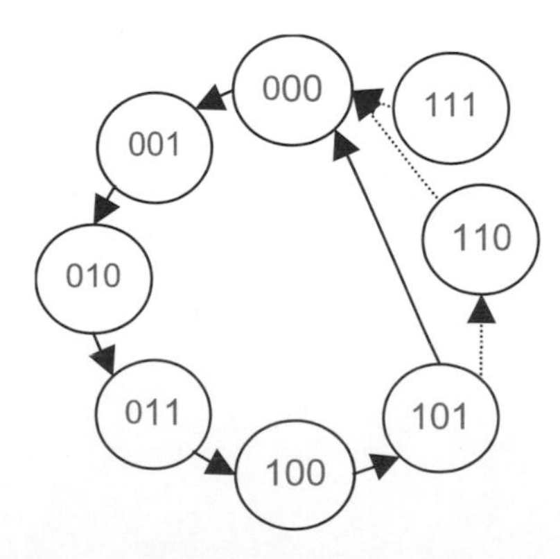

(2) 邏輯電路圖設計如下：

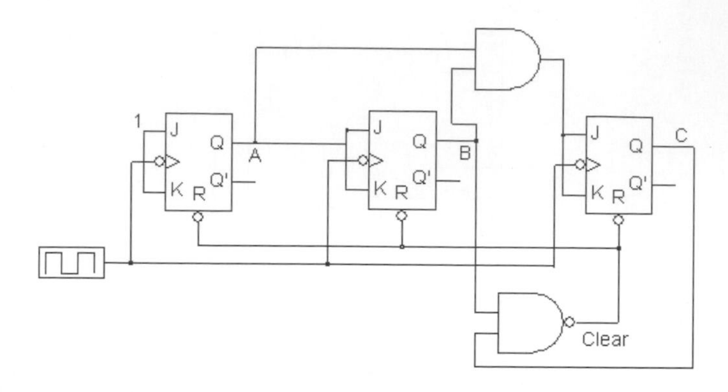

(3) 運作說明：

- 三級 JK 正反器具乘冪關係（2^0、2^1和 2^2），因此，Clear 之訊號係來自 B 和 C 埠之輸出，亦即 $2^1+2^2=6$ 時清除。
- 上述邏輯圖 JK 埠端均係連接在一起，以第一級為例，輸入埠 J＝K＝1，是故 A 之輸出即為補數，並隨時脈之觸發而變化。

  $Q_{JK}(t+1) = J(t)\overline{Q(t)} + \overline{K(t)}Q(t) = J\overline{Q} + \overline{K}Q = \overline{Q}$

- 其後二、三級亦作如是乘冪關係之變化，如下時序圖示：

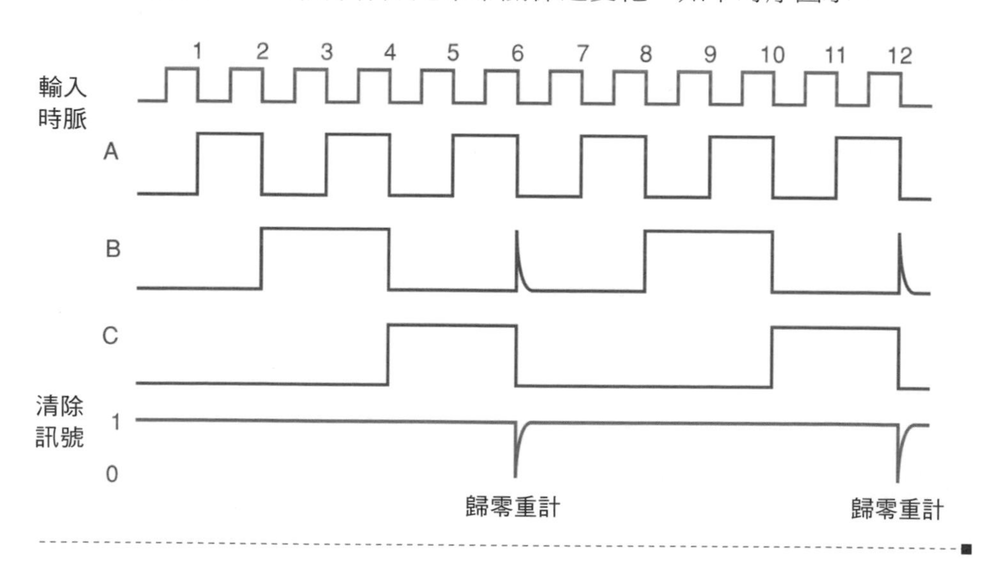

請以 JK 正反器設計 Mod 10 計數器之邏輯電路。

▼說明：

因 10 需使用 4 個位元表示，亦即需使用 4 個正反器，仍以 JK 正反器實作為例，Mod 10 計數器之邏輯電路圖設計如下：

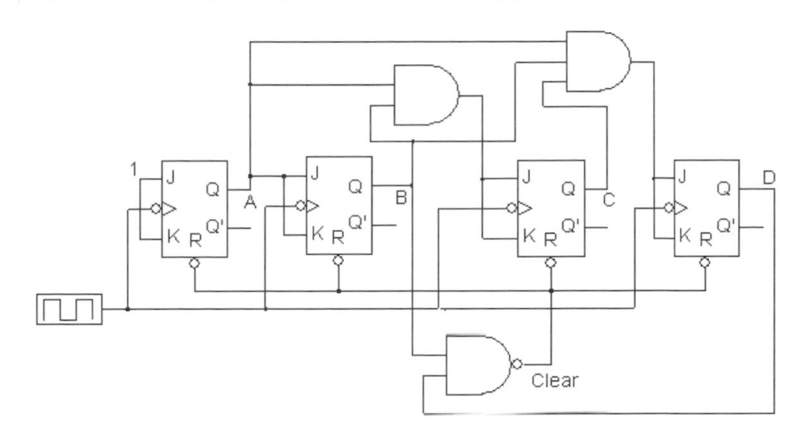

運作說明：四級 JK 正反器具乘冪關係（2^0、2^1、2^2和 2^3），因此，Clear 之訊號係來自 B 和 D 埠之輸出，亦即 $2^1+2^3=10$ 時清除。

不論是通訊系統（除頻器）或數位系統（計量）經常會使用到 Mod-60（分或秒之計量）、Mod-24 或 Mod-12（時之計量），又如週期每秒 60 次等於頻率 60Hz，若以 JK 正反器設計 Mod 60 計數器邏輯電路，實作如下：

1. 因 60 需使用 6 個位元表示，亦即需使用 6 個正反器。
2. Mod 60 計數器之邏輯電路圖設計如下（因接線複雜故僅標示埠端代碼如 ABCDEF，同代碼表示埠端連接在一起）：

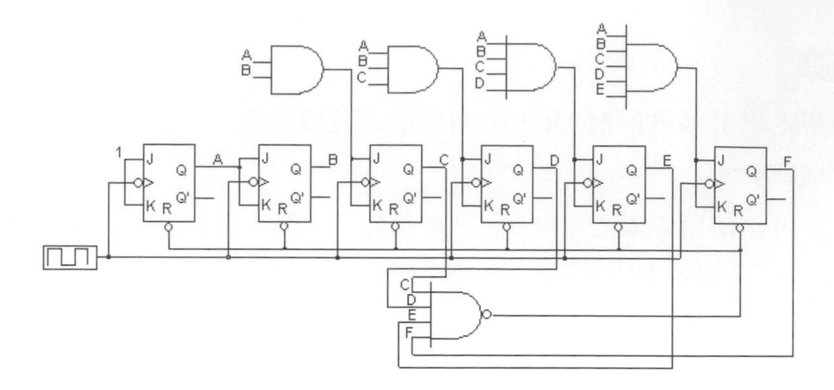

3. 共 6 級 JK 正反器具乘冪關係（$2^0 \sim 2^6$），因此，Clear 之訊號係來自 CDEF 等 4 個埠之輸出，亦即 $2^2+2^3+2^4+2^5=60$ 時清除。

請以 JK 正反器設計 Mod 12 計數器之邏輯電路。

▼說明：

因 Mod 12 需使用 4 個位元表示，亦即需使用 4 個正反器，仍以 JK 正反器實作為例，Mod 12 計數器之邏輯電路圖設計如下：

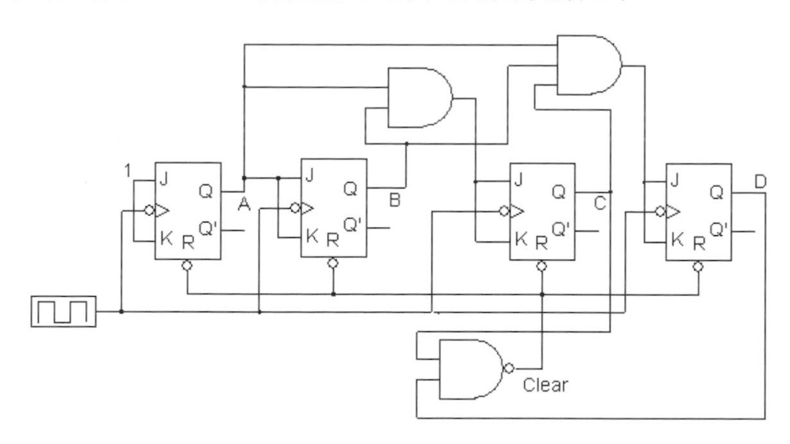

運作說明：四級 JK 正反器具乘冪關係（2^0、2^1、2^2和 2^3），因此，Clear 之訊號係來自 C 和 D 埠之輸出，亦即 $2^2+2^3=12$ 時清除。

6-5 時脈設計

計算機系統中需使用時脈控制的元件非常多，包含 CPU 以及正反器、計數器、暫存器等諸多元件，時脈於實驗時除可使用商品化之 IC，較方便的做法是直接使用函數信號產生器（function generator）輸出訊號提供時脈。

如下圖信號產生器之輸出頻率範圍為 0.2Hz～2MHz（1Hz 代表週期為 1 秒，頻率為週期之倒數），可產生方波、正弦波、三角波、TTL 脈波以及 CMOS 輸出，只需設定工作頻率以方波或 TTL 脈波來輸出即可權充時脈輸入訊號。

請參閱 http://www.gwinstek.com.tw/tw/product/productdetail.aspx?pid=19&mid=27&id=377

若採自行規劃邏輯電路設計時脈，IC 編號 LM 555 或 72555 即為商品化邏輯可用作輸入時脈規劃之計時器（timer）。

請參閱 http://www.national.com/mpf/LM/LM555.html#Overview

或參閱 http://cache.national.com/ds/LM/LM555.pdf

有關 LM 555 之重要特性概略如下：

- 可用以直接替代 SE555/NE555 邏輯；時脈訊號可自行規劃設計由微秒至數小時之週期，輸出訊號具 TTL 相容。
- 其操作包含單穩態（monostable）與非穩態（astable）二種主要工作模式；具常態開（normally on）和常態關（normally off）輸出，通常為單穩態電路設計使用。
- 可自行設計週期，藉調配電阻（R_A 和 R_B）與電容（C；capacitor）來調整工作時脈（Duty cycle），週期 $T = T_{high} + T_{low}$，其中，T_{high} 表示輸出處於高電位（由低轉換至高）的時間，T_{low} 表示輸出處於低電位（由高轉換至低）的時間。該邏輯係利用電容之充放電來設計時脈，充電時（輸出高電位）與放電之時間設計公式（C 為電容，單位：法拉 F）如下：

$T_{high}=0.693(R_A+R_B)C$；$T_{low}=0.693R_BC$

頻率 $f=\dfrac{1}{T}=\dfrac{1.44}{(R_A+2R_B)C}$；Duty cycle$=\dfrac{R_B}{R_A+2R_B}$

T_{high}　T_{low}

LM 555 為 8-pin（8 根針腳）之 MSOP 封裝（如下圖）：

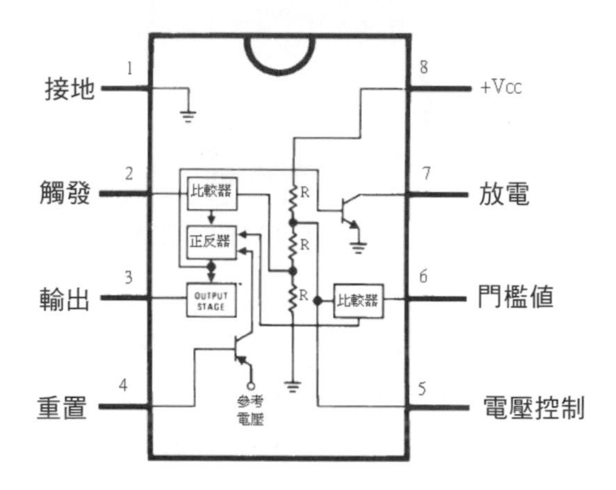

LM 555 IC 內部之邏輯電路設計如下圖：

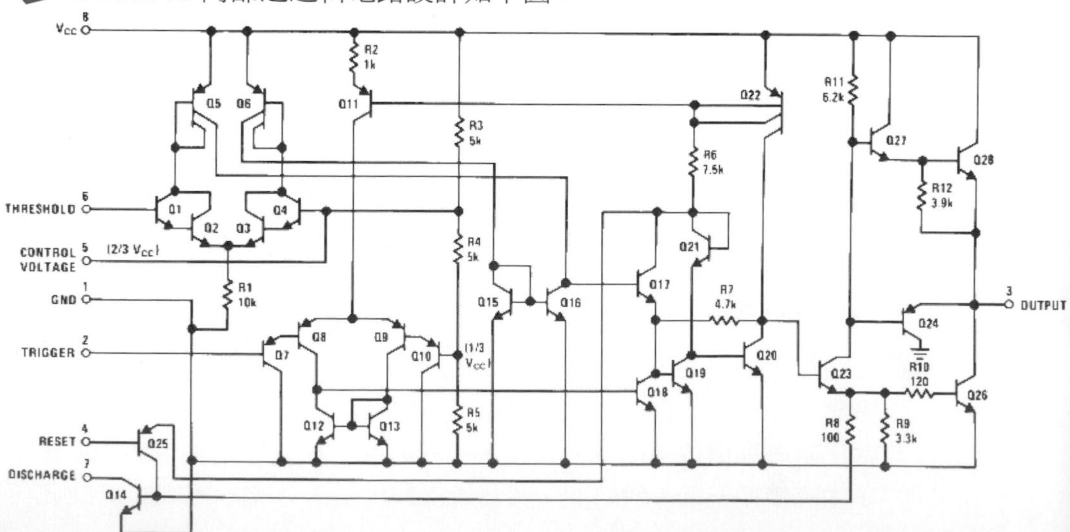

LM 555 計時器一般設計使用單穩態之接線狀況如下圖：

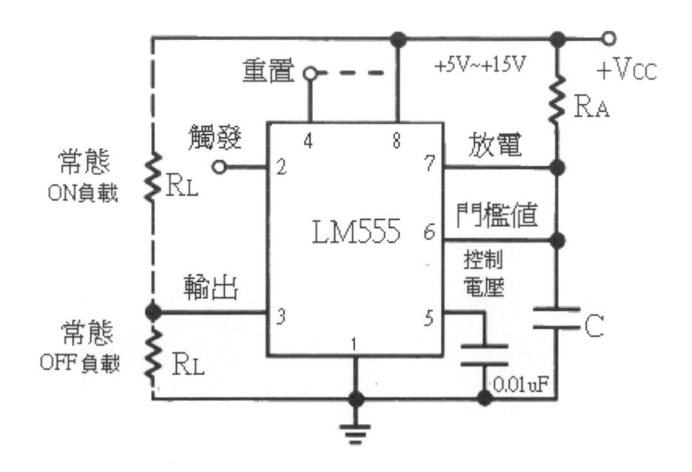

LM 555 計時器一般設計使用非穩態之接線狀況如下圖：

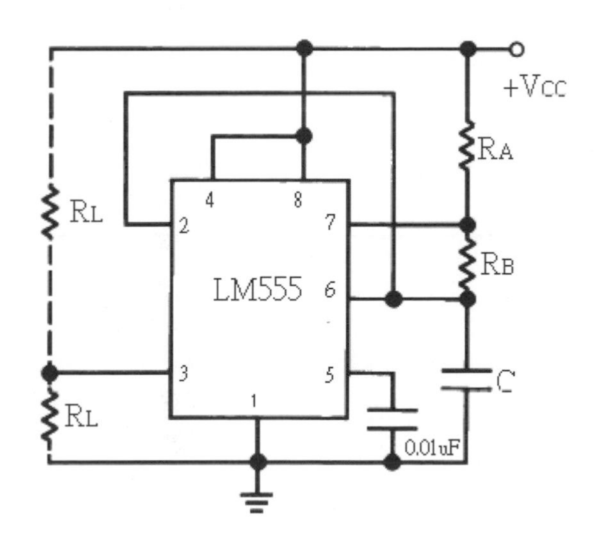

若是擬採用另一款 IC 型號 72555 作計時器，原則設計如下圖（可參閱：http://www.ic-on-line.cn/search.php?part=72555&stype=part ）：

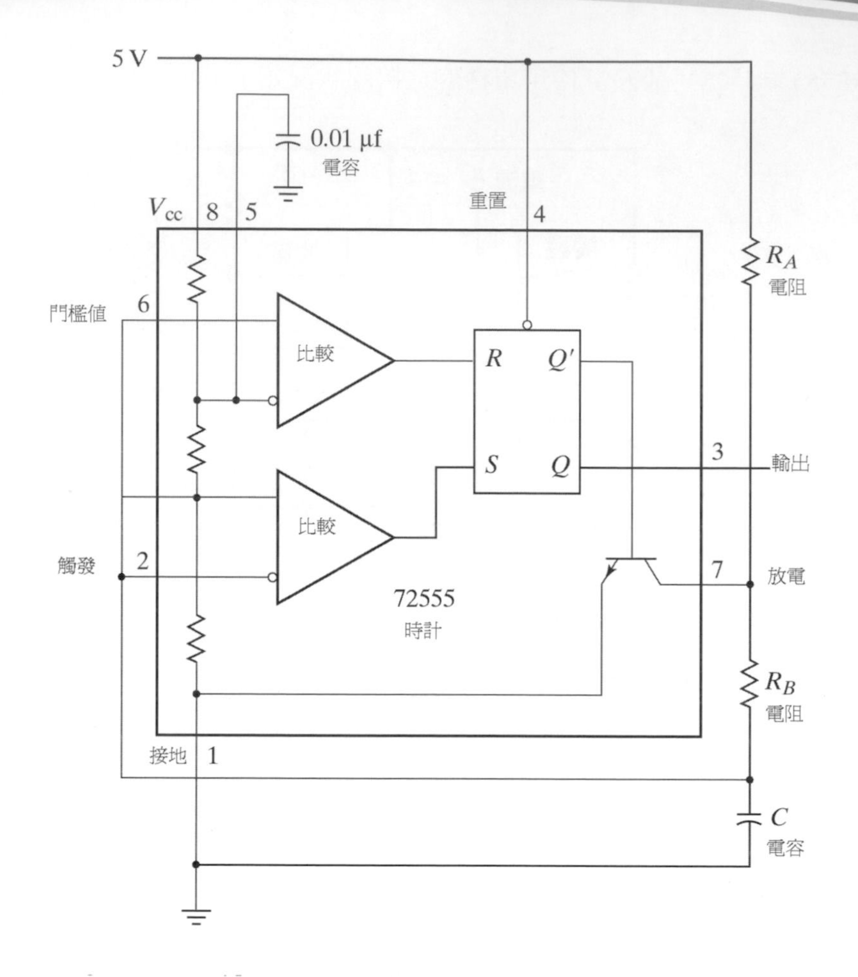

6-6 七節顯示器

數位系統所運算之值於輸出時，若採二進制或其他二的冪次之進制並不符合人類所需之可讀性（視覺直覺反應），因此多需借助**七節顯示器（seven segment）**來呈現 0～9 的十進制數字模式（如下圖）以利可讀。

0. 1. 2. 3. 4. 5. 6. 7. 8. 9.

這也是日常生活中隨時可看到 LED 或七節顯示器應用非常普遍的原因。七節顯示器顧名思義即是利用 8 個 LED 發光二極體（依順時針方向為 a～g 以及 DP）來顯示 0～9 數字、小數點（DP）以及十六進位所使用之英文數值 A、B、C、D、E、F 等，針腳對應輸入 a～g 如下圖所示：

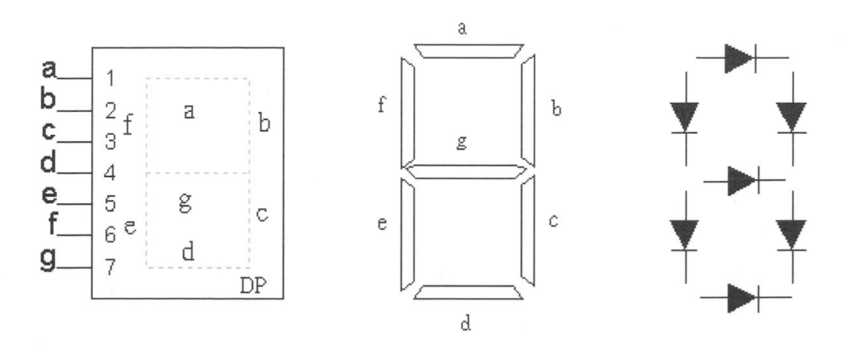

七節顯示器因結構不同，一般又區分為低電位致能（low enable）與高電位致能（high enable）等二種不同型態元件，亦即俗稱之共陽極（低電位致能，下左圖）或共陰極（高電位致能，下右圖）：

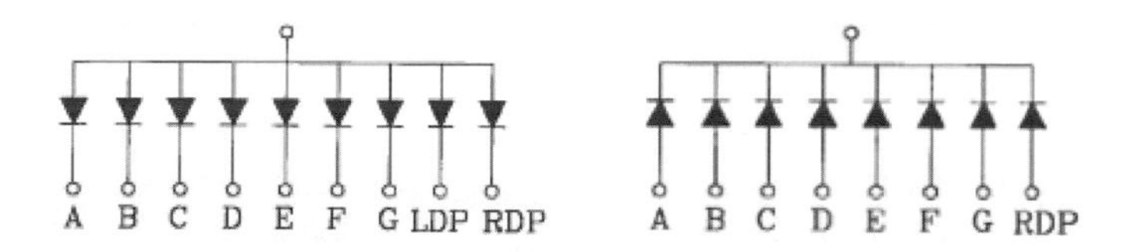

七節顯示器可顯示單一的十進制或十六進制之數字，有關顯示 0～9 數字之對應表如下（請參閱 http://www.starfpga.com/modules/tinyd3/）：

數字	a	b	c	d	e	f	g	DP	備註
0	0	0	0	0	0	0	1	1	表示 a～f 會亮，g&DP 不亮以顯 0 值
1	1	0	0	1	1	1	1	1	表示 bc 會亮，其餘不亮以顯示 1 之值
2	0	0	1	0	0	1	0	1	表示 abde 會亮，其餘不亮以顯示 2 之值
3	0	0	0	0	1	1	0	1	表示 abcdg 亮，其餘不亮以顯示 3 之值
4	1	0	0	1	1	0	0	1	表示 bcfg 亮，其餘不亮以顯示 4 之值
5	0	1	0	0	1	0	0	1	表示 acdfg 亮，其餘不亮以顯示 5 之值
6	0	1	0	0	0	0	0	1	表示 b 及 DP 不亮，其餘亮以顯示 6 值
7	0	0	0	1	1	1	1	1	表示 abc 會亮，其餘不亮以顯示 7 之值
8	0	0	0	0	0	0	0	1	表示 a～g 會亮，DP 不亮以顯示 8 之值
9	0	0	0	0	1	0	0	1	表示 e 及 DP 不亮，其餘亮以顯示 9 之值

七節顯示器所顯示之數字一般是由其前級 BCD 至七節顯示器的解碼器 IC 7447 所提供之資訊，由 7447 轉換後輸出至七節顯示器來顯示數字值。若是七節顯示器是屬於 10 根針腳型式的包裝，則 7447 與七節顯示器連接之邏輯電路及針腳埠端對應關係圖概略設計如下：

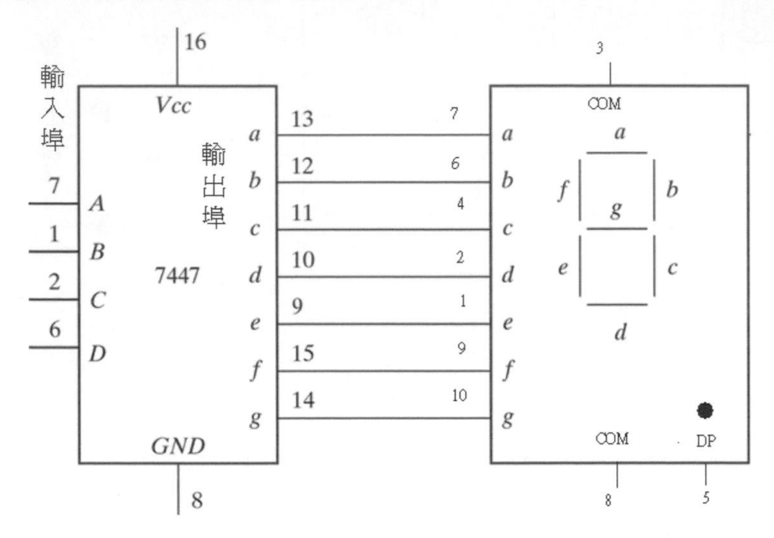

其中，ABCD 針腳為 7447 的 BCD 值之輸入埠端，abcdefg 針腳為 7447 的輸出埠端（與七節顯示器之輸入針腳 abcdefg 相對應）。

若是採用 HP 公司所生產 5082-7730 型式之 14 根針腳七節顯示器（請參閱 http://www.datasheetcatalog.org/datasheets2/31/319472_1.pdf ），則 7447 與 7730 連接之邏輯電路及針腳埠端對應關係圖如下：

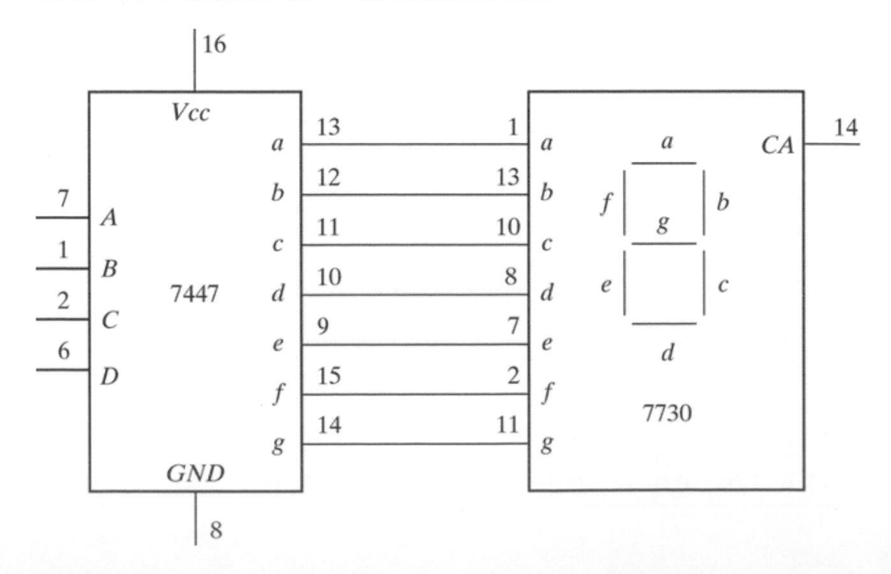

此外，AMS 公司亦生產有 16 根針腳編號為 7730 之 LED 七節顯示器。

數位時鐘之設計概念（可參考 Digital Systems，Ronald J. Tocci et al.，Pearson International Edition）：

1. 鐘訊（clock）之計量可分為時、分、秒，或將秒再細分；其中，時間顯示多採上、下午（AM 和 PM 顯示），故可使用 Mod-12 邏輯電路來處理，至於分和秒之計量為 60 進位，可將前述 Mod-6 和 Mod-10 當作二級電路序連（concatenate）串接來時作為 Mod-60 之邏輯，當然亦可直接設計 Mod-60 邏輯電路（如下圖例）。

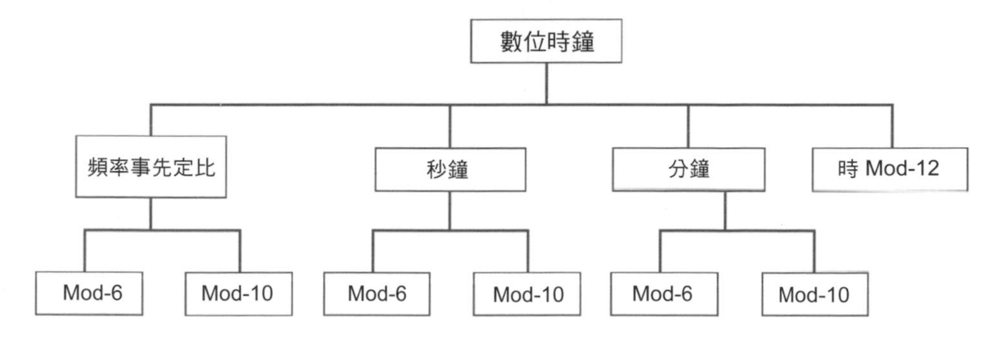

2. 設計時，除依成本及電路之製作複雜性作考量外，最重要的是模組化設計以利於 FPGA 佈局設計。下圖即為使用 BCD 計數器與 Mod-6 計數器來合成 Mod-60 計數器的功能，並由最底之秒鐘級依序進位驅動下一級分鐘和時等，各級計量之結果分為個位值和十位值由相對應之 7447 輸出至各個七節顯示器以分別顯示時、分、秒之數值。

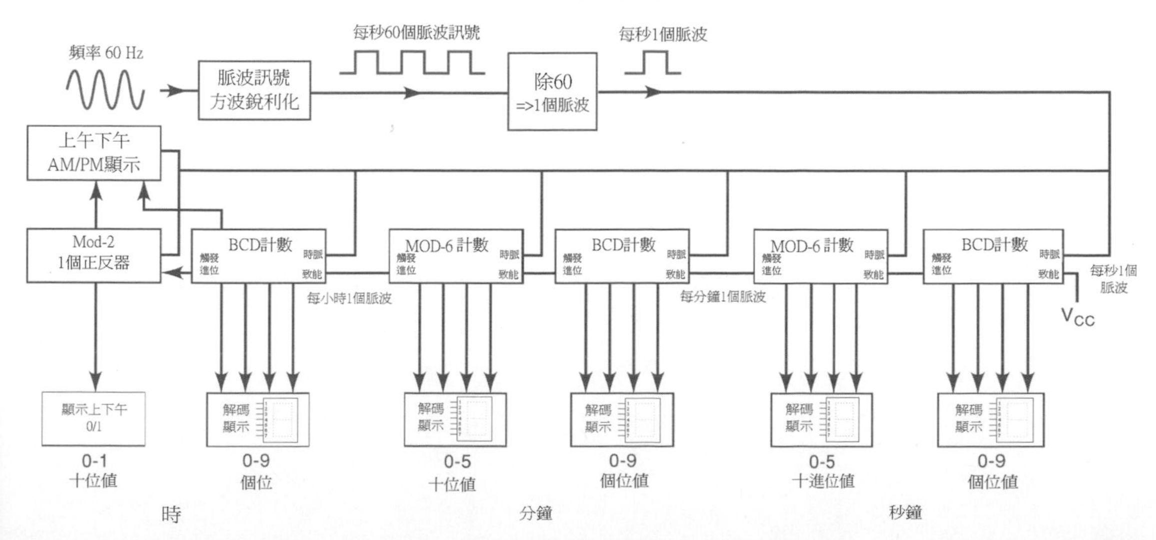

除頻器之設計概念：如前述之訊號產生器，其操作面板可設定輸出所需之頻率，而其實，在內部電路設計亦可使用 Mod-N 計數器來處理，如 1K Hz＝1000 Hz，可經 Mod-10 電路處理變為 100 Hz，再經下一級之 Mod-10 電路處理變為 10 Hz，再一級 Mod-10 電路處理變為 1 Hz（週期為每秒一次，考量人眼之接收訊號反應，若以 LED 顯示，應能非常簡易的看到計數器狀態變化的輸出結果），如下圖示。

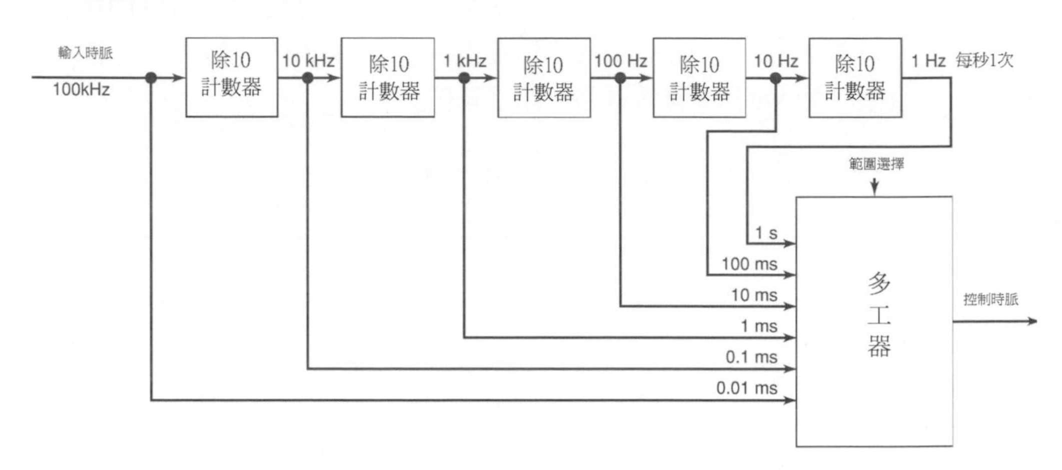

1. 請說明漣波計數器之運作。
2. 請說明同步計數器之運作。
3. 請說明七節顯示器之用途。
4. 如何將二進位數值輸入七節顯示器？
5. 何謂二進制計數器？
6. 請以 JK 正反器設計 MOD 14 計數器之邏輯電路。
7. 以 JK 正反器實作可出現 0、1、3、5、7、0 特定重覆順序的同步計數器，當出現 2、4、6 狀態都指定為 5。
8. 請使用 D 型正反器設計向下計數之二進制同步計數器。
9. 使用 JK 型正反器實作同時具上數與下數功能之同步二進制計數器邏輯電路。
10. 請以 JK 正反器設計 MOD 24 計數器之邏輯電路。

7 暫存器與記憶體

- 暫存器
- 移位暫存器
- 暫存器資料之轉換
- 環型計數器
- 強生（Johnson）計數器
- 記憶體

7-1 暫存器

具時控之序向邏輯電路係由許多正反器結合組合邏輯電路形成回授路徑所構成；其中，正反器屬必要之核心元件（時脈週期及記憶），而組合邏輯電路則屬於選擇性的元件。

- **二元儲存格（binary cell）**：係指可儲存 1 個位元（0 或 1）之資訊，具有二種穩定狀態的儲存元件。

- **暫存器（register）**：由一群二元儲存格所組成，具 N 個儲存格的暫存器可儲存 N 個位元的離散資訊。

  1. 通常為一群相同型式的正反器所組成，其搭配之組合邏輯閘主要扮演控制的角色，以決定資料應如何輸入（儲存於）暫存器中或由暫存器輸出（讀取）之模式。

  2. 暫存器是電腦運作非常重要的單元，舉凡資料傳遞、指令處理以及算術邏輯運算均少不了，電腦中使用非常多的暫存器如程式計數器、指令暫存器、堆疊指標器、記憶體位址暫存器、記憶體資料暫存器、分頁位址暫存器以及累加器等。

  3. 過去 32 位元的電腦，其內部使用很多 32 位元的暫存器且以陣列形式存在（如下圖）。隨著科技的進步，目前多使用 64 位元（或 128 位元）之暫存器設計。

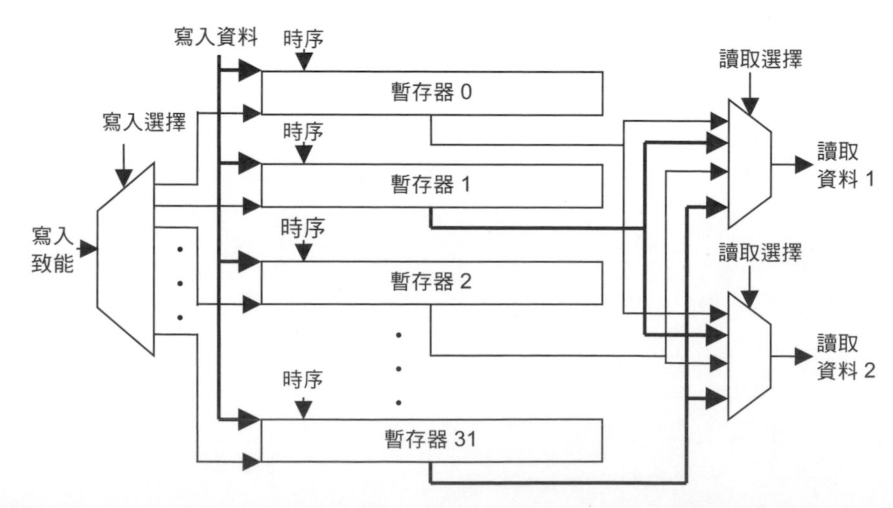

4. 一般暫存器多由正反器（flip-flop）邏輯電路所組成，最簡單的商用暫存器是沒有邏輯閘僅由一個正反器組成的暫存器；一個 N 位元的暫存器表示該暫存器是由 N 個正反器所組成，可儲存 N 個位元的二進位資料，下圖為一個典型的 N 位元暫存器：

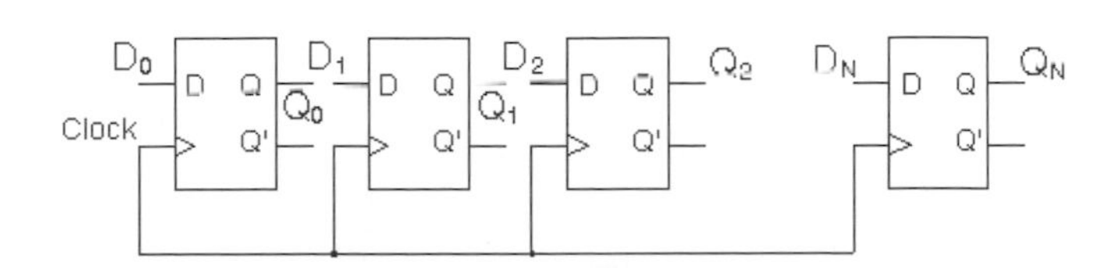

5. 當然暫存器的運作還有很多的接線埠端，如致能（enable）、讀（read）和寫（write）等，其中讀寫（r/w）多由一個埠端控制，可設計成 $\overline{R}/W$（低電位時進行讀，高電位進行寫的動作）或 $R/\overline{W}$（高電位時進行讀，低電位進行寫的動作）。

例題1

請設計具 4 個位元的暫存器。

▼**說明：**

本例可以 4 個 D 型正反器組成暫存器，其中 I_0、I_1、I_2、I_3 為輸入埠，Q_0、Q_1、Q_2、Q_3 為輸出埠，四個正反器係採統一時脈同步化作業，設計如下圖：

具資料載入輸入控制暫存器：

1. 若以 4 個 D 型正反器組成具資料載入輸入控制的 4 位元暫存器，以作為資料之載入與暫存，其中 Load 為載入觸發控制，Clock 為統一提供予 4 個正反器之同步時脈，I_0、I_1、I_2、I_3 為輸入埠，Q_0、Q_1、Q_2、Q_3 為輸出埠，其設計如下圖：

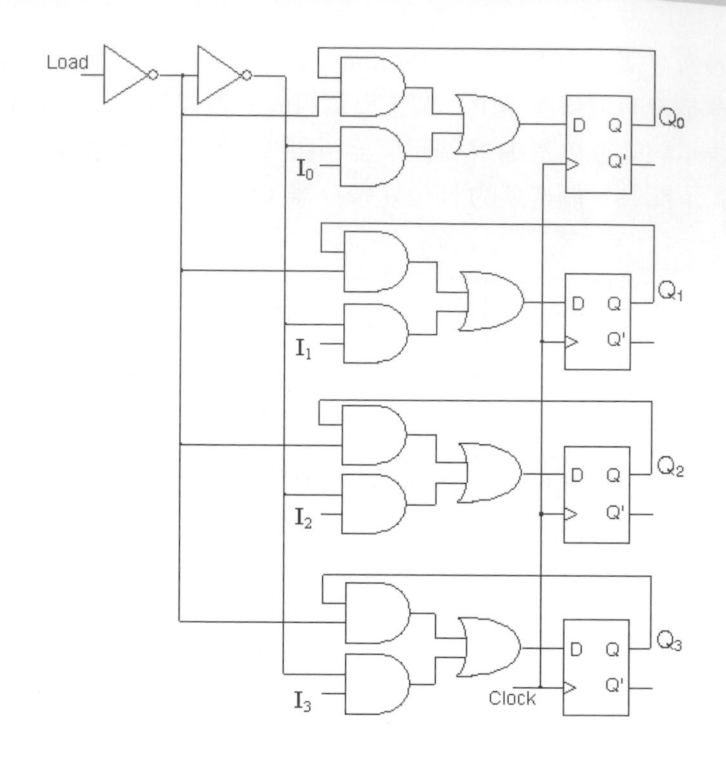

2. 運作說明如下：

- 當載入（Load）埠端之輸入值為 1 時，因經過二個序列之反向器，所以 I_0、I_1、I_2 和 I_3 輸入值分別與 4 個及（AND）邏輯閘運算，因 4 個及邏輯閘之一埠端輸入值是來自載入的反向所得到的 1 值，因此，經過 AND 運算後，I_0、I_1、I_2 和 I_3 原值便直接輸入或（OR）邏輯閘並分別由 4 個正反器的輸入埠端 D 輸入並暫存於正反器中。

- 若是載入（Load）埠端之輸入值為 0 時，上述之 I_0、I_1、I_2 和 I_3 輸入值分別與 4 個及邏輯閘運算將得到 0 值，故 I_0、I_1、I_2 和 I_3 輸入值經過或邏輯閘時便不會有作用。此時，來自載入埠輸入 0 值經過第一個反向器變為值 1 後，其輸出直接繞線分別接到 4 個及邏輯閘將與由正反器輸出（Q_0、Q_1、Q_2 和 Q_3）並分別回授至此 4 個及邏輯閘運算，其結果便直接輸入或（OR）邏輯閘並分別由 4 個正反器的輸入埠端 D 輸入並暫存於正反器中。

7-2 移位暫存器

在計算機系統中，輸入之資料多儲存於暫存器中，再轉送到算術邏輯運算單元做處理，而其運作基礎是二進位。

在二進位的系統中，資料移位（shift）具有乘冪關係，如向左移 m 個位元等於乘上 2^m；向右移 k 個位元則等於乘上 2^{-k}（除 2^k）。不論是 Intel、AMD、IBM、HP...等所開發之 CPU 或諸如 MIPS 等組合語言都提供了左移和右移等諸多的邏輯與算術運算指令以供運用，而移位暫存器恰恰肩負了此一重要的工作。

- **移位暫存器**：一個暫存器若能將儲存於單元儲存格（cell）中的二進位位元的資訊，依選擇的方向移位到與他相鄰儲存格，該暫存器即稱移位暫存器（shift register）。

  1. 單向移位暫存器（unidirectional shift register）：僅能向單一個方向進行資料移位操作之暫存器。
  2. 雙向移位暫存器（bidirectional shift register）：可雙向進行資料移位操作之暫存器。

- 常用之暫存器為通用（universal）移位暫存器，具有載入、儲存、向左移位和向右移位的功能。使用正反器及能實作功能簡單之移位暫存器，如下圖屬於串列式（serial）的移位暫存器。依時脈觸發，輸入之位元值 D_in，依序移位至下一個正反器，最後由最末一個正反器之輸出埠端 D_out 輸出。

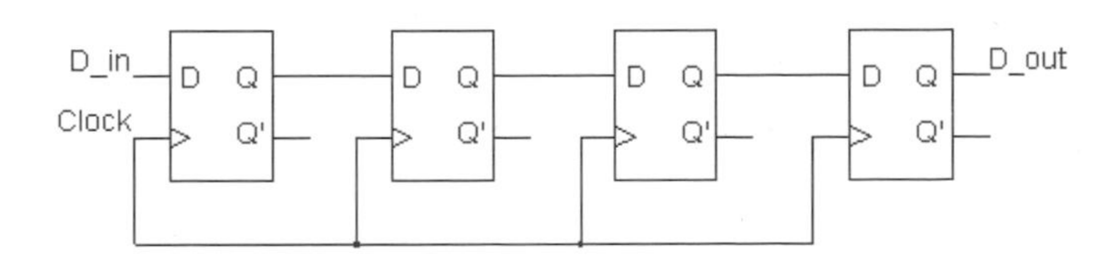

- **串列（serial）移轉**：儲存於一序列串列的正反器或暫存器中的儲存格的資料，不論是向左移位或向右移位，一次只移轉 1 個位元的資訊至相鄰的儲存格或最後輸出。

平行或並列（parallel）移轉：許多個並列的正反器（或並列於一個暫存器中），於同一觸發訊號或相同時脈時，將資料同步一起進行移轉作業，如下圖：

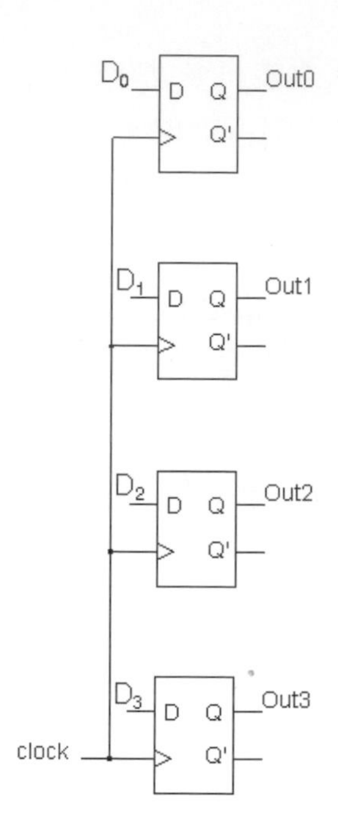

例題2

使用二個移位暫存器，將資料由其中一個暫存器串列式移轉到另一個暫存器並輸出。

▼說明：

假設二個移位暫存器分別為 A 和 B，基於相同時脈下作業，為受制於外部之移位控制輸入訊號（亦即時脈正準位且移位控制輸入 1 時，才會進行移位作業），其邏輯圖設計如下：

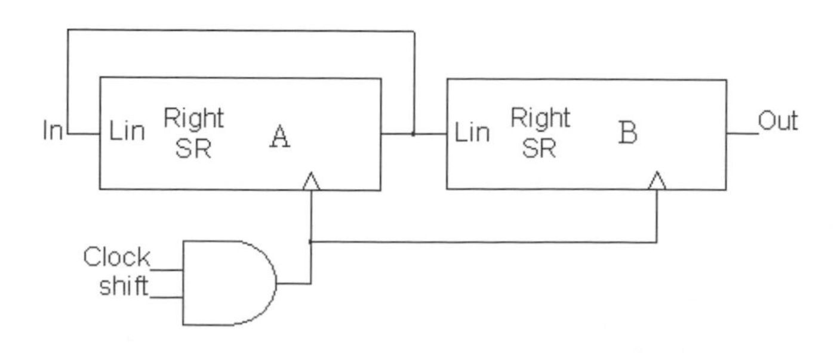

例題3

承例題 1，假設此二個移位暫存器為 4 個位元儲存格的暫存器，請以時脈說明其移位狀況。

▼說明：

本例採狀態表方式說明，假設 A 移位暫存器原存之初始值（initial value）為 1101，而 B 移位暫存器原存之初始值為 1010，輸出為 D_out，如下表：

時序	A 移位暫存器儲存值				B 移位暫存器儲存值				D_out
T_0	1	1	0	1	1	0	1	0	Z

當時脈進入下一個時序並持續多個時脈後之狀態如下表，由表中可發現左邊的 A 移位暫存器其輸出值除送到 B 移位暫存器並同步傳回 A 移位暫存器做為輸入，當經過 4 個時脈週期後，B 移位暫存器儲存格之初始值已全部輸出完畢，經過 8 個時脈週期後，由 A 移位暫存器移位至 B 移位暫存器的值亦全部輸出完畢：

時序	A 移位暫存器儲存值				B 移位暫存器儲存值				D_out
T_0	1	1	0	1	1	0	1	0	Z
T_1	1	1	1	0	1	1	0	1	0
T_2	0	1	1	1	0	1	1	0	1
T_3	1	0	1	1	1	0	1	1	0
T_4	1	1	0	1	1	1	0	1	1
T_5	1	1	1	0	1	1	1	0	1
T_6	0	1	1	1	0	1	1	1	0
T_7	1	0	1	1	1	0	1	1	1
T_8	1	1	0	1	1	1	0	1	1

移位暫存器之應用設計範例：以移位暫存器結合 D 型正反器來實現串列加法的功能設計：

1. 本邏輯主要使用 2 個移位暫存器、1 個 D 型正反器和 1 個全加法器，電路運作設計初始為 A 移位暫存器—被加數，B 移位暫存器—加數，進位清除為 0；結果值將經過移位輸入後儲存於 A 移位暫存器。邏輯圖如下：

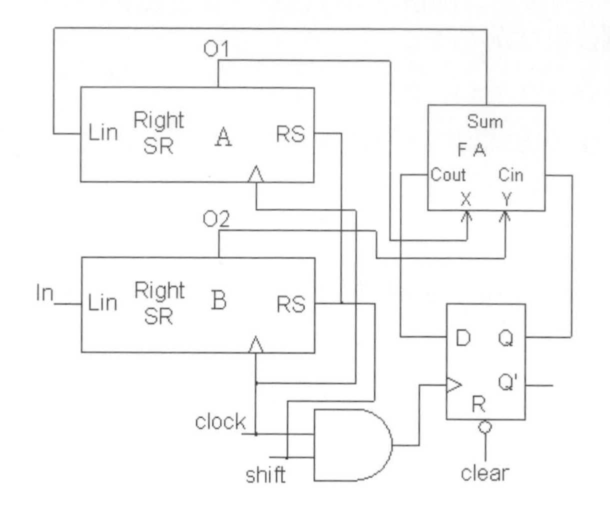

2. 邏輯運作概要：

 - 系統時脈由 clock 統一提供，唯 D 型正反器之時脈係由其前端 "及（AND）邏輯閘" 所提供，此 "及邏輯閘" 須於 clock 與 shift（移位）同時為邏輯值 1（高位準）才能提供高電位之觸發訊號予 D 型正反器。

 - 二個將被執行加法計算的二進位的數值將分別儲存於 A 和 B 二個移位暫存器並被串列加總，全加法器由 X 和 Y 埠端，一次輸入一對位元（Pair，亦即二個二進位數值的各 1 個位元），由二個數值之最低有效位元（LSB，最不重要位元）開始，Cin 之初始值為 0。全加法器加總（X＋Y＋Cin）之進位結果（Cout）會傳送至 D 型正反器之輸入 D 埠端，經觸發後再回授至全加法器當作 Cin 輸入。全加法器加總之和值（Sum）則回授輸入 A 移位暫存器之 Lin 埠（serial input）。

 - 依序再輸入第二對位元，第三對位元…直至加總完畢，最後結果值會儲存於 A 移位暫存器。

3. 假設初始值為 A＝0101，B＝0011，每一時脈觸發，A 和 B 移位暫存器之資料將移出給 X 和 Y，Cout 輸出並經 D 正反器回授輸入予 Cin，Sum

和值回授輸入至 A 移位暫存器，若以時序列出各個邏輯閘之值變化如下表：

時序	A 暫存器	B 暫存器	X	Y	Cin	Cout	Sum
T_0	0101	0011	-	-	0	-	-
T_1	0010	-001	1	1	0	1	0
T_2	0001	--00	0	1	1	1	0
T_3	0000	---0	1	0	1	1	0
T_4	1000	----	0	0	1	0	1

由表中可知最後之加總結果為 0101＋0011＝1000（儲存於 A 移位暫存器）。

例題4

上例若改以移位暫存器結合 JK 型正反器來實現串列加法，請設計其邏輯電路。

▼說明：

本邏輯擬使用 2 個移位暫存器和 1 個 JK 型正反器，搭配其他及（AND）與互斥或（XOR）基本邏輯閘設計，電路運作為初始時，A 移位暫存器—被加數，B 移位暫存器—加數，進位清除為 0，最後之加總結果值亦將經過移位輸入後儲存於 A 移位暫存器。

■ 狀態轉換表整理如下：

目前狀態	輸入		下一狀態	輸出	正反器輸入	
Q	X	Y	Q(t+1)	S	J_Q	K_Q
0	0	0	0	0	0	X
0	0	1	0	1	0	X
0	1	0	0	1	0	X
0	1	1	1	0	1	X
1	0	0	0	1	X	1
1	0	1	1	0	X	0
1	1	0	1	0	X	0
1	1	1	1	1	X	0

- 布林函式：$J_Q = XY$、$K_Q = \overline{X}\,\overline{Y} = \overline{X+Y}$、$S = X \oplus Y \oplus Q$
- 邏輯電路設計圖：

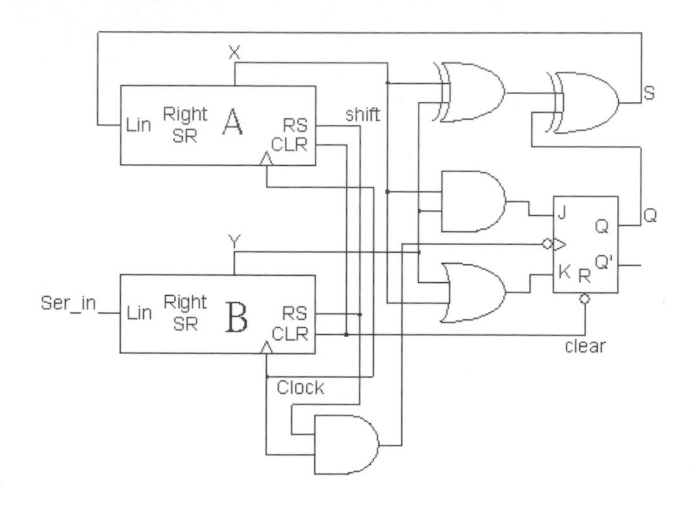

- 運作說明：

(1) 系統時脈由 Clock 統一提供，唯 JK 型正反器之時脈係由其前端 "及（AND）邏輯閘" 所提供，此"及邏輯閘" 須於 Clock 與 shift（移位）同時為邏輯值 1（高位準）才能提供高電位之觸發訊號予 JK 型正反器

(2) Q 之目前狀態即為進位（carry）之現值，該值將與 X 和 Y 值一起加總來產生和值 S 並輸出回授至 A 移位暫存器。

(3) 加總完畢，最後結果值會經移位輸入儲存於 A 移位暫存器。

通用移位暫存器（universal shift register）：除具雙向資料移位功能，並能並列載入資料之暫存器：

1. 通用移位暫存器之概略功能設計如下：

- **時脈（clock）**：輸入使所有操作同步化。
- **向右移位（shift right）**：控制以啟動向右移位操作串列輸入及輸出 (serial input and output) 線配合成可向右移位。

- **向左移位（shift left）**：控制以啟動向左移位操作，以及串列輸入及輸出 (serial input and output) 線配合成可向左移位。
- **並列載入（parallel load）**：控制以啟動並列轉移，有 N 條輸入線配合提供並列轉移。
- **並列輸出**：N 條線。
- **清除（clear）**：控制將暫存器清除為 0。

2. 運作概況：多數移位暫存器不是單純提供向左移位，就是提供向右移位之基本功能，或者增加並列載入功能，然通用移位暫存器除具前述之基本功能外，當持續輸入工作時脈，該暫存器可經控制訊號線之輸入使暫存器內所暫存之資訊維持不變，此為其他移位暫存器所不及。

例題5

請設計 4 個位元之雙向移位暫存器。

▼說明：

(1) 邏輯圖設計如下：

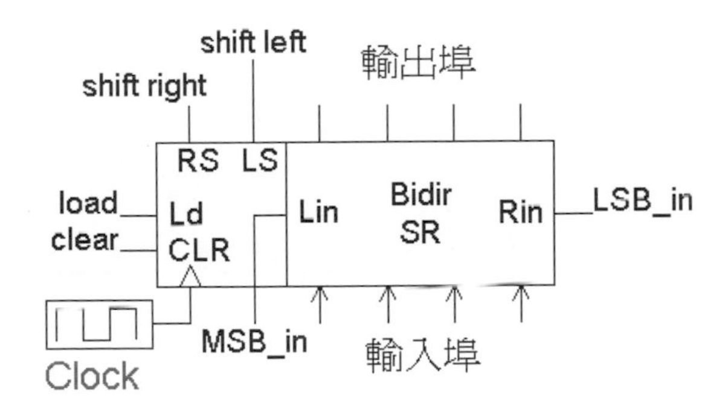

(2) 運作功能說明：shift right 控制向右移位、shift left 控制向左移位、clear 為清除控制、輸入埠與輸出埠各有四條線（表示 4 各位元），LSB_in 表示左移並由 LSB 位元輸入，MSB_in 表示右移並由 MSB 位元輸入。

例題6

請設計 4 個位元之通用移位暫存器。

▼說明：

(1) 設計二條選擇線 S_1S_0 控制功能，輸入埠 4 個位元 $I_3I_2I_1I_0$，輸出埠 4 個位元 $Q_3Q_2Q_1Q_0$，左移由 LSB_in 輸入位元，右移由 MSB_in 輸入位元，clear 清除功能，邏輯電路概要圖如下：

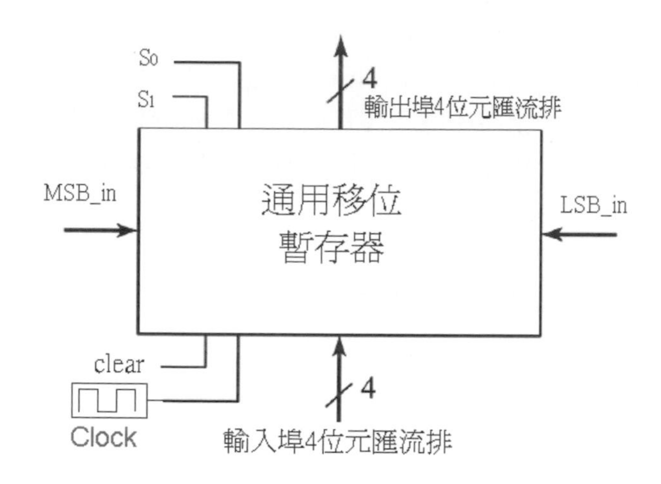

(2) 功能函數表如下：

輸入埠			輸出埠				暫存器操作
clear	S_1	S_0	Q_3	Q_2	Q_1	Q_0	
0	X	X	0	0	0	0	清除
1	0	0	Q_3	Q_2	Q_1	Q_0	無變化
1	0	1	MSB_in	Q_3	Q_2	Q_1	向右移
1	1	0	Q_2	Q_1	Q_0	LSB_in	向左移
1	1	1	I_3	I_2	I_1	I_0	並列載入

例題7

請以正反器來實作設計 4 個位元之通用移位暫存器。

▼說明：

本例擬使用 D 型正反器搭配多工器來實作：

(1) 邏輯電路設計如下：

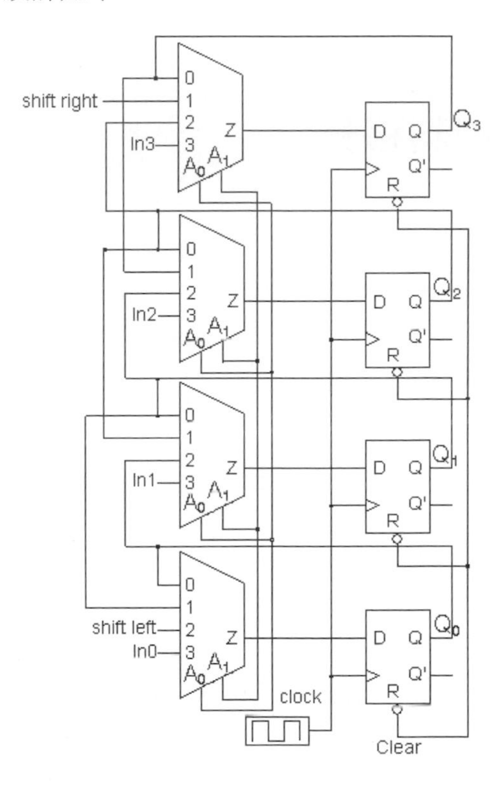

(2) 埠端設計：In3、In2、In1、In0 為並列輸入，Q_3、Q_2、Q_1、Q_0 為輸出，shift left 向左移位、shift right 向右移位，Clear 為清除，clock 統一提供時脈予 4 個正反器。

(3) 功能函數表：

輸入埠			輸出埠				暫存器操作
clear	A_1	A_0	Q_3	Q_2	Q_1	Q_0	
0	X	X	0	0	0	0	清除
1	0	0	Q_3	Q_2	Q_1	Q_0	無變化

輸入埠			輸出埠				暫存器操作
clear	A_1	A_0	Q_3	Q_2	Q_1	Q_0	
1	0	1	MSB_in	Q_3	Q_2	Q_1	向右移
1	1	0	Q_2	Q_1	Q_0	LSB_in	向左移
1	1	1	In_3	In_2	In_1	In_0	並列載入

7-3 暫存器資料移轉

暫存器資料轉換模式：

1. 串列輸入串列輸出（SISO；Serial In / Serial Out）：串列輸入值會依序由正反器輸入後，一級一級由左至右傳送至最後一級之正反器再輸出，如下圖：

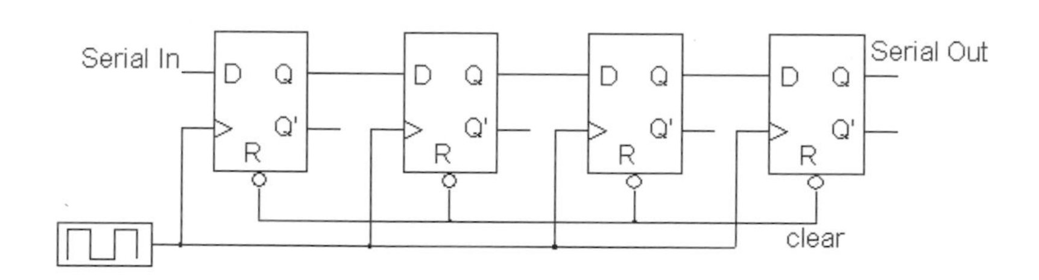

2. 串列輸入平行輸出（SIPO；Serial In / Parallel Out）：或稱為串列輸入並列輸出，串列輸入值會依序由正反器輸入後，一級一級由左至右傳送，Q_3、Q_2、Q_1 和 Q_0 則同一時脈同時輸出，不論串列輸入之值是否已傳送至後級之正反器，若未傳送到則以邏輯值 0 輸出，如下圖：

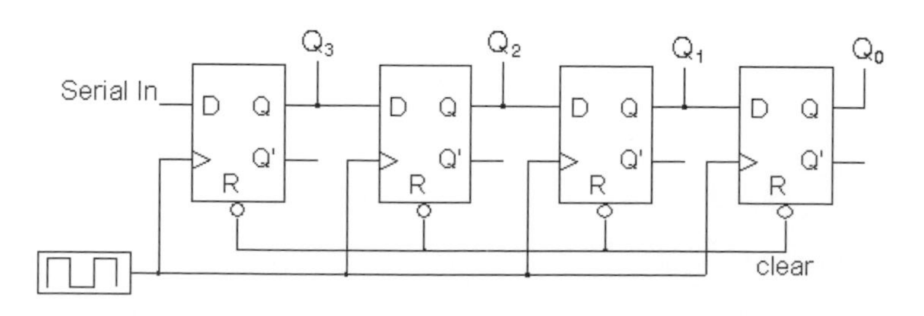

3. 平行輸入平行輸出（PIPO；Parallel In / Parallel Out）：或稱為並列輸入並列輸出，輸入 D_3、D_2、D_1 和 D_0 係同一時脈同時輸入，輸出 Q_3、Q_2、Q_1 和 Q_0 亦同一時脈同時輸出，如右圖：

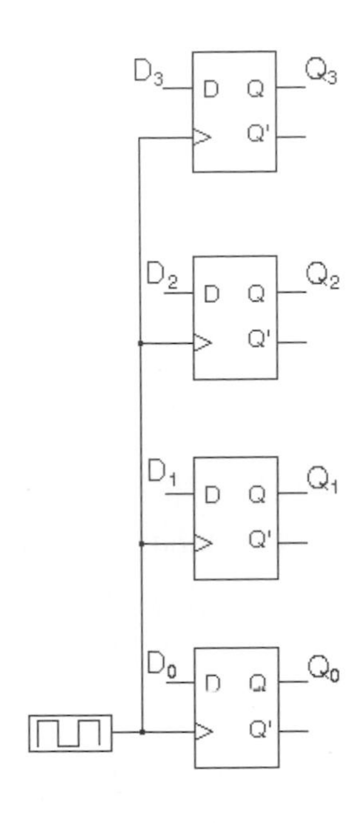

4. 平行輸入串列輸出（PISO；Parallel In / Serial Out）：或稱為並列輸入串列輸出，如下圖之邏輯設計，其中 $SH/\overline{LD}$ 訊號線之輸入值為邏輯值 1 時，Ser_in 串列輸入值會傳送至第一級正反器之輸入埠，再依序輸出後再經電路傳送至第二級之輸入埠，一直至最後一級之輸出 Ser_out；若當 $SH/\overline{LD}$ 訊號線之輸入值為邏輯值 0 時，將執行同時載入 D_3、D_2、D_1 以及 D_0 之值，但仍需經由唯一的輸出埠 Ser_out 來輸出值：

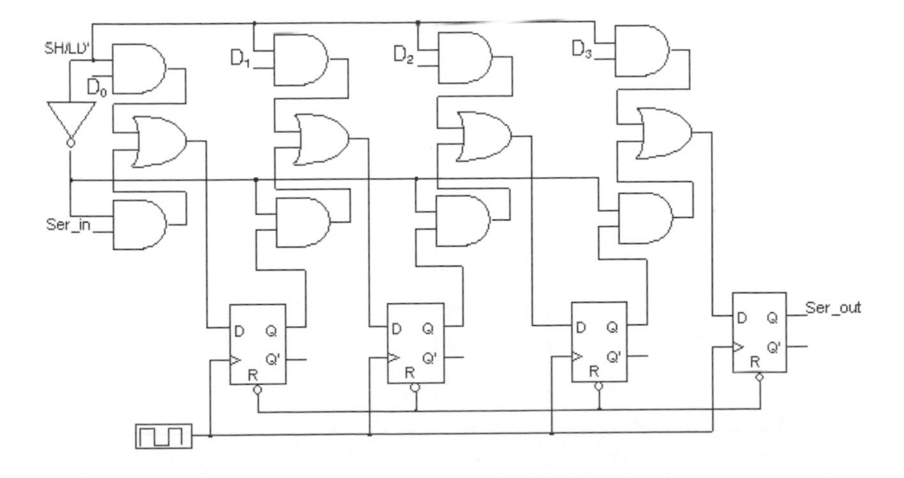

暫存器與暫存器之間的訊息傳送：

1. 計算機或微處理機系統包含資料輸出入單元、處理器和記憶體等。
2. 記憶體暫存器僅能提供資料之暫存，因其特性為記憶體用途，不負責資料之處理，是故儲存於記憶體內之資料需傳送至處理器的暫存器中處理，然後再將其處理結果傳送回記憶體暫存器內儲存。
3. 數位系統之特性，可於暫存器之資料處理及邏輯元件呈現，資料於暫存器間傳送數位系統典型運作，假設鍵入資料 "DATA"，經採用 ASCII 編碼，加上奇同位位元偵錯碼於 MSB 位元之設計，則編碼為 D➔01000011、A➔11000001、T➔01010100，將 DATA 編碼後各個字元儲存於 8 個位元的儲存格中，由輸入單元傳送至處理器，再依序傳送至記憶體儲存，有關資料於各個單元儲存及轉送處理之簡略流程如下圖：

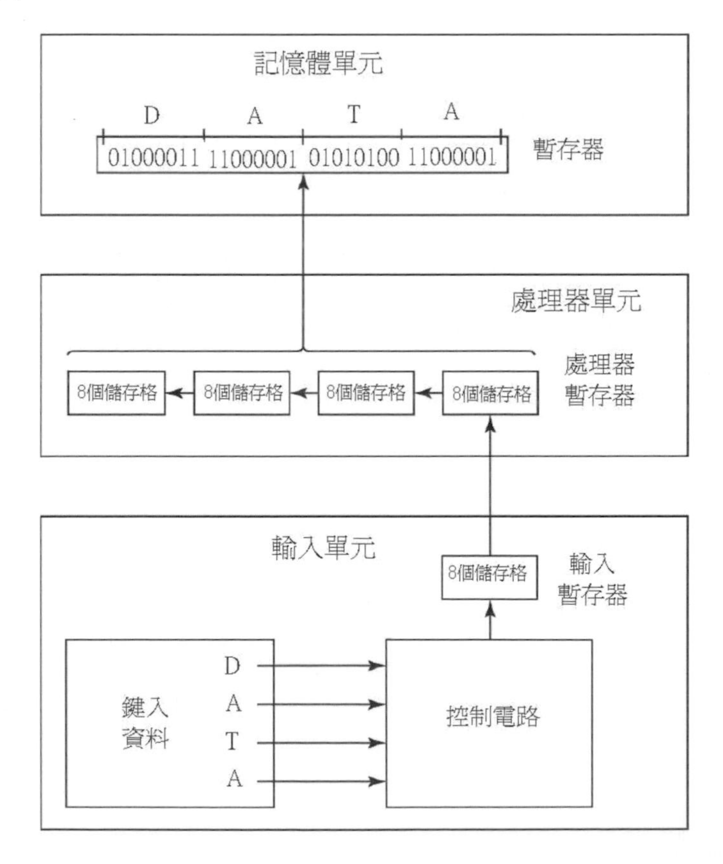

特定移位與載入功能之暫存器邏輯閘介紹：

1. 編號 74ALS174/74HC174 並列輸入並列輸出之暫存器：

■ 埠號 3、4、6、11、13、14 為輸入；埠號 2、5、7、10、12、15 為輸出，74ALS174 邏輯針腳圖如下：

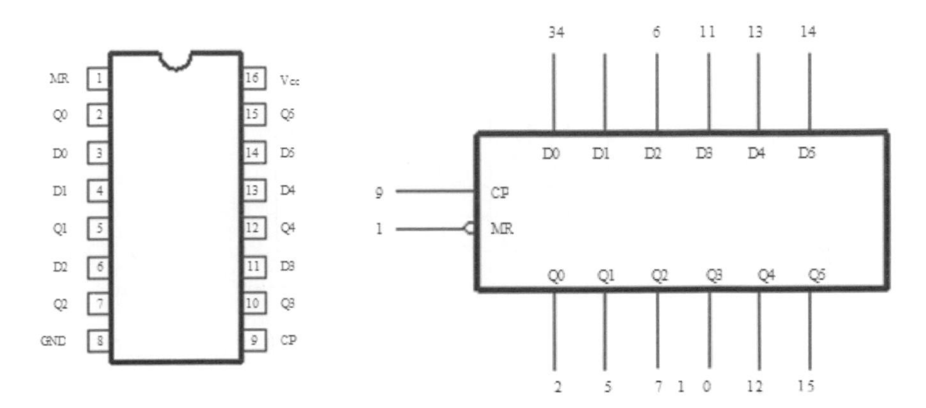

■ 74ALS174 邏輯內部之電路圖如下：CP 表時脈，$\overline{MR}$（Master Reset）主要重置訊號會讓所有正反器重置為 0：

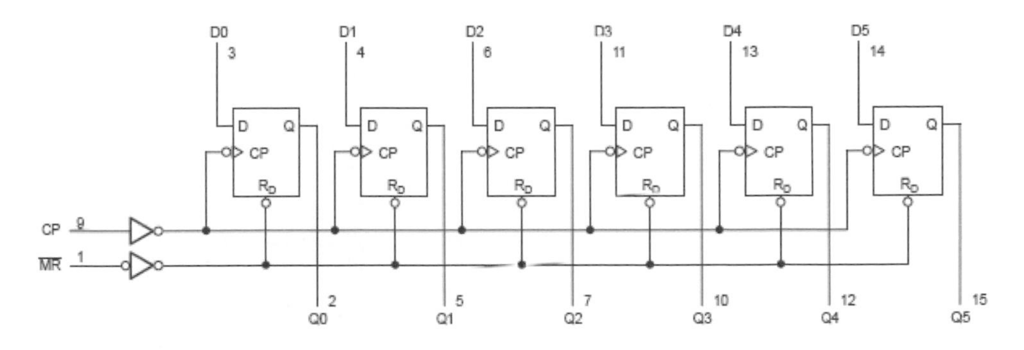

■ 74ALS174 邏輯閘雖設計為並列輸入並列輸出，然可經繞線設計以串列之方式輸出，亦即由 Ser_in 輸入後，經一級一級向輸出方向傳送：Ser_in（D_5）➔Q_5➔Q_4➔Q_3➔Q_2➔Q_1➔Q_0，最後由 Q_0 埠輸出，如下圖：

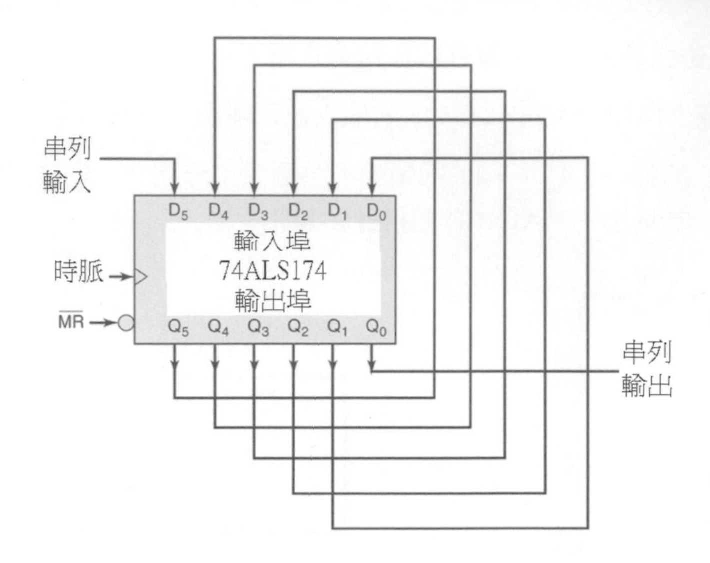

2. 編號 74ALS166/74HC166 串列輸入串列輸出之暫存器：8 個位元同步載入串列輸出的邏輯閘。

   - 埠端 ABCDEFGH 為輸入；埠端 Q_H 為輸出，$SH/\overline{LD}$ 訊號線控制移位（高電位）或平行並列載入（低電位）之操作，CLK 表時脈，$\overline{CLR}$ 會讓所有正反器清除為 0，邏輯針腳圖如下：

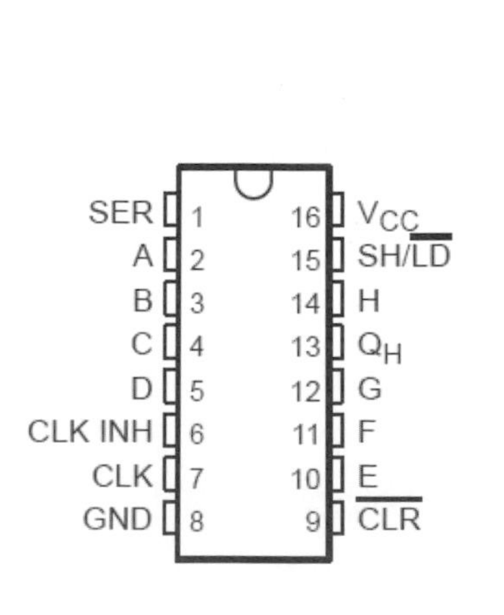

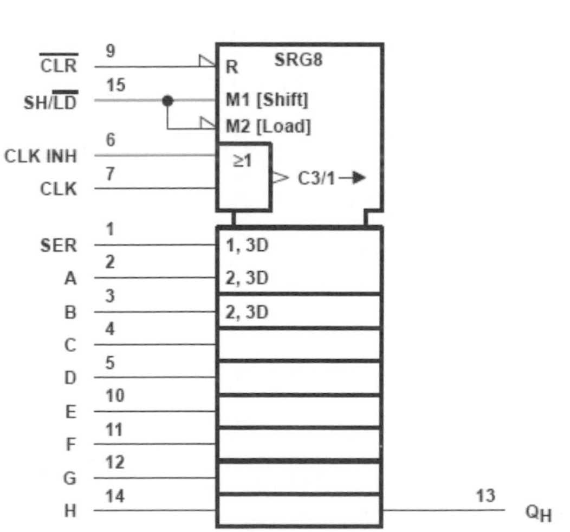

- 74ALS166 功能函數表如下：同步串列移位和並列載入功能可由賦予 CLK INH（控制輸入）高電位予以失效（disable 或禁止）。

輸入埠						內部輸出		輸出
清除$\overline{CLR}$	$SH/\overline{LD}$	CLK INH	時脈 CLK	串列 SER	並列 A…H	Q_A	Q_B	Q_H
L	X	X	X	X	X	L	L	L
H	X	L	↑	X	X	Q_{A0}	Q_{B0}	Q_{H0}
H	L	L	↑	X	a…h	a	b	h
H	H	L	↑	H	X	H	Q_{An}	Q_{Gn}
H	H	L	↑	L	X	L	Q_{An}	Q_{Gn}
H	X	H	↑	X	X	Q_{A0}	Q_{B0}	Q_{H0}

- 74ALS166 邏輯內部之電路圖如下：

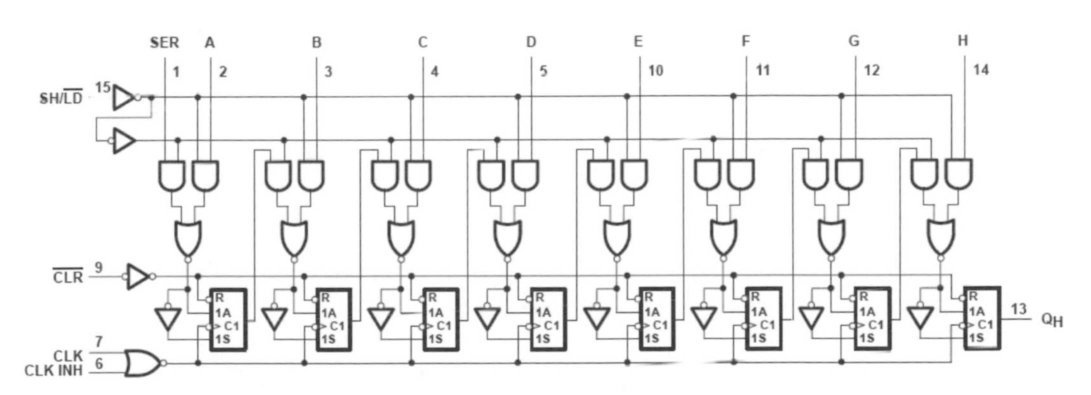

3. 編號 74ALS165 並列載入八個位元串列輸出之暫存器：

- 埠端 ABCDEFGH 為輸入；埠端Q_H和$\overline{Q_H}$為輸出，$SH/\overline{LD}$訊號線控制移位（高電位）或平行並列載入（低電位）之操作，SER 為串列控制訊號線，CLK 表時脈，邏輯針腳圖如下：

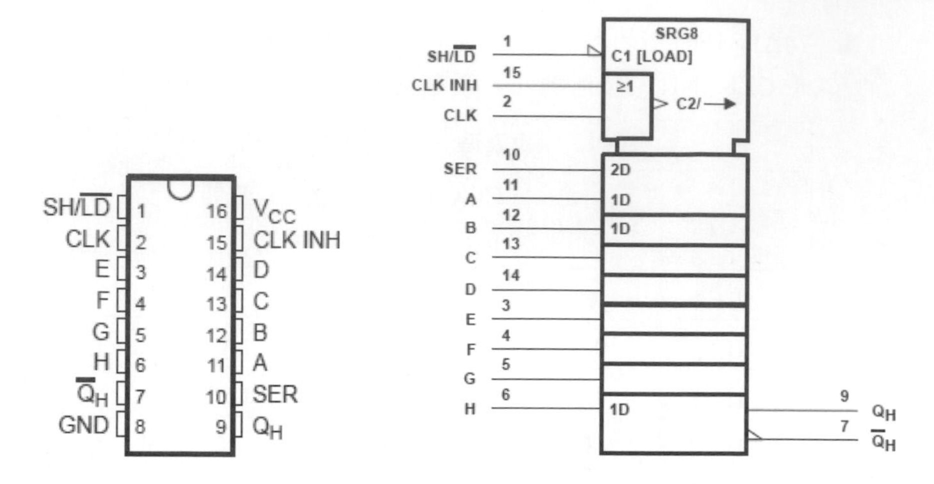

■ 74ALS165 功能函數表如下：

輸入埠			功能
$SH/\overline{LD}$	時脈 CLK	CLK INH	
L	X	X	並列載入
H	H	X	不改變
H	X	H	不改變
H	L	↑	移位
H	↑	L	移位

■ 74ALS165 邏輯內部之電路圖如下：

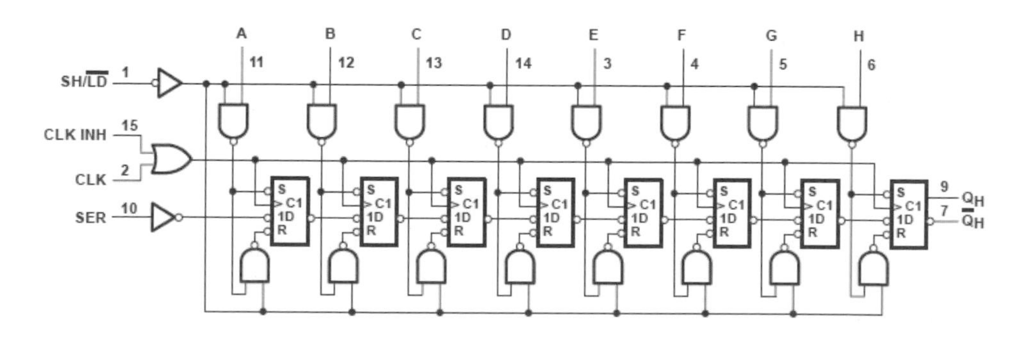

■ 參閱網址：

http://www.alldatasheet.com/view.jsp?Searchword=74ALS165 或
http://www.alldatasheet.com/datasheet-pdf/pdf/27707/TI/SN74ALS165D.html

4. 編號 74ALS164 串列輸入八個位元並列輸出之暫存器：

- 埠端 A 和 B 為串列輸入；8 個埠端 $Q_AQ_BQ_CQ_DQ_EQ_FQ_GQ_H$ 為輸出，CLK 表時脈，$\overline{CLR}$ 會讓所有正反器清除為 0，邏輯針腳圖如下：

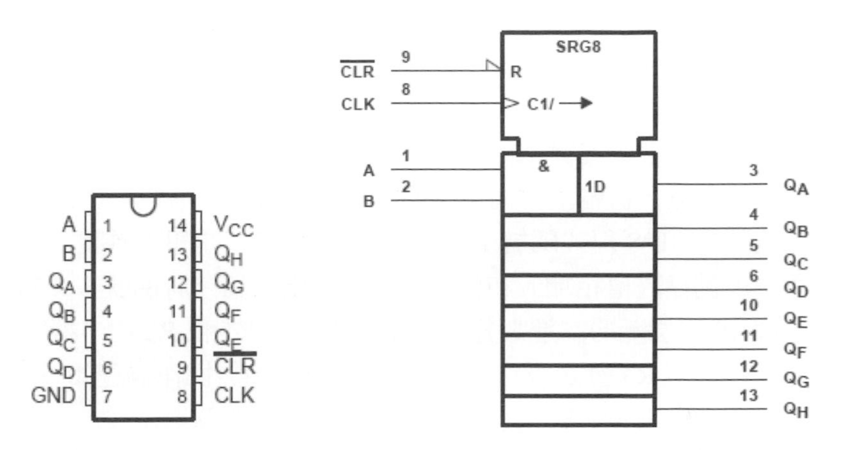

- 74ALS164 功能函數表如下：

輸入埠				輸出埠			
$\overline{CLR}$	CLK	A	B	Q_A	Q_B	$Q_C \ldots Q_G$	Q_H
L	X	X	X	L	L	L	L
H	L	X	X	Q_{A0}	Q_{B0}	…	Q_{H0}
H	↑	H	H	H	Q_{An}	…	Q_{Gn}
H	↑	L	X	L	Q_{An}	…	Q_{Gn}
H	↑	X	L	L	Q_{An}	…	Q_{Gn}

- 74ALS164 邏輯內部之電路圖如下：

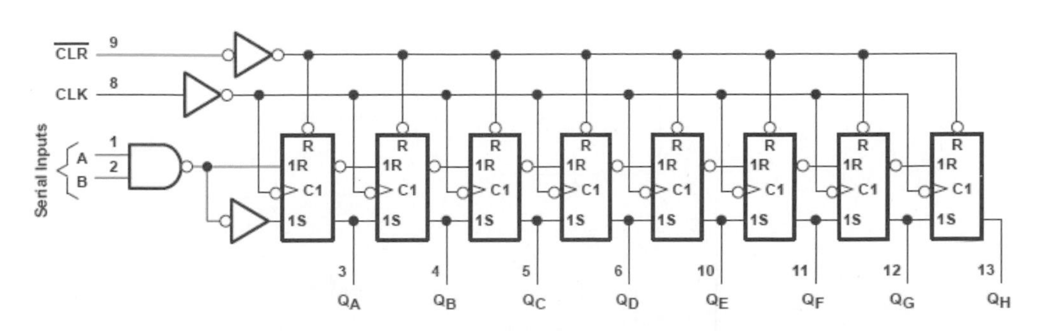

- 參閱網址：
  http://www.alldatasheet.com/view.jsp?Searchword=74ALS164 或
  http://www.alldatasheet.com/datasheet-pdf/pdf/28279/TI/SN74ALS164A.html

暫存器執行邏輯運算：不論是何種組合語言均會使用到暫存器來執行資料的輸出、入以及算術或邏輯運算，以計算機系統常使用之 MIPS 組合語言為例，電腦中數值的運算都是透過邏輯電路來執行計算的，它會將輸入之資料置於暫存器，再輸入算術邏輯運算單元做處理，最後輸出計算或處理結果。例如，MIPS 程式碼為 add ＄s1, ＄s2, ＄s3，亦即將編號＄s2 和＄s3 暫存器中所儲存之值相加，和值加總結果輸出並儲存於編號＄s1 暫存器。假設二個 10 個位元的二進數分別儲存於暫存器 R1 和 R2 中，擬將該二數值相加後儲存至 R3 暫存器，有關其於數位系統中之操作過程如下圖示（本例僅做說明並未考量有號或無號之相加以及溢位問題）：

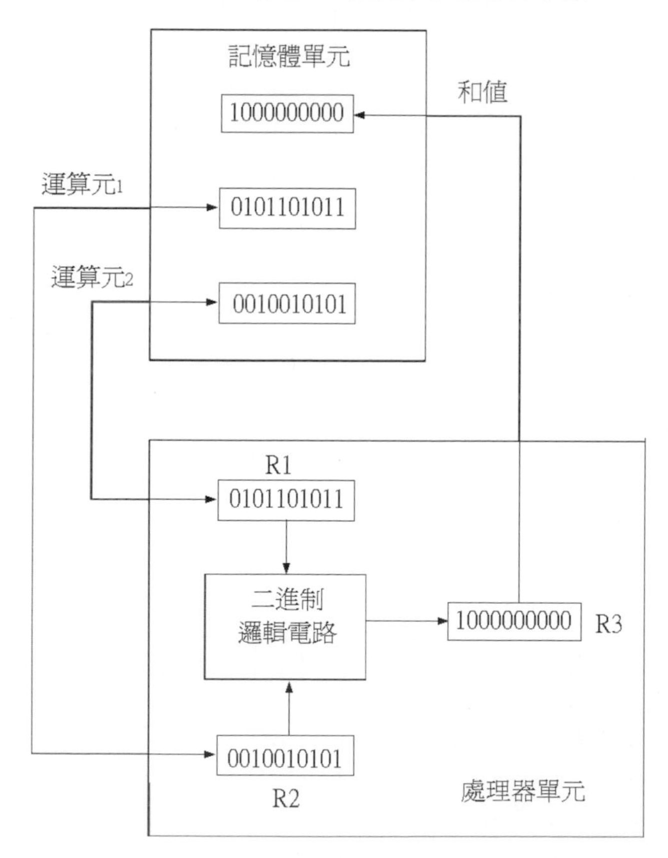

7-4 環型計數器

環型計數器（ring counter）係屬於移位暫存器循環性將資料於暫存器中位移輸出之作業，於此計數器系統中所使用之所有正反器在任何特定時間只有 1 個會被設定為 1，其餘的正反器都會清除為 0。環型計數器之初始值為 100…000 型態，1 個 N 位元環型計數器，係同時僅 1 個單獨的位元於正反器間循環，提供 N 個不同的狀態輸出。例如，給予由 N 個正反器組成的環型計數器，假設初始值為 100…0（僅最左正反器值為 1，其餘 N-1 個正反器值為 0），其位移時序如下表：

時序	FF_1	FF_2	FF_2	FF_3	…	FF_N
t_0	1	0	0	0	00000…0	0
t_1	0	1	0	0	00000…0	0
t_2	0	0	1	0	00000…0	0
t_3	0	0	0	1	00000…0	0
t_4	0	0	0	0	10000…0	0
t_5	0	0	0	0	01000…0	0
…	…					
t_N	0	0	0	0	00000…0	1
t_{N+1}	1	0	0	0	00000…0	0
t_{N+2}	0	1	0	0	00000…0	0

由上表可知同時僅有 1 個正反器有邏輯值 1，此具值 1 之位元將從某一個正反器結合時脈循序性的移位至下一級，以產生時序觸發相關作業。

例題8

請以移位暫存器設計具 4 個位元的環型計數器。

▼**說明：**

(1) 假設此 4 個位元之移位暫存器所儲存之初始值為 1000。

(2) 4 個輸出位元為 $Q_3Q_2Q_1Q_0$，邏輯概念圖如下：

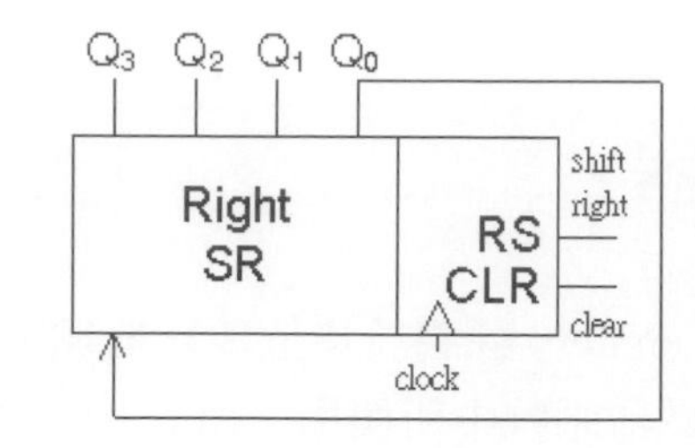

(3) 位移時序如下：

時序	Q_3	Q_2	Q_1	Q_0
t_0	1	0	0	0
t_1	0	1	0	0
t_2	0	0	1	0
t_3	0	0	0	1
t_4	1	0	0	0
t_5	0	1	0	0
…	$Q_3 \rightarrow Q_2 \rightarrow Q_1 \rightarrow Q_0 \rightarrow Q_3$，循環移位			

(4) 運作說明：當時脈（clock）及向右移（shift right）觸發訊號輸入後，儲存於移位暫存器之初始值資料會依時脈循環進行移位 $Q_3 \rightarrow Q_2$，$Q_2 \rightarrow Q_1$，$Q_1 \rightarrow Q_0$，$Q_0 \rightarrow Q_3$，直至給予清除訊號（clear）執行系統重置。

計數器與解碼器：前述共 4 個狀態（$Q_3Q_2Q_1Q_0$）之環型計數器，可以使用 2 個位元的計數器經由 2 對 4 的解碼器來輸出，邏輯設計如下圖：

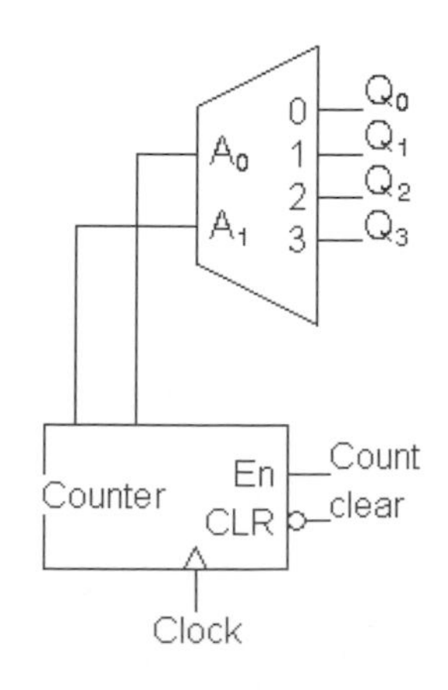

強生（Johnson）計數器：又稱為絞繞環型計數器（twisted counter）或稱 Moebius 計數器；前述 N 個位元環型計數器，係僅只 1 個正反器被設定，其餘被清除，強生計數器則是以切換－尾端（switch-tail）的方式所實作的環型計數器。強生計數器之初始值為 000…000 型態，屬循環移位暫存器之一，係將最後一級的正反器之補數輸出埠回授連接到第一級正反器的輸入埠。若將 N 位元切換－尾端環型計數器解碼，則可得到 2N 個具規律性的時序信號。

例題9

以 D 型正反器設計具 4 級切換－尾端之強生環型計數器。

▼**說明：**

(1) 邏輯電路圖：

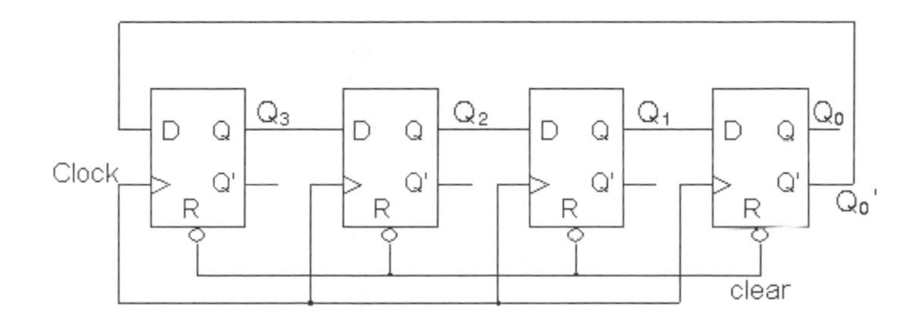

(2) 時序表：

時序	Q_3	Q_2	Q_1	Q_0	輸出所需之及（AND）邏輯閘輸入
t_0	0	0	0	0	$\overline{Q_3}\,\overline{Q_0}$
t_1	1	0	0	0	$Q_3\overline{Q_2}$
t_2	1	1	0	0	$Q_2\overline{Q_1}$
t_3	1	1	1	0	$Q_1\overline{Q_0}$
t_4	1	1	1	1	Q_3Q_0
t_5	0	1	1	1	$\overline{Q_3}Q_2$
t_6	0	0	1	1	$\overline{Q_2}Q_1$
t_7	0	0	0	1	$\overline{Q_1}Q_0$

時序	Q_3	Q_2	Q_1	Q_0	輸出所需之及（AND）邏輯閘輸入
t_8	0	0	0	0	
t_9	1	0	0	0	
t_{10}	1	1	0	0	

(3) 運作說明：4 個正反器之初始值為 0000，由上表可知共有 t_0～t_7 期間出現的 8 種（$2N=2\times4=8$）不同輸出型態，自 t_8 後即開始循環。

強生計數器的缺點：

1. 當切換尾端環型計數器進入 1 個非屬其固定輸出模式中之一種使用狀態時，因循環位移之結果，其輸出狀態將始終處於未使用的狀態，而無法輸出原強生計數器所規劃之合適狀態。

2. 除了加上清除重置電路設計外，另類解決策略為修改電路，將原本第二級之輸出（Q_2）直接接第三級之輸入（D_{Q1}）改成 $D_{Q1}=(Q_3+Q_1)Q_2$，如下圖，以避免非所欲狀態之發生。

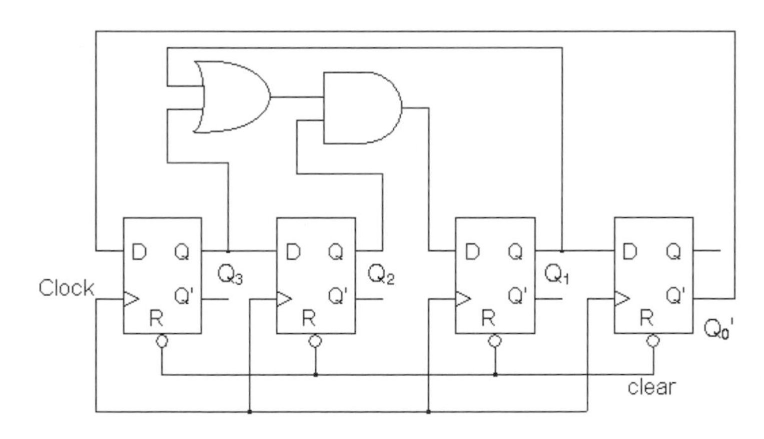

3. 狀態時序表：

時序	輸出				輸入
	Q_3	Q_2	Q_1	Q_0	$D_{Q1}=(Q_3+Q_1)Q_2$
t_0	0	0	0	0	0
t_1	1	0	0	0	0
t_2	1	1	0	0	1

時序	輸出				輸入
	Q_3	Q_2	Q_1	Q_0	$D_{Q1}=(Q_3+Q_1)Q_2$
t_3	1	1	1	0	1
t_4	1	1	1	1	1
t_5	0	1	1	1	1
t_6	0	0	1	1	0
t_7	0	0	0	1	0

強生計數器可依需求組成任何計畫出現之狀態數目的時序順序，其設計所需之正反器數量等於時序狀態（信號）數的一半。至於解碼所需之邏輯閘的數量則與狀態（信號）數相同，此外，解碼所需之邏輯閘均屬二進一出的邏輯閘形式。

7-5 記憶體

人類有長期記憶、短期記憶和暫時性的記憶，所有的記憶皆儲存於腦海裡，計算機或微處理機等數位系統亦須儲存很多的資料，如開機時需執行的作業程序等，在電腦內部中可以儲存或暫存程式和資料的地方即稱為記憶體。計算機和數位系統之記憶體係使用位址（address）做對應，好比帳號及其所存之金額之關係，記憶體的容量是以 KByte 為計算單位，一般區分為揮發性和非揮發性記憶體；其中，揮發性記憶體僅能在電腦處於開機狀態下才存在；非揮發性記憶體在電腦處於開、關機狀態下都存在，如光碟或磁碟等。

有關記憶體的種類概略區分如下：

1. **主記憶體（Primary Memory）**：揮發性記憶體，主要功能為儲存執行中的程式，多由動態隨機存取記憶體組成。
2. **次記憶體（Secondary Memory）**：非揮發性記憶體，儲存非執行中的程式。
3. **唯讀記憶體（ROM，Read only Memory）**：僅能提供資料讀取，不能做為資料寫入，主要儲存不會更動的電腦基本設定資料。

4. **快取記憶體（Cache Memory）**：儲存較常讀取的應用程式、指令或資料的記憶體。

5. **動態隨機存取記憶體**：須重複使用外部更新電路來進行讀取與寫入程序，以防止電荷消失，避免資料因而遺失。

6. **靜態隨機存取記憶體**：為較接近微處理器階層的記憶體，多由靜態隨機存取記憶體組成，SRAM 是由多顆電晶體組成。

電腦中，所用以執行資料傳遞、指令處理以及算術邏輯運算之暫存器多以陣列型式存在，如一般用途暫存器（GPRs；general purpose registers）即為 32 個暫存器陣列的型式。是故，數位系統所使用的圖形符號（如下 2～5 個輸入埠之及邏輯閘圖）：

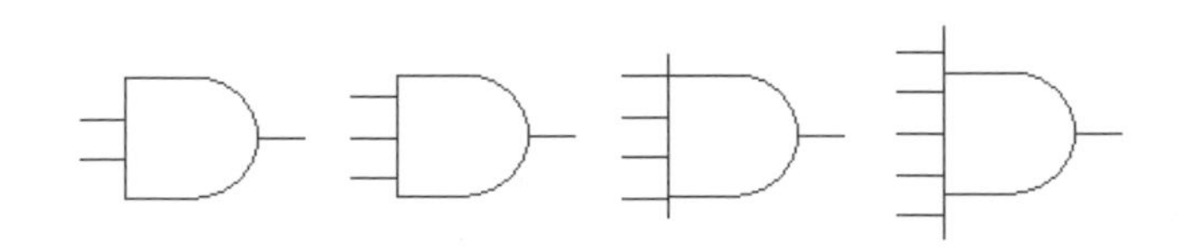

需調整增加陣列式的圖形符號表示法（如下圖）。

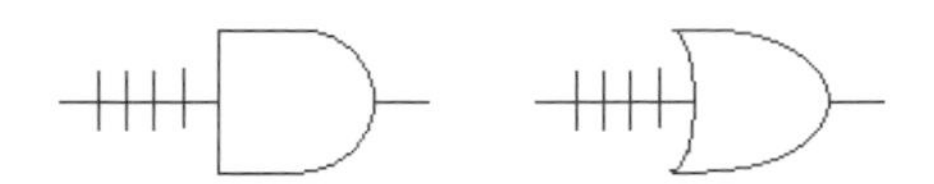

記憶體是以一組位元來作為儲存單位，統稱為字組（words），此處之字組為計算及表示記憶體實際所佔之記憶空間，因位址線及資料單位之不同而異，與電腦所使用之字組為 32 個位元之代表不同。

- **記憶體之計量**：因系統之不同而包含 4 個位元為 1 組之半位元組（nibble）、8 個位元之 1 個位元組（byte）、2 個位元組、4 個位元組（quartet）或 8 個位元組（octet）等。

- **記憶體之容量**：一般之記憶範圍約 2^{10}～2^{32} 個字組（與位址線多寡及字組之大小有關），然隨著科技之進步，可記憶之空間已大幅提升，如 32 條位址線可記憶 2^{32}＝4G 個字組。

記憶體之規格表示：例如，某記憶體之大小為 1K×16，表示該記憶體共有 1024 個位址，亦即使用 10 條位址線（位址共 10 個位元，$2^{10}=1024$），以 16 個位元為 1 個字組（或一個單位）做運算或操作（如下表）：

記憶體位址		記憶體內相應位址之儲存資料 16bits
十進位表示	二進位表示 10bits	
0	0000000000	0101010101010101
1	0000000001	1101010101010101
2	0000000010	1111010101010101
3	0000000011	0101010111111101
…	…	…
1022	1111111110	1000101010101111
1023	1111111111	0000001010110001

記憶體所需使用之位址的位元數目端視記憶體可儲存之字組總數而定，若 M_{total} 代表字組總數，A_{line} 表示位址線數（位址位元數），則其關係為 $2A_{line} \geqq M_{total}$，此與每一字組之大小無關（亦即每個字組是多少個位元無關）。

記憶體方塊：表示成 $2^K \times N$

1. 位址線 K 條：選取位址所對應於記憶體中之字組
2. 讀取：資料轉移之指定（由內至外）
3. 寫入：資料轉移之指定（由外至內）
4. 資料輸入線 N 條：輸入資料儲存於記憶體中
5. 資料輸出線 N 條：將記憶體儲存資料輸出

6. 圖形符號如下：

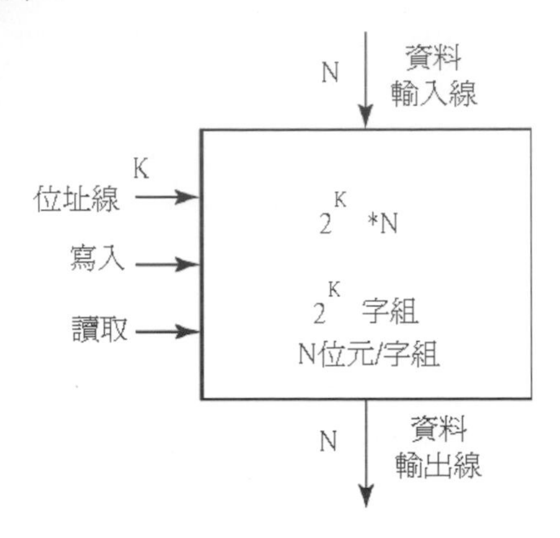

記憶體之控制：記憶體致能（memory enable）線係控制記憶體能否操作之最重要控制，若此致能線輸入狀態值為否（亦即 0）表示記憶體目前無法操作（處於不動作狀態），需當致能線輸入值為邏輯值 1 時，記憶體才能選擇執行讀取或寫入之操作。

記憶體致能	讀取/寫入	記憶體之操作
0	X	無動作
1	0	寫入字組至指定之位址
1	1	讀取指定位址之字組

記憶體操作之時序圖：假設某 CPU 工作頻率為 50M Hz，其時脈週期為頻率之倒數，等於 20 nsec（奈秒，10^{-9} 秒），當 CPU 與記憶體通訊時，其存取時間與週期時間不超過 50 奈秒，亦即寫入或讀取所花之時間都將於 50 奈秒內結束，50 奈秒也是最大的週期時間（maximum cycle time）。

1. 存取時間（access time）：選擇一個字組並讀取所需之時間。

2. 週期時間（cycle time）：完成寫入操作所需之時間。

3. 存取時間與週期時間為固定之數個時脈週期的時間。

4. 寫入所需時間如下圖例：

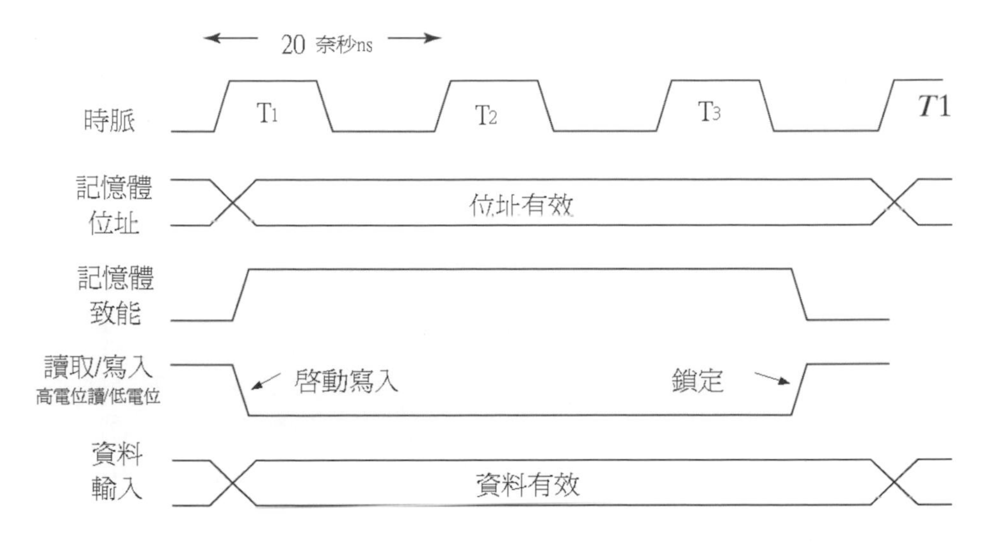

5. 讀取所需時間如下圖例：

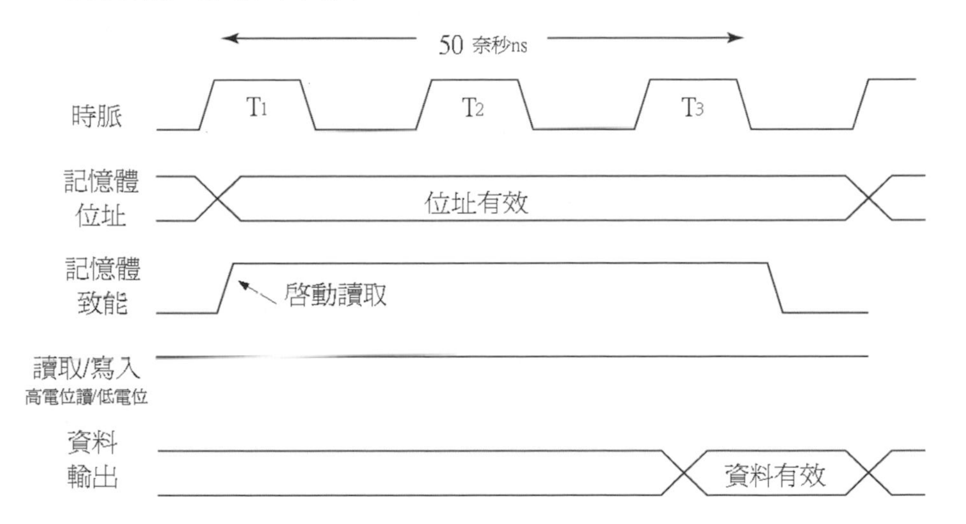

記憶體的種類：依存取模式區分如下：

1. 隨機存取記憶體：屬於揮發性記憶體，不論所存取之位址與資料為何，所需之存取時間相同；其中，靜態隨機存取記憶體（SRAM）藉內含閂鎖來儲存二元資訊；動態隨機存取記憶體（DRAM）則利用更新電荷週期性的更新記憶體中所儲存之資料，於單一記憶體晶片中，DRAM 提供降低功耗與較大之儲存容量，SRAM 則較易使用，且其讀寫所需之週期時間亦相對較短。

2. 循序存取記憶體：屬於非揮發性之記憶體，其所需之記憶體存取時間，係端視欲存取之字組相對於讀寫磁頭之位置而定，是故存取所需時間不同。

記憶體之解碼：

1. 記憶體內部之儲存格（cell）是資料儲存的地方，然若要指示該儲存格所在位置必須使用位址（address），此位址如同程式設計時所使用之索引（index）或陣列之指標（pointer），以指出陣列中的第幾個位置，讀取該位置之值。

2. 位址之讀取需靠解碼器，一般多使用 74138 或 74244 等解碼器，亦即透過解碼器來選取輸入位址所指定儲存於記憶體中之相應字組。若以如同 X-Y 座標（矩陣，二維陣列）之概念解讀，X 軸所代表的第幾個字組（word），Y 軸所代表的是該字組的第幾個位元（bit），若是像目前電腦使用的記憶體，容量非常的大，尚可進一步區分排區（依匯流排線來區分高、低排區等）。

1. 何謂二元儲存格？

2. 何謂暫存器？

3. 請說明平行輸入串列輸出之運作。

4. 移位暫存器之概略運作為何？

5. 請比較環型計數器與強生計數器之差異。

6. 請以 D 型正反器設計 5 個位元的暫存器。

7. 請說明記憶體週期時間。

8. 請說明記憶體存取時間。

9. 請以移位暫存器設計具 5 個位元的環型計數器。

10. 請說明記憶體之控制。

8

可規劃邏輯陣列

課程重點

- 隨機存取記憶體
- 唯讀記憶體
- 可程式唯讀記憶體
- 可規劃邏輯陣列
- 可規劃陣列邏輯
- 序向可規劃裝置

8-1 隨機存取記憶體

隨機存取記憶體（RAM；Random Access Memory）包含靜態隨機存取記憶體（SRAM；Static random access memory）和動態隨機存取記憶體（DRAM；Dynamic random access memory）。

動態隨機存取記憶體（DRAM）須重複使用外部更新電路進行讀取與寫入程序，以防止電荷消失，避免資料因而遺失。靜態隨機存取記憶體（SRAM）是屬於較接近微處理器階層的記憶體，由多顆電晶體所組成。

Motorola 公司所製造之快速靜態隨機存取記憶體 MCM6264CJ12，其規格為 8Kx8 Bit，其中，A_0～A_{12}為位址線共 13 條（$2^{13}=8K$），資料輸出入線為 DQ_0～DQ_7共 8 條線，具晶片致能$\overline{E1}$和 E2，寫入低電位致能控制$\overline{W}$，輸出低電位致能控制$\overline{G}$，V_{CC}為 5 伏特，V_{SS}為接地，詳細內部構造邏輯電路如下圖（唯此款 IC 已不推薦為新設計）：

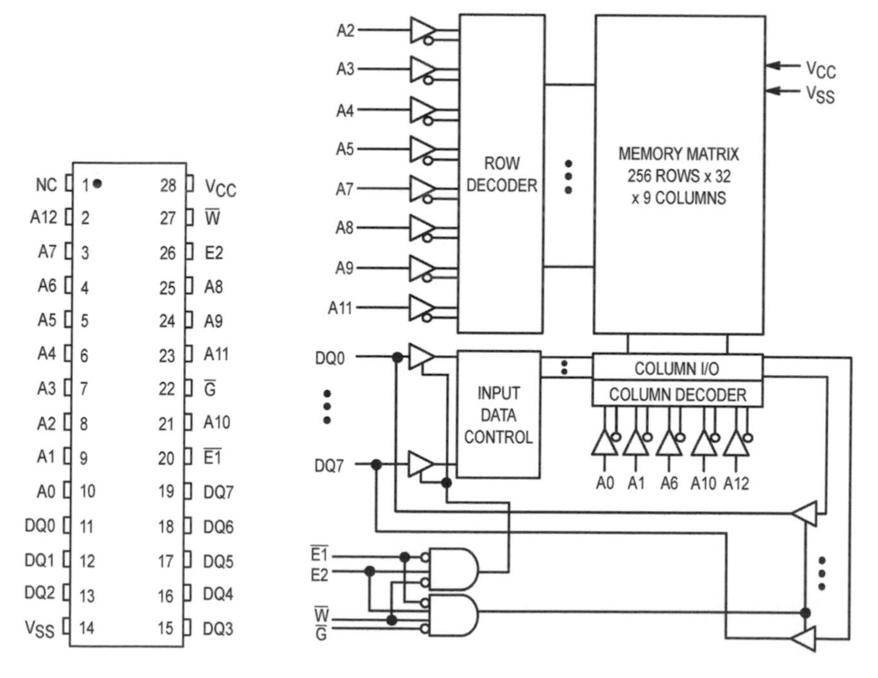

請參閱 http://www.alldatasheet.com/view.jsp?Searchword=6264C。

隨機存取記憶體：

1. 可由任意位置做資料之移轉，其資訊進出記憶體之時間恆為相同。
2. 記憶體之儲存單位為位元組（byte)，包含：
   - 8 個位元的位元組（byte)。
   - 字組長度原則為 8 個位元的整數倍。
   - 字組可以是數字、指令或字符等等。
3. 記憶體的單元容量：表示該記憶體可儲存資料的總位元組數量。
4. 儲存區塊如下圖：

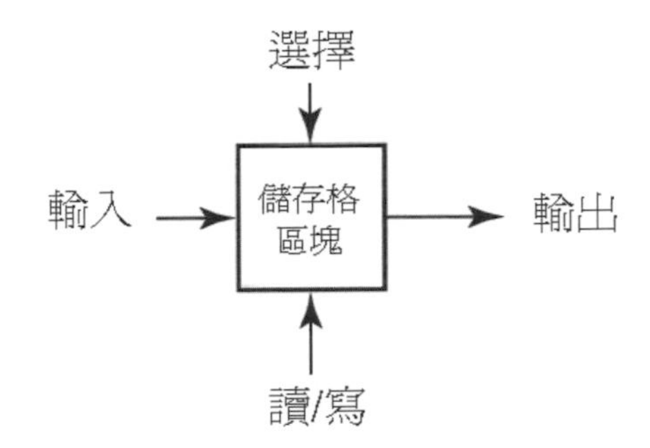

若以邏輯閘電路描述，如下圖：

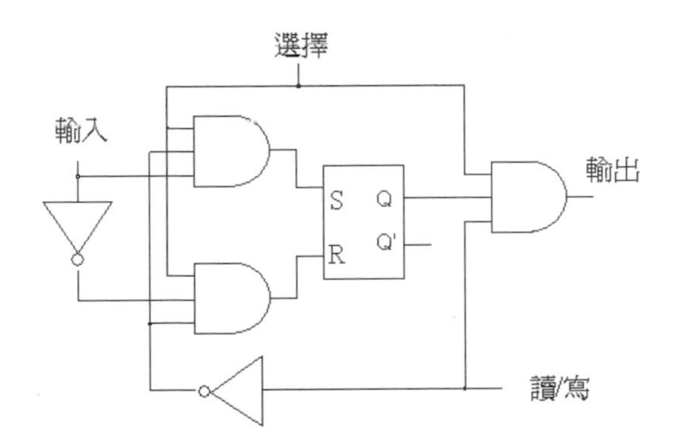

隨機存取記憶體（RAM）之架構：例如，4×4 RAM 代表該隨機存取記憶體有 4 個字組，每個字組為 4 個位元。

1. 解碼器：為對應 4×4 RAM，故其前一級序連之解碼器為 2 對 4 型式，俾能由 RAM 當中所儲存之 4 個字組（橫軸為第幾個字組，縱軸為第幾個位元），選擇某一個字組進行讀取或寫入之操作，例如，解碼器之輸入埠端，當輸入 00 選取字組 0，輸入 01 選取字組 1，輸入 10 選取字組 2，輸入 11 選取字組 3（輸出時為該字組之 4 個位元同時輸出）。

2. 讀取操作：選取之字組，其 4 個位元將經由或（OR）邏輯閘傳送至輸出埠端。

3. 寫入操作：輸入之 4 個位元資料將被傳送至所選取之字組，並儲存於該字組之 4 個二進位的儲存格（BC；Block cell），亦即 4 個位元分別存入 4 個儲存格中。

4. 4×4 RAM 方塊圖如下：

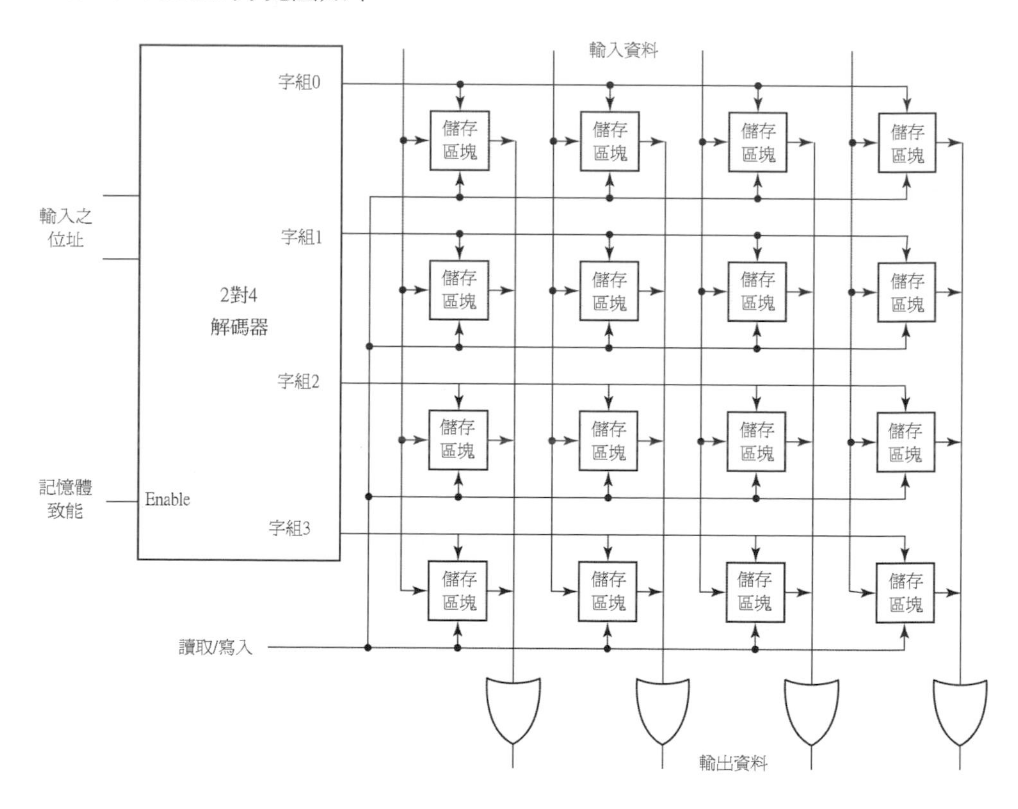

一般而言，DRAM 記憶體的單位密度約為 SRAM 記憶體密度的 4 倍，因此，可將 4 倍的記憶體容量放置於一個已知其容量大小之晶片上。若以位元儲存價格作比較，每個位元儲存於 DRAM 之價格約為儲存於 SRAM 之 30%。此外，DRAM 之功耗較 SRAM 低。因此，較大之記憶體多採 DRAM

技術實現；因此，有關 DRAM 位址之解碼多採二維陣列處理，若是更大型之記憶體將使用更多維度的陣列來表示，如區分高排區或低排區。

當使用之針腳過多，如位址線為 64 條，可記憶之位址達 2^{64}，其所占之埠端亦達 64 個，為利 IC 封裝多需降低針腳（埠端）數，是故可採多工方式來作對應，以處理龐大的位址數。

二維陣列解碼：

1. 設計二維解碼時，考量行解碼與列解碼之架構，宜儘可能讓行與列之寬度相等，此狀況僅屬 N×N 矩陣，或 2 的偶冪次方（2^2 或 2^4...）方能實現，並非所有的位址線總數恰能在行和列的維度對應切割相同，是故，若以 M×N 分別代表行及列，M 與 N 值之差距越小越好（所需針腳埠端較少）。

2. 例如，某個解碼器有 k 條輸入，若此 k 值為偶數，那麼可將此 k 條輸入切割成 2 個 $\frac{k}{2}$ 條的輸入（總數還是 k），其中，$\frac{k}{2}$ 條可當作行，另 $\frac{k}{2}$ 條當作列來作對應，以進行儲存字組的選取。假如，此 k 值為奇數，當然無法切割成 $\frac{k}{2}$，需取其最接近之可分解因子，亦即 k＝M×N（M 與 N 都為整數且差距最小），若 K 為質數或經分解其因子間之差距過大時，可挑選二數值之乘積與 k 值較接近者，唯部分輸入線將閒置不使用（因無相對應者）。

例題1

給予記憶體資訊，請說明其位址線數量及字組大小：(1)8K×8；(2)1G×16；(3)16M×4。

▼說明：

(1) $8K \times 8 = 2^{13} \times 8$ ➔ 位址線數量為 13，字組大小為 8 個位元／字組

(2) $1G \times 16 = 2^{30} \times 16$ ➔ 位址線數量為 30，字組大小為 16 個位元／字組

(3) $16M \times 4 = 2^{24} \times 4$ ➔ 位址線數量為 24，字組大小為 4 個位元／字組

例題2

請設計可對應 1K 字組記憶體的二維解碼。

▼說明：

此記憶體可儲存 1K＝1024＝2^{10} 個字組，若採一維對應，僅需使用一個 10×1024 的解碼器以對應 1024 根針腳（遠超過目前 CPU 使用之針腳數），此外所需及（AND）邏輯閘亦為 1024 個，造成電路龐大且複雜，是故無此種設計方式（針腳數過量），若採二維（M×N）解碼如下表列：

M	1	2	3	4	5
N	9	8	7	6	5
針腳總數	$2+2^9=514$	$2^2+2^8=260$	$2^3+2^7=135$	$2^4+2^6=80$	$2^5+2^5=64$
備註	數量龐大不實際	數量龐大不實際	數量大且及邏輯閘設計複雜	可考慮，唯及邏輯閘需考量	最佳

由上表可知行與列都為 5 時，只需使用二個 5×32 的解碼器，64 個及（AND）邏輯閘（指定每個儲存區塊），且每一及（AND）邏輯閘之輸入線為 5 條符合現有 IC 設計。

記憶體中的每一個字組，是由其陣列的列（X 軸，字組）與行（Y 軸，位元）所選定的，亦即藉由（X, Y）來指定記憶體中第 X 個字組的第 Y 個位元。上例之解碼對應圖如下（位址共 10 個位元，前 5 個位元為 X，後 5 個位元為 Y，總共有 32×32＝1024 個儲存格）：

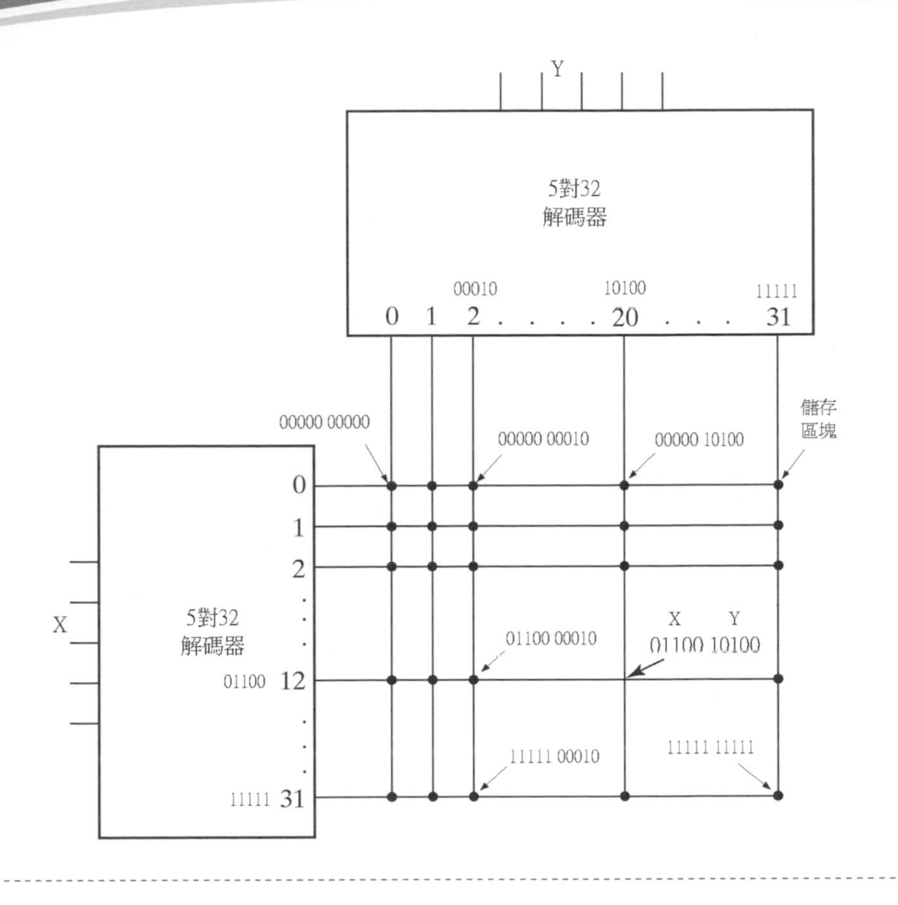

位址之多工設計：前述當位址數量龐大時宜增列多工設計，以利對應及邏輯佈局安排。假設某一記憶體共有 64K 個字組，其多工設計分析如下：

1. 位址分析：64K 個字組等於 $64 \times 1024 = 2^{16}$，因此若將位址分成行與列二個維度，行可採使用 8 個位元，列亦使用 8 個位元，解碼器之對應需為 8 對 256（$2^8 = 256$），而行與列之指定其實可使用一個位元來表示（0 和 1 分別表示行或列）。

2. 位址多工：上例行與列各使用 8 個位元來指定輸入之位址，可修改為位址僅使用 8 各位元，但增加二個位址致能之設計，包含行位址致能與列位址之致能，其賦予之名稱分別為 RAS（Row address strobe，行位址閃控）與 CAS（Column address strobe，列位址閃控）。

3. RAS 與 CAS 可分二階段使用以為設定，俾將原始 16 個位元的位址對應到 DRAM。如下圖例（RAS 與 CAS 係採低電位致能）：

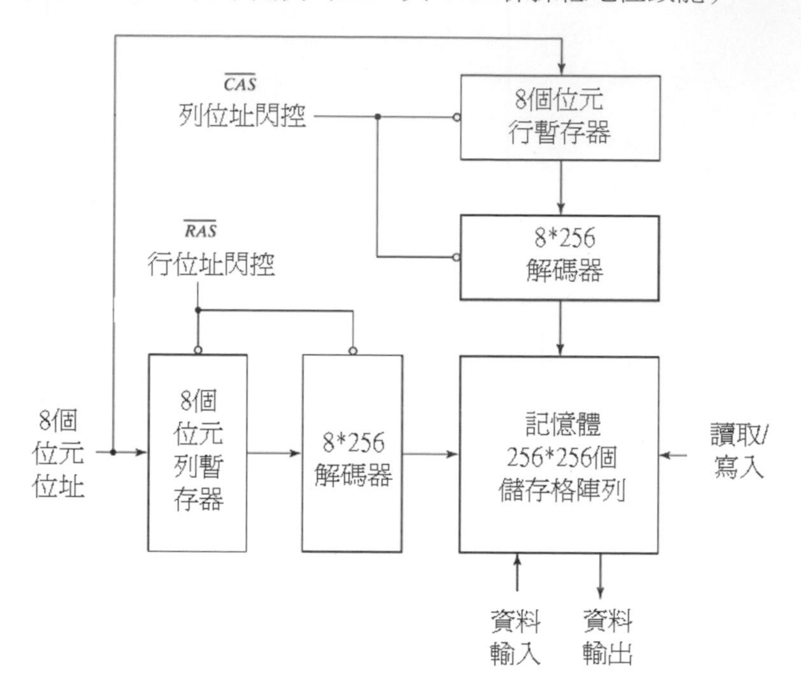

上圖中，行與列之位址係於其各自之暫存器中，經解碼器予以解碼後以選取列位址與行位址所對應之儲存格，俾能於該儲存格進行讀取或寫入操作。

例題3

若一顆 DRAM 記憶體晶片有 13 條位址線和 4 條資料線，則此記憶體的資料儲存空間有多少位元。

▼**說明：**

此記憶體之容量為

$2^{2\times 13}\times 4=2^{26}\times 4=64M\times 4$ 位元

寫入與讀取操作：

1. 寫入操作：

   - 將欲選取之字組之二進位位址轉移到位址線。
   - 將擬儲存於記憶體之資料位元置於資料輸入線。
   - 啟動寫入（write）輸入操作。

   其後，記憶體單元將由輸入資料線取得位元值並將它們儲存在指定的位址置線。

2. 讀取操作：

   - 將欲選取之字組之二進位位址轉移到位址線。
   - 啟動讀取（read）輸入操作。

   其後，記憶體單元將由已被選取之字組取得位元值並置於輸出資料線。在讀取操作時，所選取字組之內容並不會被改變，亦即字組之操作非屬破壞性。

即使僅讀取 1 個位元之資料，全部 64 個位元的行位址都需讀取，經將位址切割分為行位址與列位址，亦即於二個時脈週期分別執行，此舉確可節省封裝所需針腳數，對順序性之位元值可加速隨機存取記憶體之存取。有關行位址與列位址之操作如下圖：

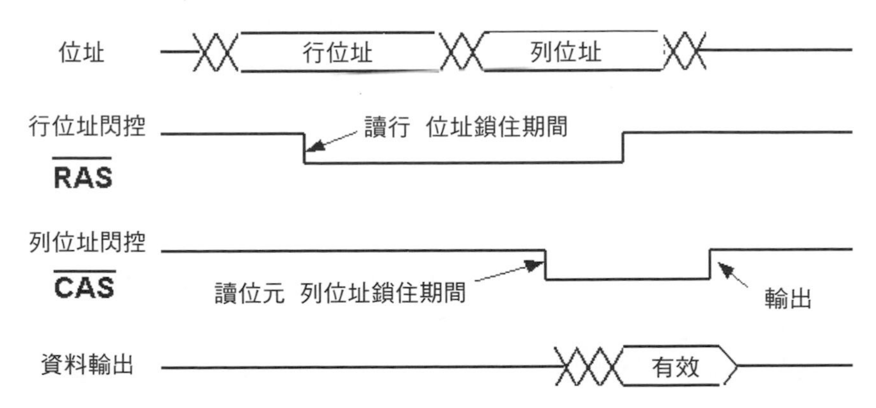

有關寫入時脈（write cycle）週期之操作時序圖如下：

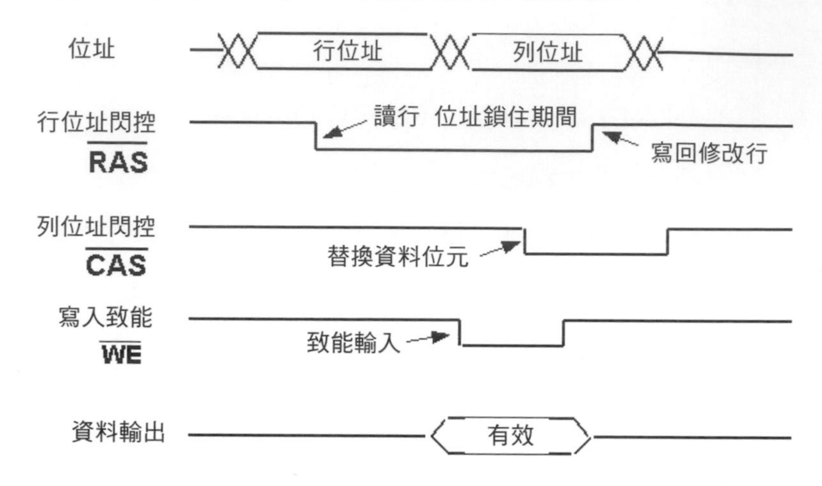

目前發展中之隨機存取記憶體包含：

1. T-RAM（Thyristor RAM；可控矽隨機存取記憶體）係由 T-RAM Semiconductor 半導體公司新研發電腦記憶體之新型動態隨機存取記憶體，T-RAM 與記憶體儲存格通常之設計背道而馳，結合動態隨機存取記憶體與靜態隨機存取記憶體之強度以達高速和高容量。此項發明運用了薄電容耦合之可控矽技術，可能使用於 AMD 公司開發之下一代處理器。請參閱http://en.wikipedia.org/wiki/T-RAM或http://www.t-ram.com/。

2. Z-RAM（Zero-capacitor；零電容）為 Innovative Silicon 公司新發明應用於電腦記憶體之動態隨機存取記憶體，其開發技術植基於絕緣體上之矽結構（SOI）之浮體效應（floating body effect），Z-RAM 業由 AMD 公司註冊，預計應用於微處理器，參閱http://en.wikipedia.org/wiki/Z-RAM。

   註：絕緣體上之矽結構（SOI；silicon on insulator），可參閱 http://en.wikipedia.org/wiki/Silicon_on_insulator。

3. TTRAM（Twin Transistor RAM；雙電晶體隨機存取記憶體）為 Renesas Electronics 公司開發之新型電腦記憶體，與傳統單一電晶體，單一電容器的動態隨機存取記憶體相似，唯廢除了繼承自 SOI 所依賴之浮體效應之電容技術。請參閱 http://en.wikipedia.org/wiki/Twin_Transistor_RAM

4. CBRAM：可規劃之金屬化儲存格（PMC；programmable metallization cell），為美國亞歷桑納州立大學（Arizona State University）與 Axon Technologies 公司所開發之新型非揮發性電腦記憶體型，目標為取代快閃記憶體。參閱 http://en.wikipedia.org/wiki/Programmable_metallization_cell。

5. RRAM（Resistive random-access memory；電阻式隨機存取記憶體）：新型非揮發性記憶體，目前多家公司開發中，與 CBRAM 與相變記憶體（Phase-change memory）部分相似。

   註：參閱 http://en.wikipedia.org/wiki/Resistive_random-access_memory 及 http://en.wikipedia.org/wiki/Phase_change_memory，相變記憶體為某種非揮發性之電腦記憶體，又稱為 PCME、PRAM、PCRAM、Ovonic Unified Memory、Chalcogenide RAM 或 C-RAM。

6. NRAM（Nano-RAM；奈米隨機存取記憶體）：為 Nantero 科技公司所開發之具專利電腦記憶體，屬非揮發性記憶體。請參閱 http://en.wikipedia.org/wiki/Nano-RAM 。

8-2 唯讀記憶體

計算機或微處理機系統中很多不能更改的開機資訊或基本設定資料均儲存於唯讀記憶體（ROM；Read only Memory），因為此類記憶體之特性為僅能提供資料之讀取，不能做為資料之更新或寫入。唯讀記憶體的應用包含嵌入式微控制器（微處理器）的程式記憶體、資料傳送或攜行、啟動程式記憶體、資料表、函數產生器以及輔助記憶體等，下圖為電腦中之唯讀記憶體相關硬體：

請參閱：http://en.wikipedia.org/wiki/Read-only_memory

唯讀記憶體可作為永久儲存某些重要之二進位資訊的記憶體，其方塊圖表示為 $2^K \times N$，亦即包含 K 條位址輸入線，N 條資料輸出線，並經常搭配致能控制，概如下圖所示：

當指定輸入之位址，便能輸出該位址所儲存於記憶體中隻字組資料，部分唯讀記憶體使用三態輸出以實現大型陣列結構。若某唯讀記憶體之規格為 $2^5 \times 8$，表示該唯讀記憶體具有 5 條位址輸入線，亦即位址使用 5 個位元表示，共有 32 個不同的位址（由 00000～11111），其對應之資料輸出為 8 條線（亦即每個字組使用 8 個位元），此唯讀記憶體之內部邏輯圖可設計如下：

1. 五個輸入由 5×32 解碼器對應成 32 個不同的輸出。
2. 每個解碼器之輸出即代表一個唯一的記憶體位址。
3. 32 個解碼器之輸出係與 8 個或（OR）邏輯閘相接以提供輸出。

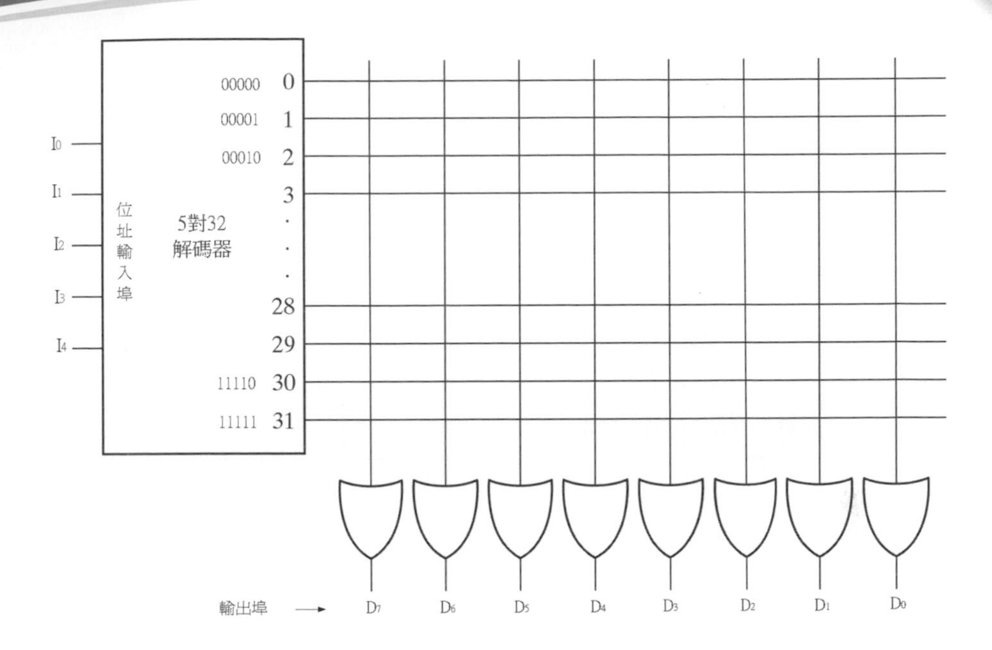

例題4

8086CPU 系統中，若使用下圖的邏輯電路做為定址解碼，請計算 ROM 的位址的解碼範圍。

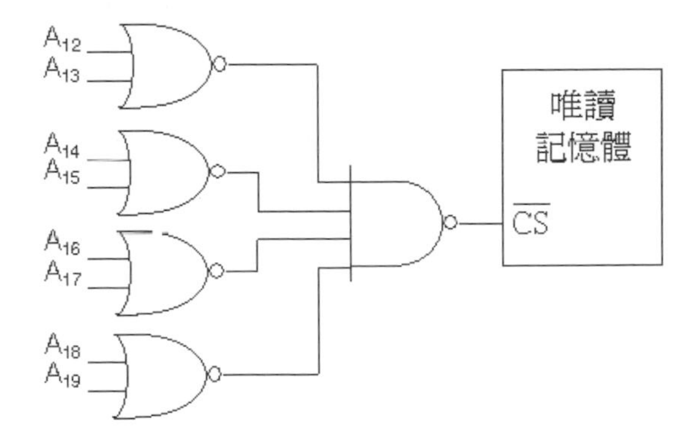

▼說明：

本例之唯讀記憶體必須 CS（chip selection，晶片選擇）於低電位致能時才會工作，是故 A_{12}～A_{19} 位址線之輸入值均需為 0（A_0～A_{11} 之各條位址線則均有 0 和 1 之變化選擇）。

所以，可定址的解碼範圍為 0_H～$(2^{12}-1)_H$，亦即 00000_H～$00FFF_H$（亦即 00000000000000000000_2～00000000111111111111_2）。

唯讀記憶體真值表：

1. 儲存於唯讀記憶體中之二進位資料，可以真值表表示以呈現於每一個不同的位址所儲存之字組內容。

2. 如上數之 $2^5 \times 8$ 唯讀記憶體，其位址線有 5 條，分別為 I_0～I_4，其資料輸出線有 8 條，分別為 D_0～D_7，真值表如下：

輸入位址					輸出資料							
I_4	I_3	I_2	I_1	I_0	D_7	D_6	D_5	D_4	D_3	D_2	D_1	D_0
0	0	0	0	0								
1…30					…							
1	1	1	1	1								

唯讀記憶體硬體規劃：

1. 規劃唯讀記憶體硬體，係依前述之真值表內容使用熔絲連接來表示有值與否。

2. 假設給予某 $2^5 \times 8$ 唯讀記憶體，其真值表如下：

輸入位址					輸出資料							
I_4	I_3	I_2	I_1	I_0	D_7	D_6	D_5	D_4	D_3	D_2	D_1	D_0
0	0	0	0	0	1	0	0	1	0	0	0	0
0	0	0	0	1	0	1	0	0	1	0	1	0
0	0	0	1	0	1	0	0	1	0	0	0	0
0	0	0	1	1	0	1	0	0	0	1	0	0
1…30					…							
1	1	1	0	0	1	0	1	0	1	0	0	1
1	1	1	0	1	1	0	0	1	0	1	1	0
1	1	1	1	0	0	1	0	0	1	0	0	0
1	1	1	1	1	1	0	1	0	0	1	0	1

3. 上表中資料輸出線之值為 1 者即表示該連接點使用熔絲連接，若是資料輸出線之值為 0 者表示該連接點為開路（未連接在一起），如下圖所示：

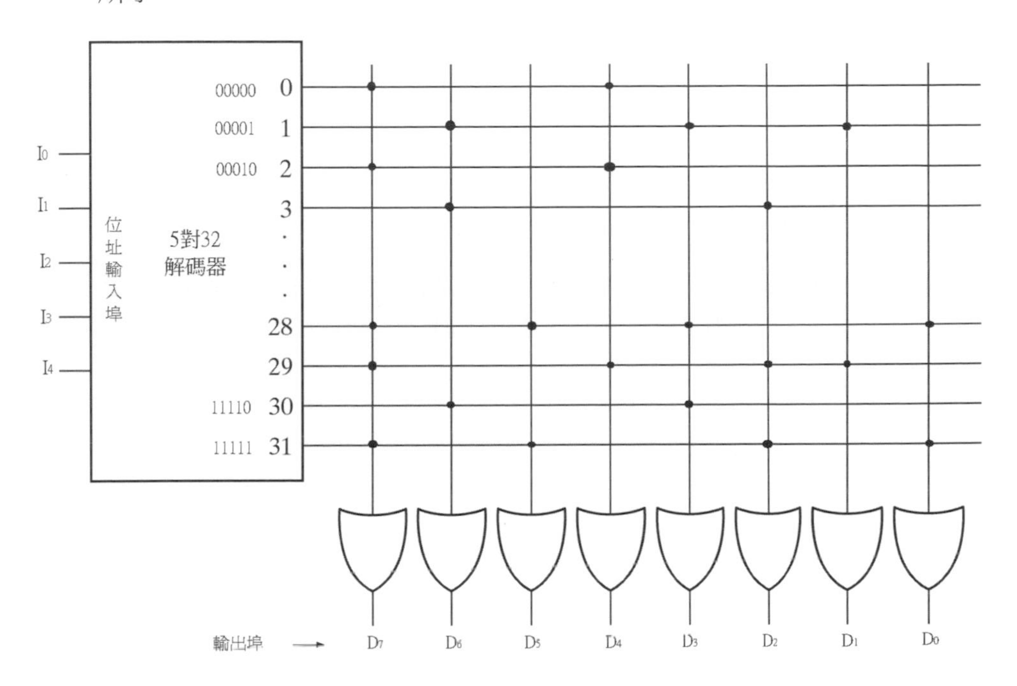

雖然唯讀記憶體之存在係為儲存永久資料，然此記憶體亦能使用作為組合邏輯電路之設計，例如，設計一個三次方邏輯電路，假設輸入為 3 個位元，輸出為輸入值之三次方，由題意可知輸入值之範圍為 0（000）至 7（111），所以輸出值最大僅為 $7^3=343$，亦即輸出需使用 9 個位元表示，設計步驟如下：

1. 完成原始輸入與輸出對應之真值表：

輸入			十進值	輸出									十進值
I_2	I_1	I_0		D_8	D_7	D_6	D_5	D_4	D_3	D_2	D_1	D_0	
0	0	0	0	0	0	0	0	0	0	0	0	0	0
0	0	1	1	0	0	0	0	0	0	0	0	1	1
0	1	0	2	0	0	0	0	0	1	0	0	0	8
0	1	1	3	0	0	0	0	1	1	0	1	1	27
1	0	0	4	0	0	1	0	0	0	0	0	0	64
1	0	1	5	0	0	1	1	1	1	1	0	1	125

輸入			十進值	輸出									十進值
I_2	I_1	I_0		D_8	D_7	D_6	D_5	D_4	D_3	D_2	D_1	D_0	
1	1	0	6	0	1	1	0	1	1	0	0	0	216
1	1	1	7	1	0	1	0	1	0	1	1	1	343

2. 化簡並決定該使用之唯讀記憶體大小：

- 由原始真值表可觀察獲得：$D_0=I_0$、$D_6=I_2$，亦即可將 D_0 和 D_6 直接由輸入端輸出，不經由唯讀記憶體輸出。
- 經前步驟，可決定此唯讀記憶體之輸入為 3 條線，輸出為 7 條線，故此唯讀記憶體可表示為 $2^3\times7$。

3. 完成邏輯簡圖：

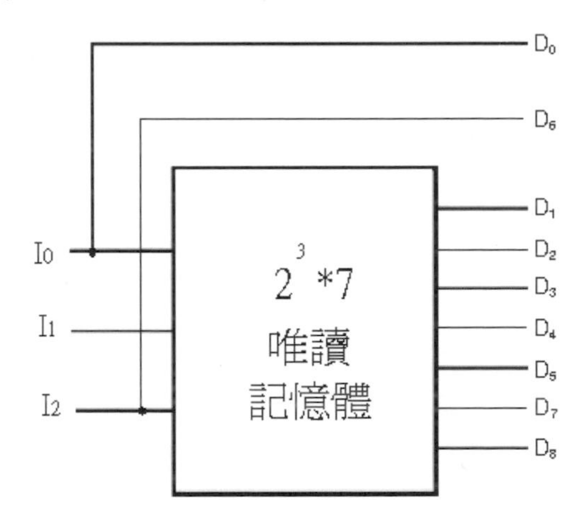

4. 完成化簡真值表（亦即熔絲圖）：

輸入			輸出						
I_2	I_1	I_0	D_8	D_7	D_5	D_4	D_3	D_2	D_1
0	0	0	0	0	0	0	0	0	0
0	0	1	0	0	0	0	0	0	0
0	1	0	0	0	0	0	1	0	0
0	1	1	0	0	0	1	1	0	1
1	0	0	0	0	0	0	0	0	0

輸入			輸出						
I_2	I_1	I_0	D_8	D_7	D_5	D_4	D_3	D_2	D_1
1	0	1	0	0	1	1	1	1	0
1	1	0	0	1	0	1	1	0	0
1	1	1	1	0	0	1	0	1	1

例題5

請以唯讀記憶體設計一個輸入為 3 個位元的 X 值，輸出為 X^2+2 的組合邏輯電路。

▼説明：

本例之輸入值範圍為 0（000）至 7（111）

➔輸出值最大僅為：$7^2+2=51$（共需使用 6 個位元）

(1) 完成原始輸入與輸出對應之真值表：

輸入 X			十進值	輸出 X^2+2						十進值
I_2	I_1	I_0		D_5	D_4	D_3	D_2	D_1	D_0	
0	0	0	0	0	0	0	0	1	0	2
0	0	1	1	0	0	0	0	1	1	3
0	1	0	2	0	0	0	1	1	0	6
0	1	1	3	0	0	1	0	1	1	11
1	0	0	4	0	1	0	0	1	0	18
1	0	1	5	0	1	1	0	1	1	27
1	1	0	6	1	0	0	1	1	0	38
1	1	1	7	1	1	0	0	1	1	51

(2) 化簡並決定該使用之唯讀記憶體大小：由原始真值表可觀察獲得：$D_0=I_0$、$D_1=1$，亦即可將 D_0 和 D_1 直接由輸入端輸出，不經由唯讀記憶體輸出。經前步驟，可決定此唯讀記憶體之輸入為 3 條線，輸出為 4 條線，故此唯讀記憶體可表示為 $2^3\times4$。

(3) 完成邏輯簡圖：

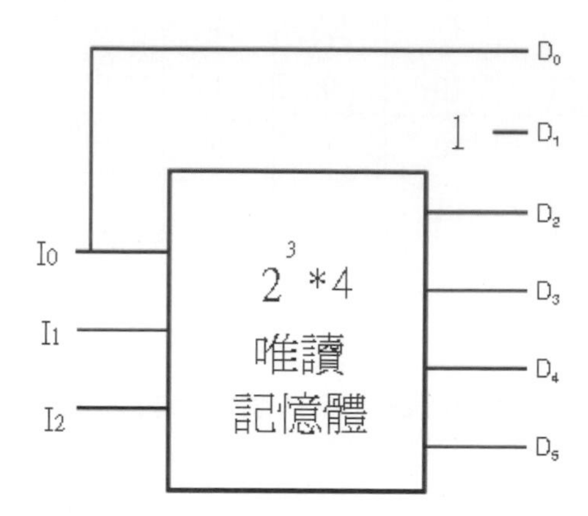

(4) 完成化簡真值表（亦即熔絲圖）：

輸入			輸出			
I_2	I_1	I_0	D_5	D_4	D_3	D_2
0	0	0	0	0	0	0
0	0	1	0	0	0	0
0	1	0	0	0	0	1
0	1	1	0	0	1	0
1	0	0	0	1	0	0
1	0	1	0	1	1	0
1	1	0	1	0	0	1
1	1	1	1	1	0	0

唯讀記憶體的種類

1. 遮罩規劃唯讀記憶體（Mask-programmed ROM）：係早期非揮發性記憶體型式之一，當大量製造此類相同的唯讀記憶體之組態時，將更符經濟效益，請參閱 http://en.wikipedia.org/wiki/Mask_ROM 。

2. 可程式唯讀記憶體（PROM；programmable read-only memory）：又稱為可規劃唯讀記憶體或場可規劃唯讀記憶體（FPROM；field

programmable read-only memory）或一次可規劃非揮發性記憶體（OTP NVM；one-time programmable non-volatile memory），此類記憶體係某種型式之數位記憶體，係由 IC 製造商依據客戶所提出之需求（ROM 真值表），每個位元係以鎔絲（fuse）或反鎔絲（antifuse）設定，須在程式燒錄前須詳加確認無虞後才正式燒入程式，否則可能會造成浪費晶片，此外在程式燒入前後，該晶片的受光井均會使用反光膠紙遮住，以避免遭受到大自然紫外光線照射而失去資料，如下圖（左圖中的視窗井即為使用紫外光照射以清除所燒入資料的受光井）。

下圖為日本 NEC 公司生產之 PROM：

參閱 http://en.wikipedia.org/wiki/Programmable_read-only_memory

此外，INTEL 公司亦生產製造之 27256 為紫外光可清除之可程式唯讀記憶體，其規格為 8K×8。

3. 可清除之可程式唯讀記憶體（EPROM；erasable programmable read only memory）：當電源關閉時仍可保留資料之記憶體晶片型式之一，屬非揮發性記憶體，浮接閘電晶體（floating-gate transistors）陣列，可個別由電子裝置將程式燒錄於 EPROM，一旦 EPROM 記憶體已規劃（或燒錄程式），可使用紫外線清除記憶體中儲存之程式或資料（清除器如下圖），請參閱 http://en.wikipedia.org/wiki/EPROM 。

註：浮接閘電晶體為場效電晶體（field effect transistor）之一種。

參閱http://en.wikipedia.org/wiki/File:Eprom.jpg

編號 27256 EPROM 之沖模及 IC 封裝如下圖，該圖中 "井" 即為程式燒錄及清除，當程式或燒錄完成後需予以遮罩以免外在光線會清除或影響內部儲存之資料：

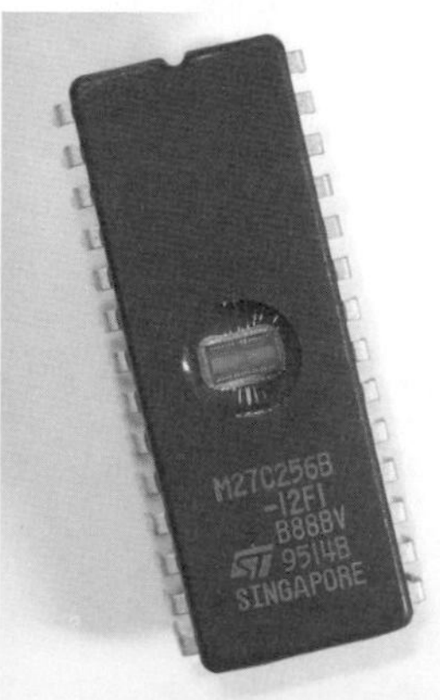

4. 電氣可清除之可程式唯讀記憶體（EEPROM 或 E^2PROM；Electrically Erasable Programmable Read-Only Memory），請參閱：

   http://en.wikipedia.org/wiki/EEPROM

   - 為使用於電腦之非揮發性記憶體之一種，僅儲存少量資料，且於電源移除前需先執行諸如校正表（calibration table）或裝置組態設定（device configuration）之存檔作業，若要儲存大量的靜態資料可使用特定型式的 EEPROM 如快閃記憶體（flash memory）會較符合經濟效益。
   - EEPROM 可重覆清除和燒入的次數約近萬次，而眾所熟知的快閃記憶體（flash memory）寫入的時間在 10 微秒以下，可重覆清除和寫入的次數達十餘萬次，然為維護可程式化的記憶體的使用壽命，該等記憶體多屬需要時才執行資料清除或寫入作業，其經常性的作業反而是當做唯讀記憶體使用。EEPROM 晶片清除的時間約需毫秒（msec），而 EPROM 則需十餘分鐘，此外，EEPROM 的另一項優點是當改寫程式資料時，不需從電路板取出即可作業。EEPROM 亦被理解為使用浮接閘電晶體陣列技術之一。
   - 編號 22CEV10 之 PLD 為 CMOS 電壓電氣可清除之可程式唯讀記憶體，可用於序向邏輯或組合邏輯電路，此 IC 有 12 個專屬輸入埠及 10 個可被規劃做為輸入或輸出之埠端，其邏輯包含 10 個 D 型正反器和 10 個或（OR）邏輯閘，及（AND）邏輯閘輸予或（OR）邏輯閘之數量範圍為 8 至 16 個，每個 Macrocell 包含 10 個 D 型正反器之一，正反器有共同的時脈和非同步的重置以及同步的預設定，邏輯區塊圖如下：

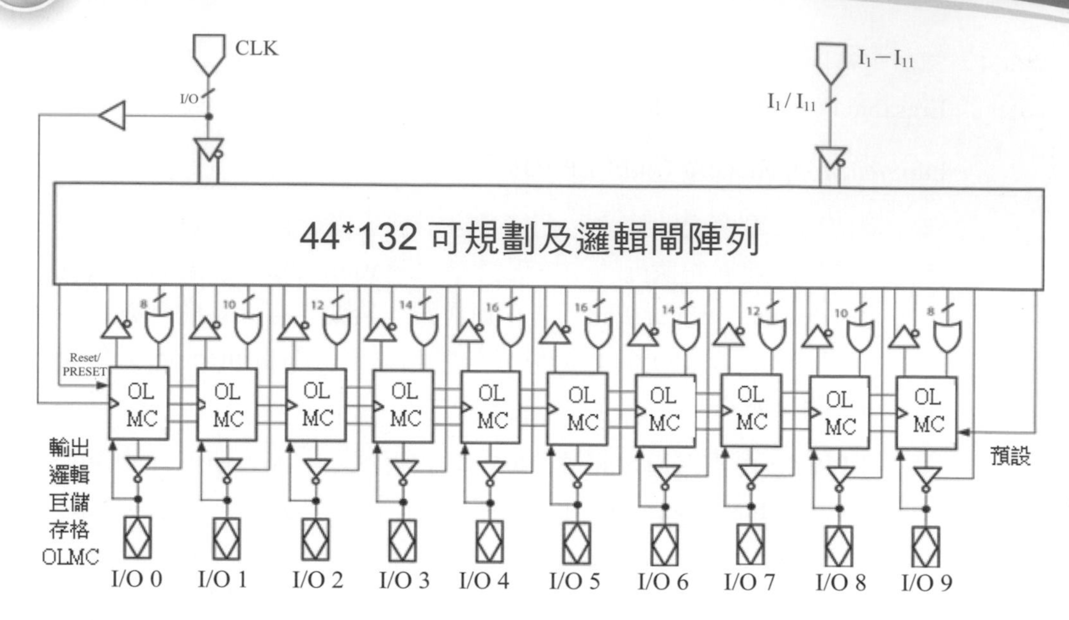

快閃記憶體（Flash Memory）：

1. 屬於非揮發性之電腦記憶儲存體晶片，為電器電壓可清除並能重新規劃，此記憶體係由 E^2PROM 發展而來，於其可重新寫入新資料前必須先清除較大區塊以利寫入操作。

2. 高密度非及（NAND）型態須先被規劃並以小區塊讀取，非或（NOR）型態則允許可獨立寫入或讀取單一個機器字組(位元組，byte)。非及（NAND）型態主要用於資料之儲存或傳送，如記憶卡、USB 快閃驅動、固態驅動（solid-state drives）等等，非或（NOR）型態則允許真的隨機存取及直接碼之執行，有如替代舊的 EPROM 或是 ROM 的另一種選擇。

- 非或（NOR）快閃記憶體之繞線及於矽上之結構如下圖：

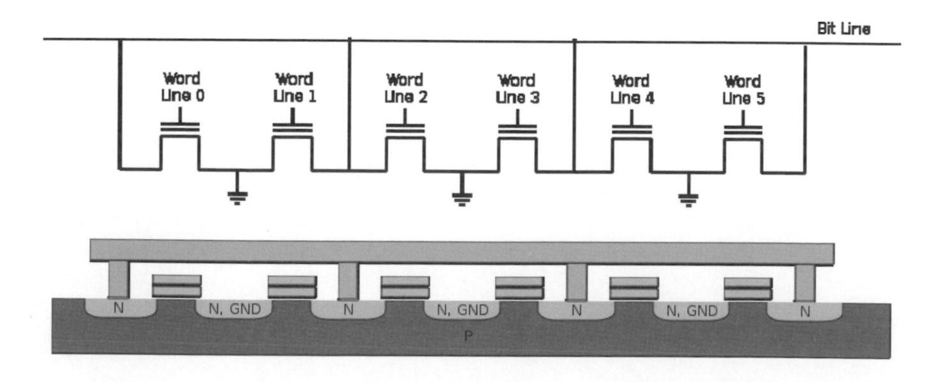

- 非及（NAND）快閃記憶體之繞線及於矽上之結構如下圖：

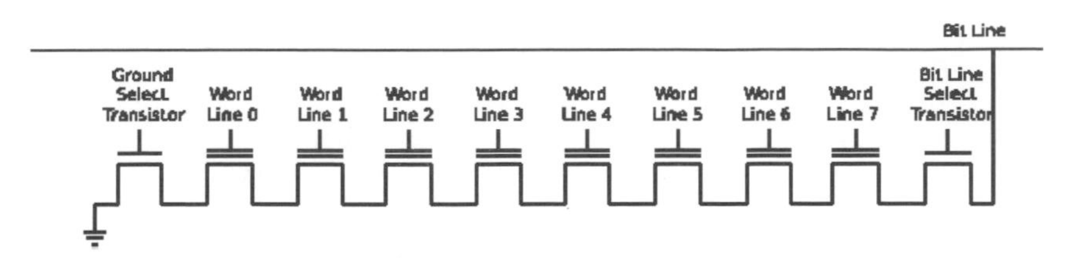

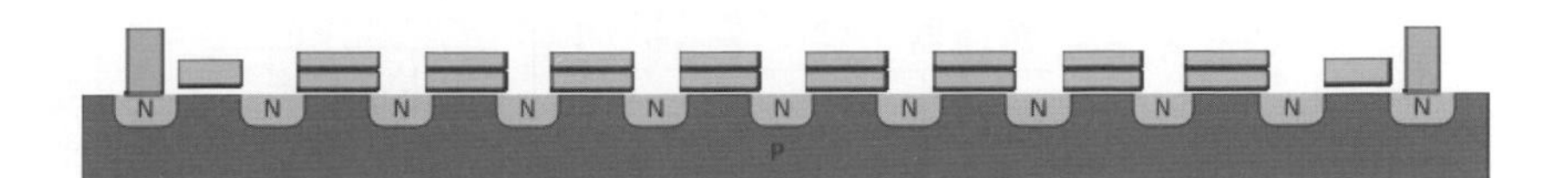

- 右圖為 USB 快閃驅動，其左側晶片即為快閃記憶體，右側為控制器：

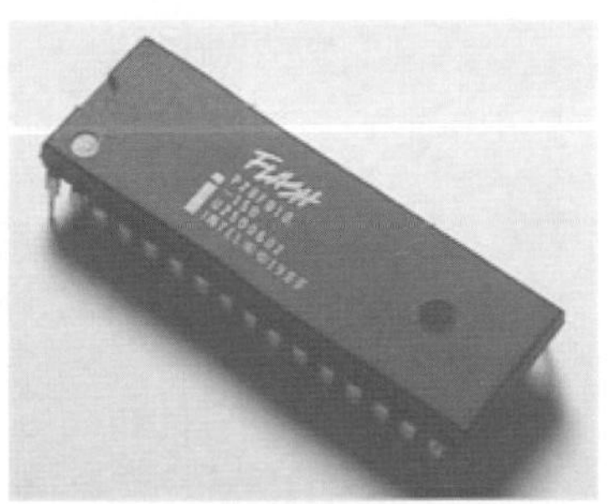

- Spansion 公司生產之編號 S29AL032D 快閃記憶體為使用 NOR 快閃技術，使用於 Altera/Terasic DE1 和 DE2 規劃電路板。請參閱 http://www.spansion.com/Support/Datasheets/S29AL032D.pdf ：

(1) 功能電路圖：

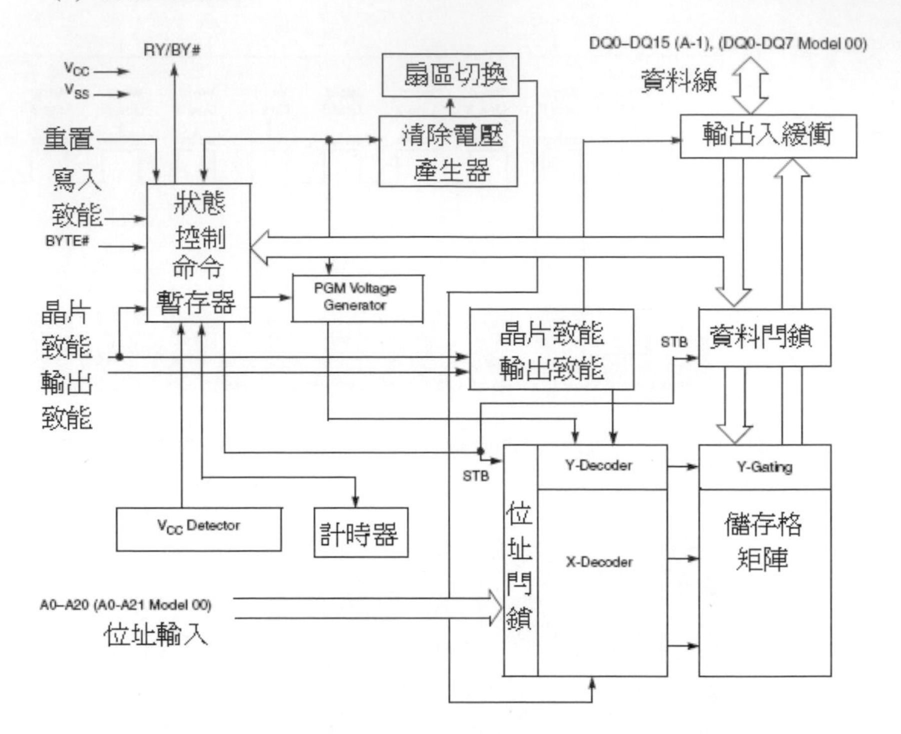

(2) 針腳佈局分為 40 根針腳與 48 根針腳，如下二圖：

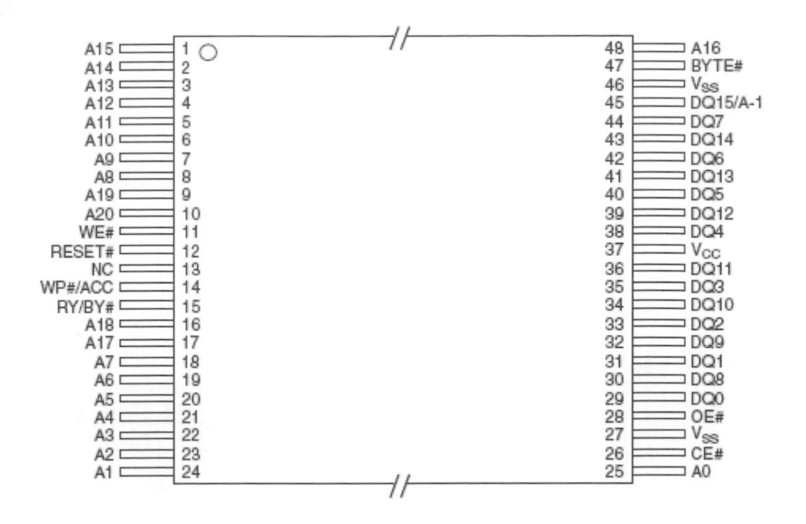

(3) 邏輯符號圖：

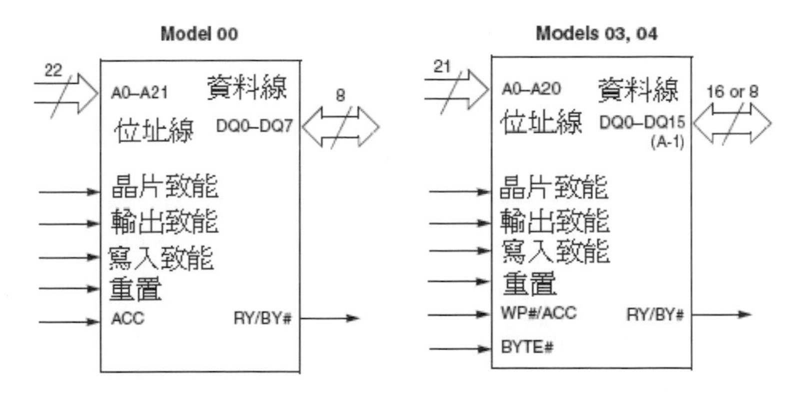

3. 編號 28F256A CMOS 快閃記憶體即可提供控制輸入、讀取命令、安裝清除或清除命令、清除確認命令、安裝程式或程式命令以及程式確認命令等操作。

4. 編號 PAL CE16V8 為快閃可清除可重新規劃之 CMOS PAL 裝置，最多可達 16 個輸入項和 8 個輸出項（如下圖）：

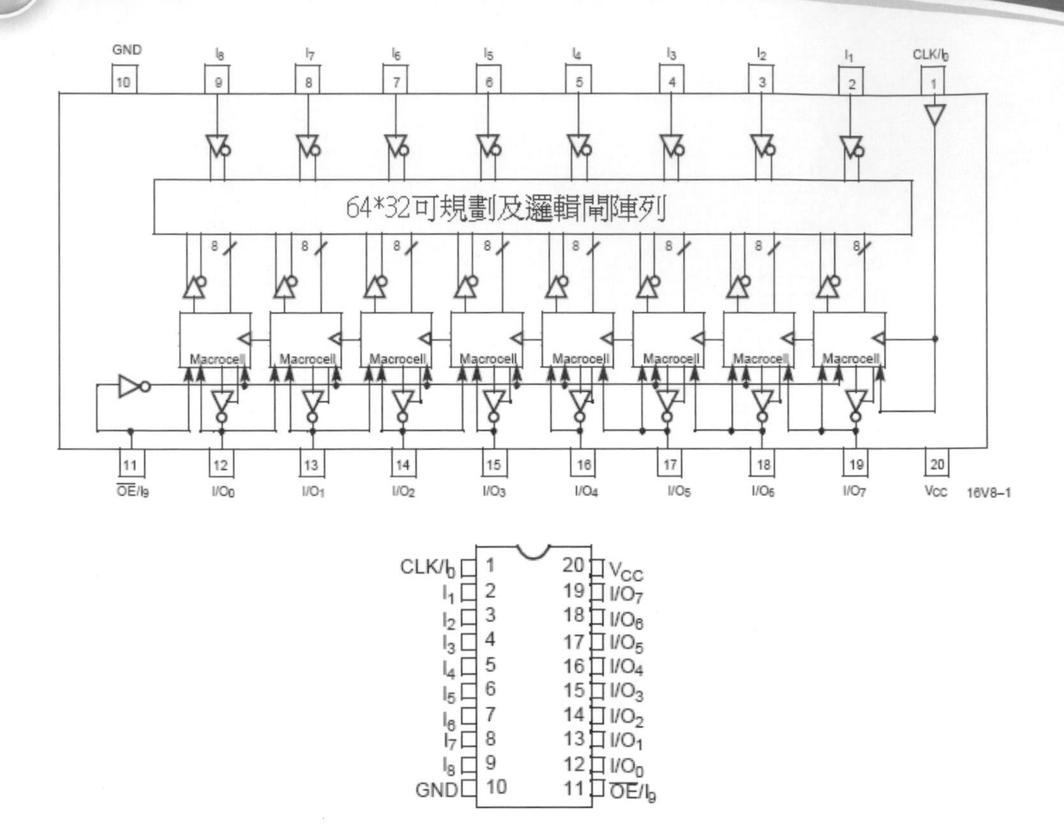

8-3 可規劃邏輯陣列

組合式可規劃邏輯裝置（PLD；programmable logic device）有三種主要型式，分別是可程式唯讀記憶體（PROM）、可規劃邏輯陣列（PLA；programmable logic array）以及可規劃陣列邏輯（PAL；programmable array logic），其組成如下：

1. 可程式唯讀記憶體：前級為固定的及（AND）邏輯閘陣列負責解碼，後級為可規劃設計之或（OR）邏輯閘陣列，如下圖。

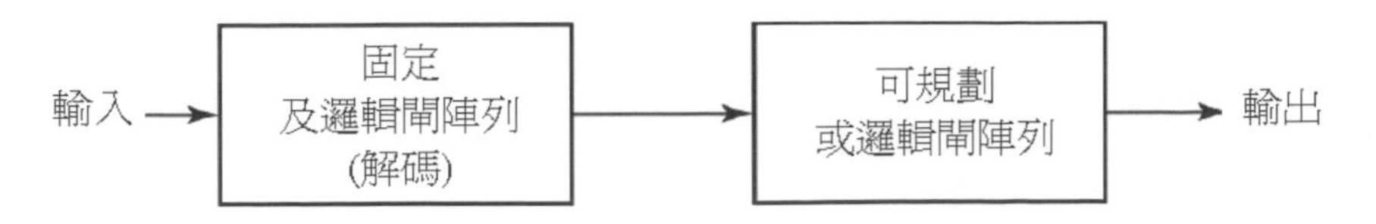

2. 可規劃邏輯陣列：前級為可規劃的及（AND）邏輯閘陣列，後級為可規劃設計或（OR）邏輯閘陣列，如下圖：

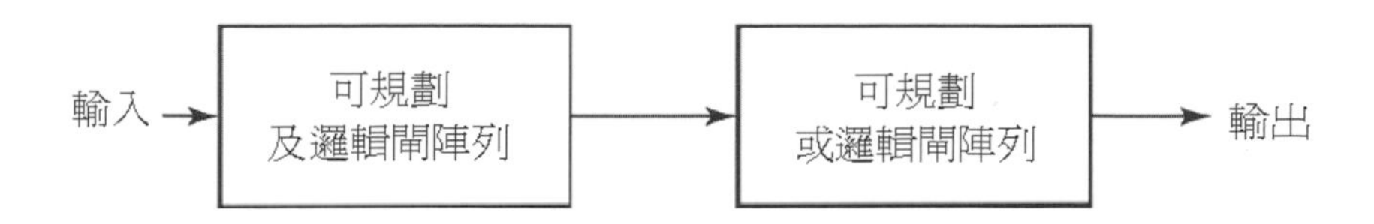

可產生 64 個積項之 16R4 之 PAL 邏輯圖如下：

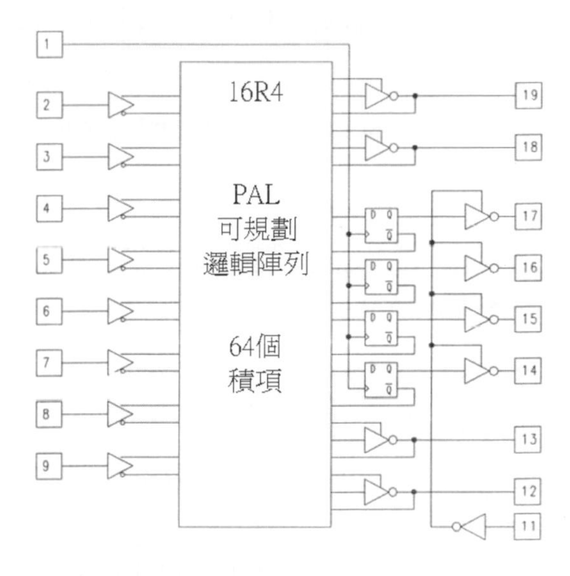

3. 可規劃陣列邏輯：前級為可規劃設計之及（AND）邏輯閘陣列，後級為固定的或（OR）邏輯閘陣列，如下圖。

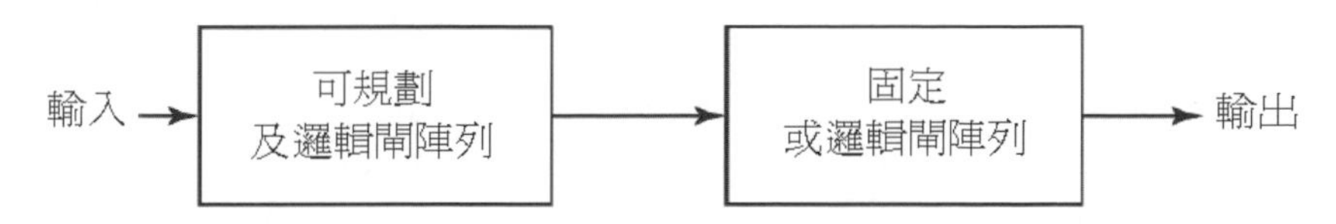

可規劃邏輯陣列（PLA；programmable logic array）係可規劃（可程式）邏輯裝置之一種，用以實作組合邏輯電路，與可程式唯讀記憶體（PROM）之概念類似，唯可規劃邏輯陣列未提供變數之完全解碼，且不產生所有的最小項（全及項）。所需之解碼器係由及（AND）邏輯閘陣列替代，以規劃產生任何輸入變數之積項。積項其後由或（OR）邏輯閘連結以提供積項之和（SOP；Sum of Products）輸出。

可規劃邏輯陣列具一組可規劃之及（AND）邏輯閘鏈結到一組可規劃之或（OR）邏輯閘，可條件式配對以產生輸出。此類佈局允許大量邏輯函式可以積項之和合成正規式，有時係以和項之積（POS；Product of Sums）來合成。

可規劃邏輯陣列應用之一為實作於資料路徑上之控制，其定義許多不同之狀態於一指令集並依條件式分節（branch；分叉）產生下一個狀態。如處於狀態 3 之階段，因輸入立即值可能跑到狀態 5 或其他狀態，可規劃邏輯陣列宜於狀態 3 定義此類行動之控制，將下一個狀態設定為狀態 5。

可規劃邏輯陣列比唯讀記憶體更具有彈性，此外，因僅產生必要之乘積項，故邏輯電路比 ROM 更簡潔。

請參閱 http://en.wikipedia.org/wiki/Programmable_logic_array 。

例題6

給予布林函式 $F_1(x, y, z) = x\overline{y} + xz + \overline{x}y\overline{z}$ ，$F_2(x, y, z) = \overline{xz}\,\overline{yz}$ ，請完成 PLA 規劃表及邏輯電路設計。

▼說明：

(1) 先將函式 $F_2(x, y, z) = \overline{xz}\,\overline{yz}$ 轉換為積項之和型式

$F_2(x, y, z) = \overline{(xz + yz)}$，此函式可以 XOR 邏輯閘，將其中一輸入埠端接邏輯值 1，另一輸入埠端為（xz+yz），即可獲得補數輸出 $\overline{(xz + yz)}$，如此所設計之邏輯電路各級除具一致性模組化之概念，並能以最少之積項來設計。

(2) 邏輯電路設計 3 個輸入 x、y、z；4 個及項；2 個輸出如下圖：

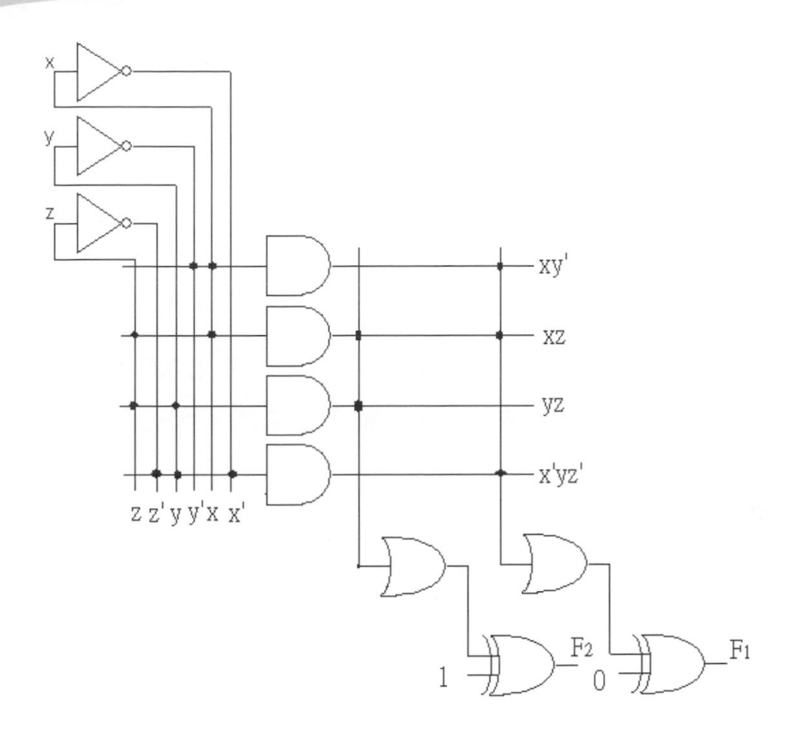

(3) PLA 規劃表：此表即指定熔絲圖，在 PLA 規劃表中每一積項之輸入分別以 "1"、"0" 及 "－" 來標示輸入，其中，該變數以 "1" 表示有此項參數，"0" 表示此項參數為補數，"－" 則表示無此項參數，因此，本例之 PLA 規劃表如下：

積項		輸入參數			輸出	
		x	y	z	F_1	F_2
1	$x\overline{y}$	1	0	－	1	－
2	xz	1	－	1	1	1
3	yz	－	1	1	－	1
4	$\overline{x}y\overline{z}$	0	1	0	1	－

例題7

給予布林函式 $F_1(x,y,z)=\overline{x}y+x\overline{z}+\overline{x}y\overline{z}$，$F_2(x,y,z)=\overline{(xy+xz+yz)}$，請完成 PLA 規劃表。

▼**說明：**

(1) 首先化簡函式 $F_1(x,y,z)=\overline{x}y+x\overline{z}+\overline{x}y\overline{z}=\overline{x}y(1+\overline{z})+x\overline{z}=\overline{x}y+x\overline{z}$

(2) 其次函式 $F_2(x,y,z)=\overline{(xy+xz+yz)}$，可使用 XOR 邏輯閘，將其中一輸入埠端接邏輯值 1，另一輸入埠端為（xy＋xz＋yz），即可獲得補數輸出 $\overline{(xy+xz+yz)}$。

(3) 本例全部只需使用到 5 個積項來表示，PLA 規劃表如下：

積項		輸入參數			輸出	
		x	y	z	F1	F2
1	xy	1	1	－	－	1
2	xz	1	－	1	－	1
3	$x\overline{z}$	1	－	0	1	－
4	$\overline{x}y$	0	1	－	1	－
5	yz	－	1	1	－	1

可規劃邏輯陣列設計之規模大小是由輸入參數（或變數）之數量、積項之數量（亦即 AND 邏輯閘數），以及輸出函式之數量（OR 邏輯閘數）所指定。典型的 PLA 積體電路可有 16 個輸入、48 個積項以及 8 個輸出。

若是某個 PLA 邏輯使用 K 個輸入、M 個積項和 N 個輸出，則其輸入端將使用 K 個緩衝器－反向器（buffer-invertor）輯閘、M 個及（AND）邏輯閘、N 個或（OR）邏輯閘及 N 個互斥或（XOR）邏輯閘，輸入端至中間級之及邏輯閘陣列將有 2K×M 條連接線，及邏輯閘陣列至或邏輯閘陣列將有 M×N 條連接線，或邏輯閘陣列至真正函式輸出之互斥或邏輯閘陣列將為一對一之連接共有 N 條線。

可規劃邏輯陣列為設計數位系統方便好用的工具，設計實作前需先獲得規劃表，此 PLA 之規劃，其積項所使用之文字符號數量不重要但積項應儘量達到最簡化，亦即所使用到之函數，使用原（真）值表示或是補數表示都必須化簡，俾以較少的積項來表示。

例題8

給予布林函式 F1(x,y,z)＝Σ(0,5,6,7)，F2(x,y,z)＝Σ(0,1,2,4)，**請完成** PLA **規劃表。**

▼說明：

(1) 首先以卡諾圖求出最簡布林函式：

$$F_1(x,y,z)=xy+xz+\overline{x}\,\overline{y}\,\overline{z}$$

F_1

yz \ x	0	1
00	1	
01		1
11		1
10		1

F_1

yz \ x	0	1
00	1	
01		1
11		1
10		1

$$F_2(x,y,z)=\overline{x}\,\overline{y}+\overline{x}\,\overline{z}+\overline{y}\,\overline{z}$$

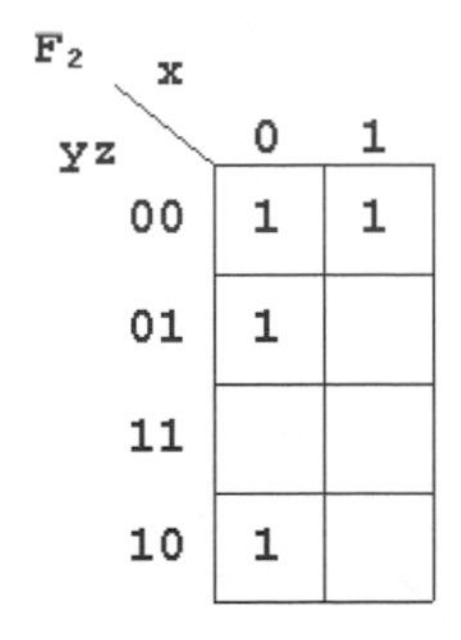

F_2

yz \ x	0	1
00	1	1
01	1	
11		
10	1	

(2) 求出最少積項：由布林函式 $F_1(x,y,z)=xy+xz+\overline{x}\,\overline{y}\,\overline{z}$ 可知需使用 3 個積項分別是 xy 、xz 和 $\overline{x}\,\overline{y}\,\overline{z}$，若是未將 $F_2(x,y,z)=\overline{x}\,\overline{y}+\overline{x}\,\overline{z}+\overline{y}\,\overline{z}$ 函式轉換成前 3 積項之型式，那將會有 6 個積項，是故將函式 F2 依布林函式化簡原理 x＋xy＝x 以及 DeMorgen 定律轉換如下：

$$F_2(x,y,z)=\bar{x}\bar{y}+\bar{x}\bar{z}+\bar{y}\bar{z}=\bar{x}\bar{y}+\bar{x}\bar{z}+\bar{y}\bar{z}+\bar{x}\bar{y}\bar{z}$$
$$=(\bar{x}+\bar{y})(\bar{x}+\bar{z})(\bar{y}+\bar{z})=\overline{xy}\,\overline{xz}\,\overline{yz}=\overline{(xy+xz+yz)}$$

此時，函式 F2 即可以補數方式處理，其使用之積項為 xy、xz 和 yz，綜合上述，全部只需使用到 4 個積項來表示 PLA 規劃表。

(3) 規劃 PLA 表：

積項		輸入參數			輸出	
		x	y	z	F_1	F_2
1	xy	1	1	–	1	1
2	xz	1	–	1	1	1
3	yz	–	1	1	–	1
4	$\bar{x}\bar{y}\bar{z}$	0	0	0	1	–

請完成 BCD 與超三碼轉換之 PLA 規劃表。

▼**說明：**

(1) BCD 與超三碼對應表如下：

BCD／輸入變數					超 3 碼／輸出變數				
十進位值	A	B	C	D	F_1	F_2	F_3	F_4	十進位值
0	0	0	0	0	0	0	1	1	3
1	0	0	0	1	0	1	0	0	4
2	0	0	1	0	0	1	0	1	5
3	0	0	1	1	0	1	1	0	6
4	0	1	0	0	0	1	1	1	7
5	0	1	0	1	1	0	0	0	8
6	0	1	1	0	1	0	0	1	9
7	0	1	1	1	1	0	1	0	10
8	1	0	0	0	1	0	1	1	11
9	1	0	0	1	1	1	0	0	12

(2) 依上表獲得布林函式為：$F_1(A,B,C,D) = A + BC + BD$ 、

$F_2(A,B,C,D) = \overline{B}C + \overline{B}D + B\overline{C}\overline{D}$ 、 $F_3(A,B,C,D) = CD + \overline{C}\overline{D}$ 、

$F_4(A,B,C,D) = \overline{D}$ ，先將布林函式轉換如下：

w$= A + BC + BD$ 、 $\overline{w} = \overline{A}\overline{B} + \overline{A}\overline{C}\overline{D}$ 、 $x = \overline{B}C + \overline{B}D + B\overline{C}\overline{D}$ 、

$\overline{x} = BCBD + \overline{B}\overline{C}\overline{D}$ 、 $y = CD + \overline{C}\overline{D}$ 、 $\overline{y} = \overline{C}D + C\overline{D}$ 、 $z = \overline{D}$ 、

$\overline{z} = D$

(3) 觀察上式，經挑選 w、$\overline{x}$ 、y、z 等布林函式使用之積項，完成 PLA 規劃表如下：

積項		輸入參數				輸出			
		A	B	C	D	F_1	F_2	F_3	F_4
1	A	1	—	—	—	1	—	—	—
2	BC	—	1	1	—	1	1	—	—
3	BD	—	1	—	1	1	1	—	—
4	$\overline{B}\overline{C}\overline{D}$	—	0	0	0	—	1	—	—
5	CD	—	—	1	1	—	—	1	—
6	$\overline{C}\overline{D}$	—	—	0	0	—	—	1	—
7	$\overline{D}$	—	—	—	0	—	—	—	1

8-4 可規劃陣列邏輯

可規劃陣列邏輯（PAL；Programmable Array Logic）亦屬可規劃邏輯裝置之一，其與可規劃邏輯陣列不同處為可規劃陣列邏輯之前級為固定的或（OR）邏輯閘陣列，後級為可規劃的及（AND）邏輯閘陣列的。就因為僅有及邏輯閘陣列可規劃，所以 PAL 比 PLA 更易於規劃，然 PLA 則因前、後級邏輯閘陣列都是可規劃故較具彈性。

可規劃陣列邏輯裝置包含一個小的可程式唯讀記憶體（PROM）之核心及額外的輸出邏輯，期以較少之組件實作特殊的邏輯函式。當使用特製化的機器，PAL 裝置可成為場可規劃（field-programmable）。每個 PAL 裝置都是一次性可規劃（OTP；one-time programmable），亦即無法更新或於初始規劃後在重新使用。下面二圖為不同型式之 PAL 邏輯元件，其中左圖為 20 根針腳之 MMI PAL 16R6，右圖為 24 根針腳之 AMD 22V10：

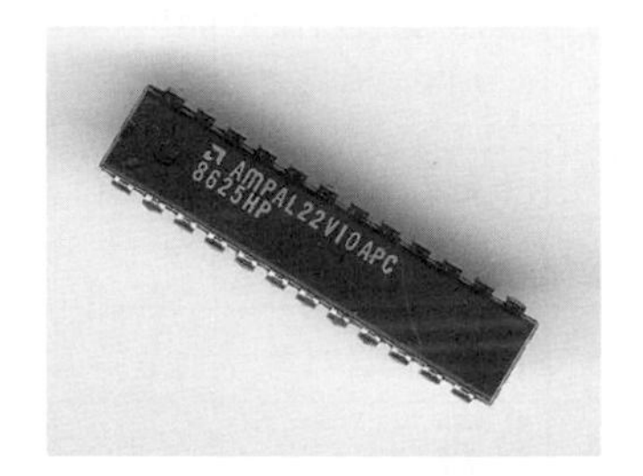

請參閱http://en.wikipedia.org/wiki/Programmable_Array_Logic

註： IC 型號中所使用之編號碼，如 22V10 表示輸入中有 12 個為專屬輸入埠，10 個可規劃作為輸出或輸入埠功能，故表示為 22（12＋10）；V 為 variable；若編號為 16R4，R 則為 register。

例題10

給予全及項表示之布林函式 A(w,x,y,z)＝Σ(2,12,13)，B(w,x,y,z)＝Σ(7,8,9,10,11,12,13,14,15)，C(w,x,y,z)＝Σ(0,2,3,4,5,6,7,8,10,11,15)，D(w,x,y,z)＝Σ(1,2,8,12,13)，**請以 PAL 規劃實作。**

▼說明：

(1) 以卡諾圖求出最簡函式如下：

A(w,x,y,z)＝Σ(2,12,13)＝ $wx\overline{y}+\overline{w}\overline{x}y\overline{z}$（2 個積項）

B(w,x,y,z)＝Σ(7,8,9,10,11,12,13,14,15)＝ $w+xyz$（2 個積項）

C(w,x,y,z)＝Σ(0,2,3,4,5,6,7,8,10,11,15)＝ $\overline{w}x+\overline{x}\overline{z}+yz$（3 個積項）

D(w,x,y,z)＝Σ(1,2,8,12,13)＝ $\overline{w}\overline{x}\overline{y}z+\overline{w}\overline{x}y\overline{z}+w\overline{y}\overline{z}+wx\overline{y}$（4 個積項）

A

yz \ wx	00	01	11	10
00			1	
01			1	
11				
10	1			

B

yz \ wx	00	01	11	10
00			1	1
01			1	1
11		1	1	1
10			1	1

C

yz \ wx	00	01	11	10
00	1	1		1
01		1		
11	1	1	1	1
10	1	1		1

D

yz \ wx	00	01	11	10
00			1	1
01	1		1	
11				
10	1			

(2) 進行函式化簡，求出最少積項以利邏輯電路設計：

原獲得之函式必須使用 4 個積項之邏輯電路為基礎進行設計，然經觀察函式 D 可以函式 A 替代如下：

D(w,x,y,z)＝$\overline{wxy}z + \overline{wx}y\overline{z} + w\overline{yz} + wx\overline{y} = \overline{wxy}z + w\overline{yz} + A$（3 個積項），因此電路可精簡至使用 3 個積項之邏輯電路為基礎進行設計，總計 4 個輸入、4 個輸以及 3 個 AND 對應 1 個 OR 架構如下：

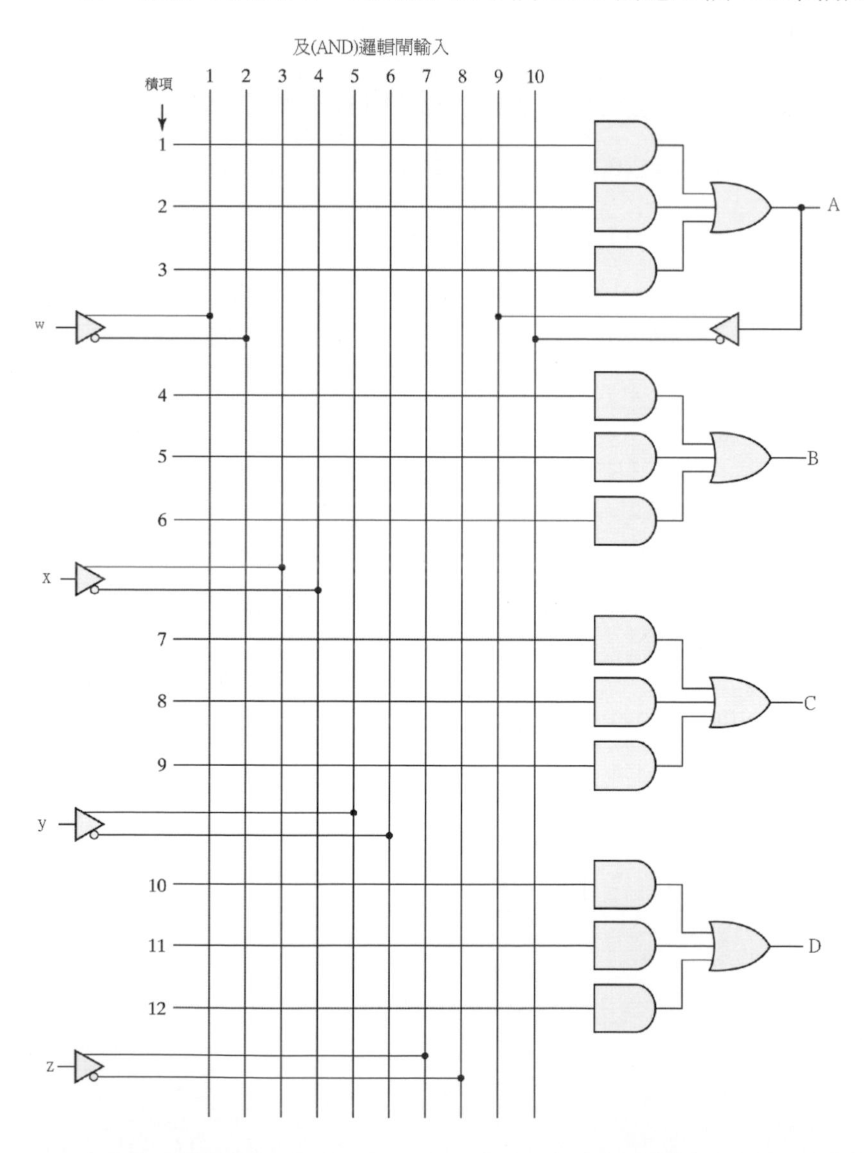

(3) 完成 PAL 規劃表如下：

<table>
<tr><th rowspan="2">積項</th><th colspan="5">及邏輯閘輸入</th><th rowspan="2">輸出</th></tr>
<tr><th>w</th><th>x</th><th>y</th><th>z</th><th>A</th></tr>
<tr><td>1</td><td>1</td><td>1</td><td>0</td><td>—</td><td>—</td><td rowspan="3">A(w,x,y,z)= $wx\overline{y}+\overline{w}\overline{x}y\overline{z}$
2 個積項，第 3 個積項未使用</td></tr>
<tr><td>2</td><td>0</td><td>0</td><td>1</td><td>0</td><td>—</td></tr>
<tr><td>3</td><td>—</td><td>—</td><td>—</td><td>—</td><td>—</td></tr>
<tr><td>4</td><td>1</td><td>—</td><td>—</td><td>—</td><td>—</td><td rowspan="3">B(w,x,y,z)= $w+xyz$
2 個積項，第 3 個積項未使用</td></tr>
<tr><td>5</td><td>—</td><td>1</td><td>1</td><td>1</td><td>—</td></tr>
<tr><td>6</td><td>—</td><td>—</td><td>—</td><td>—</td><td>—</td></tr>
<tr><td>7</td><td>0</td><td>1</td><td>—</td><td>—</td><td>—</td><td rowspan="3">C(w,x,y,z)= $\overline{w}x+\overline{x}\overline{z}+yz$</td></tr>
<tr><td>8</td><td>—</td><td>0</td><td>—</td><td>0</td><td>—</td></tr>
<tr><td>9</td><td>—</td><td>—</td><td>1</td><td>1</td><td>—</td></tr>
<tr><td>10</td><td>0</td><td>0</td><td>0</td><td>1</td><td>—</td><td rowspan="3">D(w,x,y,z)= $\overline{w}\overline{x}\overline{y}z+w\overline{y}\overline{z}+A$</td></tr>
<tr><td>11</td><td>1</td><td>—</td><td>0</td><td>0</td><td>—</td></tr>
<tr><td>12</td><td>—</td><td>—</td><td>—</td><td>—</td><td>1</td></tr>
</table>

(4) PAL 邏輯電路設計如下：

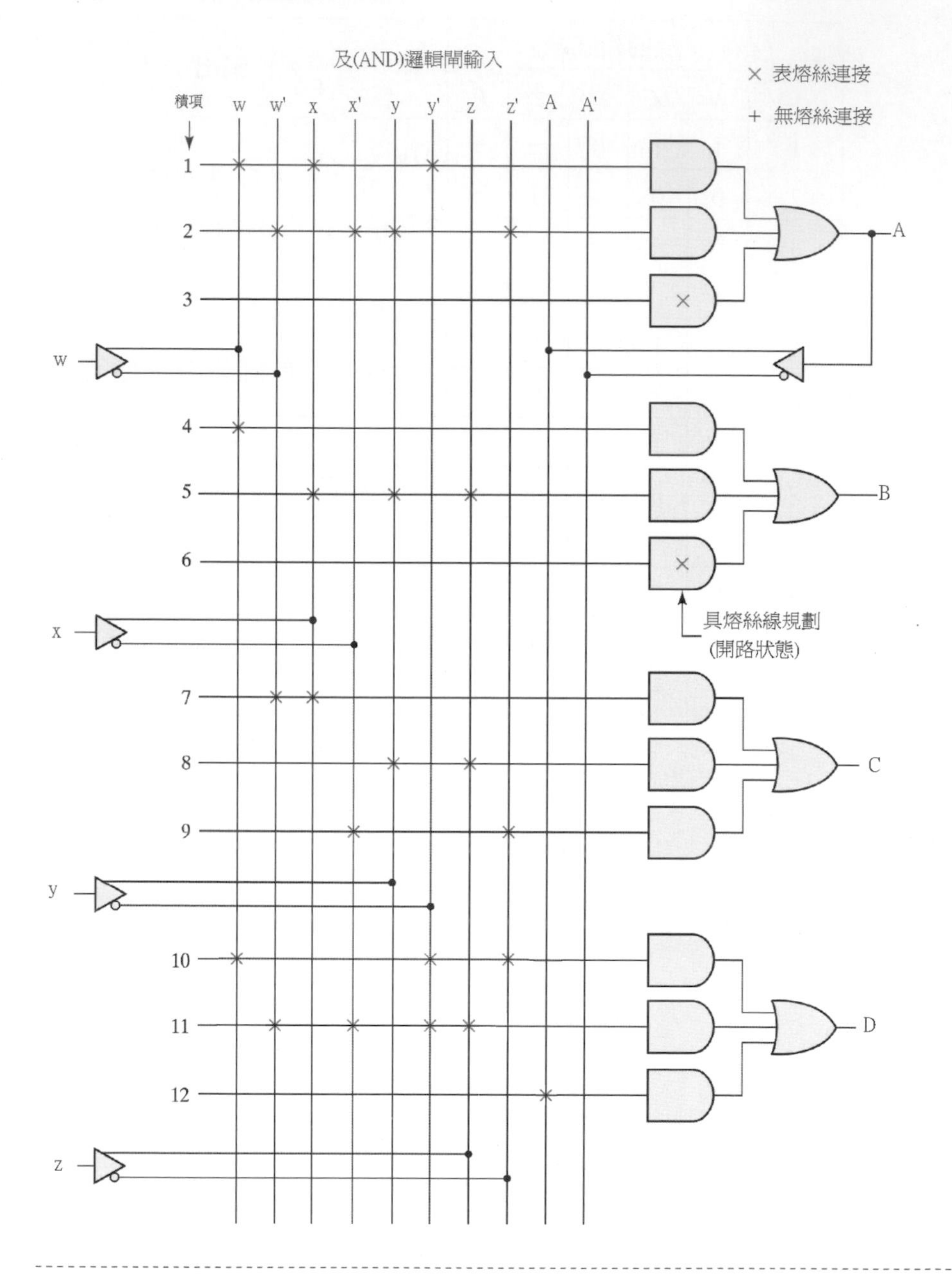

8-5 序向可規劃裝置

數位系統多以正反器與邏輯閘依功能需求組合設計，而前述 3 種組合之 PLD 邏輯型式皆僅包含邏輯閘，並未包含正反器，是故需將外在之正反器納入設計，此類包含正反器之 PLD 邏輯電路及稱為序向可規劃裝置（sequential programmable device）。

雖序向可規劃裝置之商業產品非常多，亦有特定客製型式，然主要區分為 3 種型式如下：

1. 簡易之序向可規劃邏輯裝置（SPLD；sequential programmable logic device 或稱 simple programmable logic device），如下圖：

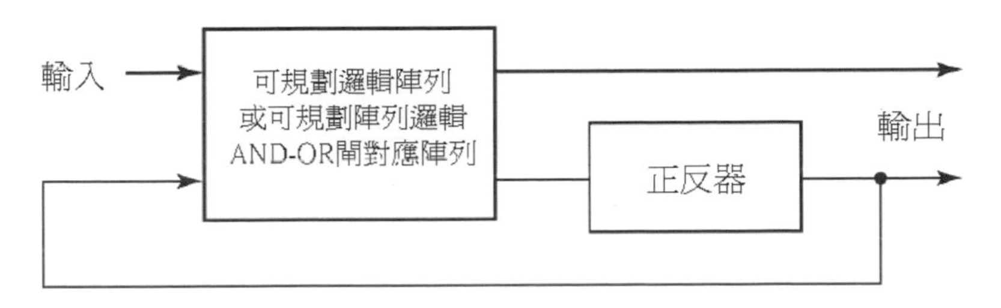

2. 複雜可規劃邏輯裝置（CPLD；complex programmable logic device）。
3. 場可規劃邏輯閘陣列（FPGA；field-programmable gate array）。

巨集儲存格（macrocell）：SPLD 係最小且最便宜的可規劃邏輯型式，典型的 SPLD 之 IC 封裝即包含 8～10 個 macrocell（部分封裝為 4～22 個），且可替換部份 7400 系列的邏輯閘，於此裝置每一個 macrocell 與其他的會完全連結在一起。

1. AMD 編號 22V10 之 Macrocell 如下圖：

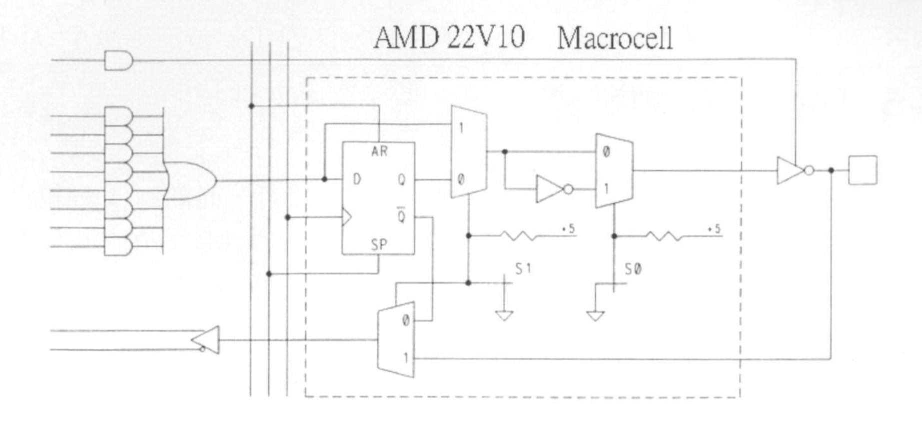

2. PALCE16V8 之 Macrocell 如下圖：

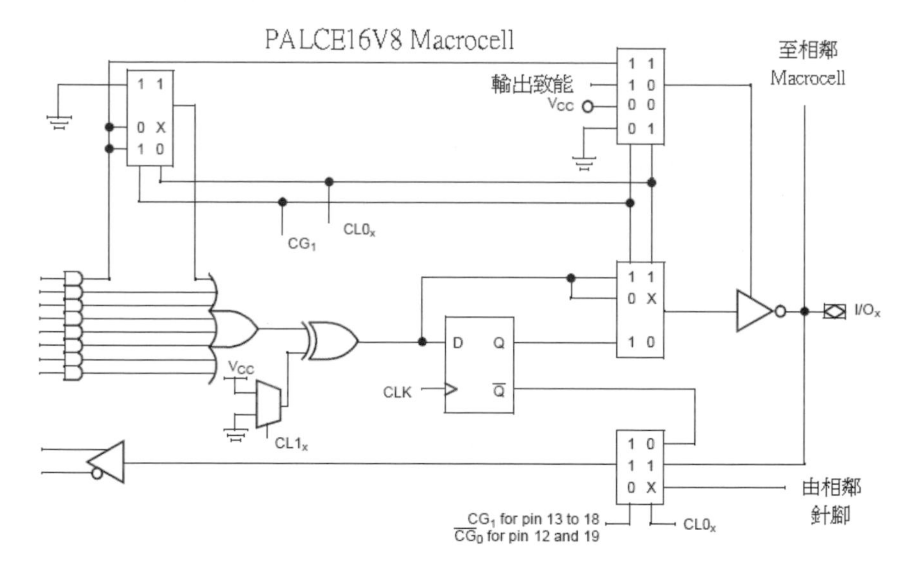

3. Altera Macrocell 包含 8 個積項，AND—OR 邏輯閘陣列以及可規劃的多工器，如下圖：

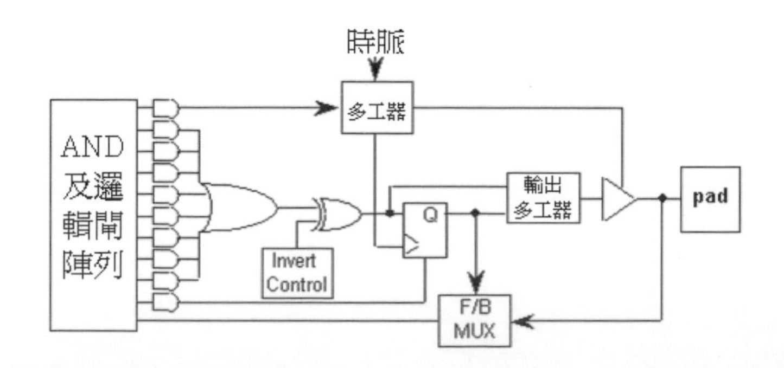

Altera 可規劃邏輯裝置：參閱http://www.altera.com/literature/ds/m7000.pdf

1. 編號為 EPM7032、EPM7064 及 EPM7096 裝置之區塊圖如下：

■ 其中 LAB A、LAB B、LAB C 及 LAB D 等各有 1 至 16 個 Macrocell：

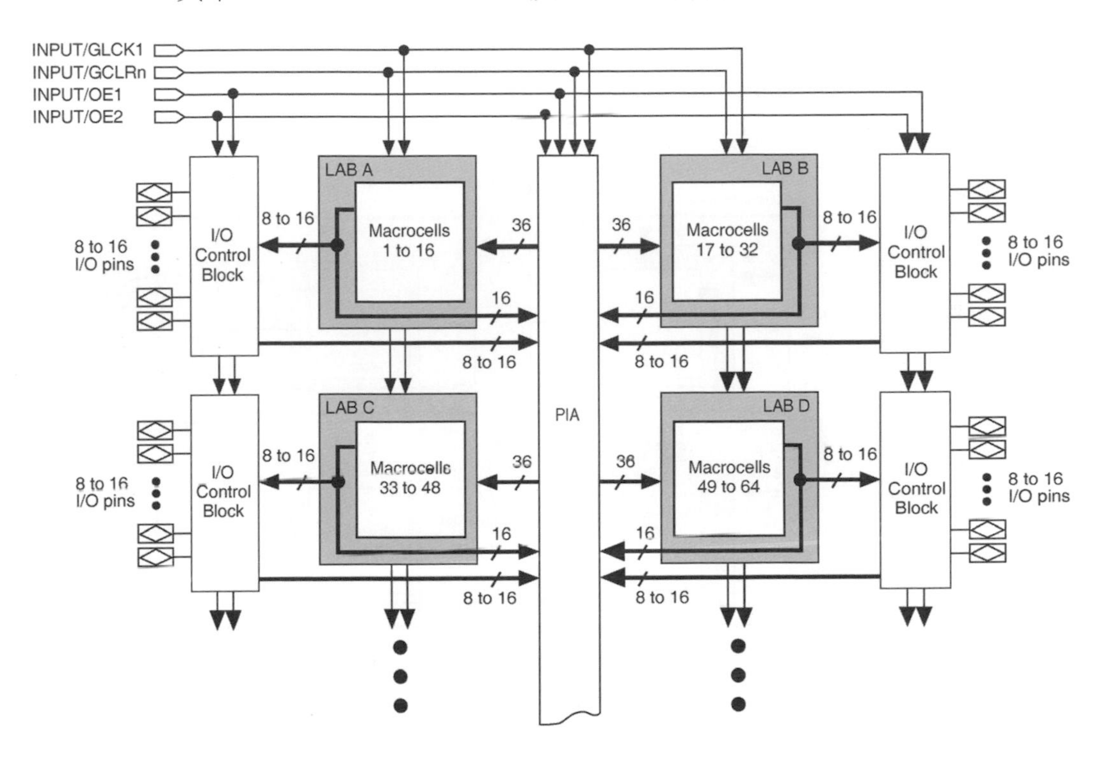

■ EPM7032、EPM7064 及 EPM7096 裝置之 macrocell 邏輯圖如下：

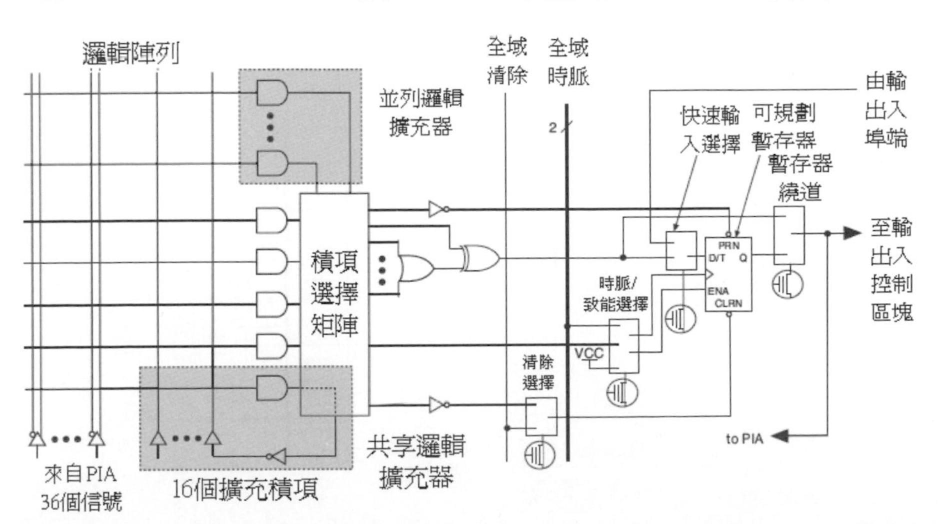

2. 編號為 MAX 7000E 和 MAX 7000S 裝置之區塊圖如下：

■ 其中 LAB A、LAB B、LAB C 及 LAB D 等各有 1 至 16 個 Macrocell：

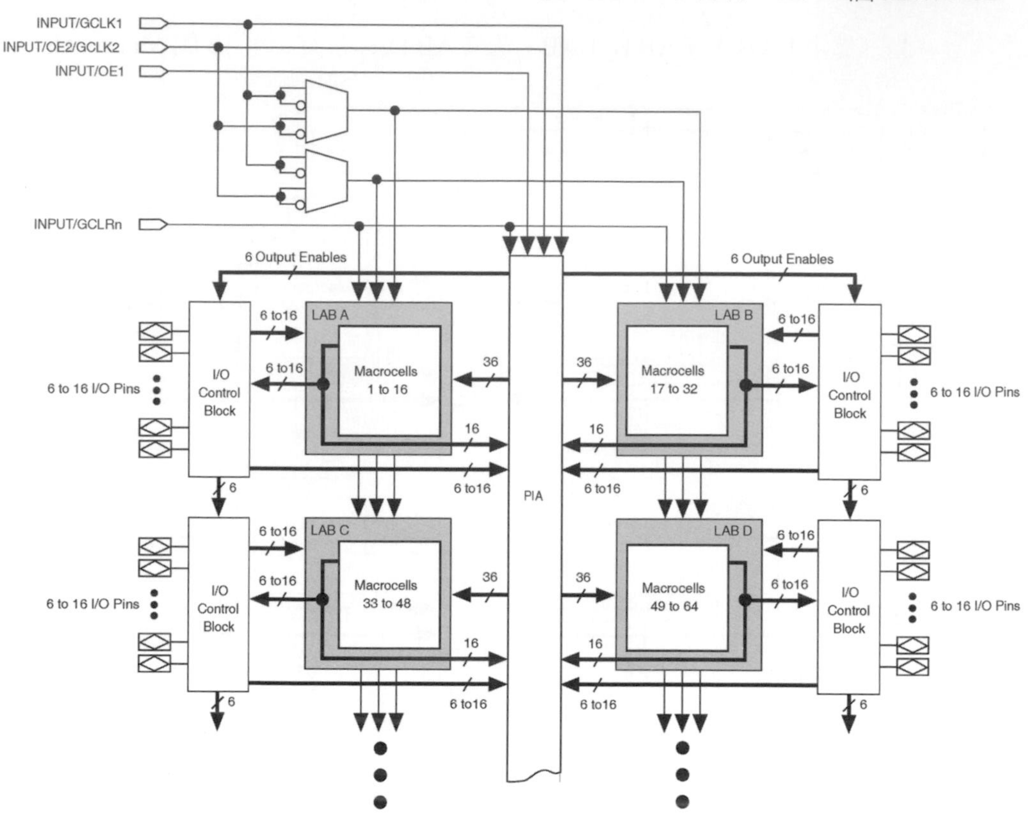

■ MAX 7000E 和 MAX 7000S 裝置之 macrocell 邏輯圖如下：

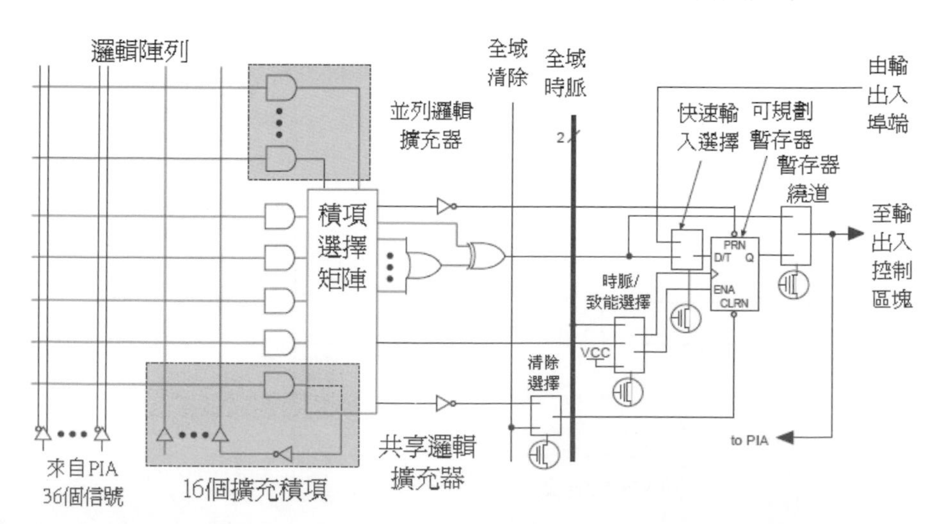

大部分的 SPLD 不是使用熔絲（fuse）就是非揮發性的記憶體儲存格如 EPROM、EEPROM 或 FPLS（field-programmable logic sequencer；場可規劃邏輯定序器）來定義功能函式，SPLD 邏輯圖概略如下：

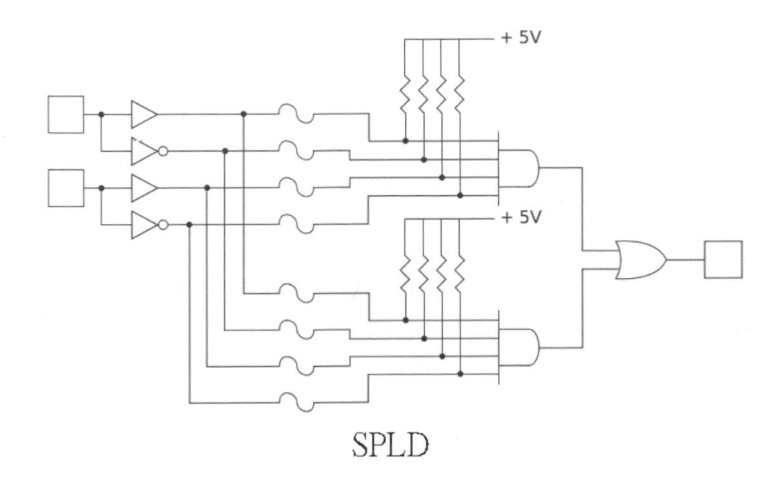

SPLD

請參閱 http://en.wikipedia.org/wiki/File:Programmable_Logic_Device.svg

PAL 之規劃特色包含：

- 可規劃的及（AND）邏輯閘陣列。
- 具自由選擇使用或繞道不使用正反器之能力。
- 時脈觸發之操作選擇。
- 暫存器包含清除和設定選項。
- 可使用 XOR 邏輯閘輸出包含真值或補數之選項。
- 藉規劃選擇輸入，多工器可於 2 個或 4 個不同路徑間選擇。
- 輸出－輸入(I/O)之埠端連結係屬可規劃的。

巨集儲存格陣列（macrocell array）：係設計或製造 ASIC 之方法，基本上，是由不同於類似閘陣列（gate array）的些微強化提升，但先規劃建構之簡單邏輯陣列，巨集儲存格陣列是預劃建構的高階邏輯功能陣列如正反器、算術邏輯單元功能或暫存器等等。此等邏輯會簡單置於常態預定位置並於晶片上製造，通常稱為主要切片（master slice）。

請參閱http://en.wikipedia.org/wiki/Macrocell_array 。

複雜可規劃邏輯裝置（CPLD；Complex programmable logic device）：

1. 集諸多個別之 PLD 實作於單一積體電路上之技術。
2. 可規劃的相互連接之結構，允許 PLD 可以使用和個別 PLD 相同之方法與其他的 PLD 連接。
3. CPLD 邏輯電路之複雜度介於 PAL 與 FPGA（Field-Programmable Gate Array，場可規劃邏輯閘陣列）之間，並兼具二者之架構特徵。CPLD 的建製區塊為 Macrocell，其組態圖概略如下：

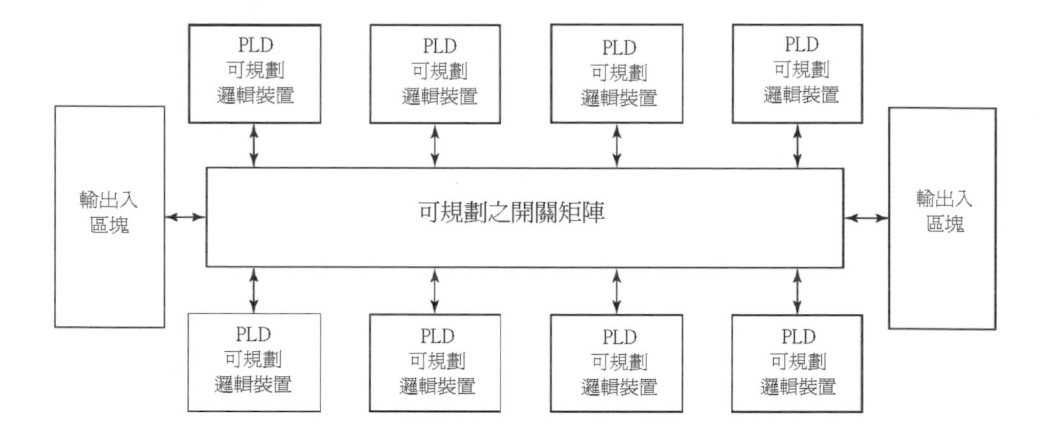

以 Altera 公司所製造之 MAX 7000 系列之 CPLD 為例，該顆 CPLD IC 有 2500 個邏輯閘，如下圖：

請參閱 http://en.wikipedia.org/wiki/CPLD

CPLD 之主要供應商有 Altera 公司、Atmel 公司、Cypress 半導體公司、Lattice 半導體公司、Xilinx 公司，其主要產品系列及邏輯閘數量概如下表：

供應商	CPLD 族	邏輯閘數量
Altera	MAX II	240～2210 個邏輯元件
	MAX 3000 系列	600～10K 個可用邏輯閘
	MAX 7000 系列	600～10K 個可用邏輯閘
Atmel	CPLD ATF15	750～3K 個可用邏輯閘
	CPLD-2 22V10	500 個可用邏輯閘
Cypress	Delta 39K	30K～200K 個
	Flash370i	800～3200 個
	Quantum38K	30K～100K 個
	Ultra37000	960～7700 個
	MAX340 高密度 EPLDs	600～3750 個
Lattice 半導體	ispXPLD 5000MX	75K～300K 個
	IspMACH 4000B/C/V/Z	640～10240 個
Xilinx	CoolRunner-II	750～12K 個
	CoolRunner XPLA3	750～12K 個
	XC9500XV	800～6400 個
	XC9500	800～6400 個
	XC9500XL	800～6400 個

註：EPLD（Erasable PLD）：可清除可規劃邏輯裝置。

場可規劃邏輯閘陣列（FPGA；Field-Programmable Gate Array）為現今非常受歡迎之大型邏輯設計平台，此技術係倣傚邏輯閘陣列之技術，其規格比 PLA 及 PAL 還大，相關介紹擬併嵌入式系統於第十二章作說明。

1. 何謂隨機存取記憶體？

2. 請說明 T-RAM。

3. 請說明 Z-RAM。

4. 組合式可規劃邏輯裝置有哪幾類？

5. 請說明 PLA 與 PAL 之差異。

6. 請說明 PAL 之規劃特色。

7. 8086CPU 系統中，若使用下圖的邏輯電路做為定址解碼，請計算 ROM 的位址的解碼範圍。

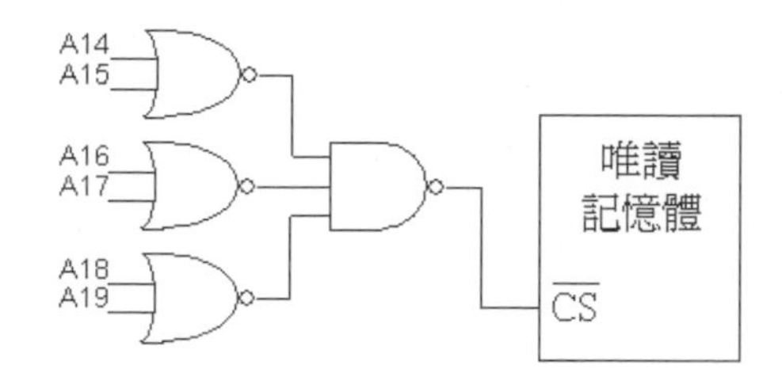

8. 給予記憶體資訊，請說明其位址線數量及字組大小：(1)32K×4；(2)2G×32；(3)16M×8。

9. 假設布林函式分別為 F1(A,B,C)＝Σ(2,3,4,5)和 F2(A,B,C)＝Σ(0,1,4,5,7)，請完成卡諾圖並繪製相對應的 PLA 真值表。

10. 請設計可對應 4K 字組記憶體的二維解碼。

11. 請以唯讀記憶體設計一個輸入為 3 個位元的 X 值，輸出為 X^2+4 的組合邏輯電路。

12. 給予特性方程式：$F_1 = AB + AC + \overline{B}\,\overline{C}$、$F_2 = \overline{AB + BC}$，請完成 PLA 規劃表。

9 非同步序向邏輯

課程重點

- 非同步序向邏輯概念
- 閂鎖電路
- 分析與設計流程
- 狀態簡化與流程表
- 競跑與危障處理

註：參閱 Digital Design, M. Morris Mano and Michale D. Clietti, Pearson International Edition

9-1 非同步序向邏輯概念

序向邏輯電路係由輸入、輸出以及該系統內部狀態之時間序列所指定。

同步序向邏輯電路：

1. 內部狀態係依同步共同時脈而變。
2. 記憶體元件多使用具時脈之正反器。

非同步序向邏輯電路：

1. 不使用共同時脈作為激勵或觸發訊號，其內部狀態係隨輸入變數之變化而改變。
2. 記憶體元件係使用非依據時脈觸發之正反器或時間延遲元件，其時間延遲記憶裝置之能力依訊號於數位邏輯閘傳播所需之時間而定。非同步序向邏輯電路多由具回授路徑設計之類似組合邏輯之電路所組成。

一般而言，非同步序向邏輯電路設計之困難度比同步序向邏輯高，其主要原因為回授路徑牽涉時脈問題，因此，需特殊技術處理及消除諸如競跑（race）與危障（hazard）等問題。此類問題於以邊緣觸發之正反器所構成之同步序向邏輯電路則不存在，然同步序向邏輯電路亦存在缺點，如繞線傳播延遲於高速邏輯電路中非常重要，時脈訊號路徑與繞接必須非常小心的規劃，以達到所有的時脈基本上同時作用，亦即將時脈乖離（歪斜，skew）降至最低，最大時脈速率係以最長路徑或最差狀況之延遲時間來決定。此外，同步系統之功率消耗通常比非同步序向邏輯系統高。

非同步序向邏輯電路之應用非常廣泛，諸如因時效需快速反應，不能等待時脈觸發之速度控制等設計，或如二個分隔系統各具獨立時脈，彼此通訊須以非同步方式完成。非同步序向邏輯電路之優點為使用組件少，成本低，相對功率消耗低，較符經濟效益。

非同步序向邏輯電路概略設計規劃：

1. 輸入變數有 N 條線，可表示成 $x_1 \sim x_n$。
2. 輸出變數有 M 條線，可表示成 $z_1 \sim z_m$。

3. 有 K 條線是屬於輸出再回授（具時間延遲）當作輸入之訊號，其輸出部分稱做激勵變數（excitation variable），亦即下一個狀態，以 Y_1～Y_k 表示；輸入部分則稱為次變數（secondary variable），亦即目前狀態，以 y_1～y_k 表示。

4. 大寫 Y 與小寫 y 之值於狀態穩定時，其本質內涵相同，僅為輸出端與輸入端之時間延遲；然於變遷期間則不然。當輸入變數之值改變時，次變數 y_1～y_k 之值並不會立即跟著改變，而是由 Y_1～Y_k 經過傳播延遲回授予 y_1～y_k 新的狀態值。

5. 非同步序向邏輯電路方塊圖如下：

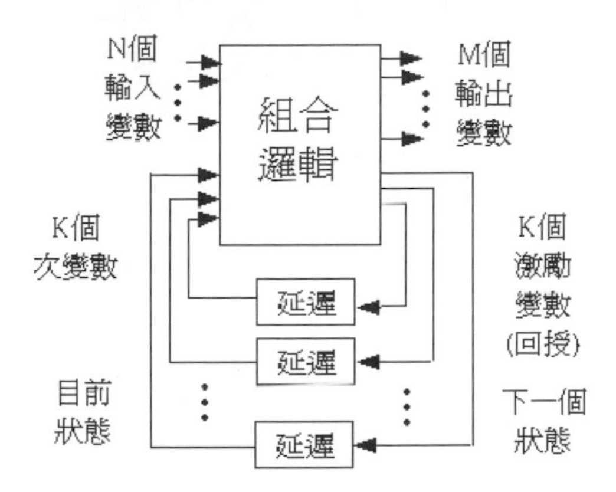

為確保得到正確的運作結果，非同步序向邏輯電路在系統輸入新值之前必須維持穩定的狀態，而且因邏輯閘電路和繞線之傳播延遲，不可能在未確定前就讓二個或多個輸入變數精確的同時立即改變，因為如果出現先後變化的次序將會產生影響輸出結果。因此，通常二或多個輸入變數同時變化在非同步序向邏輯電路是被禁止的，此一限制亦即同一時間只可以有一個輸入變數改變，如果是有比較多的輸入變數希望同時作用，則必須時間夠長以符合讓系統達到穩定，這種操作稱為基本模式（fundamental mode）。

9-2 非同步序向邏輯電路之分析

分析非同步序向邏輯電路的方法，包含取得描述非同步序向邏輯內部狀態序列的狀態轉換表（transition table）或邏輯圖（logic diagram），以及依據輸入變數的變化而獲得的輸出函式。如果非同步序向邏輯電路存在回授路徑或者系統包含有非時脈控制的正反器，可藉邏輯圖清楚了解及驗證他們在系統電路中的作用和行為。沒有時脈控制之正反器稱為閂鎖（latch）。

分析流程如下：

1. 導入狀態轉換表。
2. 定義流程表（flow table）。
3. 檢查非同步序向邏輯電路之穩定性。

狀態轉換表：

1. 假設給予非同步序向邏輯電路包含輸入變數 x，2 個激勵變數 Y_1 與 Y_2（亦即 2 個內部狀態），2 個次變數 y_1 與 y_2，如右圖：

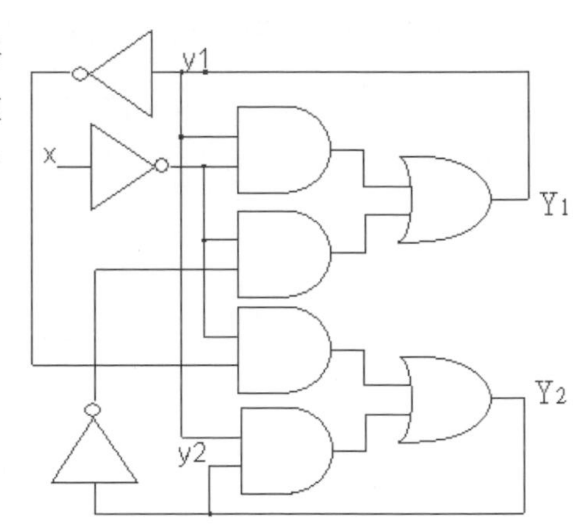

2. 布林函式：
   - $Y_1 = \overline{x}y_1 + \overline{xy_2}$
   - $Y_2 = \overline{xy_1} + y_1y_2$

3. 卡諾圖：

Y_1

y_1y_2 \ x	0	1
00	1	0
01	0	0
11	1	0
10	1	0

Y_1

y_1y_2 \ x	0	1
00	1	
01		
11	1	
10	1	

Y_2

y_1y_2 \ x	0	1
00	1	0
01	1	0
11	1	1
10	0	0

Y_2

y_1y_2 \ x	0	1
00	1	
01	1	
11	1	1
10		

4. 狀態轉換表：

- 輸入次變數 y_1y_2 之狀態值與輸出 $Y=Y_1Y_2$ 之狀態值相同時，稱為穩態；若是不同則為非穩態。
- 將上二張卡諾圖整合為一張即可獲得狀態轉換表，以利分析非同步序向邏輯電路。下圖中，方格內之值為 Y_1Y_2 之值採並列呈現，以圈圈之值表示穩態，未圈圈之值則表示非穩態。
- 當輸入 x＝0，且輸入次變數 y_1y_2＝00 時，輸出 $Y=Y_1Y_2$＝11（為非穩態）；當輸入 x＝1，且輸入次變數 y_1y_2＝00 時，輸出 $Y=Y_1Y_2$＝00（為穩態）；再如，當輸入 x＝0，且輸入次變數 y_1y_2＝01 時，輸出 $Y=Y_1Y_2$＝01（為穩態）；當輸入 x＝1，且輸入次變數 y_1y_2＝01 時，輸出 $Y=Y_1Y_2$＝00（為非穩態），由下圖可知有 4 個穩態 xy_1y_2 之輸入值為 001、010、011 以及 100，4 個非穩態 xy_1y_2 之輸入值為 000、101、110 以及 111：

y_1y_2 \ x	0	1
00	11	(00)
01	(01)	00
11	(11)	01
10	(10)	00

5. 狀態表：非同步序向邏輯電路之狀態轉換表如同同步系統中之狀態表。若將次變數當作目前之狀態（Prestate；present state），激勵變數當作下一個狀態（next state），狀態轉換表可表示成狀態表如下：

目前狀態		下一個狀態			
y1	y2	x=0		x=1	
0	0	1	1	0	0
0	1	0	1	0	0
1	0	1	0	0	0
1	1	1	1	0	1

由上可知同步與非同步序向邏輯電路之差異，於同步系統，目前狀態係完全由正反器之值所指定，須配合統一之時脈運作而非因輸入之改變而變化，是故若非於觸發之時脈條件則不運作變化；於非同步系統中，當輸入值改變時其內部狀態之值可立即改變。此外，在非同步序向邏輯電路有項限制為通常每一列（row）中至少須有 1 個或 1 個以上之穩態存在，否則該行將無穩定之狀態，此限制於同步系統中並不存在。

請標示出下圖狀態轉換表中，哪些狀態是屬於穩態。

▼說明：

本例之穩態以圈圈標示之，亦即當 y_1y_2x 之輸入值為 001 時，狀態會回到 00（穩態），當 y_1y_2x 之輸入值為 010 時，狀態會回到 01（穩態），當 y_1y_2x 之輸入值為 110 時，狀態會回到 11（穩態），當 y_1y_2x 之輸入值為 101 時，狀態會回到 10（穩態），其餘之狀態則屬於非穩定之狀態，如下圖：

y_1y_2 \ x	0	1
00	10	(00)
01	(01)	11
11	(11)	10
10	00	(10)

由非同步序向邏輯電路圖獲得狀態轉換表，其流程如下：

1. 決定邏輯電路中所有的回授迴圈。
2. 將每一個回授迴圈之輸出以激勵變數 Y_i 指定，其對應之次變數輸入指定為 y_i，i 之值端視回授迴圈數而定，可由 1 開始編號至迴圈數。
3. Y 為外部輸入與 y 之函數，推導所有 Y 之布林函式。
4. 以外部輸入為行（column），次變數 y 為列（row），繪出 Y 函式之卡諾圖。
5. 將各個 Y_i 卡諾圖全部結合成一個，並於圖中每一方格將其所有 Y_i 之值顯示。例如，有 N 個回授迴圈，即於每一個方格中顯示其相應之 $Y_1Y_2...Y_N$ 之值。
6. 將穩態圈圈，亦即輸出 $Y=Y_1Y_2...Y_N$ 之狀態值與輸入次變數 $y_1y_2...y_N$ 之狀態值相同之方格畫圈圈。

流程表（flow table）：設計非同步序向邏輯電路更方便的方法是使用文字符號命名的方式，而不需特別參考他們的二進制值，此種表格即稱為流程表。

1. 流程表與狀態轉換表非常相似，除內部狀態以文字符號表示而非以二進制值表示外，流程表亦包含對每一個穩態之邏輯電路輸出；亦即每一列至少存在一個穩態，若是每一列恰好僅有一個穩態，則此流程表統稱**基本流程表（primitive flow table）**。
2. 例如，前述之狀態轉換表即可表示成 1 個輸入項 x、1 個輸出項 y 之原始流程表，其中，狀態之對應為 a 對應次變數 00，b 對應次變數 01、c 對應次變數 11、d 對應次變數 10，方格中之圈圈表示穩態，如下圖（此圖每一列僅有 1 個穩態故為基本流程表）：

y \ x	0	1
a	c	(a)
b	(b)	a
c	(c)	b
d	(d)	a

Y_1Y_2 \ x	0	1
00	11	(00)
01	(01)	00
11	(11)	01
10	(10)	00

3. 下表為 2 個輸入項 x_1x_2，1 個輸出之流程表，方格中被圈圈之文字符號如Ⓐ或Ⓑ即為穩態，由表中可發現其每列中存在至少有一個以上之穩態：

y \ x_1x_2	00	01	11	10
A	Ⓐ,0	B,0	Ⓐ,0	Ⓐ,0
B	A,0	Ⓑ,0	Ⓑ,1	A,1

4. 為採用流程表描述邏輯電路，每個文字符號所表示之狀態必須賦予一個不同的二進制值，以利將流程表轉換為狀態轉換表。

■ 例如上表可將每一方格中之二個狀態，如（Ⓐ,1）分別拆開形成下列二個表，並將狀態 A 和 B 分別以 0 和 1 指定之，其中，方格中之第一個狀態整理如下表：

y \ x_1x_2	00	01	11	10
A	Ⓐ	B	Ⓐ	Ⓐ
B	A	Ⓑ	Ⓑ	A

➔

y \ x_1x_2	00	01	11	10
0	⓪	1	⓪	⓪
1	0	①	①	0

■ 方格中之第二個狀態整理為另一個表如下：

y \ x_1x_2	00	01	11	10
A	0	0	0	0
B	0	0	1	1

➔

y \ x_1x_2	00	01	11	10
0	0	0	0	0
1	0	0	1	1

■ 布林函式：

(1) 將第一個表以 Y 函式表示：$Y = x_2 y + \overline{x_1} x_2$

(2) 第二個表以 z 函式表示：$z = x_1 y$

■ 邏輯電路圖：

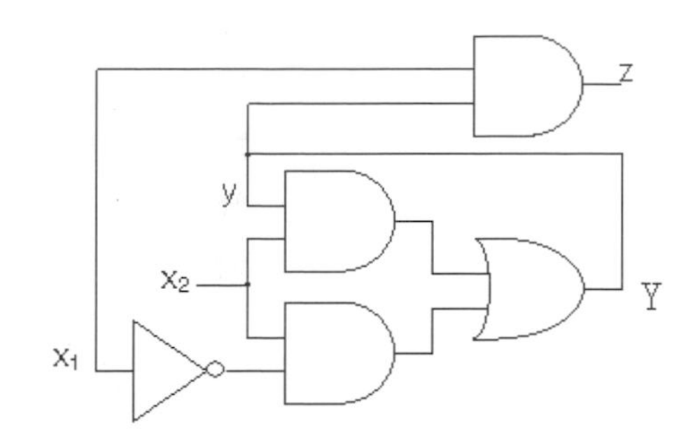

■ **競跑狀況**：於非同步序向邏輯電路中，當二個或多個二進制的狀態變數，因對輸入變數值變化而反應並改變狀態值時，若延遲時間不相同，非同步序向邏輯電路將有競跑狀況存在

1. 假設某狀態轉換表如下：

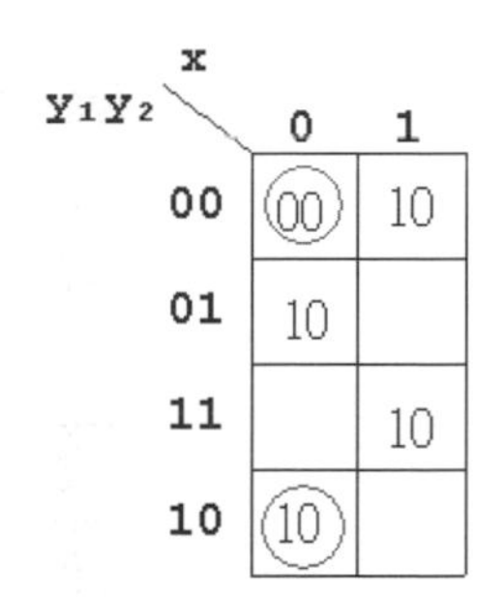

y_1y_2 \ x	0	1
00	(00)	10
01	10	
11		10
10	(10)	

2. 假設初始狀態 y_1y_2x 由完全穩態之 000 開始，輸入項變數 x 之值並由 0 變為 1，那麼後續狀態之改變可能存在之變遷情形包含：

■ 00➔10

■ 00➔01➔10

■ 00➔11➔10

此數種狀態之改變，其初始與終止狀態相同，然中間變化之次數與順序不同，此現象即稱為競跑。狀態由 00 開始，於狀態 10（穩態）時終止，然中間可能存在其他的狀態變化過程，而此種競跑現象因最後終止之狀態為固定值，故稱為**沒有危機的競跑**（noncritical race）**狀況**；亦即，非同步序向邏輯電路之最後穩定狀態與狀態變數變化的順序是無關的。

具危機之競跑：當非同步序向邏輯電路之狀態改變，若經不同順序變化並終止於二個或多個以上的穩態，此種邏輯電路之競跑現象即屬於具危機之競跑（critical race）。在邏輯電路的設計與正常操作狀況下，應避免出現危機競跑的狀況，以免產生無法有效控制或不可預期之結果。

1. 假設某狀態轉換表如下：

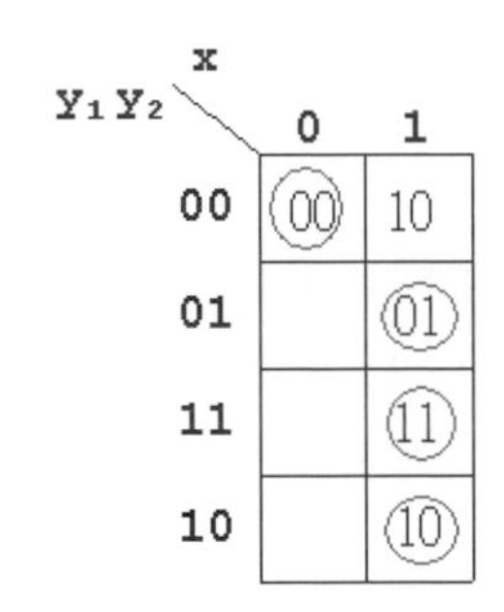

2. 假設上圖之初始狀態 y_1y_2x 亦由完全穩態之 000 開始，輸入項變數 x 之值並由 0 變為 1，那麼可能存在具危機競跑現象之狀態變遷包含：

   - 00➔10
   - 00➔01
   - 00➔11

競跑現象之避免：

1. 可藉由賦予狀態變數適當的二進位值來避免。此狀態變數設定時必須是任何一個時間當流程表發生狀態變遷時，僅能有 1 個狀態變數的改變。
2. 競跑現象可在電路處於中間非穩定狀態時，以唯一的狀態變數改變來導引予以避免。

循環（cycle）：當競跑現象在非同步序向邏輯電路中，經過一序列唯一順序的非穩態狀態時，此競跑現象稱為循環，如下圖例：

1. 假設某狀態循環之變遷表如下：

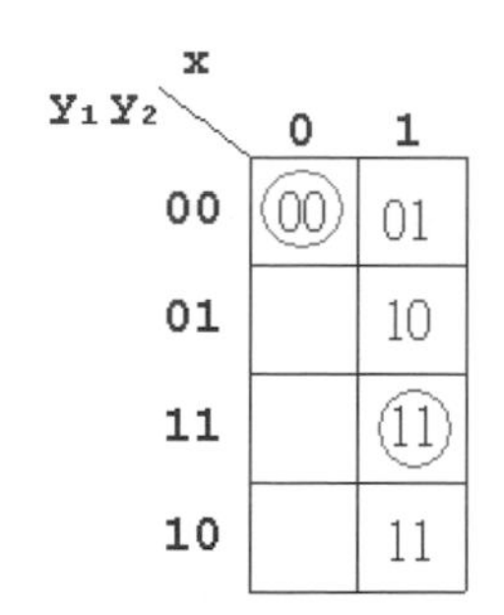

2. 假設上圖之初始狀態 y_1y_2x 亦由完全穩態之 000 開始，輸入項變數 x 之值並由 0 變為 1，那麼可能存在循環競跑之狀態變遷為：

   00➔01➔10➔11（終止於穩態 11）

3. 當使用之循環邏輯電路可於穩定之狀態終止時，須非常小心處理。

例題2

請設計一個具有循環競跑現象並終止於穩態的狀態轉換表。

▼說明：

設計如下圖，其狀態變遷為由 00 起始➔11➔並於 01 終止。

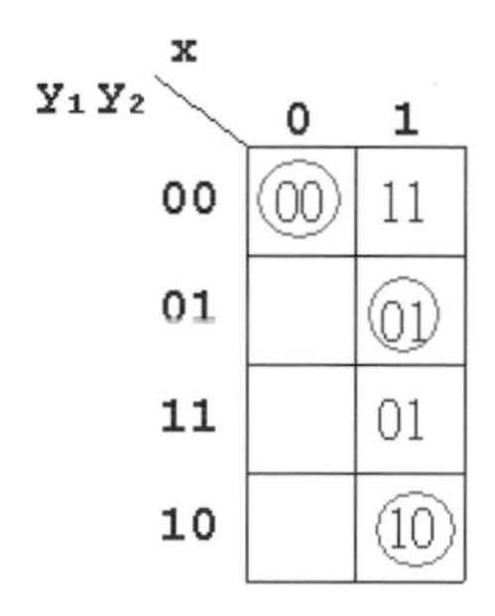

例題3

請設計一個具有循環競跑但無法終止於某一狀態的狀態轉換表。

▼說明：

設計如下圖，其狀態變遷由 10➔11➔01➔10（循環不止，非穩態；除非特別控制讓狀態改變）。

Y_1Y_2 \ x	0	1
00	(00)	10
01		10
11		01
10		11

例題4

給予電路圖如下，請依輸入變數 x_1x_2 之輸入順序推導內部狀態 Y_1Y_2 值，x_1x_2 之輸入順序為 00➔10➔11➔01➔11➔10➔00。

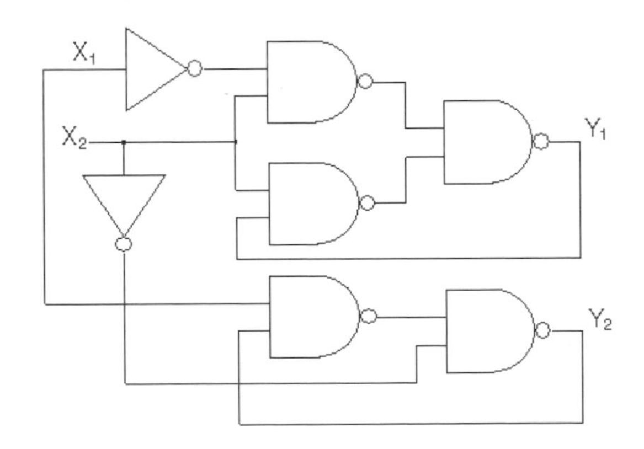

▼說明：

(1) 由邏輯電路圖可推導獲得布林函式如下：

- $Y_1 = \overline{x_1}x_2 + x_2y_1$
- $Y_2 = x_2 + x_1y$

(2) 完成次變數與激勵變數之狀態轉換圖如下（方格中圈圈者表示穩態）：

y_1y_2 \ x_1x_2	00	01	11	10
00	(00)	11	01	(00)
01	00	11	(01)	(01)
11	00	(11)	(11)	01
10	00	11	11	00

(3) 依輸入變數之順序 00→10→11→01→11→10→00，完成輸出序列 Y_1Y_2：00→00→01→11→11→01→00

穩定性處理：非同步序向邏輯電路因具回授路徑，須注意確保邏輯電路不會變成不穩定的狀態，以免邏輯電路於非穩定之狀態間震盪。藉由分析狀態轉換表可有效偵測出不穩定的情形，以避免該狀況之發生。

穩定性之分析：

1. 假設給予狀態轉換表如下（方格中圈圈之狀態為穩態，其餘皆屬非穩定之狀態）：

y \ x_1x_2	00	01	11	10
0	(0)	1	1	(0)
1	0	0	(1)	0

2. 由上表可獲得布林函式如下：

$$Y = x_1x_2 + x_2\overline{y}$$

3. 邏輯電路圖：

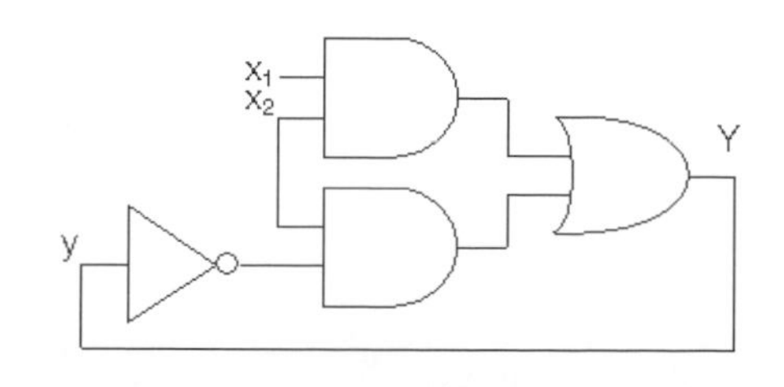

4. 穩定性分析：

- 由上狀態轉換表及邏輯電路圖可知每列均有一或多個穩態存在，於 x_1x_2＝01 行中，則並無穩定之狀態存在，其餘各行則均有穩態。
- 因此，當輸入 x_1x_2 為 01 時，邏輯電路之 Y 與 y 值間將不一致無法達到穩態（若 x_1x_2 值固定為 01 時，Y 與 y 值將永不相同）。因 x_1x_2＝01 時，原布林函式 $Y = x_1x_2 + x_2\overline{y}$ 可化簡為 $Y = \overline{y}$，所以 Y 與 y 值將恆為互補的補數關係。

9-3 閂鎖電路

眾所週知，非同步序向邏輯電路比同步系統更早問世，第一個實際數位電路是由繼電器（relay）建構的，其比非同步操作更具調適性。因此，傳統上非同步邏輯電路之組態多形成一或多個迴授路徑。當數位邏輯電路係使用電子元件或組件建構時，更方便於使用 SR 閂鎖作為記憶體元件。

於非同步序向邏輯電路中使用 SR 閂鎖，在邏輯圖中可產生具次序的型樣（pattern），配合記憶元件清楚可視。

於前面章節中已介紹利用 NOR 和 NAND 邏輯閘實作之 SR 閂鎖器，其中 NOR 型 SR 閂鎖器邏輯電路係由二個輸出回授相互連接的 NOR 邏輯閘電路所組成，NAND 型 SR 閂鎖器邏輯電路則由二個輸出回授相互連接的 NAND 邏輯閘電路所組成。

NOR 型 SR 閂鎖器：

1. 邏輯電路是屬於交互耦合電路，如下圖：

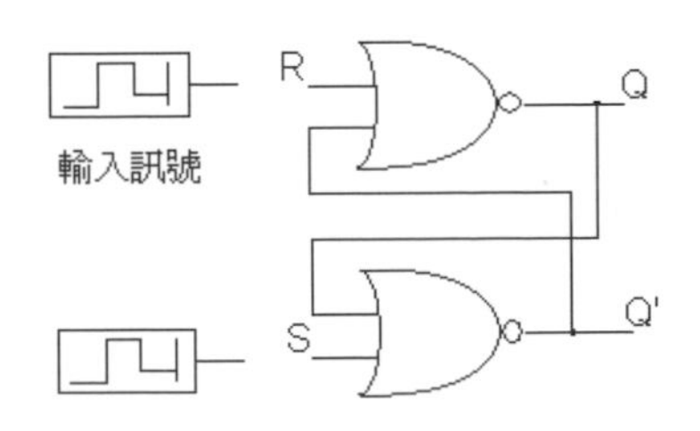

2. NOR 型 SR 閂鎖器真值表如下表：

輸入		輸出	
S	R	Q	$\overline{Q}$
1	0	1	0
0	0	1	0
0	1	0	1
0	0	0	1
1	1	0	0

3. 為利以狀態轉換表進行分析，上圖可採回授路徑之方式重新繪圖如下：

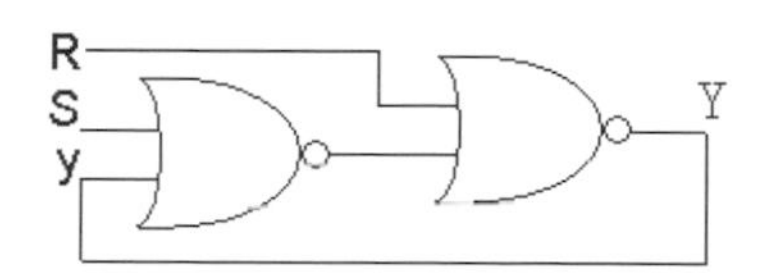

4. 布林函式：其相應之布林函式經導入 DeMorgan 定律獲得函式：

$$Y=\overline{\overline{(S+y)}+R}=(S+y)\overline{R}=S\overline{R}+y\overline{R}$$

5. 狀態轉換表分析如下：

y \ SR	00	01	11	10
0	(0)	(0)	(0)	1
1	(1)	0	0	(1)

6. 運作說明：

- 當 SR＝0 時，原布林函式 $Y=S\overline{R}+y\overline{R}$ 可簡化為 $Y=S+y\overline{R}$；此因 $S=S\left(R+\overline{R}\right)=SR+S\overline{R}$，故當 SR＝0 時，$S=S\overline{R}$。因此，分析 SR 閂鎖器時須先檢查 SR 是否一值保持 0 值。
- 經檢視狀態轉換表可知，當 SR 之輸入值為 01 時，屬於穩定狀態，因為 Y＝y＝0；同樣的，當 SR 之輸入值為 10 時，亦屬於穩定狀態，因為 Y＝y＝1。

- 當 SR 輸入值為 10，輸出 Q＝Y＝1，此時閂鎖器處於設定（set）狀態。當 S 之值改變為 0 時，閂鎖器仍停留於設定狀態。
- 若是 SR 輸入值為 01，輸出將為 Q＝Y＝0，此時閂鎖器處於重置（reset）狀態，若 R 值改變為 0 時，此時閂鎖器亦屬停留於重置狀態；前述狀況均如上列真值表所示之操作。
- 當然，若遭遇 SR 輸入值為 11 狀況時，便會發生運作上有某些困難存在。

NAND 型 SR 閂鎖器：通常又稱為 $\overline{SR}$ 閂鎖器。

1. 邏輯電路亦為交互耦合電路，如下圖：

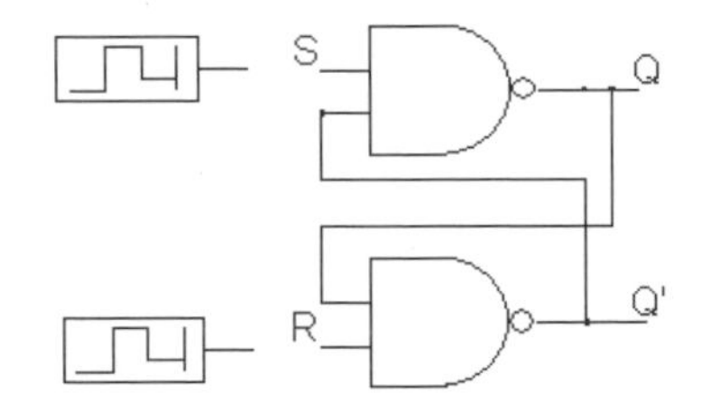

2. NAND 型 SR 閂鎖器真值表如下表：

輸入		輸出	
S	R	Q	$\overline{Q}$
1	0	0	1
1	1	0	1
0	1	1	0
1	1	1	0
0	0	1	1

3. 為利以狀態轉換表進行分析，上圖亦可採回授路徑之方式重新繪圖如下：

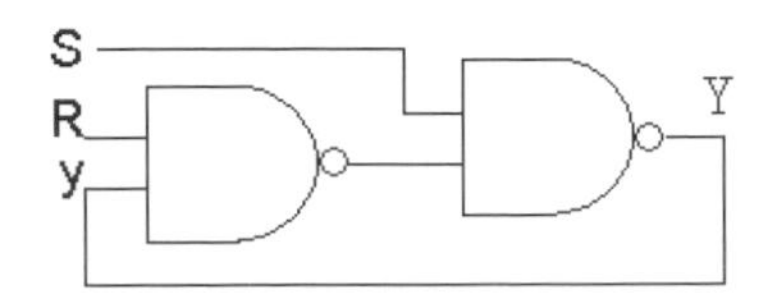

4. 布林函式：其相應之布林函式經導入 DeMorgan 定律獲得函式：

$$Y = \overline{\left(\overline{Ry}\right)S} = \left(Ry\right) + \overline{S} = \overline{S} + Ry$$

若與NOR型SR閂鎖器之布林函式比較可發現式中變數S被$\overline{S}$替代，$\overline{R}$被R替代。

5. 狀態變遷表分析如下：

y \ SR	00	01	11	10
0	1	1	(0)	(0)
1	(1)	(1)	(1)	0

6. 運作說明：

- NAND 型 SR 閂鎖器操作時，2 個輸入項（S 和 R）之正常輸入都設為 1，除須改變狀態外。
- 當 R＝0 時，輸出將為 Q＝0，此時閂鎖器處於重置（reset）狀態。若 R 之輸入值變回 1，而 S 之輸入值變為 0，此時閂鎖器將變換並處於設定（set）狀態。
- 當然，亦應避免 SR 之輸入值為 00 之狀況發生，那會出現運作困難問題。$\overline{S}\overline{R} = 0$（S 或 R 至少其一之值為 1）為可符合正常作業之條件。

非同步序向邏輯電路，不論是否有外部回授路徑皆可使用 SR 閂鎖器進行建構設計，當然 SR 閂鎖器本身即具有回授路徑。

SR 閂鎖器電路設計與分析：

1. 假設給予非同步邏輯電路包含 2 個輸入項 x_1 和 x_2，2 個次變數 y_1 和 y_2，以及 2 個輸出項（激勵變數）Y_1 和 Y_2，如下圖：

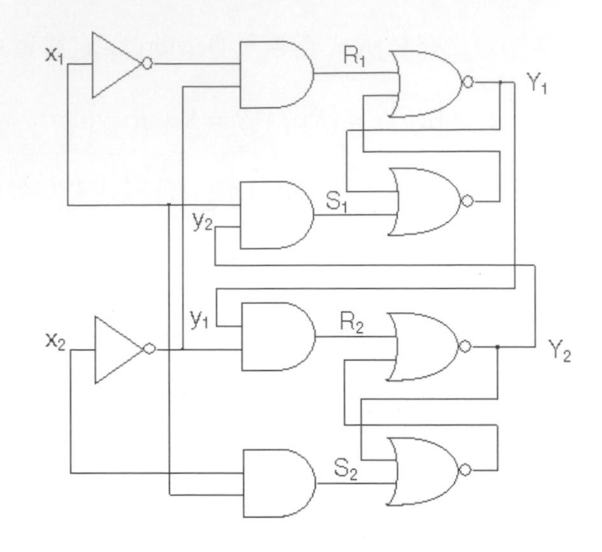

2. 布林函式：由上圖可推導獲得函式如下：

- $S_1 = x_1y_2$；$R_1 = \overline{x_1}\,\overline{x_2}$
- $S_2 = x_1x_2$；$R_2 = \overline{x_2}\,y_1$

3. 分析檢查 SR 是否滿足 SR＝0 條件：

- $S_1R_1 = x_1y_2\overline{x_1}\,\overline{x_2} = 0$ ➔符合 SR＝0 條件（因 $x_1\overline{x_1} = 0$ ）
- $S_2R_2 = x_1x_2\overline{x_2}y_1 = 0$ ➔符合 SR＝0 條件（因 $x_2\overline{x_2} = 0$ ）

4. 由邏輯電路推導出狀態變遷表，經套用 NOR 型 SR 閂鎖器前推導結果，當 SR＝0 時，$Y = S + y\overline{R}$ ，可獲得函式替代如下（引用 DeMorgan 定律）：

- $Y_1 = S_1 + \overline{R_1}y_1 = x_1y_2 + \overline{\overline{x_1}\,\overline{x_2}}y_1$
  $= x_1y_2 + (x_1 + x_2)y_1 = x_1y_1 + x_1y_2 + x_2y_1$
- $Y_2 = S_2 + \overline{R_2}y_2 = x_1x_2 + \overline{\overline{x_2}y_1}y_2$
  $= x_1x_2 + (x_2 + \overline{y_1})y_2 = x_1x_2 + x_2y_2 + \overline{y_1}y_2$

5. 狀態轉換表：將上述布林函式，以 $Y=Y_1Y_2$ 表示，繪製狀態轉換表如下圖，其方格中圈圈者表示穩態，其餘為非穩態。

y_1y_2 \ x_1x_2	00	01	11	10
00	(00)	(00)	01	(00)
01	(01)	(01)	11	11
11	00	(11)	(11)	10
10	00	(10)	11	(10)

經檢查狀態轉換表可發現存在具危機之競跑現象，當電路初始狀態 $y_1y_2x_1x_2$ 之輸入值等於 1101 時（$Y_1Y_2=11$），且當 x_2 由 1 變為 0 時，（$Y_1Y_2=00$）。若 Y_1 在 Y_2 之前其值變為 0，電路之狀態將為 0100 而非 0000；然而若電路與閂鎖器延遲時間幾乎相等則無此非所欲之情況發生。

6. 分析流程：有關具 SR 閂鎖器之非同步序向邏輯電路之分析流程彙整如下：

(1) 將每一個閂鎖器之輸出（激勵變數）標示為 Y_i，其相應之外部回授迴圈路徑（次變數）標示為 y_i，其中 $i=1, 2, \cdots, k$（k 表示回授路徑之總數）。

(2) 推導每一個閂鎖器的輸入 S_i 與 R_i 布林函式。

(3) 檢查每一個 NOR 型 SR 閂鎖器是否符合 $SR=0$ 之條件，或是每一個 NAND 型 $\overline{S}\overline{R}$ 閂鎖器是否符合 $\overline{S}\overline{R}=0$ 之條件。若無法滿足此一條件，此邏輯電路可能無法正常運作。

(4) 計算每一個 NOR 型 SR 閂鎖器，或 NAND 型 $\overline{S}\overline{R}$ 閂鎖器。

(5) 建立以次變數 y 為列，以輸入項變數 x 為行的狀態變遷圖。

(6) 於圖中畫出 $Y=Y_1Y_2\cdots Y_k$ 之值。

(7) 在所有 $Y=y$ 之方格以圈圈，圈出所有的穩態，其餘未圈者為非穩態，即可獲得轉換表。

閂鎖器之狀態轉換表對分析和定義閂鎖器的運作非常有用。當次變數 y 及輸入 S 和 R 都為已知值時，狀態轉換表可有效指定激勵變數 Y。於實作過程中，邏輯電路之狀態轉換表是有用的，可藉以獲得 S 和 R 之值。因此，須從表列由 y 轉換到 Y 所需要的 S 和 R 之輸入值，此種表列即稱為**激勵表**（excitation table），如下例：

y	Y	S	R
0	0	0	X
0	1	1	0
1	0	0	1
1	1	X	0

前二行表列出由 y 變遷至 Y 的 4 種可能轉換，後二行則指定相應於 y 與 Y 間轉換所需之 S 與 R 輸入值。例如，若要由 y＝1 轉換至 Y＝0，那麼 S 輸入值必須為 0，且 R 輸入值必須為 1（如上表中第三列）；若要由 y＝1 轉換至 Y＝1，那麼 S 輸入值為 X， R 輸入值則必須為 0。前述之狀態轉換表（如下表）：

SR / y	00	01	11	10
0	(0)	(0)	(0)	1
1	(1)	0	0	(1)

若將其中不穩定條件 SR＝11 之狀況刪除，可由狀態轉換表直接推導獲得其於激勵表中之 4 種狀態之必要相對應輸入值；例如，狀態轉換表顯示要由 y＝0 狀態改變為 Y＝0，SR 輸入值可以是 00 或 01 其中之一種，亦即 S 必須為 0，而 R 可以是 0 或 1，故以 "X"（不理會）表示之。

具 SR 閂鎖器之序向邏輯電路，係由給予之狀態轉換表經過處理程序求得邏輯圖，該程序必須決定每一個閂鎖器的 S 和 R 輸入埠端之布林函式，其後即可繪製 SR 閂鎖器與邏輯閘之電路圖，並依所獲得之 S 和 R 函式來實作電路。

舉例說明，假設狀態轉換表如下，其布林函式為 $Y = x_1\overline{x_2} + x_1 y$ ，$z = x_1 x_2 y$ ：

y \ x_1x_2	00	01	11	10
0	(0)	(0)	(0)	1
1	0	0	(1)	(1)

經套用上述 SR 閂鎖器之激勵表，可知當輸入項與次變數 yx_1x_2 之值為 111 時，狀態由 y＝1 轉換至 Y＝1，若對照激勵表可知 SR 閂鎖器之 S 輸入被指定為 X，而 R 輸入則被指定為 1，將 $Y = S + y\overline{R}$ 帶入 $Y = x_1\overline{x_2} + x_1 y$ 式中可推導獲得 $S = x_1\overline{x_2}$ ， $y\overline{R} = x_1 y$ ➔ $R = \overline{x_1}$ ，若以卡諾圖表示如下：

$S = x_1\overline{x_2}$

y \ x_1x_2	00	01	11	10
0	0	0	0	1
1	0	0	X	X

$R = \overline{x_1}$

y \ x_1x_2	00	01	11	10
0	X	X	X	0
1	1	1	0	0

若採用 NOR 型 SR 閂鎖器其邏輯電路如下：

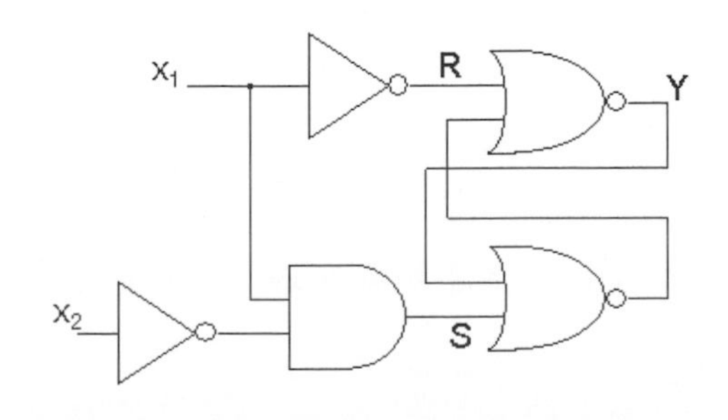

若採用 NAND 型 SR 閂鎖器，須先將$Y = \overline{S} + Ry$帶入$Y = x_1\overline{x_2} + x_1y$式中可推導獲得$S = \overline{x_1\overline{x_2}} = \overline{x_1} + x_2$，$Ry = x_1y \rightarrow R = x_1$，其邏輯電路如下：

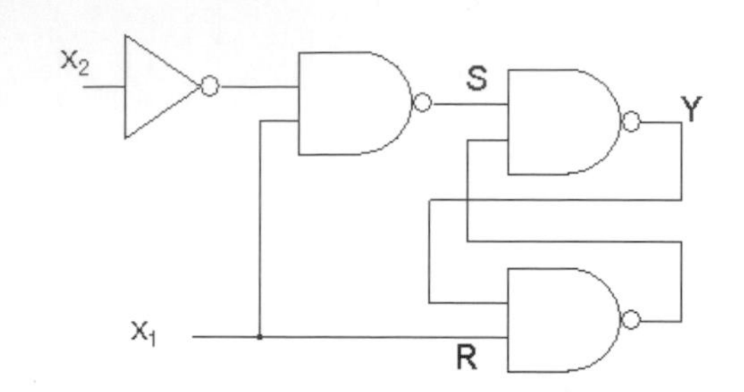

閂鎖器實作：一般而言，由狀態轉換表以 SR 閂鎖器實作非同步序向邏輯電路之概略流程如下：

1. 給予狀態轉換表指定激勵函數 $Y=Y_1Y_2...Y_k$（其中，k 表示回授路徑數），推導配對之閂鎖器輸入 S_i與 R_i，其中 $1 \leq i \leq k$；可由閂鎖器之激勵表指定之條件完成。

2. 推導每個閂鎖器的 S_i與 R_i簡化後的布林函式，須注意同一個全及項方格中，S_i與 R_i不能同時等於 1（因若 SR 輸入值同時為 1 會發生運作困難）。

3. 利用 k 個閂鎖器即必要之邏輯閘產生 S 和 R 布林函式以繪製邏輯電路圖。對於 NOR 型 SR 閂鎖器，可利用步驟 2（前一步驟）獲得 S 與 R 之輸入布林函式。對於 NAND 型 SR 閂鎖器，可使用步驟二所得到之值之補數值處理。

9-4 設計流程

設計非同步序向邏輯電路係由問題敘述開始（了解問題之重點，要處理何事？邏輯設計之目標為何？），完成邏輯電路圖為最終目的。

為實現邏輯電路之設計有很多的步驟須執行，如將邏輯電路之複雜度降至最低以及產生沒有危機競跑之穩定電路等。簡而言之，即由設計規格產生基本流程表。其後，流程表之狀態數減至最少，再將狀態轉換表中所有狀態指定二進制值，最後，由狀態轉換表推導使用組合電路結合回授路徑或使用閂鎖器之邏輯電路圖。

設計 2 個輸入和 1 個輸出具記憶功能之閘閂鎖（gated-latch）控制電路：

1. 功能要求：

   - 指定：輸入埠分別為 G（作為閘控輸入）與 D（作為資料輸入），輸出埠為 Q。
   - G＝1 時，將輸入埠資料 D 轉輸出至輸出埠 Q，若 G 一直維持邏輯值 1，則輸入埠資料 D 會持續送給輸出埠 Q 輸出。
   - G＝0 時，Q 之輸出值不因 D 值而改變，將維持前一個時間之 D 輸入值。

2. 完整狀態表：按輸入 D 與 G 共計 4 種可能組合狀態（00,01,11,10），依此配合輸出 Q 值將所有可能之狀態（區分為 S_1～S_6 等 6 個不同之狀態）表列如下表：

狀態	輸入		輸出	註解
	D	G	Q	
S_1	0	1	0	G＝1➔Q＝D
S_2	1	1	1	G＝1➔Q＝D
S_3	0	0	0	於 S_1 或 S_4 狀態之後
S_4	1	0	0	於 S_3 狀態之後
S_5	1	0	1	於 S_2 或 S_6 狀態之後
S_6	0	0	1	於 S_5 狀態之後

   - 由設計之規格可知，當輸入 DG＝01 時，輸出 Q 為 0；若是輸入 DG＝11 時，則輸出 Q 為 1，因為當 G＝1 時，Q 必須等於 D。此二種狀態設計為 S_1 與 S_2 狀態。
   - 當 G 轉換為 0 時，輸出 Q 之值因與輸入 D 之最後狀態相依，因此，若當 DG 由 01 轉換為 00 再轉換到 10，則輸出 Q 之值必須維持為 0，因為 G 由 1 轉變為 0 時（DG＝01➔DG＝00），D 之值為 0。若是 DG 由 11 轉換為 10 再轉換到 00，則輸出 Q 值須維持 1。

- 對基本模式（fundamental-mode）操作而言是不允許同時有 2 個變數之轉換，如 DG 由 10 變成為 01，或是 DG 由 00 變成 11，反之亦然。

3. 基本流程表：如前所述原始流程表中每一列僅有一個穩態（方格中圈圈者），此表係依前狀態表而定，每一個方格中之前者為狀態，後者為輸出 Q 值。

state \ DG	00	01	11	10
S_1	S_3,－	(S_1),0	S_2,－	－,－
S_2	－,－	S_1,－	(S_2),1	S_5,－
S_3	(S_3),0	S_1,－	－,－	S_4,－
S_4	S_3,－	－,－	S_2,－	(S_4),0
S_5	S_6,－	－,－	S_2,－	(S_5),1
S_6	(S_6),1	S_1,－	－,－	S_5,－

- 首先，每一列的方格中僅能有 1 個穩態，如第一列中，當輸入 DG 為 01 時，狀態 S_1 為穩態且輸出為 0，於第二列中，當輸入 DG 為 11 時，狀態 S_2 為穩態且輸出為 1，依此類推。

  其次，因不允許有 2 個變數同時轉換之情形發生，故以 "－" 符號標註每一列中與穩態相關聯之輸入變數有 2 或多個變數差異。例如，於第一列中之穩態係當 DG 之輸入值為 01 時，那麼 01 之值變化僅能為 11（DG＝01➔DG=11）或 00（DG＝01➔DG=00），至於 DG＝10 之狀況因屬於 2 個變數同時變化(亦即 DG＝01➔DG＝10），故於此方格中以 "－,－" 標示，然此將導致於此方格中之下一狀態與輸出均為不理會。於第二列中之穩態係出現於 DG＝11 時，同理僅能有 DG＝11➔DG=10 或 DG＝11➔DG=01 之變化，而不能出現 DG＝11➔DG＝00 之雙變數同時變換情況；其餘依此類推。

- 接下來，每一列之方格中還得找出 2 或多個值。例如，狀態 S_3 係與輸入 DG＝00 相關聯，於第三列方格中，當輸入 DG＝00 時，S_3 為穩態。然於輸入 DG＝00 乙行中，若目前狀態為 S_1 和 S_4，當輸入 DG＝00 時，下一個狀態亦會變換為 S_3，而狀態 S_1 與 S_4 等二列則屬非穩態，輸出 Q 值以 "－" 符號標註已指示不理會，其餘表中之方格值顯示均依此類推。

基本流程表之簡化：

1. 於基本流程表中，每一列僅有 1 個穩態，若每一列中有 2 或多個穩態，可將流程表的列數降至最低，亦即將原本分開的某些列結合起來整併（merge）於一列中。
2. 合併數個穩態於同一列中，表示於合併之列中，最後所指定或賦予之二進制狀態變數不會因輸入變數之變更而改變。因為，在基本流程表中，當每次輸入變數改變時，狀態變數亦會隨之變更；而於簡化（reduce）之流程表，若下一個穩態仍於相同列，輸入變數之改變並不會造成狀態變數隨之改變。
3. 合併規則：
   - 2 或多列可合併之前提，為於在每一垂直行中沒有相衝突之狀態或相衝突之輸出。
   - 每當於同一行中存在一個狀態符號及不理會，該狀態即列為合併列。
   - 若狀態於某一列中被圈圈（穩態），於合併列中亦被圈圈，因為合併狀態具相同輸出，在輸出之基礎上，狀態不能有所區別。

例題5

請將下列流程表予以合併化簡。

state \ DG	00	01	11	10
S_1	S_3,－	(S_1),0	S_2,－	－,－
S_2	－,－	S_1,－	(S_2),1	S_5,－
S_3	(S_3),0	S_1,－	－,－	S_4,－
S_4	S_3,－	－,－	S_2,－	(S_4),0
S_5	S_6,－	－,－	S_2,－	(S_5),1
S_6	(S_6),1	S_1,－	－,－	S_5,－

▼**說明：**

(1) 依前述合併規則檢查可將上面之流程表拆開，分為 2 個各具 3 列之流程表如下（a）及（b）表：

表（a）

state \ DG	00	01	11	10
S_1	S_3,－	(S_1),0	S_2,－	－,－
S_3	(S_3),0	S_1,－	－,－	S_4,－
S_4	S_3,－	－,－	S_2,－	(S_4),0

表（b）

state \ DG	00	01	11	10
S_2	－,－	S_1,－	(S_2),1	S_5,－
S_5	S_6,－	－,－	S_2,－	(S_5),1
S_6	(S_6),1	S_1,－	－,－	S_5,－

(2) 表（a）及（b）為合併前之準備階段，（a）及（b）表中每一列中亦各具有 1 個穩態，於表（a）中之第一行可發現都有狀態 S_3 以及輸出為 0 或 "－"（不理會可為 0 或 1），此 "不理會" 可與任何狀態或輸出結合。因此，於表（a）中之第一行之 2 個 "－" 輸出可當作輸出為 0，如此一來即與第二列之 "(S_3),0"（穩態 S_3 且輸出為 0）完全相同。同理，表（a）中之第二行可視為 "(S_1),0"（穩態 S_1 且輸出為 0），表（a）第三行可視為 "S_2,－"（非穩態 S_2），表（a）第四行可視為 "(S_4),0"（穩態 S_4 且輸出為 0），因此，表（a）可予以合併處理如下表（c）：

表（c）

state \ DG	00	01	11	10
S_1,S_3,S_4	(S_3),0	(S_1),0	S_2,－	(S_4),0

(3) 於表（b），第一行可視為 "(S_6),1"（穩態 S_6 且輸出為 1），第二行可視為 "S_1,－"（非穩態 S_1），第三行可視為 "(S_2),1"（穩態 S_2 且輸

出為 1），第四行可視為 "ⓈS5 ,1"（穩態 S_5 且輸出為 1），因此，表（b）可合併處理如下表（d）：

表（d）

state \ DG	00	01	11	10
S_2,S_5,S_6	(S_6),1	S_1,－	(S_2),1	(S_5),1

(4) 再進一步可將上表(c)中原使用 S_1、S_3、S_4 等 3 個狀態之表示法合併統一以狀態 S_1 來表示 S_1、S_3、S_4 狀態，表(d)中原使用 S_2、S_5、S_6 等 3 個狀態之表示法亦合併以統一狀態 S_2 表示 S_2、S_5、S_6 狀態，並將此結果整併為下表（e）：

表（e）

state \ DG	00	01	11	10
S_1	(S_1),0	(S_1),0	S_2,－	(S_1),0
S_2	(S_2),1	S_1,－	(S_2),1	(S_2),1

即完成僅剩下 2 種不同狀態（S_1 與 S_2）表示之化簡後的流程表。

閘門鎖控制電路之狀態轉換表與邏輯電路圖（以例題 5 為例說明）：

1. 例題 5 之基本流程表經簡化後，僅需使用 S_1 與 S_2 等 2 種不同之狀態來表示，若將例題 4 之表（e）中 S_1 與 S_2 狀態分別以 0 和 1 表示，可完成下表（A）：

表（A）

state \ DG	00	01	11	10
0	0,0	0,0	1,－	0,0
1	1,1	0,－	1,1	1,1

2. 表（A）中，每一方格中分別包含下一個狀態以及輸出值，因此可拆解成 2 個狀態轉換表如下：

   - 左側狀態轉換表（下一個狀態）：為輸入項（DG）與次變數（y）以及激勵變數（Y）之狀態表。
   - 右側狀態轉換表（輸出值）：為輸入項（DG）與次變數（y）以及輸出（Q）之狀態表。

y \ DG	00	01	11	10
0	0	0	1	0
1	1	0	1	1

y \ DG	00	01	11	10
0	0	0	0	0
1	1	1	1	1

3. 上表經卡諾圖推導可獲得布林函式如下：

   - $Y = DG + y\overline{G}$
   - $Q = Y$

4. 依布林函數完成邏輯電路圖設計如下：

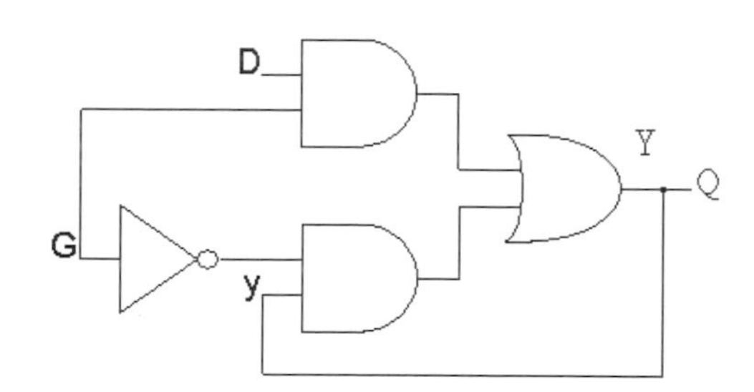

例題6

請將例題 5 之邏輯電路改以 SR 閂鎖器設計。

▼**說明：**

(1) 前例獲得之布林函式為：$Y = DG + y\overline{G}$ 。

y \ DG	00	01	11	10
0	0	0	1	0
1	1	0	1	1

(2) 套用 SR 閂鎖器激勵表：

y	Y	S	R
0	0	0	X
0	1	1	0
1	0	0	1
1	1	X	0

3. 完成卡諾圖推導 SR 閂鎖器之布林函式：

- 由 y=0 至 Y=0，S 輸入值為 0，R 輸入值為 X（不理會）
- 由 y=0 至 Y=1，S 輸入值為 1，R 輸入值為 0
- 由 y=1 至 Y=0，S 輸入值為 0，R 輸入值為 1
- 由 y=1 至 Y=1，S 輸入值為 X（不理會），R 輸入值為 0

y \ DG	00	01	11	10
0	0	0	1	0
1	X	0	X	X

y \ DG	00	01	11	10
0	X	X	0	X
1	0	1	0	0

- 左側卡諾圖➔ $S = DG$
- 右側卡諾圖➔ $R = \overline{D}G$

(4) 假如採用 NAND 型 SR 閂鎖器➔ $Y = \overline{S} + Ry$，邏輯電路圖如下：

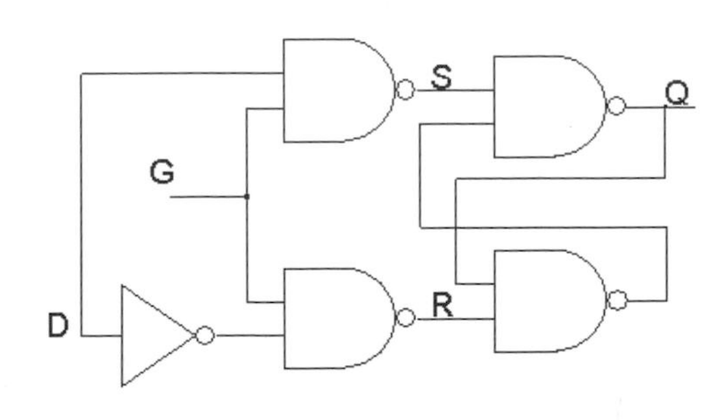

例題7

給予具有 2 個輸入變數、2 個內部狀態及 1 個輸出之非同步序向邏輯電路，其激勵變數與輸出之布林函式為 $Y_1 = x_1x_2 + x_1\overline{y_2} + \overline{x_2}y_1$ **，** $Y_2 = x_1 + x_2\overline{y_1}$ **，** $z = x_2 + y_2$ **，請完成邏輯電路設計與流程表。**

▼說明：

(1) 首先，依激勵變數與輸出之布林函式，完成電路圖設計如下：

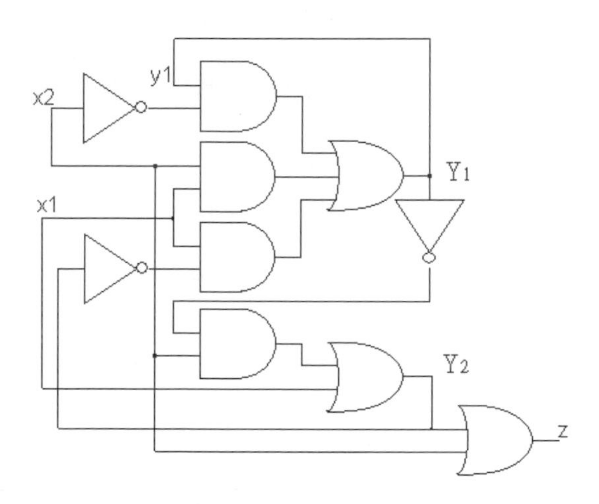

(2) 完成流程表（方格中圈圈者表示穩態）如下：

y_1y_2 \ x_1x_2	00	01	11	10
00	(00),0	01,1	11,1	11,0
01	00,1	(01),1	11,1	(01),1
11	10,1	00,1	(11),1	(11),1
10	(10),0	00,1	11,1	11,0

於非同步序向邏輯電路，在流程表中，穩態都指定和他們相關聯的輸出值，非穩態若無特定輸出係以 "－" 指定。對於非穩態之輸出值需慎選以避免邏輯電路於穩定的狀態之間轉換時所出現的瞬時（短暫）錯誤輸出。

亦即，當狀態轉換並未假設輸出變數會因而變化，那麼非穩態將為二個穩態轉換之間瞬間發生的暫態（transient），此暫態必須予以指定與穩態之輸出值相同，才不致發生問題。

假設給予流程表及輸出指定表分別如下二表：

狀態	流程表	
S_1	(S_1),0	S_2,－
S_2	S_3,－	(S_2),0
S_3	(S_3),1	S_4,－
S_4	S_1,－	(S_4),1

輸出指定表	
0	0
X	0
1	1
X	1

上表中由穩態 S_1 轉換至穩態 S_2 會經過非穩態的 S_2，假如此非穩態之輸出值指定為 1，那麼邏輯電路之輸出埠將出現短暫的瞬時脈波，亦即於穩態 S_1，輸出值為 0，經過非穩態 S_2，輸出值會瞬間變為 1，當達到穩態 S_2 時，輸出值會在回歸為 0 值。為利所設計之邏輯電路處於穩定之操作狀況，此處，非穩態之 S_2，其輸出值需指定為 0，以避免錯誤之輸出。若因狀態改變而導致輸出變數亦隨之改變，此變數則指定為不理會。

例如，由穩態 S_2 轉換至穩態 S_3，輸出值會由 0 變為 1。若是在非穩態 S_3 給予輸出值 0，那麼直到轉換結束，在輸出變數的改變將不會發生；因為，此與輸出發生改變無差，類同此處（非穩態 S_3）之輸出則可賦予 "不理會"。

上右表為對應於流程表之輸出指定表，其中表列四種可能出現於輸出改變之組合。

非穩態輸出值之指定：

1. 指定 0 值：當二個穩態間之轉換會出現瞬時暫態，若相應於輸出變數之值為 0，則指定該非穩態之輸出值為 0。
2. 指定 1 值：當二個穩態間之轉換會出現瞬時暫態，若相應於輸出變數之值為 1，則指定該非穩態之輸出值為 1。
3. 指定不理會值：當二個穩態間之轉換會出現瞬時暫態，若相應於輸出變數之值不同時（如分別為 0 和 1 或 1 和 0 時），則指定該非穩態之輸出值為不理會。

非同步序向邏輯電路之概略設計步驟：

1. 由設計規格推導獲得基本流程表。
2. 將基本流程表予以化簡，將流程表中可合併之列予以整併。
3. 對已合併簡化後之流程表，賦予每一列個別的二進制狀態變數，以獲得狀態轉換表。此表應注意避免具危機之競跑狀態出現。
4. 針對非穩態之輸出值，指定為 "－"，以獲得輸出圖。
5. 針對激勵變數以及輸出變數之布林函式進行化簡，並繪製邏輯電路圖或使用 SR 閂鎖器之邏輯電路圖。

9-5 狀態與流程表化簡

於非同步序向邏輯電路中，將其內部狀態之數量化簡減少之流程，就好比同步序向邏輯電路之化簡程序。對於第五章所述之完全指定狀態表之狀態化簡演算法，於此將針對不完全指定之狀態表，如隱含表（implication table）或隱含狀態（implied state）略作修訂以利適用於非同步向向邏輯電路之化簡程序。

如第五章所述，當二個狀態，對某一組相同之輸入值，所得到下一個狀態以及輸出值亦都相同時，亦即邏輯電路等效時，可予以進行狀態化簡，刪去等效狀態中的一個狀態。

假設給予下列狀態轉換表：

目前狀態	下一個狀態		輸出	
	x=0	x=1	x=0	x=1
S_1	S_3	S_2	0	1
S_2	S_4	S_1	0	1
S_3	S_1	S_4	1	0
S_4	S_2	S_4	1	0

由上表可發現狀態 S_1 與狀態 S_2 於輸入值 x 相同時，其輸出值亦相同；當輸入值 x＝0 時，狀態 S_1 與狀態 S_2 之下一個狀態分別為狀態 S_3 和狀態 S_4。於狀態 S_3 與狀態 S_4，當輸入值 x 相同時，其輸出值亦相同；雖然，當輸入值 x

＝0 時，狀態 S_3 與狀態 S_4 之下一個狀態分別為狀態 S_1 和狀態 S_2，然當輸入值 x＝1 時，狀態 S_3 與狀態 S_4 之下一個狀態則同為 S_4。於上表中，若將狀態 S_3 與狀態 S_4 視為一對狀態等效，則狀態 S_1 與狀態 S_2 亦將為一對狀態等效。若此關係存在，由前表中之上二列即可稱狀態對（S_1,S_2）隱含狀態對（S_3,S_4），亦即若狀態 S_1 與狀態 S_2 等效，狀態 S_3 與狀態 S_4 亦將等效；前表中之下二列則可稱為狀態對（S_3,S_4）隱含狀態對（S_1,S_2）。

等效狀態之特性為若 "狀態對（S_1,S_2）" 隱含 "狀態對（S_3,S_4）" 且 "狀態對（S_3,S_4）" 亦隱含 "狀態對（S_1,S_2）"，則此二狀態對為等效。亦即，狀態 S_1 與狀態 S_2 等效，狀態 S_3 與狀態 S_4 亦將等效。

據此，上表可依狀態等效重新整理如下表：

目前狀態	下一個狀態		輸出	
	x=0	x=1	x=0	x=1
$S_1 \equiv S_2$	S_3	S_1	0	1
$S_3 \equiv S_4$	S_1	S_3	1	0

當流程表中有很多的狀態時，檢查流程表中之二個狀態是否為等效狀態對可採隱含表（implication table）以系統化之方式處理。

隱含表：係將各個狀態以類如座標之方式於方格中交叉配對，以檢查是否有效態等效或隱含之關係（狀態本身不需和自己再進行配對檢查，故只需表示成下三角形之方格圖即可），若是二狀態全等（等效）則於方格中註記 "V"，若是不等則標註 "X"。

1. 假設給予狀態轉換表如下表（A）：

表（A）：原始狀態轉換表

目前狀態	下一個狀態		輸出	
	x=0	x=1	x=0	x=1
S_1	S_4	S_2	0	0
S_2	S_5	S_1	0	0
S_3	S_7	S_6	0	1
S_4	S_1	S_4	1	0
S_5	S_1	S_4	1	0

目前狀態	下一個狀態		輸出	
	x=0	x=1	x=0	x=1
S_6	S_3	S_2	0	0
S_7	S_1	S_5	1	0

- 由狀態轉換表可發現狀態 S_4 與狀態 S_5 全等（等效，因下一狀態與輸出都相同）；因此，於隱含表中狀態 S_4 與狀態 S_5 對應交叉之方格將註記 "V"。
- 若先將狀態 S_4 與狀態 S_5 簡化可得到下表（B），其中狀態 S_5 由狀態 S_4 替代：

表（B）：第一次化簡後之狀態轉換表

目前狀態	下一個狀態		輸出	
	x=0	x=1	x=0	x=1
S_1	S_4	S_2	0	0
S_2	S_4	S_1	0	0
S_3	S_7	S_6	0	1
S_4	S_1	S_4	1	0
S_6	S_3	S_2	0	0
S_7	S_1	S_4	1	0

再檢視可發現表（B）之第四列狀態 S_4 與最後一列狀態 S_7 經化簡後之狀態亦為全等（等效）；因此，上表（第一次化簡後之狀態轉換表）可再經第二次化簡如下表（C），其中狀態 S_7 由狀態 S_4 替代：

表（C）：第二次化簡後之狀態轉換表

目前狀態	下一個狀態		輸出	
	x=0	x=1	x=0	x=1
S_1	S_4	S_2	0	0
S_2	S_4	S_1	0	0
S_3	S_4	S_6	0	1

目前狀態	下一個狀態		輸出	
	x=0	x=1	x=0	x=1
S_4	S_1	S_4	1	0
S_6	S_3	S_2	0	0

- 由表（C）之第一列與第二列，可發現狀態 S_1 與狀態 S_2 於輸入值 x 相同時，其輸出值亦相同為 0；當輸入值 $x=0$ 時，狀態 S_1 與狀態 S_2 之下一個狀態同為狀態 S_4，若輸入值為 $x=1$，下一個狀態則分別為狀態 S_2 和狀態 S_1，於此狀態 S_1 與狀態 S_2 為可能之隱含對。若視狀態 S_1 與狀態 S_2 為等效，可進行第三次化簡如下表（D）：

表（D）：第三次化簡後之狀態轉換表

目前狀態	下一個狀態		輸出	
	x=0	x=1	x=0	x=1
S_1	S_4	S_1	0	0
S_3	S_4	S_6	0	1
S_4	S_1	S_4	1	0
S_6	S_3	S_1	0	0

- 再觀察表（D）之第一列與最後一列，發現狀態 S_1 與狀態 S_6 於輸入值 x 相同時，其輸出值亦相同為 0；當輸入值 $x=1$ 時，狀態 S_1 與狀態 S_6 之下一個狀態同為狀態 S_1，若輸入值為 $x=0$，下一個狀態則分別為狀態 S_4 和狀態 S_3，於此狀態 S_1 與狀態 S_6 為可能之隱含對，惟因狀態 S_3 與狀態 S_4 實屬非等效，故無法相關聯結合。

2. 有關隱含表之標註順序原則操作如下：

   - 首先，可在其中某一個狀態，對任何輸入值，該狀態與其他狀態於隱含表中交叉配對之方格中標註不等 "X" 註記。如表中之狀態 S_3 與其他狀態交叉之方格全部標註 "X"（如上表第四行）。
   - 其次，於剩餘之狀態配對方格中，將具有隱含關係之狀態對或狀態全等（等效）者予以標註，可由左上方格依序往下逐格檢視，直至所有方格均經檢視處理過為止。
   - 其後再依序逐格將彼此狀態不等之配對交叉方格標註 "X"。

- 經整理後，表（A）之隱含表可完成標註如下：

S_2	S_4,S_5V				
S_3	X	X			
S_4	X	X	X		
S_5	X	X	X	V	
S_6	S_3,S_4X	S_3,S_5X S_1,S_2	X	X	X
S_7	X	X	X	S_4,S_5V	S_4,S_5V	X
狀態	S_1	S_2	S_3	S_4	S_5	S_6

- 總整，本例之等效狀態對包含（S_4,S_5）、（S_4,S_7）、（S_5,S_7）、（S_1,S_2），因此可將此 7 個狀態區分為（S_1,S_2）、（S_4,S_5,S_7）、S_3、S_3等共 4 群組。

序向邏輯電路之狀態表有可能是屬於未完全指定之情形，此狀況發生於受內部或外部之限制時，導致特定之輸入組合或輸入之順序可能永遠不會出現。於此狀況下，如果所有可能的輸入值無法獲得，而且被當作不理會狀況處理，那麼下一個狀態與輸出就會出現前述的狀況。

在流程表中，未完全指定的狀態可以合併簡化，這些狀態未必是屬於等效的狀態，因為等效的正式定義是指對於所有的輸入，所得到的下一個狀態與輸出是完全相同的，方稱為等效（或全等）。

替代方法為二個未完全指定的狀態若相容（compatible）則可予以合併；而二狀態相容之定義為，對於每一個可能之輸入，無論是否指定，具有相同的輸出值且下一個狀態是相容的。所有不理會之狀況對相容狀態並無影響，因不理會將被表示為未指定之狀況。

流程表簡併步驟：為獲得適當的相容群組以利進行流程表簡併，處理步驟如下：

1. 使用隱含表推導決定所有的狀態相容對。
2. 使用合併圖求得最大的相容對。
3. 求出涵蓋全部狀態的相容對的最小群組，此群組為封閉的。
4. 使用此相容對的最小群組進行流程表列的簡併。

以 2 個輸入和 1 個輸出具記憶功能之閘門鎖控制電路之基本流程表為例：

狀態＼輸入	00	01	11	10
S_1	S_3,－	$\textcircled{S_1}$,0	S_2,－	－,－
S_2	－,－	S_1,－	$\textcircled{S_2}$,1	S_5,－
S_3	$\textcircled{S_3}$,0	S_1,－	－,－	S_4,－
S_4	S_3,－	－,－	S_2,－	$\textcircled{S_4}$,0
S_5	S_6,－	－,－	S_2,－	$\textcircled{S_8}$,1
S_6	$\textcircled{S_6}$,1	S_1,－	－,－	S_5,－

於流程表中，若二個狀態列的每一行，其狀態是相同的或相容的，且輸出值並無衝突之情況下，此二個狀態是為相容。由上表可獲得之可能相容對包含：(1)第一列狀態 S_1 與第二列狀態 S_2 為相容狀態；(2)第一列狀態 S_1 與第三列狀態 S_3 亦可作為狀態相容對，然並非屬於狀態（S_1,S_2,S_3）為相容群組，因為狀態 S_2 與狀態 S_3 並不相容；(3)第一列狀態 S_1 與第四列狀態 S_4 亦可作為狀態相容對，同理狀態（S_1,S_2,S_3,S_4）或狀態（S_1,S_3,S_4）等組合亦都非屬相容群組；(4)第二列狀態 S_2 與第五列狀態 S_5 亦可作為狀態相容對；(5)第二列狀態 S_2 與第六列狀態 S_6 亦可作為狀態相容對；(6)第三列狀態 S_3 與第四列狀態 S_4 亦可作為狀態相容對；(7)第五列狀態 S_5 與第六列狀態 S_6 亦可作為狀態相容對。

總整，全部可能之狀態相容對共計（S_1,S_2）、（S_1,S_3）、（S_1,S_4）、（S_2,S_5）、（S_2,S_6）、（S_3,S_4）、（S_5,S_6）等 7 組可能配對之狀態相容對，其隱含表如下：

S_2	V				
S_3	V	S_4,S_5X			
S_4	V	S_4,S_5X	V		
S_5	S_3,S_6X	V	S_4,S_5X S_3,S_6X	X	
S_6	S_3,S_6X	V	X	S_4,S_5X S_3,S_6X	V
狀態	S_1	S_2	S_3	S_4	S_5

例題8

給予基本流程表如下，請找出所有相容狀態對。

狀態＼輸入	00	01	11	10
S_1	(S_1),0	S_2,−	−,−	S_5,−
S_2	S_1,−	(S_2),0	S_3,−	−,−
S_3	−,−	S_4,−	(S_3),0	S_8,−
S_4	S_1,−	(S_4),1	−,−	−,−
S_5	S_1,−	−,−	S_6,−	(S_5),0
S_6	−,−	S_7,−	(S_6),0	S_8,−
S_7	S_1,−	(S_7),0	−,−	−,−
S_8	S_1,−	−,−	−,−	(S_8),0

▼說明：

- 由上表可獲得之可能相容對包含：

(1) 第一列狀態 S_1 與第二列狀態 S_2 可作為狀態相容對。

(2) 第一列狀態 S_1 與第五列狀態 S_5 可作為狀態相容對；此處，狀態（S_1,S_2,S_5）屬相容群組，可整併。

(3) 第二列狀態 S_2 與第五列狀態 S_5 可作為狀態相容對。

(4) 第二列狀態 S_2 與第八列狀態 S_8 亦可作為狀態相容對，然狀態（S_1,S_2,S_8）或是狀態（S_1,S_5,S_8）均非屬相容群組，因狀態 S_1 與狀態 S_8 不相容，狀態 S_5 與狀態 S_8 亦不相容。

(5) 第三列狀態 S_3 與第四列狀態 S_4 可作為狀態相容對。

(6) 第三列狀態 S_3 與第八列狀態 S_8 可作為狀態相容對；此處，狀態（S_3,S_4,S_8）屬相容群組，可整併。

(7) 第四列狀態 S_4 與第五列狀態 S_5 亦可作為狀態相容對；然狀態（S_4,S_5,S_8）非屬相容群組，因狀態 S_5 與狀態 S_8 並不相容。

(8) 第五列狀態 S_5 與第七列狀態 S_7 可作為狀態相容對。

(9) 第六列狀態 S_6 與第七列狀態 S_7 可作為狀態相容對；然狀態（S_5,S_6,S_7）非屬相容群組，因狀態 S_5 與狀態 S_6 並不相容。

(10) 第七列狀態 S_7 與第八列狀態 S_8 亦可作為狀態相容對；此處，狀態（S_6,S_7,S_8）屬相容群組，可整併。

- 總整，全部可能之狀態相容對共計（S_1,S_2）、（S_1,S_5）、（S_1,S_6）、（S_2,S_7）、（S_2,S_8）、（S_3,S_4）、（S_3,S_8）、（S_4,S_5）、（S_4,S_8）、（S_5,S_6）、（S_5,S_7）、（S_3,S_4）、（S_5,S_8）、（S_6,S_7）、（S_6,S_8）、（S_7,S_8）等 16 組可能之狀態相容對，可整併如下：

(1) 形成（S_1,S_2,S_5）、（S_3,S_4）、（S_6,S_7,S_8）等 3 群相容之狀態對；

(2) 或是形成（S_1,S_2,S_5）、（S_3,S_4,S_8）、（S_6,S_7）等 3 群相容之狀態對。

9-6 無競跑狀態指定

當完成非同步序向邏輯電路之流程表簡化後，需指定二進制變數予每一個穩態。此項指定的結果是將流程表轉變為等效的狀態轉換表。妥當的指定二進制狀態可避免產生具有危機的競跑。前節已介紹，可在給定的任何時間，一次僅允許一個變數改變以避免危機競跑現象之發生。為達此目標，可將狀態轉換之發生給予相鄰之指定（adjacent assignmcnt），亦即相鄰之狀態，其二進制之狀態值僅能有 1 個位元之不同（如同葛雷碼之順序安排一般）。

為確保狀態轉換表沒有危機競跑，在二個穩定的狀態轉換之間需測試每一個可能的轉換，以確保二進制的狀態變數一次只改變一個。

假設某一流程表僅有 3 個狀態，其流程表如下（僅列狀態不列輸出值）：

	輸入項變數（x_1x_2）			
狀態	00	01	11	10
S_1	(S_1)	S_3	S_2	(S_1)
S_2	S_3	(S_2)	(S_2)	S_1
S_3	S_1	(S_3)	(S_3)	(S_3)

上表僅使用 3 個狀態，可分別指定其二進制狀態值為：S_1＝00、S_2＝01、S_3＝11，由表中可發現當輸入值 x_1x_2＝01 時，狀態 S_1 會轉換到狀態 S_3，若輸入值 x_1x_2＝11 時，狀態 S_1 會轉換到狀態 S_2；當輸入值 x_1x_2＝00 時，狀態 S_3 會轉換到狀態 S_1，若輸入值 x_1x_2＝10 時，狀態 S_2 會轉換到狀態 S_1。可發現此 3 種狀態彼此間會因輸入變數值之不同而相互轉換，雖然這些轉換沒有危機，然由狀態 S_3（11）轉換到狀態 S_1（00）或由狀態 S_1 轉換到狀態 S_3 都會產生競跑現象，轉換圖如下：

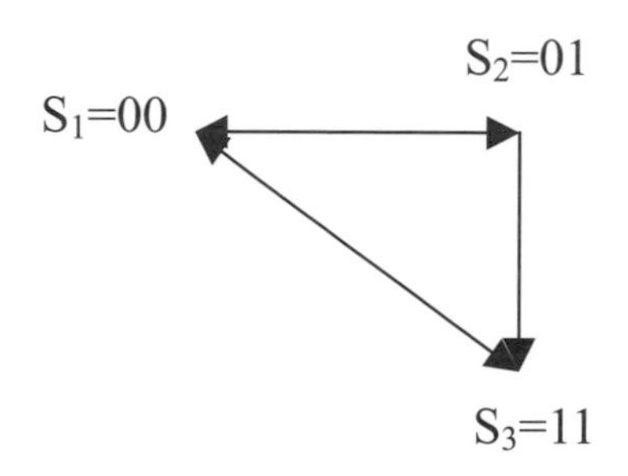

上圖若要修改為無競跑（race-free）指定，可增設一個新的狀態列 S_4 並指定其二進制狀態值為 10（本例之狀態值使用 2 個位元表示，增設 S_4 並未增加位元數之使用量），以解決狀態 S_1 和狀態 S_3 之間的轉換競跑問題，原流程表可調整設計如下：

	輸入項變數（x_1x_2）			
狀態	00	01	11	10
S_1	(S_1)	S_4	S_2	(S_1)
S_2	S_3	(S_2)	(S_2)	S_1
S_3	S_4	(S_3)	(S_3)	(S_3)
S_4	S_1	—	S_3	—

經調整設計後，原本由狀態 S_1 直接轉換到狀態 S_3 之路徑會調整為經過狀態 S_4 再轉換到狀態 S_3（S_1➔ S_4➔ S_3），原來的轉換圖亦相應調整如右圖：

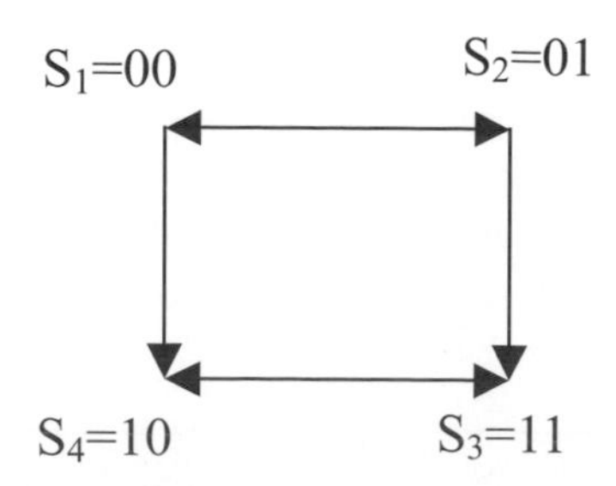

對於多列數之流程表可據此原則推導，其不同處唯恐需多加位元數以利表示新增的狀態列，如原本僅有 4 個狀態恰好可使用 2 個位元來表示狀態，若需新增 1 至 2 個狀態，則需使用 3 個位元來表示狀態列。

綜上所述，當我們要設計非同步序向邏輯電路系統時，其完整程序如下：

1. 推導基本流程表。
2. 簡併流程表之列數。
3. 指定無競跑的二進制狀態值。
4. 獲得狀態轉換表及輸出圖。
5. 完整邏輯電路圖設計（可使用 SR 閂鎖器）。

1. 請比較同步與非同步序向邏輯電路之差異。
2. 非同步序向邏輯電路分析流程為何？
3. 何謂基本流程表？
4. 請說明基本流程表多列合併之規則。
5. 請說明非同步序向邏輯電路設計之概略步驟。
6. 何謂狀態相容？
7. 請說明流程表簡併步驟。
8. 請說明非同步序向邏輯電路系統設計的完整程序。
9. 給予具有 2 個輸入變數、2 個內部狀態及 1 個輸出之非同步序向邏輯電路，其激勵變數與輸出之布林函式如下，請完成邏輯電路圖設計。

   $Y_1 = x_1x_2 + x_1\overline{y_2} + \overline{x_2}y_1$，$Y_2 = x_1 + x_2\overline{y_1}y_2$，$z = x_1 + y_2$

10. 給予具有 2 個輸入變數、2 個內部狀態及 1 個輸出之非同步序向邏輯電路，其激勵變數與輸出之布林函式如下，請完成流程表。

   $Y_1 = x_1x_2 + x_1\overline{y_2} + \overline{x_2}y_1$，$Y_2 = x_1 + x_2\overline{y_1}y_2$，$z = x_1 + y_2$

10 VHDL硬體描述語言

- Verilog HDL硬體描述語言
- IEEE VHDL硬體描述語言
- Altera HDL硬體描述語言
- 基本邏輯、組合邏輯、計數器與移位暫存器等VHDL程式設計

10-1 VHDL 硬體描述語言簡介

在半導體與電子設計產業中，模組化設計相當的重要，而 Verilog 本身即是電子設計模組化所使用的硬體描述語言（hardware description language），也因此，大家經常會聽或看到 Verilog HDL（請參閱網址：http://en.wikipedia.org/wiki/Verilog），然而，Verilog HDL 不等同經常使用於暫存器轉換階層中執行設計、驗證以及實現數位邏輯晶片所使用的 VHDL(VHSIC hardware description language) 硬體描述語言（請參閱 http://en.wikipedia.org/wiki/VHDL）。

Verilog HDL 和 VHDL 都是業界愛用的硬體描述語言，本章中，IEEE VHDL、AHDL（Altera HDL，http://www.altera.com/）以及 Verilog HDL 都將介紹，並以同一邏輯之不同語言撰寫來呈現使用 IEEE VHDL、AHDL 和 Verilog HDL 的差異。另本章中所使用之縮寫 VHDL 係指 IEEE VHDL，此程式語言在電子設計自動化領域係使用於描述數位與混合訊號系統之行為與結構，如 FPGA（場可規劃邏輯閘陣列；field-programmable gate arrays）和積體電路等。VHDL 係 IEEE 於 1987 年開發之標準（VHDL-87），其後於 1993 年修訂為 VHDL-93，2000 年及 2002 年再改版，目前所採用之最新版本 IEEE 1076-2008 VHDL 標準係於 2009 年元月所頒布的，有關 VHDL 的發展可參閱 http://www.eda.org/vasg/。業界常用之版本包含國際電機電子工程師協會公告之 IEEE VHDL 與 AHDL 等。

硬體描述語言本身也是一種文件化的語言，可用以表示及文件化數位系統，讓人類與電腦可輕鬆瞭解讀取，也是極適合工程師或數位電路設計者交換的一種程式語言。使用硬體描述語言設計積體電路時，通常有幾個步驟，分別是設計輸入項（degign entry）、功能模擬測試、功能驗證與確認、邏輯合成、結合時脈的測試驗證以及除錯模擬測試等等。

10-2 Verilog HDL

Verilog HDL 設計時都採用模組化的概念，好比設計 C++程式語言所撰寫的副程式（subroutine）或函式（function），隨時可以透過呼叫（call）來執行，有關撰寫 Verilog HDL 程式之部分重點如下：

宣告：

1. **模組宣告：**使用 Verilog HDL 時，須進行模組宣告，使用關鍵字對 module 和 endmodule 來進行模組功能的設計。亦即將模組功能之程式撰寫於 module 和 endmodule 所包覆之內，又好比寫 C++程式，程式的內容是撰寫在 main 主程式後以大括號{}來的地方。在 module 之後通常會接該模組的名稱，再將所有輸入與輸出參數寫入括號（）內。

2. **輸出入參數宣告：**若是宣告單一位元值，則模式為 "input x,y;"，其中 x 和 y 都是一個位元的值。當宣告參數是多個位元值時，宣告模式如 "input [0:3] x,y;"，此例 x 和 y 都是 4 個位元的值，可以分別以 x[0]、x[1]、y[0]、y[1]…來讀寫。須注意，若是宣告 "input [3:0] x,y;" 則表示 x[3]和 y[3]是最重要位元（MSB），而 x[0]和 y[0]則是最不重要位元（LSB），須注意高低位元之次序。

3. **參數值：**二進位數值除 0 與 1 外，尚有 unknown（未知，通常以 x 表示）以及 high impedance（高阻抗，通常以 z 表示）。

4. **其他特定符號：**除符號運算子外，#、$、//…等符號都有特定應用，如 # 係代表時間的給定（如 "# 10"，可用以表示 10 奈秒），$ 則使用於模擬測試之輸出或顯示（如 "$ display" 表示顯示執行結果）；至於符號 "//"，則表示註解。

符號運算子（常用之運算子如下表簡列）：

分類	符號	運算功能	分類	符號	運算功能
二進位處理	+	二進位加法	位元運算	&	逐位元(bitwise)及運算
	–	二進位減法		|	逐位元或運算
	*	二進位乘法		~	逐位元否(not)運算
	/	二進位除法		^	逐位元互斥或(xor)運算
	%	取餘數	關係運算子	==	全等
邏輯運算	&&	決定條件的真假		>	大於
	||	決定條件的真假		<	小於
	!	決定條件的真假		!=	不等於
移位運算	>>	右移		>=	大於等於
	<<	左移		<=	小於等於
	{}	序連(concatenation)	其他	?:	條件式選擇

註：　二進位數之負數處理以 2 的補數表示；逐位元運算亦即針對每一個位元做運算處理；移位運算之動作是將左邊的運算元，依右邊的位元數值進行位移處理。

關鍵字：不能當作變數或參數來使用，僅羅列部分重要關鍵字如下：

1. 如輸出入所使用的 input、output，模擬測試所使用的 initial（初始）與 always（作業條件，建構如何執行的關聯敘述）和 begin（開始）與 end（結尾），以及繞線所使用的 reg（暫存，屬於型態描述）和 wire（線接）等。

2. 邏輯閘層運算所使用的 and、or、not、nand、nor、xor、xnor、buf（緩衝）、tri（三態，tristate）等；此外，尚有三態的邏輯閘，其電路圖如下圖所示，使用語法如 "bufif1 (輸出,輸入,控制);"。三態邏輯閘指令包含 bufif1、bufif0、notif1、notif0 等說明如下：

   - bufif1 意即當控制線為高電位（控制訊號之輸入值為 1）時，將輸入值輸出至輸出端，若是控制線為低電位（值為 0）時，輸出端為高阻抗。

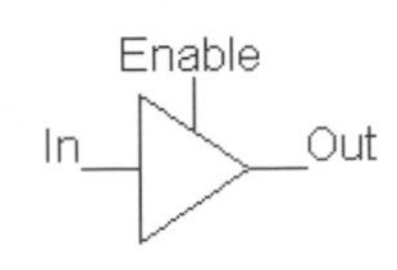

- bufif0 則於控制線為低電位（值為 0）時，將輸入值輸出至輸出端；若是控制線為高電位（值為 1）時，輸出端為高阻抗。
- notif1 於控制線為高電位（值為 1）時，將輸入值反向後輸出至輸出端；若控制線為低電位（值為 0）時，輸出端為高阻抗。
- notif0 於控制線為低電位（值為 0）時，將輸入值反向後輸出至輸出端，若控制線為高電位（值為 1）時，輸出端為高阻抗。

3. 當使用關鍵字 primitive（基元）做宣告，其後需接名稱（如模組名稱）及埠名（port）；此外，僅能有一個輸出並須列於埠名第一個，至於輸入項之數目則不限，關鍵字 endprimitive 為此類語法之結束。
4. 給定參數值時，參數型別區分為 b（二進位元值）、d（十進位值）、o（八進位值）、h（十六進位值），關鍵字 integer（整數）係以 32 位元表示，若數值之大小沒有規定即是以 32 位元處理，若主機模擬較大字組長度時，會以 64 位元儲存未定大小之數值。

例題1

以 HDL 語言撰寫半加法器（Half Adder）的程式：

▼說明：

半加法器的運算式為進位 Cin＝xy，總和值 Sum＝x⊕y＝ $x\bar{y}+\bar{x}y$ ，其數位電路圖和真值表如下所示：

x	y	Cin	Sum
0	0	0	0
0	1	0	1
1	0	0	1
1	1	1	0

可依上述電路所使用之 exor 與 and 邏輯閘來設計程式：

```
module  HA_ex(x,y,Cin,S);   //程式模組名稱(輸出入參數)
   input  x,y;          //輸入參數
   output  Cin, S;      //輸出參數，其中 Cin 為進位、S 為總和
   xor  (S,x,y);        //進行 exor 運算以求 Sum 總和值
   and  (Cin,x,y);      //進行 and 運算以求 carry 進位值
endmodule
```

以 HDL 語言撰寫全加法器（Full Adder）程式：

▼說明：

全加法器的運算式為進位 Cin＝xy＋yz＋xz，總和值 Sum＝x⊕y⊕z，其數位電路圖如下所示：

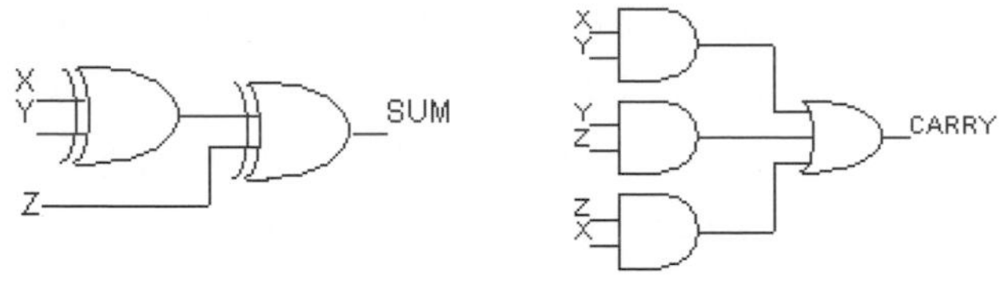


```
module  FA_ex1(x,y,z,Cin,S);   //全加法器
   input  x,y,z;       //輸入參數
   output  Cin, S;   //輸出參數，其中 Cin 為進位、S 為總和值
   wire  S1,C1,C2,C3,C4;  //中間線接參數
   xor  (S1,x,y);
   xor  (S,S1,z);     //計算出總和值 S
   and  g1(C1,x,y);
   and  g2(C2,y,z);
   and  g3(C3,x,z);
or   g4(C4,g1,g2);
or   (Cin,g3,g4);   //計算出進位 Cin 值
endmodule
```

上面程式設計較顯冗贅，故可依例題 1 所設計之半加法器程式配合全加法器電路，來設計程式如下以顯簡潔：

```
module  FA_ex2(x,y,z,Cin,S);   //全加法器
   input  x,y,z;          //輸入參數
   output  Cin, S;        //輸出參數，其中 Cin 為進位、S 為總和
   wire  S1,C1,C2;        //中間線接參數
```

```
//以下為呼叫半加法器程式，須對應 HA_ex(x,y,Cin,S)參數序
  halfadder  HA_ex(x,y,C1,S1),
             HA_ex(z,S1,C2,S);  //計算出總和值 S
  or  g1(Cin,C2,C1);  //計算出進位 Cin 值
endmodule
```

設定：

1. 指定運算：使用 assign 指令，語法如 assign Z＝(X｜Y)＆Y；亦即將 X 和 Y 進行或運算後再將其結果值與 Y 進行及運算，最後的運算結果輸出至 Z。

例題3

使用 assign 指定語法撰寫 HDL 程式：

▼說明：

本例程式指定 $z[0]=xy$ 、 $z[1]=x\overline{y}$ 、 $z[2]=\overline{x}y$ 以及 $z[3]=\overline{x}\,\overline{y}$ 之運算

```
module assign_ex(x,y,z);
input  x,y;  //輸入參數
output z[0:3];  //輸出參數，含 z[0], z[1], z[2], z[3]等四個
assign
      z[0]=x&y,
      z[1]=x&~y,
      z[2]=~x&y,
      z[3]=~x&~y;
endmodule
```

上例程式中，僅使用一個 assign 指令，故 z[0]=x&y 與 z[1]=x&~y 等各項指定運算需以逗號分開，再於最後一項指定運算加上分號做為完整指令之結尾。雖亦可採用下例方式撰寫（分成四項指令並各自以分號結尾），但不建議：

```
Module assign_ex(x,y,z);
  input  x,y;  //輸入參數
  output z[0:3];  //輸出參數，含 z[0], z[1], z[2], z[3]等四個
  assign   z[0]=x&y;
  assign   z[1]=x&~y;
  assign   z[2]=~x&y;
  assign   z[3]=~x&~y;
endmodule
```

唯若是要執行類似下例比較運算，則指定運算指令宜分開撰寫較能清楚顯示。

例題4

給予函式 $F1 = AB + BC + \overline{B}D$ 和 $F2 = \overline{B}C + B\overline{C}\overline{D}$，使用 assign 語法來設計 HDL 程式：

```
module  F12_assign_ex (A,B,C,D,F1,F2);
  input  A,B,C,D;
  output  F1,F2;
  assign  F1 = (A&B) | (B&C) | (~B&D);
  assign  F2 = (~B&C) | (B&~C&~D);
endmodule
```

例題5

使用 assign 指定語法設計 4 位元大小比較器的 HDL 程式：

```
module Comparison_ex(x,y,x_lt_y,x_eq_y,x_gt_y);
input  x[3:0], y[3:0];  //輸入四位元參數 x 和 y
output x_lt_y,x_eq_y,x_gt_y; //輸出小於、等於或大於之比較結果
assign  x_lt_y  =  (x<y);
assign  x_eq_y  =  (x==y);
assign  x_gt_y  =  (x>y);
endmodule
```

2. 初始值：如要賦予參數 x 初始值，其語法為 x＝1'b0（1 個位元，值為 0）；若要表示四個位元的 1101，語法為 x＝4'b1101；依此類推。

真值表：將某運算或函式的真值表，在程式中於 table 與 endtable 內指定其值。

例題6

使用真值表語法撰寫 HDL 程式。

▼說明：

本程式宣告 x 與 y 為輸入參數，z 為輸出參數，並將 x 和 y 進行及運算後的結果輸出至 z，此例採用真值表的內容來呈現運算的結果，以取代使用 "assign z=x&y; " 的指令模式：

```
module table_ex(x,y,z);
  input x,y;
  output z;
  table
  //  x  y  :  z
      0  0     0
      0  1     0
      1  0     0
      1  1     1
  endtable
endmodule
```

例題7

以使用自行定義之基元（User-Defined Primitive）搭配真值表語法設計一個 HDL 程式。

▼說明：

假設電路圖功能如下：

I_1、I_2、I_3 → 使用者自定基元 UDP_1 → F

程式設計如下：

```
primitive  UDP_1(F,I1,I2,I3);  //定義一個基元primitive
  output  F1;
  input I1,I2,I3;
//此基元之運算為F=I1⊕I2⊕I3
//其函式可表示為F(I1,I2,I3) = Minterms (1,2,4,7)，真值表如下：
  table
```

```
//  I1  I2  I3  :  F
     0   0   0  :  0;
     0   0   1  :  1;
     0   1   0  :  1;
     0   1   1  :  0;
     1   0   0  :  1;
     1   0   1  :  0;
     1   1   0  :  0;
     1   1   1  :  1;
  endtable
endprimitive
module UDP_ex;  //於模組程式中呼叫使用 UDP_1 基元
  reg  I1,I2,I3;
  wire  F;
  UDP_1 (F, I1,I2,I3);
endmodule
```

條件式運算：

1. **條件式運算子**：語法為 "？：" ，亦即 "條件？ 真表示式：假表示式"（Condition？ true-expression：false-expression）。執行此指令係就 "條件" 進行比對，若是真的就執行 "真" 表示式，否則就執行 "假" 表示式。

2. **連續指定之條件式運算子**：語法如 "assign 輸出項＝select ？ 選項 1：選項 2；"。

例題8

採連續指定之條件式運算子語法設計 2 對 1 的線多工器程式：

```
module  multiplex_ex1(x,y,select,F);
  input  x,y,select;  //輸入參數
  output  F;  //輸出參數
  assign  F=select ? x:y;  //指定運算
endmodule
```

3. If 陳述式：語法如 "if (select) 輸出項＝特定值;"，本指令係判斷當 select 為 "真"（亦即，select==1）時，輸出項會等於特定的值或特定的選項。若是 select 為 "假"（亦即，select~=1）時，則執行 else 的選項（須注意程式內容是否有此選項）。

例題9

使用 If 陳述式的語法設計一個 2 對 1 的線多工器的 HDL 程式。

```
module  multiplex_ex2(x,y,select,F);
   input  x,y,select;  //輸入參數
   output  F;  //輸出參數
   reg  F;  //暫存
   always @ (select or x or y) //設定作業條件
     if  (select==1)  F = x;    //當選擇（select）等於1時（真），
     else  F = y;               //輸出x給F，否則輸出y給F
endmodule
```

例題10

使用三態緩衝器設計一個 2 對 1 的線多工器的 HDL 程式。

```
module multiplex_tri_ex(I1,I2, select, O);
  input I1,I2, select;
  output O;
  tri O;
  bufif1 (O, I1, select);  //當控制線為高電位時，將 I1 值輸出給 O
  bufif0 (O, I2, select);  //當控制線為低電位時，將 I2 值輸出給 O
endmodule
```

4. **Case 選項式：**在程式中，於 case 和 endcase 內，陳述所有選項（如 C++ 程式語言的 casc switch 一般，或可想為企劃案的甲、乙、丙案選項）或狀態（於數位系統中，多以狀態進行描述）以供比較和選擇相符者執行其表示式之運算，然 case 語法的建構，有二個重要的變異，分別是 casex 與 casez，其中 casex 對其表示式內，或者 case 選項中具邏輯數值 x(don't care，不理會，可為 0 或 1）或 z（高阻抗）者的任何位元均以不理會方式處理，而 casez 則會將 x（不理會）以視同高阻抗值對待處理。此外，case 的選項中不一定都能涵蓋所有的選項或狀態，因此，可使用關鍵字 default 來預設表示式內容以為處理此類狀況之發生。有關 case 使用語法如下：

```
case (state)        //狀態比較
   S0:if (x)  state=S1;
      //在S0狀態下，若x為真(x==1)時，狀態變為S1
      else  state=S0;
      //否則(x~=1)，state=S0；亦即x~=1時，回到原來S0狀態
   S1:if (x)  state = S2;
       else  state = S1;
   S2:if (x) state = S3;
       else  state = S2;
   S3:if (x) state = S0;
       else  state = S3;
   default:
      //其他狀態時之執行內涵表示式
endcase
```

此例若以狀態流程圖表示如下：

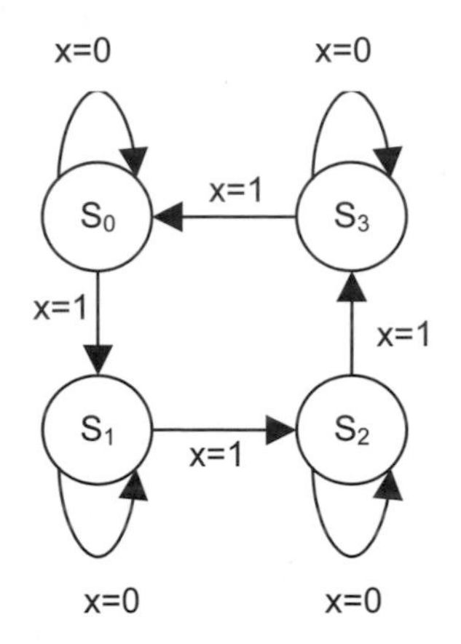

使用 case 語法設計一個 4 對 1 的線多工器的 HDL 程式。

```
module  multiplex_ex2(x,y,select,F);
  input  I0,I1,I2,I3;
  input  [1:0] Select; //選擇線有次序，如S1、S0
  output  O;
  reg  O;
  always  @ (i0 or i1 or i2 or i3 or select)
     case  (Select)
        2'b00:   O = I0;  //出現2個位元為00時，將I0輸出給O
        2'b01:   O = I1;  //出現2個位元為01時，將I1輸出給O
        2'b10:   O = I2;  //出現2個位元為10時，將I2輸出給O
        2'b11:   O = I3;  //出現2個位元為11時，將I3輸出給O
```

```
    endcase
endmodule
```

迴圈指令：將欲執行之敘述陳述於 initial 或 always 語法內，讓程序敘述重複的執行，幾種常用的語法概述如下：

1. **repeat 語法**：重複執行，其執行之次數為該指令之敘述後面所接之數字；repeat 指令在設計時脈或執行計數累加和累減時非常好用；語法為 "repeat(次數) 陳述式； end"，舉例如下：

```
initial
  begin
    Clk=1′ b0;          //初始給定 clock Clk 值為 1 個位元的 0 值
    repeat (30)         //重複執行 30 次
    #10 Clk=~Clk ;      //每隔 10 奈秒讓 Clk 的值與前一個值反向
                        //重複出現 101010 共計 30 次以製作 15 個週期
  end
```

亦可採用下列方式來設計時脈：

```
initial
  begin
    Clk=1'b0;           //初始給定 clock Clk 值為 1 個位元的 0 值
    #200  $finish;      //再 200 奈秒後結束
  end
  always
    #10  Clk=~Clk ;     //每隔 10 奈秒重複執行反向，讓 Clk 值
                        //正反正反重複出現 101010 以製作週期
```

2. **Forever 語法**：不斷重複（永遠）的執行於程式中所給予的敘述式。

上例若改以 forever 語法設計時脈，程式如下：

```
initial
  begin
    Clk=1'b0;  //初始給定 clock Clk 值為 1 個位元的 0 值
    forever #10  Clk=~Clk ;   //不斷重複執行反向
  end
```

3. **While 語法**：在 while 其後所接的條件成立之情況下，執行其後之敘述式所欲進行之運算，程式撰寫範例如下：

```
integer  i ;  //宣告 i 為整數
initial
  begin
```

```
    i = 0;  //給定 i 初始值為 0
    while (i < 100)
     i = i +1 ;
     //當 i 值小於 100 時執行 i=i+1 之計算，直到 i 大於 100 停止
  end
```

4. **For 語法**：與 C++程式用法類同，指令敘述式需包含給定的初始值（初始條件）、終止值（終止條件）、運算式以及控制參數或變數如何改變的運算敘述式，程式撰寫範例如下：

```
Sum=0;
for(i=0; i<30;i++)
  Sum=Sum+i;  //累加 0 到 29 值的總和
```

邏輯閘時間延遲：屬於敘述性的語法描述，通常所使用之時間標度（timescale）為 1 奈秒（10^{-9}秒）或 100 皮秒（亦即 10^{-10}秒），下面程式為指定參數 x、y、z 值，並於一定時間後改變參數值之撰寫範例：

```
begin
  x=1'b0; y=1'b0; z=1'b0;  //參數 x、y、z 初始值皆為 1 位元 0 值
  #100      //100 奈秒後，參數 x、y、z 值更新為下一行給予之值
  x=1'b1; y=1'b1; z=1'b1;  //給予參數 x、y、z 新的 1 個位元的值
  #100  $finish;  //100 奈秒後，結束
end
```

例題12

使用 repeat 指令設計計數累加的 HDL 程式。

```
module  count_ex(X);
  reg  [3:0]X;  //X[3]為 MSB 位元
  initial
    begin
      X = 4'b0000;  //初始給定值 4 個位元 0000
      repeat(15)
        #10 X = X + 1'b1;  //每隔 10 奈秒加二進位值 1，共 15 次
    end
endmodule
```

本例程式執行的結果，4 個位元的 X 值會由 0000、0001、0010…一直累增到 1111 止。

記憶體操作指令模式：

1. 宣告記憶體之大小語法：使用保留字 reg 作宣告

```
reg[15:0]  memword [0:1023];  //16 條位址線，記憶體共 1024 個字組
```

2. 記憶體資料輸出語法：

```
DataOut←Mem [address];  //由記憶體輸出資料給 DataOut
```

3. 資料輸入至記憶體之語法：

```
Mem [address]←DataIn;  //由 DataIn 輸入資料給記憶體
```

例題13

撰寫 2^{10}×8 記憶體操作之 HDL 程式。

▼說明：

記憶體之操作通常可使用 1 個位元來表示讀或寫（例如，本程式中以 1 表示讀資料之操作，0 表示寫資料之操作），此外，寫入記憶體時通常有寫入致能之控制，下列程式僅為簡單範例：

```
module Mem_ex1 (ME, RW, Address, DataIn , DataOut) ;
  input ME, RW;  //ME 為記憶體致能，RW 為讀或寫
  input [7:0]  DataIn ;  //表示資料是 8 個位元為 1 個字組
  input [9:0]  Address ;  //表示位址線共有 10 條
  output [7:0]  DataOut;
  reg [7:0]  DataOut;
  reg [7:0]  Mem [0:1023] ;     //210×8 記憶體
  always @  (ME or RW)
     if  (ME)
      if  (RW)
       DataOut=Mem [Address] ;      //由記憶體讀資料之操作
      else
       Mem [Address]=DataIn ;       //寫資料至記憶體之操作
     else  DataOut=4'bz ;           //設定高阻抗狀態
endmodule
```

系統模擬測試常用指令之功能：可使用 initial 給予初始值或初始條件，再配合 always 敘述（恆於敘述之條件下作業）來進行模擬測試。其中，initial 的動作是在時間 t=0 時開始執行，而 always 的動作則是重複的執行，直到模擬結束為止：

1. **顯示**：指令$display 具有 end-of-line return 之變數或字串的一次值。
2. **寫**：指令$write 和指令$display 的功能類同，唯未至下一行。
3. **監測**：指令$monitor 可在程式的模擬測試期間，配合值的改變來顯示變數。
4. **時間**：指令$time 係使用以顯示模擬的時間。
5. **結束**：指令$finish 表示結束程式之模擬。

其中$display、$write 和$monitor 語法的格式為 "作業名稱(格式(format), 相應於格式之參引數（argument））"，舉例如下：

$display("%b %b %d", x,y,z);

表示以 "%b %b %d"（二進位、二進位、十進位）格式來顯示由 x、y、z 所分別提供之值。然顯示時間值（$time）宜以格式%0d 取代%d 方式為妥。

例題14

系統模擬測試一個 2 對 1 的線多工器的 HDL 程式：

```
module  multiplex_ex3;
  reg  I1,I2,Select;  //多工器之輸入參數
  wire  F;         //多工器之輸出
  multiplex_ex2(I1,I2,Select,F); //呼叫前例設計之程式，參數對應讀取
  initial
    begin  //開始
        Select = 1; I1 = 0; I2 = 1;  //給定初始值
     #10 I1 = 1; I2 = 0;  //10 奈秒後，I1 和 I2 值改變
     #10 Select = 0;     //10 奈秒後，選擇線輸入設定為 0
     #10 I1 = 0; I2 = 1;  //10 奈秒後，I1 和 I2 值再一次改變
    end   //結束
  initial  //以下為於螢幕輸入模擬測試之結果
   $monitor("time= %0d  select = %b  I1 = %b  I2 = %b  F = %b",
            Select, I1, I2, F, $time);
    //select 值為位元，由 Select 給予；其後類推，
    //時間 time 為 10 進位之數值，由$time 給值。
endmodule
```

模擬測試之執行結果如下：

```
time=0   select = 1  I1=0  I2=1  F =0
time=10  select = 1  I1=1  I2=0  F =1
time=20  select = 0  I1=1  I2=0  F =0
time=30  select = 0  I1=0  I2=1  F =1
```

撰寫 Verilog HDL 程式時，一般區分邏輯閘階層、資料流程與行為模式等不同的程式設計理念，其中邏輯閘階層使用事先定義的或使用者自行定義的基元 primitive 邏輯閘來設計，資料流程模型則使用關鍵字 assign 來設計，行為模式則使用 always 作為程序設定敘述，以下舉例說明之：

1. **邏輯閘階層**：例如一個 2 對 4 的線解碼器的電路圖和真值表如下：

Enable	X	Y	O1	O2	O3	O4
1	X	X	1	1	1	1
0	0	0	0	1	1	1
0	0	1	1	0	1	1
0	1	0	1	1	0	1
0	1	1	1	1	1	0

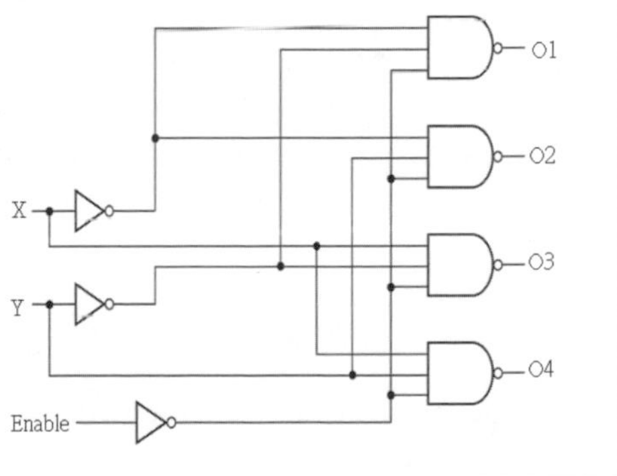

X
Y
Enable
O1
O2
O3
O4

由真值表可知此解碼器屬於低電位致能（low enable，僅當 Enable 線之輸入為低電位才有解碼輸出之意義），輸出之解碼結果亦以低電位表示。本例若採邏輯閘階層的描述語法，程式設計如下：

```
module Decoder_ex1(X,Y,Enable,O);
  input X,Y,Enable;
  output [1:4] O;
  wire X_not,Y_not,Enable_not;  //反向
  not
    Not_1 (X_not,X),  //輸入X，輸出X_not
    Not_2 (Y_not,Y),
    Not_3 (Enable_not,Enable);
  nand
    Nand_1 (O[1], X_not, Y_not, Enable_not),
    //三進一出的nand 邏輯閘
    Nand_2 (O[2], X_not,Y, Enable_not),
    Nand_3 (O[3],X, Y_not, Enable_not),
```

```
    Nand_4 (O[4],X,Y, Enable_not);
endmodule
```

2. **資料流程**：上例之 2 對 4 的線解碼器，若改採資料流程的描述法，則程式設計如下：

```
module  Decoder_ex1(X,Y,Enable,O);
  input X,Y,Enable;
  output [1:4] O;
  assign  O[1] = ~(~X&~Y&~Enable),
          O[2] = ~(~X&Y&~Enable),
          O[3] = ~(X&~Y&~Enable),
          O[4] = ~(X&Y&~Enable);
endmodule
```

上例程式中所執行之計算：$O[1]=\overline{(\overline{XY\,Enable})}$、$O[2]=\overline{(\overline{X}Y\,\overline{Enable})}$、$O[3]=\overline{(X\overline{Y}\,\overline{Enable})}$、$O[3]=\overline{(XY\,\overline{Enable})}$。又例如要設計一個 4 位元之加法器，可藉助前面所設計的半加法器和全加法器的模組程式，由下而上（bottom-up）做層次化的描述來設計程式。

例題15

採資料流程描述設計 4 位元的加法器，程式如下：

```
module  Four_add_ex (X,Y,Cin,Sum,Cout);
  input  [3:0] X,Y;
  input  Cin;
  output  [3:0] Sum;
  output  Cout;
  assign  {Cout,Sum} = X + Y + Cin;
endmodule
```

例題16

採由下而上層次化描述設計 4 位元的加法器，程式如下：

```
module  HA_ex (Sum,Cin,A,B);   //先設計並定義一個半加法器之運算
  input  A,B;
  output  Sum,Cin;
  xor  (Sum,A,B);
  and (Cin,A,B);
endmodule

module  FA_ex (Sum,Cin,A,B,C);   //設計並定義一個全加法器之運算
```

```
    input  A,B,C;
    output  Sum,Cin;
    wire  S1,W1,W2;
  //執行半加法器之計算
    HA_ex  HA_1(S1,W1,A,B),
           HA_2(S,W2,S1,C); //計算出總和值 S
    or  g1(Cin,W2,W1); //計算出進位 Cin 值
  endmodule

  module  F4_add_ex(S,C4,A,B,C0);  //設計 4 個位元的全加法器
    input  [3:0] A,B;  //具高低順序的 4 個位元輸入值
    input  Cin;
    output  [3:0] S; //具高低順序的 4 個位元總和值
    output  Cout;  //最後進位輸出值
    wire  C1,C2,C3;  //中間進位值
  //執行全加法器之運算
    FA_ex  FA_1(S[0],C1,A[0],B[0],Cin),
           FA_2(S[1],C2,A[1],B[1],C1),
           FA_3(S[2],C3,A[2],B[2],C2),
           FA_4(S[3],Cout,A[3],B[3],C3);
  endmodule
```

例題17

設計二進一出的 and（及）運算之 HDL 程式：

```
module Circuit_1(x,y,F);  // x,y,F 分別為輸入與輸出所使用參數
  input x,y;  //使用之輸入參數
  output F;  //使用之輸出參數
  and G1(F, x,y);  //將參數 x 與 y 之值進行 and 運算後輸出至 F
endmodule
```

若是要執行 or 運算，只需將程式指令 "and G1(F, x,y) " 更改成 "or G1(F, x,y) " 即可。若是執行 not 運算，語法為 "not G1(F,x) "，即是將輸入參數 x 經過 not（反向）運算後的結果值輸出至 F。

例題18

依下面之電路邏輯圖設計 Verilog HDL 程式：

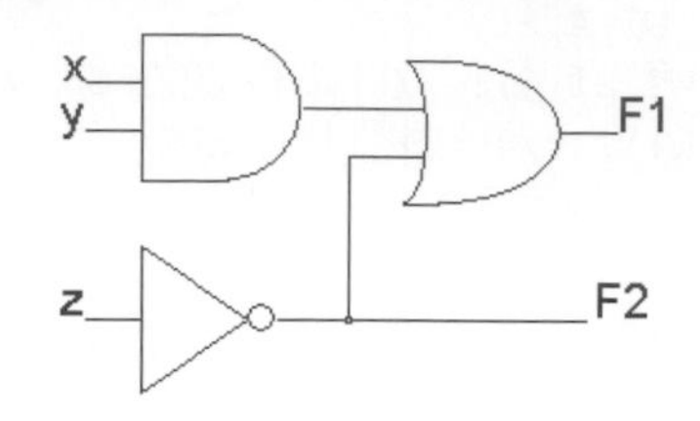


```
module Circuit1_ex(x,y,z,F1,F2);  // x,y,z,F1,F2 分別為輸入與輸出所使用參數
  input x,y,z;  //使用之輸入參數
  output F1,F2;  //使用之輸出參數
  wire w1;  //表示邏輯中間之繞線
  and G1(w1, x,y);  //將參數 x 與 y 之值進行 and 及運算後輸出至 w1
  not G2(F2,z);  //將參數 z 反向運算後的結果值輸出至 F2
  or G3(F1, w1,F2);  //將參數 w1 與 F2 之值進行 or 運算後輸出至 F1
endmodule
```

例題19

承例題 18 將時間延遲賦予每個指定的邏輯閘，其中 and、or 和 not 邏輯閘分別給予 10、20、30 奈秒的時間延遲，程式設計如下：

```
module  Delay_ex(x,y,z,F1,F2);
  input  x,y,z;
  output  F1,F2;
  wire W1;
  and  #(10)  g1(W1,x,y);
  or   #(20)  g3(F1,W1,F2);
  not  #(30)  g2(F2,z);
endmodule
```

例題20

復承例題 19，給定輸入參數特定的值，將時間延遲賦予邏輯閘進行模擬測試，程式設計如下：

```
module  stimcrct;
  reg A,B,C;
  wire  x,y;
```

```
  Delay_ex(A,B,C,x,y);  //呼叫前例所設計之程式，
  initial
  begin
       A = 1'b0; B = 1'b0; C = 1'b0;
    #100
       A = 1'b1; B = 1'b1; C = 1'b1;
    #100  $finish;
  end
endmodule
```

例題 20 之執行時序圖如下所示：

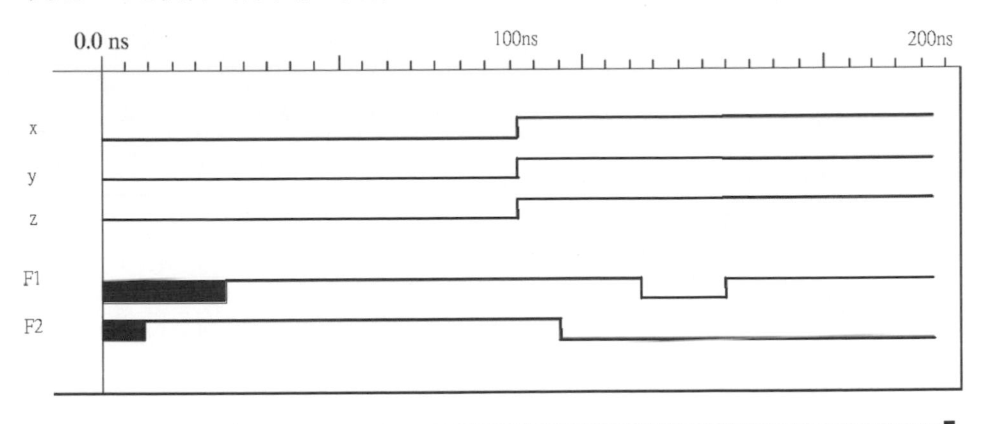

例題21

D 型閂鎖器，程式設計範例如下：

▼說明：

D 型閂鎖器係由控制訊號來控制輸出，程式設計如下：

```
module D_ex (Q,D,Enable) ;
  output  Q;
  input  D,Enable;
  reg  Q;
always @ (Enable or D)
if  (Enable) Q=D;  //亦即當 Enable ==1 時，將輸入 D 值輸出給 Q
                   //若 Enable ~=1，則 Q 值維持原值不改變
endmodule
```

例題22

請設計 D 型正反器程式。

▼說明：

假設此 D 型正反器係屬於正緣時脈觸發，

按 D 型正反器之特性方程式為 Q(t+1)＝D，故程式設計如下：

```
module D_FF_ex1 (Q , D , Clk) ;
  output  Q;
  input  D , Clk;
  reg  Q;
always @ (posedge Clk)  //正緣時脈，將輸入 D 值輸出給 Q
 Q=D;
endmodule
```

例題23

假設此 D 型正反器具有非同步重置（asynchronous reset）功能，程式設計如下：

```
module D_FF_ex2 (Q , D , Clk , Rst) ;
  output  Q;
  input  D , Clk ,Rst;
  reg  Q;
always @ (posedge Clk or negedge Rst)
  if (~Rst) Q=1'b0  ;  //亦即當 Rst==0 時，將 1 位元 0 值輸出給 Q
  else Q=D;   //否則，將輸入 D 值輸出給 Q
endmodule
```

例題24

請設計 T 型正反器程式。

▼說明：

按 T 型正反器之特性方程式為 Q(t+1)＝Q⊕T，故程式設計如下：

```
module T_FF_ex (Q , T , Clk , Rst) ;
  output  Q;
  input  T , Clk , Rst;
  wire  W;
```

```
  assign  W = Q ^ T;  //執行 W=Q⊕T
  //呼叫執行 D 正反器程式以實現 T 型正反器功能
D_FF_ex2  TFF（Q ,W ,Clk , Rst）;
endmodule
```

例題25

JK 型正反器，程式設計範例如下：

▼**說明：**

按 JK 型正反器之特性方程式為 $Q(t+1)=J\overline{Q}+\overline{K}Q$，故程式設計如下：

```
module JK_FF_ex1（Q,J,K,Clk,Rst）;
  output  Q;
  input  J, K, Clk ,Rst;
  wire  JK;
  assign  JK=（J&~Q）|（~K&Q）;  //指定 JK 正反器特性方程式
  //呼叫執行 D 正反器程式以實現 JK 正反器功能
  D_FF_ex2  JKFF（Q ,JK ,CLK , RST）;
endmodule
```

例題26

以特性表設計 JK 型正反器程式。

▼**說明：**

按 JK 型正反器之特性表如下：

J	K	Q(t+1)	註解
0	0	Q(t)	狀態不變
0	1	0	重置為 0
1	0	1	設定為 1
1	1	$\overline{Q(t)}$	前狀態之反向輸出

依特性表採 case 語法設計程式如下：

```
module JK_FF_ex2（J,K,Clk, Q, nQ）;
  output  Q , nQ;
  input  J , K, Clk;
  reg  Q;
  assign  nQ =~Q;
```

```
  always  @(posedge Clk)
  case ({J,K})
    2'b00 : Q=Q ;
    2'b01 : Q=1'b0 ;
    2'b10 : Q=1'b1 ;
    2'b11 : Q=~Q ;
  endcase
endmodule
```

例題27

請使用 initial 與 always 指令完成下列狀態圖之 VHDL 程式設計。

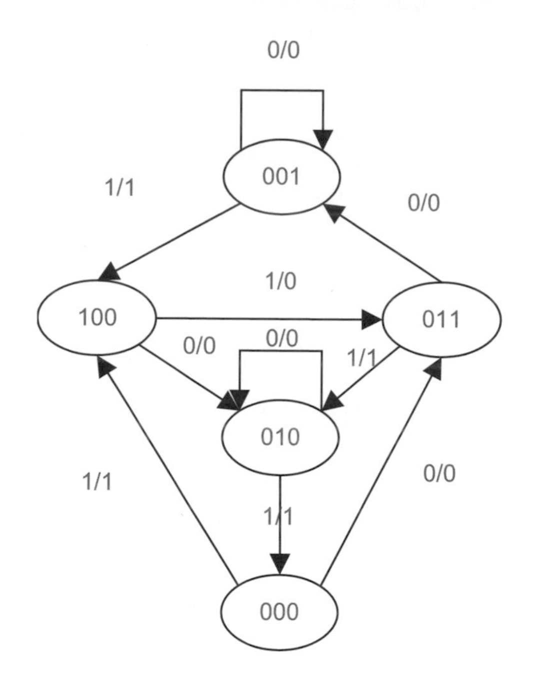

▼說明：

本例之狀態表如下，其中僅有 5 個不同之狀態別，故每一個狀態須以 3 個位元（ABC）來表示（000～100，共 5 個狀態），亦即以 000 表示狀態 S_0，以 100 表示狀態 S_4（餘類推），輸入項為 X，輸出項為 Y：

目前狀態			輸入	下一個狀態			輸出
A	B	C	X	A	B	C	Y
0	0	0	0	0	1	1	0

目前狀態			輸入	下一個狀態			輸出
0	0	0	1	1	0	0	1
0	0	1	0	0	0	1	0
0	0	1	1	1	0	0	1
0	1	0	0	0	1	0	0
0	1	0	1	0	0	0	1
0	1	1	0	0	0	1	0
0	1	1	1	0	1	0	1
1	0	0	0	0	1	0	0
1	0	0	1	0	1	1	1

程式設計如下：

```
module ST_ex (X, Y, Clk, RST) ;
  input  X , Clk, Rst ;
  output  Y ;
  reg  [ 2:0 ]  state ;
  parameter  S0 =3'b000,  S1 =3'b001,  S2 =3'b010,  S3 =3'b011,
S4 =3'b100 ;
  if (~Rst) state = S0 ; //初始化狀態設定為S0
  always @  (posedge  Clk or negedge Rst)
  else
  case (state)
     S0 : if (x)  state = S4;
          else  state = S3;
     S1 : if (x)  state - S4;
          else  state = S1;
     S2 : if (x)  state = S0;
          else  state = S2;
     S3 : if (x)  state = S2;
          else  state = S1;
     S4 : if (x)  state = S3;
          else  state = S2;
  endcase
  assign  Y = state;
endmodule
```

10-3 IEEE VHDL

VHDL 可於行為、資料流程與結構等不同層描述數位系統。VHDL 程式碼的模擬測試基本上分為 compilation 編譯（analysis 分析）、elaboration（精製）以及 simulation（模擬）三個步驟，其流程圖概略如下：

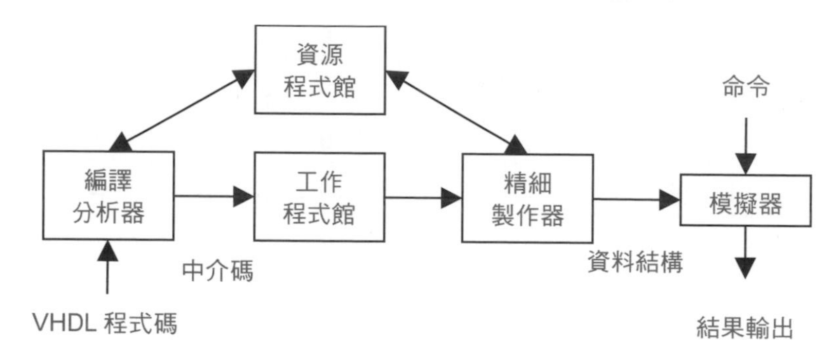

數位系統之 VHDL 模組在可以被模擬前，首先必須經過編譯，VHDL 編譯器亦稱為分析器，會核對原始程式碼的語法和語意（如不同型別之運算）規則，若存在錯誤，編譯器會輸出錯誤的訊息。此外，編譯器亦會核對所參引之程式館是否正確。當符合所有的規則，編譯器會產生中介（中間）碼，再轉換為模擬器或合成器可以使用的格式，此步驟亦即精製（elaboration），並將為每一訊號產生驅動程式（driver），該訊號除將具有目前的值，亦將有未來訊號值的佇列。模擬的過程包含初始化階段和實際的模擬。模擬器接受控制數位系統的模擬命令，當產生資料結構的結果時，表示此數位系統已經被模擬過。

VHDL 最初創造的時候，模擬是最主要的目的；然時至今日，VHDL 使用的重要目的之一是合成（synthesis）或從 VHDL 描述自動化的產生硬體。合成軟體係為讓 VHDL 轉譯程式碼到電路描述以指定所需要的組件，以及組件間的連接。有關 VHDL 程式碼的編譯、模擬和合成的流程示意圖如下：

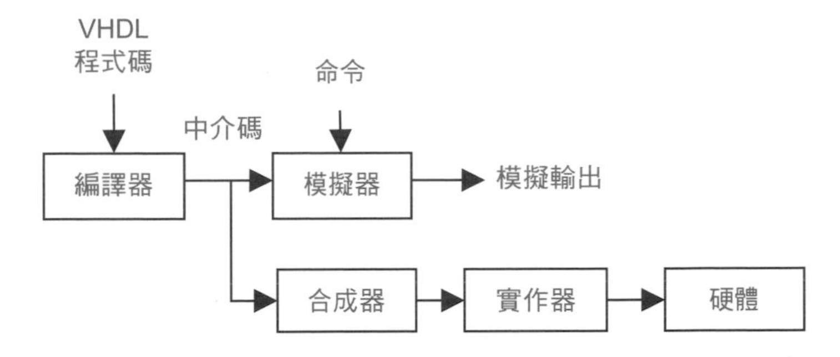

有關 VHDL 使用語法和語意規則概略說明如下：

模組名稱：

1. **entity（實體、個體）描述**：賦予邏輯電路區塊名稱，在 entity 後面接所要設計的個體模組名稱及敘明埠端（port）輸入與輸出規劃，語法如下：

```
entity 實體名稱 is
  port (介面-訊號-宣告);
end 實體名稱;
```

例如要製作一個反向器，撰寫程式如下：

```
entity Inverter is
  port (A: in bit; Z: out bit);   -- A 為輸入，位元型式；
                                  --Z 為輸出，位元型式；
end Inverter;
```

2. **architecture（架構）描述**：一個實體可以包含多個架構，於 architecture 後給予特定架構之名稱並於程式結尾 end 後結束該架構名稱，語法如下：

```
architecture 架構名稱 of 實體名稱 is
  宣告
Begin
  架構核心程式
end 架構名稱；
```

3. component（組件）描述：

```
component 組件名稱
  port (介面清單-訊號-及其型態);
end 組件名稱;
```

若埠端介面較多，可使用 "組件名稱 port map (實際訊號清單)" 的語法格式來指定對應的相關埠端，唯需一對一相對應。

4. **並行（concurrent）敘述**：在 VHDL 程式語言模組組合邏輯電路稱為並行敘述。

宣告：於此區段可宣告於架構中所使用之 signal（訊號）或 component（組件），摘述如下：

1. **資料型別**：VHDL 屬於較強的型態語言，因此，訊號或變數（參數）須同型別才能在同一個敘述式或指定中運算。有關 VHDL 變數之型別如下表所示：

分類	說明
位元	"0" 或 "1" 值，位元之初始值預設為 0
布林	TRUE（真）或 FALSE（假）
整數	範圍由$-(2^{31}-1)$到$+(2^{31}-1)$；VHDL 的整數範圍是對稱的
實數	浮點數值範圍由-1.0E38 到+1.0E38
字元	包含大、小寫字母、數字以及特殊符號等
時間	以整數帶單位方式表示，時間單位包含 fs（femtosecond；飛秒）、ps（皮秒）、ns（奈秒）、us（微秒）、ms（毫秒）、sec（秒）、min（分）、hr（時）

常數（constant）宣告：

```
constant 常數名稱表列清單：型態名稱 := 常數值；
```

舉例說明如下：

```
constant  X: bit_vector(5 downto 0) := ''101011''; --指定
           X=101011
constant  Y: integer :=1;  --指定 Y=1
constant  Z_array: bit_vector_array := ''000'', ''001'',
           ''010'', ''011'', ''100'', ''101'', ''110'',
           ''111'';  --指定 Z 位元向量陣列之值
constant  stringX: string(1 to 11) := ''Easy as pie'';
          --指定字串 stringX 之值，包含空白
```

變數（variable）宣告：

```
variable 變數名稱表列清單：型態名稱[或指定初始值]；
```

當變數值變更或更新時，可以指令 "變數名稱:=表示式" 之形式指定。

- 訊號（signal）宣告：

```
signal 訊號名稱表列清單：型態名稱[或指定初始值]；
```

訊號之指定則採 "訊號名稱<=表示式 [after 延遲時間] " 之形式處理。

- 陣列（array）宣告：

```
type 參數名稱 is array（範圍）of bit；
```

如宣告 "**type** CNT **is array**（15 **downto** 0） **of** bit；"，CNT 之位元向量為 16。有關陣列型別或陣列物件之宣告形式如下：

```
type 陣列型態名稱 is array（索引範圍）of 元素或元件之型態；
signal 陣列名稱：陣列型態名稱 [:=初始值]；
```

若是未限制的陣列型態之宣告，其形式如下：

```
type 矩陣名稱 is array （自然數之範圍）of integer；
```

- 矩陣宣告：

```
type 矩陣名稱 is array （列範圍, 行範圍）of integer；
```

若是未限制的矩陣型態之宣告，其形式如下：

```
type 矩陣名稱 is array （自然數範圍, 自然數範圍）of integer；
```

2. **指定運算**：可直接以 "X=1" 之方式指定 X 初始值或特定值；若多個參數要同時賦予初始值，可以 "X=Y=Z=0" 之方式處理。至於，執行訊號指定運算之符號為 "＜＝"，若要執行下圖之 "及運算（and）"，其程式語法為 "C＜＝A and B"，若是希望加上時間的控制可於運算子之後描述，如 "C＜＝A and B after 5ns"，意即在 5 奈秒後，將 "A&B" 的運算結果輸出至 C。

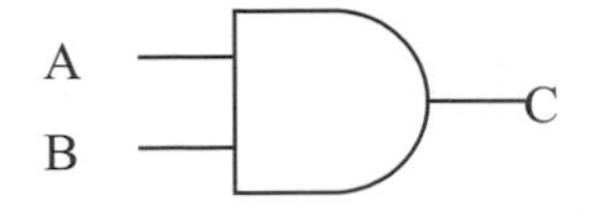

3. **訊號名稱及識別符：**

- VHDL 程式語言之訊號名稱以及識別符（identifiers）可包含文字、數字以及 "_" 等。
- 識別符必須以英文字起始，如 abc、abc123、abc_123...都屬合於語法之使用，然 123abc、123_abc 和 abc_則不合語法要求。

4. **模式（mode）或型態宣告：**

- **in**（輸入）、**out**（輸出）模式。
- **Type**：指定資料或種類，VHDL 語言允許使用者自定型別，較常用的是 **enumeration**（列舉）型別，宣告語法格式如下：

```
type 狀態或型別 is (狀態或型別之表列清單);
signal 狀態或型別: 狀態或型別別=某一特定狀態或型別;
```

舉例說明如下：

```
signal CNT: integer range 0 to 9;  --此會產生 4 位元的計數
signal CNT: integer;  --此會產生 32 位元的計數
```

- **inout**：雙向訊號模式，可當作輸出或輸入。
- **buffer**（緩衝）：類如 inout 模式，可作為讀取或寫入實體使用。buffer 模式係指示訊號輸出到外，然而亦可於實體的架構內被讀取。
- **linkage**（鏈結）：當一 VHDL 實體連結到另一個非 VHDL 的實體時使用。不論是 buffer 或 linkage 宣告模式都有其限制性。

撰寫以 buffer 宣告的程式：

```
entity buf_ex is
  port(X,Y: in bit; Z: buffer bit; W: out bit);
end buf_ex;
architecture logic1_ex of buf_ex is
begin
  Z <= X and Y after 10 ns;
  W <= X xor Y after 10 ns;
end logic1_ex;
```

1. **位元向量（bit vector）**：除位元（1 個位元的 0 或 1 值）之宣告外，有關位元訊號亦可以一維陣列的方式來宣告為位元向量，例如，X 是四位元的向量，其索引範圍為 0～3，亦即 X 具有四個值分別是 X(0)、X(1)、X(2)以及 X(3)。宣告語法範例如下：

```
X: in bit;      --宣告 X 為 1 個位元值的輸入參數
Y: in bit_vector( 3 downto 0);  --宣告 Y 為 4 個位元值的輸入參數
```

上例中，Y 是位元向量，因宣告由 "3 downto 0"（由 3 向下降到 0），而有 MSB 與 LSB 之順序性。因此，若假設將某一 4 位元的值指定給 Y，那麼 Y(0)至 Y(3)的個別值就會確定。

```
Y: in bit_vector( 3 downto 0);
Y <= "1010";      --將 1010 值給予 Y 位元向量，因此 Y(3)=1、
                   --Y(2)=0、Y(1)=1、Y(0)=0；
```

因此，若宣告 X 和 Y 都是 4 個位元的位元向量，就可直接進行位元向量間的邏輯運算，如下例：

```
X: in bit_vector( 3 downto 0);
Y: in bit_vector( 3 downto 0);
Z: out bit_vector( 3 downto 0);
X <= "1100";
Y <= "1010";
Z <= X and Y;  --將 "X&Y" 運算結果輸出給 Z
```

上例可得到 Z=1000 的輸出結果。當然亦可使用 "1 to 4" 來替代。

運算子：概略彙整如下表：

分類	符號	運算功能	分類	指令	運算功能
算術計算	＋	二進位加法	位元邏輯運算	and	及運算
	－	二進位減法		or	或運算
	*	二進位乘法		nand	非且運算
	/	二進位除法		nor	非或運算
	mod	模運算		xor	互斥或運算
	rem	餘數		xnor	互斥非或運算

分類	符號	運算功能	分類	指令	運算功能
移位運算	sll	邏輯左移並補 0	關係運算	=	等於
	srl	邏輯右移並補 0		>	大於
	sla	算術左移並於右位元補 1		<	小於
	sra	算術右移並於左位元補 1		/=	不等於
	rol	向左旋轉		>=	大於等於
	ror	向右旋轉		<=	小於等於
其他	not	否(亦作為位元運算)	其他	&	序連(concatenation)
	abs	絕對值		**	
	+	正號		-	負號

例題2

指定變數 X 之值為 "10101001"，請計算下表之相關運算：

運算式	執行結果	運算式	執行結果
not X	01010110	X sla 3	01001111
X sll 3	01001000	X sra 2	11101010
X srl 2	00101010	X ror 3	00110101

關鍵字：包含上述之運算子、event（事件）及下列：

1. **狀態或範圍描述**：如 after、begin、end、range、down（遞減或往下數）、to、null（不動作）...等。
2. **訊號用字**：如輸出入所使用之 signal（訊號）宣告，時間延遲所使用之 transport、reject
3. port（埠端，即針腳）：指定模組中之輸出與輸入。
4. **註解**：使用 "--" 符號表示其後所接的陳述為註解。

例題3

以 IEEE VHDL 語言設計反向器程式：

```
entity Inv_ex is
  port (X: in bit; F: out bit);   -- X 為輸入位元，F 為輸出位元
end Inv_ex;
architecture com_cir of Inv_ex is
begin
  F <= not X after 5 ns;   --於 5 奈秒後將 X̄ 輸出予 F
end com_cir;
```

例題4

以 IEEE VHDL 語言設計二進一出的 NAND 和 XOR 邏輯閘程式：

```
entity Nand_ex is
  port (X,Y: in bit; F1,F2: out bit);   -- X 和 Y 為輸入位元，F 為輸出位元
end Nand_ex;
architecture com_cir of Nand_ex is
begin
  F1 <= not (X and Y)after 5 ns;   --於 5 奈秒後將 (XY)‾ 輸出予 F1
  F2 <= X xor Y after 5 ns;    --於 5 奈秒後將 X⊕Y 輸出予 F2
end com_cir;
```

訊號指定語法：

1. **指定陳述**：VHDL 訊號指定陳述式之語法為：

   "訊號名稱 <= 運算表示式【afetr 延遲時間】；"

2. **條件式訊號指定語法**：

```
訊號名稱  <=  表示式 1  when  條件 1
             else  表示式 2  when  條件 2
...         [else 表示式 N]；
```

3. **傳播延遲（propagation delay）**：數位系統所設計之電路皆須經過模擬測試，故程式多需加上時間處理，其中【afetr 延遲時間】為選項，若無此描述，表示立即執行運算並輸出（亦即傳播延遲時間為 0 秒），唯模擬器通常會假設傳播延遲為無限小的 △（delta）值。有關 VHDL

延遲再細分為傳送（transport）延遲和慣性（inertial）延遲等二種不同型態，說明如下：

- 傳送（transport）延遲：此延遲係企圖藉由繞線（接線）來模組延遲，將輸入訊號以指定延遲時間予以簡單的延遲。
- 慣性（inertial）延遲：為預設之延遲；是故，子句之後會接續處理敘述式以呈現慣性延遲。一般都會假設，慣性延遲與簡易延遲僅些微不同。慣性延遲在模組處理邏輯閘與其他裝置或元件時，會故意讓從輸入以至輸出，不至出現短的傳播脈波。假如某邏輯閘之理想慣性延遲為時間 T，那麼除延遲 T 外，任何脈波小於 T 都會被拒絕。亦可於系統程式中撰寫回絕敘述式，語法如下：

```
訊號名稱  <= reject 脈波寬度 after 延遲時間
```

4. 時序訊號：時脈（clock）週期訊號可設計如下：

```
Clk  <= not Clk  after 10 ns;  --每隔 10 奈秒後反向輸出 Clk 訊號
```

加上重複執行陳述式即可形成正反正反的週期時脈訊號。

5. 「'event」表示式：為事先定義之屬性，可供任何訊號使用。如 Clk'event 即表示時鐘之滴答滴答，當 Clk 訊號改變時，Clk'event 表示式為真。

6. 大小寫字體：VHDL 程式語言對大小寫字體的處理並不敏感，編組譯及模擬測試時，會將大小寫字體視為一樣的，例如，下列二行程式即會被視為是同義的程式：

```
C<=A and B After 10ns；
```

與下面程式同義：

```
C<=A AND B after 10ns；
```

順序的敘述（陳述）式（sequential statement）：語法如下：

```
process(trigger)      --選擇作用條件如正負緣觸發 clock
begin
  序列之陳述式           --觸發其後所接之運算陳述式
end process;
```

例如，要觸發一個處理程序可撰寫程式概略如下：

```
architecture XXX
signal trigger;  --觸發訊號
begin
```

```
  process(trigger)     --觸發處理程序，其後接運算陳述式
  …
  end process;
end XXX;
```

當一個模組包含超過一個以上的處理程序時，所有的處理程序式與其他處理程序並行執行的。

模擬具多個處理程序的程式：

```
entity mul_proc_ex is
end mul_proc_ex;

architecture simu of mul_proc_ex is
signal X,Y: bit;
--處理程序 1
begin
  Process_1: process(X)
  begin
    X <= '1';
    Y <= '0' after 5 ns;
  end process Process_1;
  --處理程序 2
  Process_2: process(Y)
  begin
    if X = '1' then Y <= '1' after 10 ns;
    end if;
  end process Process_2;
end simu;
```

例題6

設計 2 對 1 的多工器程式：

▼說明：

假設此多工器具有 2 個資料輸入（I_0、I_1），1 個選擇輸入（Sel）以及輸出 Y，其函式為 $Y = I_0\overline{Sel} + I_1 Sel$，其電路圖如右：

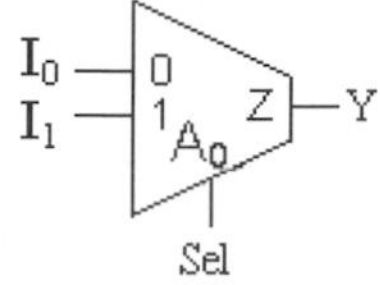

程式設計如下：

```
entity Mux1_ex is
  port (I0,I1,Sel: in bit;  Y: out bit);
end Mux1_ex;

architecture mux_cir of Mux1_ex is
begin
  Y <= (not Sel and I0) or (Sel and I1);
end mux_cir;
```

當然亦可使用條件式的語法，設計如下：

```
entity Mux2_ex is
  port (I0,I1,Sel: in bit;  Y: out bit);
end Mux2_ex;

architecture mux2_cir of Mux2_ex is
begin
  Y <= I0 when Sel= '0'  else I1;
end mux2_cir;
```

若是要設計 4 對 1 的多工器只需將上述程式略作調整如下：

```
entity Mux3_ex is
  port (I0,I1,I2,I3,Sel1,Sel2: in bit;  Y: out bit);
end Mux3_ex;

architecture mux3_cir of Mux3_ex is
begin
Sel <= Sel1 and Sel2
with Sel select
Y <= I0 when '00',
      I1 when '01',
      I2 when '10',
      I3 when '11';
end mux3_cir;
```

IEEE library（程式館）：VHDL 程式館與套件（package）之使用係藉由定義型態（type）、組件（component）、功能（function）、超載（overloaded）運算子來延伸 VHDL 的功能性，其中超載功能可產生能處理異質性的資料型別之運算。在 VHDL 程式中，由程式館存取功能和組件需使用陳述式 "library IEEE;"，以設計存取 IEEE 程式館所有的套件。有關程式館的呼叫語法如下：

```
library IEEE;
use IEEE.numeric_bit.ALL;  --可存取所有 IEEE.numeric_bit 套件
```

呼叫 library 中的標準邏輯（IEEE.std_logic）之範例：

```
library IEEE;
use IEEE.std_logic_1164.all;
use IEEE.std_logic_unsigned.all;
entity Adder4_v3 is  --有註名版本
  port(A, B: in std_logic_vector(3 downto 0); Ci: in std_logic; --Inputs
       S: out std_logic_vector(3 downto 0); Co: out std_logic); --Outputs
end Adder4_v3;
```

例如，IEEE.std_logic_1164 套件定義 std_logic 標準邏輯型態，共有 9 個值包含如下表列：

符號	表示用法	符號	表示用法	符號	表示用法
0	強制(force) 0	H	弱(weak)1	W	弱(weak)未知
1	強制(force) 1	L	弱(weak)0	X	未知(unknown)
–	不理會	U	未初始化	Z	高阻抗

此外，IEEE.std_logic_1164 套件亦定義 std_logic_vector 標準邏輯向量。IEEE 引入 IEEE.numeric_bit 和 IEEE.numeric_std 二套件，讓撰寫 VHDL 合成碼更顯容易。numeric_bit 套件定義了有正負號（signed）與無正負號（unsigned）的型態作為未限制陣列位元。宣告語法為 "type signed is array (範圍) of bit; " 和 "type unsigned is array (範圍) of bit; "，其中範圍為自然數，程式範例如下：

```
entity NB_ex is
  port(X, Y: in unsigned (3 downto 0); Cin: in bit;  --輸入
       S: out unsigned (3 downto 0); Cout: out bit);  --輸出
end NB_ex;
```

其中，有正負號（signed）是以 2 的補數的形式呈現，有正負號（signed）與無正負號（unsigned）的型態基本上都是位元向量（bit-vector），然超載運算子即是為這些型態所定義的，而非為位元向量。是故若 X、Y、Z 是位元向量，那麼指令 "Z <= X+Y;" 將會產生編譯錯誤。另外，當

有關 numeric_bit 套件所定義之超載運算子如下：

分類	運算子符號或用詞
算術	＋、－、＊、／、rem 以及 mod
關係	=、/=、>、>=、<，以及<=
邏輯	not、and、nand、or、nor、xor 以及 xnor
移位	sll、srl、ror、rol，以及 shift_right（右移）、rotate_right（右旋轉）、shift_left（左移）、rotate_left（左旋轉）等

對算術與關係超載運算子，二個被運算子計算的值為無號與無號、無號與自然數、有號與有號，以及有號與自然數都是可接受的。對邏輯超載運算子而言，除了否（not）運算外，二個被運算的值則必須同為有號或同為無號。當對無號數值使用 "＋" 或 "－" 運算時，若二數值之長度不一致，短的數值會被填補 "0" 值於其左側之高位元以補足長度達一致，此時之運算，其進位將被捨去，舉例如下：

```
"1101"+"101"＝"1101"+"0101"（先將後數值補 0 於高位元）
＝"0010"（因進位被捨去，理論上結果值應為 10010）
```

所以當設計加法器，和值之計算 "Sum<= A+B+ 進位 carry"，是不允許進位是位元的型態，必須先將進位轉換成無號的型態，才不至於產生計算上的錯誤。

以 IEEE VHDL 語言設計全加法器的程式：

```
entity FA_ex1 is
  port(X, Y, Cin: in bit;  Cout, Sum: out bit);
end FA_ex1;
architecture Com_cir of FA_ex1 is
begin
  Sum <= X xor Y xor Cin after 10 ns;
      --計算和值 X⊕Y⊕Cin，於 10 奈秒後輸出予 Sum
  Cout <= (X and Y) or (X and Cin) or (Y and Cin) after 10 ns;
      --計算進位 XY+YZ+XZ，於 10 奈秒後輸出予 Cout
end Com_cir;
```

例題8

呼叫 IEEE 程式館並使用 numeric_bit 套件設計全加法器的程式：

```
library IEEE;
use IEEE.numeric_bit.all;

entity FA_ex2 is
  port(X, Y: in unsigned(3 downto 0); Cin: in bit;   --輸入端
        S: out unsigned(3 downto 0); Cout: out bit);  --輸出端
end FA_ex2;
--下面為執行加法器的計算
architecture OV_ex of FA_ex2 is
signal Sum: unsigned(4 downto 0);
begin
  Sum <= '0' & X + Y + unsigned'(0=>Cin);
  S <= Sum(3 downto 0);
  Cout <= Sum(4);
End OV_ex;
```

if 陳述式：如 C++語言之運作，語法格式如下：

```
if 條件  then
  敘述式
{elseif 條件  then    --選項，視需求而定，可 0 或多個 elseif 判斷
  敘述式 }
[else 敘述式]
endif;
```

例題9

以 if 語法設計 D 型正反器程式：

```
entity DFF_ex is
  port (D, Clk: in bit;  Q: out bit);
end DFF_ex;

architecture df_test of DFF_ex is
begin
  process (Clk)        -- 當 Clk 變化時執行此程序
  begin
    if Clk'event and Clk = '1' then     -- 時脈由 0 變 1 時或改變時
      Q <= D after 10 ns;      --將 D 值輸出給 Q
    end if;
  end process;
end df_test;
```

例題10

以 if 語法設計透通式 D 型門鎖器程式：

```
entity D_latch_ex is
  port (D, La: in bit;  Q: out bit);
end D_latch_ex;

architecture df_test of DFF_ex is
begin
  process (La, D)
  begin
    if La= '1'  then     -- 當La由0變1時
      Q <= D after 10 ns;     --將D值輸出給Q
    end if;
  end process;
end df_test;
```

迴圈語法：

1. Wait 敘述式：基本語法格式如下：

```
process
begin
    順序的敘述式
    wait 敘述式
    順序的敘述式
    wait 敘述式
…
end process;
```

有關 wait 敘述式，其形式再區分為 wait on、wait for 和 wait until 等三種，分別說明如下：

- wait on 表列清單：

```
wait on X,Y,Z;
--等待直到X、Y或Z當中有任何一個變化時，執行其後敘述
```

例題11

撰寫 wait on 程式：

```
entity Cir2_ex is
  port(X,Y: in bit; Z,W: out bit);
end Cir2_ex;
architecture logic2_ex of Cir3_ex is
  process
  begin
  Z <= X and Y after 10ns;
  W <= X xor Y after 10 ns;
  wait on X,Y;
 end process;
end logic2_ex;
```

- wait for 時間表示式：適用於 VHDL 電路之模擬測試，語法範例如下：

```
wait for 5 ns;
--等待 5 奈秒後，繼續執行其後敘述式
```

- wait until 布林表示式：語法為 "wait until X=Y;"，會一直等到 X 或 Y 改變，然後測試 X=Y 時，若此測試結果為真，process 會繼續執行；否則，process 將持續等待 X 或 Y 再次改變且 X=Y 為真。

例題12

撰寫 wait until 程式：

```
entity Cir3_ex is
  port(X,Y, Clk: in bit; Z,W: out bit);
end Cir3_ex;
architecture logic3_ex of Cir3_ex is
 process(Clk)
 begin
 wait until Clk'event and Clk = '1';
  Z <= X and Y after 10ns;
  W <= X or Y after 10 ns;
 end process;
end logic3_ex;
```

1. while 語法：

```
[迴圈標籤：] while 條件  loop
  順序的陳述式
end loop [迴圈標籤];
```

部分程式範例如下：

```
Cnt=10;
while Rst='0' and Cnt /= 0  loop  --當重置=0 且計數 Cnt 不為 0 時
                                  --執行迴圈
  wait until Clk'event and Clk = '1';  --當時脈觸發時執行下式
    Cnt <= Cnt-1;  --計數 Cnt 由 10 遞減至 0 結束
  wait for 5 ns;
end loop;
```

2. for 語法：

```
[迴圈標籤：] for 迴圈索引 in 範圍 loop
  順序的陳述式
end loop [迴圈標籤];
```

部分程式範例如下：

```
Cnt=0;
Sum=0;
Loop1: for Index in 0 to 10 loop  --當索引值範圍 0 到 10
    Sum <= Sum+Cnt;  --執行加總計算
Cnt <= Cnt+1;  --計數 Cnt 0 遞增至 10 結束
end loop1;
```

3. 無窮的迴圈：當然大部分的程式語言，都怕程式設計不當而致打死結或是活結（迴圈繞不出去），然 VHDL 程式語言因模擬測試的特殊性，有時是故意設計無窮的迴圈，以利持續性的測試直到關機。有關無窮迴圈的設計範例如下：

```
[迴圈標籤：] loop
  順序的陳述式
end loop [迴圈標籤];
```

上例程式可藉助 exit 陳述式跳出迴圈：

```
exit;
```

或是訂定跳出之條件：

```
exit  when  條件;
```

判斷（assert）與報告（report）之敘述式：當 VHDL 模組實作後，即應測試它的正確性與有效性，以利應用。是以 VHDL 提供了特別的敘述式，如 assert、report、severity（嚴重）以支援正確性與有效性之測試處理。其中，assert 敘述式會核對檢查條件式是否為真，若否會顯示錯誤訊息。有關 assert 敘述式語法如下：

```
assert 布林表示式
  report   字串表示式
  [severity 嚴重等級;]
```

assert 規定布林表示式以指出條件是否相符，report 報告子句，當真時不會顯示訊息，若否將伴隨嚴重等級之訊息，嚴重等級共四級分別為：note（註記或注意）、warning（警告）、error（錯誤）以及 failure（失效）。當 assert 子句刪去時，report 即完成並顯示 "report 'ALL IS WELL';"，程式設計重點範例如下：

```
begin
  process
  begin
   for Ind in M to N loop
   ...
   assert(布林表示式)
     report  ''Wrong format''
     severity  failure;
   end loop;
   report  ''Finish'';
  end process;
end;
```

函式（function）設計：執行順序的演算並回傳單一值給主（呼）叫程式，語法如下：

```
function 函式名稱 (正規的-參數-表列清單)
  return 回傳型態 is
[宣告]
begin
  敘述式
return 回傳值;
end 函式名稱;
```

當函式設計完成，其呼叫語法如下：

```
函式名稱 (實際的-參數-表列清單);
```

例題13

撰寫一個向左旋轉 2 位元的函式：

▼說明：

向左旋轉可使用指令 rol 來實現，函式撰寫如下：

```
function rotate_left2 (reg: bit_vector)
  return bit_vector is
begin
  return reg rol 2;
end rotate_left;
```

當上述函式寫好後便可以呼叫執行，假設呼叫執行式如下：

```
X="1101001"
Y <= rotate_left2 (X);
```

那麼得到的 Y 值為 "0100111"。

例題14

撰寫一個同位元檢核函式：

```
function parity_chk (X: bit_vector(2 downto 0))
  return bit_vector is
  variable P: bit;
  variable P_chk: bit_vector(3 downto 0);
begin
  P := a(0) xor a(1) xor a(2);   --使用 xor 計算出應為 0 或 1 的同位元
  P_chk := X & P;
  return P;
end parity;
```

程序（procedure）設計：程序之設計不同於函式，因函式於回傳敘述式只能傳回單一值，程序可將 VHDL 程式分解成許多小模組，並回傳任何數量的值，語法如下：

```
procedure 程序名稱 (正規的-參數-表列清單) is
[宣告]
begin
  敘述式
end 程序名稱;
```

於 "正規的-參數-表列清單" 規定輸出入及其型態；當程序設計完成，其呼叫語法如下：

```
函式名稱（實際的-參數-表列清單）;
```

例題15

撰寫一個位元向量加法的程序程式：

```
procedure add_bv_ex(In_bv1, In_bv2: in bit_vector; Cin: in bit;
                    signal Sum_bv: out bit_vector; signal Cout:
                    out bit; n: in positive) is
  variable C: bit;
begin
  C := Cin;
  for ind in 0 to n-1 loop  --執行迴圈
    Sum_bv(ind) <= In_bv1(ind) xor In_bv2(ind) xor C;  --總和計算
    C := (In_bv1(ind) and In_bv2(ind)) or (In_bv1(ind) and C)
          or (In_bv2(ind) and C);  --計算進位
  end loop;
  Cout <= C;  --進位位元值輸出
end add_bv_ex;
```

有關子程式之呼叫所使用之參數表列如下：

輸出入模式	類別	實際參數	
		函式呼叫	程序呼叫
in 函式預設模式	Constant 常數 （in 預設類別）	表示式	表示式
	Signal	Signal	Signal
	Variable 變數	不適用	Variable 變數
Out/inout	Signal	不適用	Signal
	Variable 變數 Out/inout 預設類別		Variable 變數

屬性（attribute）設計：可被訊號或陣列關聯，其回傳為訊號（signal）或值（value）。

1. 訊號屬性：其回傳情形表列如下：

分類	屬性	回傳內容
回傳值	S'Active	**布林值**：於目前時脈（delta），若資料異動回傳 True 否則回傳 False
	S'Event	**布林值**：於目前時脈（delta），若事件發生回傳 True 否則回傳 False
	S'Last_active	**過去時間**：訊號 S 上之前一個異動之已過去時間
	S'Last_event	**過去時間**：訊號 S 上之前一個事件之已過去時間
	S'Last_value	**S 值**：訊號 S 上之前一個事件之前的 S 值
回傳訊號	S'Delayed	**訊號**：訊號與 S 受指定時間延遲相同
	S'Quiet	**布林訊號**：於指定時間，若訊號 S 沒有異動，則布林訊號為 True，否則為 False
	S'Stable	**布林訊號**：於指定時間，若訊號 S 沒有事件，則布林訊號為 True，否則為 False
	S'Transaction	**型態位元訊號**：於訊號 S 上之每一次異動之訊號之型態位元變更

有關訊號屬性使用法之程式範例如下：

```
entity Sig_attr_ex is
  port(X, Y: in bit);
end Sig_attr_ex;

architecture Simu_ex of Sig_attr_ex is
signal Z, Y_delayed, Z_trans: bit;
signal Z_stable, Z_quiet: boolean;
begin
  Z <= X and Y;
  Y_delayed <= Y'delayed(10 ns);
  Z_trans <= Z'transaction;
  Z_stable <= Z'stable(10 ns);
  Z_quiet <= Z'quiet(10 ns);
end Simu_ex;
```

2. 陣列屬性：如下表：

屬性	回傳
A'High(N)	第 N 個索引範圍最大界限
A'Left(N)	第 N 個索引範圍左限
A'Length(N)	第 N 個索引範圍大小
A'Low(N)	第 N 個索引範圍最小界限
A'Range(N)	第 N 個索引範圍
A'Reverse_range(N)	第 N 個索引範圍顛倒的（反轉）
A'Right(N)	第 N 個索引範圍右限

例題16

假設某唯讀記憶體 ROM 為二維陣列，其第一個索引值範圍都是 0 到 31（上增），第二個索引值範圍是 15 到 0（下減），請完成下表屬性應得之相對應值：

屬性	屬性對應值
A'High(N)	ROM'High(1)=31；ROM'High(2)=15
A'Left(N)	ROM'Left(1)=0；ROM'Left(2)=15
A'Length(N)	ROM'Length(1)=32；ROM'Length(2)=16
A'Low(N)	ROM'Low(1)=0；ROM'Low(2)=0
A'Range(N)	ROM'Range(1)=0 to 31; ROM'Range(2)=15 downto 0;
A'Reverse_range(N)	ROM'Reverse_range(1)=31 downto 0; ROM'Reverse_range(2)=0 to 15;
A'Right(N)	ROM' Right(1)=31；ROM'Right(2)=0

超載運算子之建立：VHDL 語言中，運算子 "+"、"−" 係定義給整數使用，若要執行位元向量之 "+" 或 "−" 需自行定義套件。

例題17

請設計位元向量超載運算子程式：

```
package bv_add is
  function "+" (In_bv1, In_bv2: bit_vector)
    return bit_vector;
end bv_add;

package body bv_add is
  function "+" (In_bv1, In_bv2: bit_vector)
    return bit_vector is
  variable Sum: bit_vector(In_bv1'length-1 downto 0);
  variable Ca: bit := '0';   --進位
  alias A1: bit_vector(In_bv1'length-1 downto 0) is In_bv1;
  alias A2: bit_vector(In_bv2'length-1 downto 0) is In_bv2;
  begin
    for ind in sum'reverse_range loop  --執行位元對位元之加法計算
      Sum(ind) := A1(ind) xor A2(ind) xor Ca;  --計算和值
      Ca := (A1(ind) and A2(ind)) or (A1(ind) and Ca) or (A2(ind) and Ca);
         --計算進位
    end loop;
    return (Sum);
  end "+";
end bv_add;
```

同屬（generic）：通常用於指定組件中之參數，例如邏輯閘之上升（rise）與下降（fall）時間。一個邏輯閘之上升和下降時間是可被指定為同屬的，以 2 進 1 出的邏輯閘為例，其上升和下降時間是與載入之數量有關，可於實體（entity）宣告上升時間（T_{rise}）、下降時間（T_{fall}）與在入為同屬。例如，當上升輸出已發生，邏輯閘之延遲時間以 T_{rise}+2ns*load（每個載入的延遲時間）來計算，或是當下降輸出剛剛發生，邏輯閘之延遲時間以 T_{fall}+2ns*load（每個載入的延遲時間）來計算。

請以同屬宣告設計邏輯閘 xor 運算之程式：

```
entity Gate_ex is
  generic(Trise, Tfall: time; load: natural);
  port(X, Y: in bit; Z: out bit);
end Gate_ex;

architecture Com_cir of Gate_ex is
signal gate_va: bit;
begin
  gate_va <= X nor Y;  --進行 xor 運算，結果輸出給 gate_va
  Z <= gate_va after (Trise + 2ns * load) when gate_va = '1'
    else gate_va after (Tfall + 2 ns * load);
end Com_cir;

entity gate_simu is
  port(In_1, In_2, In_3, In_4: in bit; Out_1, Out_2: out bit);
end gate_simu;

architecture Com_cir of gate_simu is
component Gate_ex is
  generic(Trise: time := 2ns; Tfall: time := 2 ns; load: natural := 1);
  port(X, Y: in bit; Z: out bit);
end component;
begin
  G1: Gate_ex generic map (2ns, 1ns, 2) port map (In_1, In_2, Out_1);
  G2: Gate_ex port map (In_3, In_4, Out_2);
end Com_cir;
```

TEXTIO 套件與檔案：

1. **檔案**：當 VHDL 程式設計完成，通常需經過電腦檢查程式之測試，將測試數據或檔案輸入以驗證系統之執行是否符合設計目標。而檔案在使用前須先經宣告如下：

```
file 檔案名稱： 檔案型態 [open 模式] is ''檔案路徑'';
```

檔案開啟包含 read_mode（讀）、write_mode（寫）和 append_mode(附加、新增)等模式。一個檔案只能包含某一特定型態的資料，如整數、位元向量、文字串或是檔案所指定的型態，其宣告語法如下：

```
type 檔案型態 is file of 資料型態;
```

檔案呼叫使用結束： "endfile 檔案名稱；"，當指標指到檔案結尾會回傳 TRUE。

2. **TEXTIO 套件**：VHDL 提供標準的 TEXTIO 套件包含宣告和程序（procedure），可於檔案進行讀取或寫入的動作，呼叫引用 TEXTIO 套件的方法如下：

```
library IEEE;
use IEEE.numeric_bit.all;  --可存取所有 IEEE.numeric_bit 套件
use std.textio.all;
```

TEXTIO 套件的程序可從某一檔案逐行（line）的讀取或寫入文字。其中指令 readline 讀取一行文字並將其置於帶有關聯指標（pointer）的緩衝（buffer）。緩衝指標的型態必須是行（line），其宣告語法範例如下：

```
type line is access string;
```

當變數之型態 "行" 宣告後，字串將產生指標，範例如下：

```
variable buf: line;
…
readline(檔名, buf);
```

3. **讀取語法**：TEXTIO 套件亦提供超載讀取程序，可由緩衝讀取位元、位元向量、整數、實數、字元、字串、時間以及布林等型態之資料。其讀取語法範例如下：

```
read(緩衝, 某長度之位元向量);
read(指標, 數值);
read(指標, 數值, 布林); --當成功讀取，布林回傳 TRUE，否則 FALSE
```

TEXTIO 套件未包含 16 進位數值的讀取程序，因此若需讀取 16 進位之資料時，需執行程序 fill_memory 將 16 進位以字串讀取（因包含 A~F 字元）並轉換成整數才能使用。

4. **寫入語法**：呼叫寫入有 4 個參數分別是型態 "行" 的緩衝指標、可接受之數值型態、指出輸出欄位位置的左（left）或右（right）、欄位寬度（寬度為整數型態）等。

```
write(寫入緩衝, 型態, right, 長度);
writeline(寫入緩衝, 輸出檔案);
```

資料在檔案中格式

```
address N comments;
位元組 1 位元組 2 位元組 3 …位元組 N comments;
```

上例程式中之位址係 4 個 16 進位之數字值，N 係用以指出碼位元組之數，每個碼位元組包含 2 個 16 進位數字，每個位元組均以一個空白分隔，最後一個位元組之後緊接一個空白<space>，在此空白之後任何值都不會被讀取，而是當作註解（comment）。

敘述式之產生：敘述式之產生為提供組件舉例說明之簡便方法。

1. 敘述式產生之語法如下：

```
產生標籤： for 識別符 in 範圍 generate
[begin]
  並行（concurrent）敘述式
end generate 產生標籤;
```

編譯時，為給予範圍內之辨識符的每一個值產生一組並行敘述式。

2. 若是條件式產生（conditional generate），則以 if 子句陳述，語法如下：

```
產生標籤： if 條件 generate
[begin]
  並行（concurrent）敘述式
end generate 產生標籤;
```

指名（named）關聯：例如設計一個加法器實體程式如下：

```
entity FA_ex is
  port(A,B,Cin: in bit; Cout, Sum: out bit);
end FA_ex;
```

當使用下列敘述式：

```
FA0: FA_ex port map (X(0), Y(0), '0', open, S(0));
```

會產生全加法器並將 X(0)與加法器之輸入 A 連接、Y(0)與加法器之輸入 B 連接、'0'當作 Cin 的輸入值、S(0)連接到加法器的 Sum 輸出，至於 Cout 則未連接，因為已使用關鍵字 open 對應 Cout。另一種指名關聯敘述式之語法如下：

```
FA0: FA_ex port map (A=>X(0), B=>Y(0), Cin=>'0', open, Sum=>S(0));
```

可產生相同之連接。

當指名關聯被同屬映射（generic map）使用時，任何關聯之同屬參數會將其當作預設之值。

例題19

以 IEEE VHDL 語言設計具處理程序的或（or）運算程式：

```
entity OR_ex is
  port(X, Y: in bit;  F: out bit);  --宣告輸入變數 X,Y 與輸出變數 F
end OR_ex;

architecture OR_comp of OR_ex is
begin
  process(X)
  begin
    F <= X or Y after 10 ns;
 --於 10 奈秒後將 X 和 Y 的或運算值輸出予 F
  end process;
end OR_comp;
```

例題20

以 IEEE VHDL 語言設計具觸發處理程序的程式：

```
entity Tri_ex is
end Tri_ex;
architecture tri_sig of Tri_ex is
signal trigger_signal, sum: integer:=0;  --sum 值預設為 0
signal x: integer:=3;  --指定訊號 x,y,z 之初始值
signal y: integer:=2;
signal z: integer:=1;
begin
  process(trigger_signal)
  begin
    z <= x + y;
    y <= x;
    z <= y;
    sum <= x + y + z;
  end process;
end stri_sig;
```

10-4 AHDL

Altera Hardware Description Language（AHDL）屬於 Altera 公司之財產以規劃設計 CPLD 或 FPGA 等大型邏輯電路之硬體描述程式語言。有關 AHDL 可參閱http://en.wikipedia.org/wiki/Altera_Hardware_Description_Language。本節呈現 AHDL程式設計之概念主要以和 IEEE VHDL 對照為主，不針對 AHDL 作詳盡之介紹，部分重要程式設計語法或宣告摘要如下：

- **註解**：係於雙 "%" 符號之間說明註解。置於 "--" 則為文件化需求之註解。
- **宣告**：包含訊號、正反器之埠端以及暫存器等如下：

1. 區域性之訊號係於 VARIABLE 區段宣告之，VARIABLE 區段置於 SUBDESIGN 區段與邏輯區段之間。
2. 關鍵字：
   - NODE 係用來指定變數之特性，變數名稱由逗號 "," 分隔。
   - MACHINE 用於定義狀態機之 cycle。通常計數器（counter）用於計數事件，而狀態機用於控制事件。
3. 暫存器宣告：即使 1 個正反器也可當作暫存器之模式宣告，包含 DFF、JKFF、SRFF 以及 latch（閂鎖器）等，範例如下：

```
VARIABLE
    FF1  : JKFF;
    FF2  : DFF;
```

其輸入埠則可依宣告指定如後：FF1.j（表示 JK 正反器之輸入埠 J），FF1.k（表示 JK 正反器之輸入埠 K），FF1.clk（表示 JK 正反器之輸入時脈）。若使用程式館（library）組件宣告 JK 正反器如下：

```
VHDL  Component Declaration:
Component  JKFF
  port (j    : in std_logic;
        k    : in std_logic;
        clk   : in std_logic;
        prn   : in std_logic;
        clrn   : in std_logic;
        q     : in std_logic);
```

```
end Component;
```

4. Altera 基元（primitive）埠端識別符（identifier）：正反器所使用之基元宣告如下表，其中 prn 與 clrn 之控制屬於選項，其預設為 disable（不致能）狀況。

標準埠端功能	基元埠端名稱
時脈輸入	clk
非同步預置（低電位致能）	prn
非同步清除（低電位致能）	clrn
J,K,S,R,D 之輸入	j,k,s,r,d
位準觸發之致能輸入	ena
Q 輸出	q

邏輯運算：於程式碼 BEGIN 與 END 之間描述。

指定模式：

1. 位元陣列之宣告模式：如 "in-bits[]=(x,y,z);" 表示 x、y、z 等 3 個位元連結為群組，指定值可以 "b〝000〞" 表示位元值為 000。
2. 中間變數值可以設定為 status（狀態）。

條件式語法：

1. 可使用 if/then/else 之句型
2. 亦可使用 case 模式，此用法將會評估變數 status 及尋找匹配 status 之位元型樣（bit pattern），若符合及執行=>其後之描述或敘述式。

請以 AHDL 程式語言撰寫下列邏輯電路圖之程式。

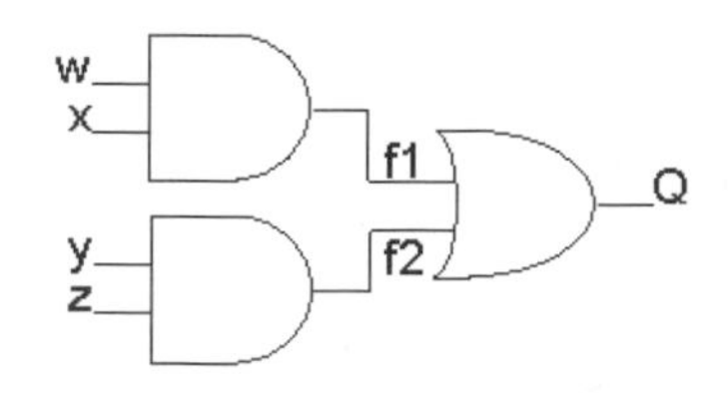

▼**說明：**

程式撰寫如下：

```
SUBDESIGN Simple_circuit
(
  w, x, y, z   :INPUT;     --定義邏輯區塊之輸入
  Q         :OUTPUT;   --定義邏輯區塊之輸出
)
VARIABLE
  f1, f2      :NODE;      --命名中介或中間之訊號
BEGIN
  f1 = w & x;            --亦即及邏輯運算
  f2 = y & z;
  Q = f1 # f2;             --產生和值 sum 輸出
END;
```

上例若改以 IEEE VHDL 程式語言撰寫如下：

```
entity Simple_circuit is
  port (w, x, y, z  : in bit;  Q  : out bit);
end Simple_circuit;
architecture Logic_block of Simple_circuit is
  signal  f1, f2  :bit;
begin
  f1 <= w and x;
  f2 <= y and z;
  Q <= f1 or f2;
end Logic_block;
```

例題2

使用 AHDL 程式語言真值表模式撰寫例題 1 邏輯電路圖之程式。

▼說明：

(1) 本例之程式使用 "concatenate" 位元連結方式以指示群組。

(2) 於真值表使用 "=>" 以區隔及指向輸入與輸出之關係。

(3) 真值表為：

輸入變數				中間值		輸出值
w	x	y	z	f1	f2	Q
0	0	0	0	0	0	0
0	0	0	1	0	0	0
0	0	1	0	0	0	0
0	0	1	1	0	1	1
0	1	0	0	0	0	0
0	1	0	1	0	0	0
0	1	1	0	0	0	0
0	1	1	1	0	1	1
1	0	0	0	0	0	0
1	0	0	1	0	0	0
1	0	1	0	0	0	0
1	0	1	1	0	1	1
1	1	0	0	1	0	1
1	1	0	1	1	0	1
1	1	1	0	1	0	1
1	1	1	1	1	1	1

(4)程式設計如下：

```
SUBDESIGN Simple_circuit
(
  w, x, y, z  :INPUT;     --定義邏輯區塊之輸入
  F       :OUTPUT;  --定義邏輯區塊之輸出
)
BEGIN
    TABLE
            (w, x, y, z )     =>  F;
            (0, 0, 0, 0 )     =>  0;
            (0, 0, 0, 1 )     =>  0;
            (0, 0, 1, 0 )     =>  0;
            (0, 0, 1, 1 )     =>  1;
            (0, 1, 0, 0 )     =>  0;
            (0, 1, 0, 1 )     =>  0;
```

```
            (0, 1, 1, 0 )     =>  0;
            (0, 1, 1, 1 )     =>  1;
            (1, 0, 0, 0 )     =>  0;
            (1, 0, 0, 1 )     =>  0;
            (1, 0, 1, 0 )     =>  0;
            (1, 0, 1, 1 )     =>  1;
            (1, 1, 0, 0 )     =>  1;
            (1, 1, 0, 1 )     =>  1;
            (1, 1, 1, 0 )     =>  1;
            (1, 1, 1, 1 )     =>  1;
    END TABLE;
END;
```

例題 2 若改以 IEEE VHDL 程式撰寫如下：

```
entity Simple_circuit is
  port (x, y, z  : in bit;  F  : out bit);
end Simple_circuit;
architecture truth_table of Simple_circuit is
  signal  F  :bit_vector (2 downto 0);
  begin
     F <= w & x & y & z;
       with F select
       Q    <=     '0' when  "0000",
                   '0' when  "0001",
                   '0' when  "0010",
                   '1' when  "0011",
                   '0' when  "0100",
                   '0' when  "0101",
                   '0' when  "0110",
                   '0' when  "0111";
                   '1' when  "1000",
                   '0' when  "1001",
                   '0' when  "1010",
                   '1' when  "1011",
                   '1' when  "1100",
                   '1' when  "1101",
                   '1' when  "1110",
                   '1' when  "1111";
  end truth_table;
```

例題3

使用 IF/THEN/ELSE 條件式語法設計 AHDL 程式。

▼說明：

```
SUBDESIGN Simple_circuit
(
  In_data [3..0] :INPUT;    --定義邏輯電路輸入：4 個位元 0000~1111
  Q              :OUTPUT;   --定義邏輯輸出
)
BEGIN
    IF  In_data[] >= 8 THEN
                  Q = VCC;    --輸出高電位之邏輯 1 值
    ELSE          Q = GND;   --輸出低電位之邏輯 0 值
    ENDIF
END;
```

例題 3 若改以 IEEE VHDL 程式撰寫如下：

```
entity Simple_circuit is
  port (In_data  : in integer range 0 to 15;  Q  : out bit);
end Simple_circuit;
architecture test of Simple_circuit is
  begin
    process(In_data)
      begin
        if (In_data >= 8) then
           Q <= '1';
        else
           Q <= '0';
        endif;
      end process;
  end test;
```

例題4

使用 CASE 語法設計 AHDL 程式。

▼說明：

```
SUBDESIGN Simple_circuit
(
  x, y, z : INPUT;    --定義邏輯電路輸入
  Q       : OUTPUT;  --定義邏輯輸出
```

```
)
VARIABLE
  status [2..0]  :NODE;
BEGIN
    status[] = (x, y, z);  --將輸入值x,y,z序連指定給status
    CASE status[] IS
       WHEN  b"000"   => Q = GND; --輸出低電位之邏輯 0 值
       WHEN  b"001"   => Q = GND;
       WHEN  b"010"   => Q = GND;
       WHEN  b"011"   => Q = GND;
       WHEN  OTHERS    => Q = VCC;
             --其他狀況輸出高電位之邏輯 1 值
END;
```

例題 4 若改以 IEEE VHDL 程式撰寫如下：

```
entity Simple_circuit is
port (x, y, z : in bit;  Q  : out bit);
end Simple_circuit;
architecture test of Simple_circuit is
signal  status  :bit_vector (2 downto 0);
begin
    status <= x & y & z;
    process(status)
      begin
        case  status is
           when "000"  =>  Q <= '0';
           when "001"  =>  Q <= '0';
           when "010"  =>  Q <= '0';
           when "011"  =>  Q <= '0';
           when  others   =>  Q <= '1';
        end case;
      end process;
end test;
```

例題5

使用 AHDL 程式語言設計 SR 閂鎖器。

▼說明：

```
SUBDESIGN SR_latch_circuit
(
  S_in, R_in : INPUT;   --定義邏輯電路輸入
  q         : OUTPUT;  --定義邏輯輸出
```

```
)
BEGIN
    IF S_in == 0   THEN   q = VCC;   --設定狀態
    ELSEIF  R_in == 0 THEN   q = GND;   --重置狀態
    ELSE       q = q;   --保持狀態
    END IF;
END;
```

例題 5 若改以 IEEE VHDL 程式撰寫如下：

```
entity SR_circuit is
  port (S_in, R_in : in bit;  Q  : out bit);
end SR_circuit;
architecture test of SR_circuit is
begin
    if  S_in ==0  then  Q = VCC;  --設定狀態
    elseif  R_in == 0  then  Q = GND;  --重置狀態
    else  Q=Q;
    end if;
end test;
```

請以 AHDL 程式語言設計 D 型閂鎖器。

▼說明：

本例係使用 AHDL 語言之 LATCH primitive（閂鎖器基元）進行程式設計如下：

```
SUBDESIGN D_latch_circuit
(
  D_in, En : INPUT;     --定義邏輯電路輸入及致能
  q         : OUTPUT;   --定義邏輯輸出
)
VARIABLE
    q     : LATCH;   --宣告閂鎖器變數
BEGIN
    q.ena = En;   --將致能 En 指定給閂鎖器變數 Q
    q.d = D_in;   --將輸入 D_in 值指定給閂鎖器變數 Q
END;
```

例題 6 若改以 IEEE VHDL 程式撰寫如下：

```
entity D_circuit is
  port (D_in, En : in bit;  Q   : out bit);
end D_circuit;
architecture test of D_circuit is
begin
    process (En, D_in)
    begin
      if  En = '1' then
            Q  <=  D_in;
      end if;
    end process;
end test;
```

例題7

請以 AHDL 程式語言設計 JK 型正反器。

▼**說明**：

本例係使用 AHDL 語言之 register primitive（暫存器基元）進行程式設計如下：

```
SUBDESIGN JK_circuit
(
  J_in, K_in, Clk_in, preset, clear : INPUT;    --定義 JK 輸入及時脈等 q
           : OUTPUT;   --定義邏輯輸出
)
VARIABLE
    FF1     : JKFF;   --定義 JK 正反器
BEGIN
    FF1.prn = preset;   --將 preset 指定給 JK 正反器之預置埠
    FF1.clrn = clear;   --將 clear 指定給 JK 正反器之清除埠
    FF1.j = J_in;   --將 J_in 指定給 JK 正反器之輸入埠 J
    FF1.k = K_in;   --將 K_in 指定給 JK 正反器之輸入埠 K
    FF1.clk = Clk_in;   --將 Clk_in 指定給 JK 正反器之時脈
    q = FF1.q;   --將 JK 正反器之輸出指定給變數 q
END;
```

例題 7 若改以 IEEE VHDL 程式語言使用程式館（library）組件撰寫，程式設計如下：

```
Library  ieee;
Use  ieee.std_logic_1164.all;  --定義標準邏輯型態 std_logic
Library  altera;
Use  altera.maxplus2.all;  --提供標準組件

entity JK_circuit is
  port (J_in, K_in, Clk_in, preset, clear : in std_logic;
        Q  : out std_logic);
end JK_circuit;
architecture test of JK_circuit is
begin
    FF1:  JKFF  port map  ( j    =>  J_in,
                            k  =>  K_in,
                            clk  =>  Clk_in,
                            prn  =>  preset,
                            clrn  =>  clear,
                            q    =>  Q);
end test;
```

例題8

請以 AHDL 程式語言設計 Mod 16 計數器。

▼說明：

本例程式擬以 JK 正反器設計，使用 J＝K＝1 之邏輯輸入，依 JK 正反器之特性方程式 $Q(t+1) = J\overline{Q} + \overline{K}Q = \overline{Q}$ 來設計時脈，四組正反器之時脈具有 2 的冪次關係以形成除 16 電路（由 0 計數至 15），程式如下：

```
SUBDESIGN Mod16_circuit
(
  Clk_in : INPUT;    --定義邏輯電路輸入
  q[3..0]  : OUTPUT;  --定義邏輯輸出
)
VARIABLE
    Q[3..0]  : JKFF;  --定義四組 JKFF
BEGIN
    q[3..0].j = VCC;
    q[3..0].k = VCC;
    q[0].clk = !Clk_in;  --將時脈輸入反向以作為第一級 JK 之時脈
    q[1].clk = !q[0].q;  --將第一級 JK 輸出反向以作為第二級 JK 時脈
```

```
    q[2].clk = !q[1].q;   --將第二級 JK 輸出反向以作為第三級 JK 時脈
    q[3].clk = !q[2].q;   --將第三級 JK 輸出反向以作為第四級 JK 時脈
END;
```

例題9

請以 AHDL 程式語言設計可執行 3 個位元之逐位元及邏輯運算。

▼說明：

程式如下：

```
SUBDESIGN  AND3_circuit
(
  A_in[2..0], B_in[2..0] : INPUT;    --定義 3 個位元之 A 和 B 輸入項
  F[2..0]   : OUTPUT;  --定義邏輯輸出
)
BEGIN
    F[] = A_in[] & B_in[];
END;
```

例題 9 若改以 IEEE VHDL 程式語言設計如下：

```
entity AND3_circuit is
  port (A _in, B_in : in bit_vector (2 downto 0);
         F   : out bit_vector (2 downto 0));
end AND3_circuit;
architecture test of AND3_circuit is
begin
    F  <=  A_in and B_in
end test;
```

例題10

請以 AHDL 程式語言設計可執行 4 個位元之加法器邏輯運算。

▼說明：

本例因加數與被加數之加總結果（和值）可能會進位，故設計 2 個替代之中間值將 4 個位元加數與被加數於其 MSB 位元延伸多 1 個位元並預置 0 值，以形成 5 個位元之中間值（MSB 位元為 0 值，其後接原加數和被加數之 4 個位元），如此，因 2 個替代中間值的 MSB 皆為 0，故原加

數與被加數加總之進位恰可進至 MSB 位元，不致造成溢位無法表示之狀況發生，程式設計如下：

```
SUBDESIGN  FA4_circuit
(
  A_in[4..1], B_in[4..1] : INPUT;
  --定義 4 個位元之 A 和 B 加數與被加數之輸入項
  F[5..1]   : OUTPUT;   --定義 5 個位元之和值輸出
)
VARIABLE
  EA[5..1]  :NODE;
  EB[5..1]  :NODE;
BEGIN
  EA[5..1] = (GND, A_in[4..1]);
  EB[5..1] = (GND, B_in[4..1]);
  F[5..1]  = EA[5..1] + EB[5..1];
END;
```

例題11

請以 AHDL 程式語言之 CASE 語法設計可由 0 計數至 5，然後歸零之計數器。

▼說明：

本例可使用 D 型正反器來實現，程式設計如下：

```
SUBDESIGN  Count5_circuit
(
  Clk_in   : INPUT;   --定義時脈訊號輸入
  q[2..0]   : OUTPUT;   --定義 3 個位元輸出（000～111）
)
VARIABLE
  CNT[2..0]  :DFF;   --作為計數使用之 3 個位元暫存器
BEGIN
  CNT[].clk = Clk_in;
    CASE  CNT[]  IS
       WHEN  0  =>  CNT[].d = 1;
       WHEN  1  =>  CNT[].d = 2;
       WHEN  2  =>  CNT[].d = 3;
       WHEN  3  =>  CNT[].d = 4;
       WHEN  4  =>  CNT[].d = 5;
       WHEN  5  =>  CNT[].d = 0;
       WHEN  OTHERS  =>  CNT[].d = 0;
    END CASE;
```

```
    q[] = CNT[].q;   --設定輸出
END;
```

例題 11 若改以 IEEE VHDL 程式語言設計如下：

```
entity Count5_circuit is
  port (Clk_in : in bit;  q  : out bit_vector (2 downto 0));
end Count5_circuit;
architecture test of Count5_circuit is
begin
  process (Clk_in)
  variable count: bit_vector (2 downto 0);
  begin
    if  (Clk_in'event and Clk_in = '1')  then
      case count is
         when  "000"  =>  count := "001";
         when  "001"  =>  count := "010";
         when  "010"  =>  count := "011";
         when  "011"  =>  count := "100";
         when  "100"  =>  count := "101";
         when  "101"  =>  count := "000";
         when  others    =>  count := "000";
      end case;
    end if;
    q  <=  count;
  end process;
end test;
```

例題12

請以 AHDL 程式語言之 Table 語法設計可出現狀態變化次序為 0➔2➔4➔6➔1➔3➔5➔7➔0 之程式。

▼說明：

本例亦使用 D 型正反器來實現，程式設計如下：

```
SUBDESIGN  State_change_circuit
(
  Clk_in    : INPUT;   --定義時脈訊號輸入
  q[2..0]    : OUTPUT;   --定義 3 個位元輸出（000～111）
)
VARIABLE
  CNT[2..0]   :DFF;   --作為計數使用之 3 個位元暫存器
BEGIN
  CNT[].clk = Clk_in;   --所有時脈並連
```

```
  TABLE
       CNT[].q  =>  CNT[].d;
       0    =>  2;
       1    =>  3;
       2    =>  4;
       3    =>  5;
       4    =>  6;
       5    =>  7;
       6    =>  1;
       7    =>  0;
    END TABLE;
END;
```

例題13

請以 AHDL 程式語言之 if/then/else 語法設計 MOD-16 計數器。

▼說明：

本例可使用 D 型正反器來實現，程式設計如下：

```
SUBDESIGN  MOD16_circuit
(
  Clk_in, En_in : INPUT;   --定義時脈訊號與致能輸入
  q[3..0], DM  : OUTPUT;   --定義 4 個位元輸出（0000～1111）
                          --及偵測最大計數值 DM
)
VARIABLE
  CNT[3..0]   :DFF;  --作為計數使用之 4 個位元暫存器
BEGIN
  CNT[].clk = Clk_in;
    IF  En_in  THEN
       IF  CNT[].q  <  15  THEN
          CNT[].d = CNT[].q + 1;   --小於 15 時累加 1
       ELSE  CNT[].d = 0;   --等於 15 時歸零
       END IF;
    ELSE  CNT[].d = CNT[].q;   --非處於致能時
    END IF;
    DM = En_in & CNT[].q==15;   --於致能時偵測最大計數值
    q[] = CNT[].q;  --設定輸出
END;
```

例題 13 若改以 IEEE VHDL 程式語言設計如下：

```
entity Mod16_circuit is
  port (Clk_in, En_in : in bit;
          q   : out integer range 0 to 15;
          DM  : out bit);
end Mod16_circuit;
architecture test of Mod16_circuit is
begin
  process (Clk_in)
  variable count: integer range 0 to 15;
  begin
    if  (Clk_in'event and Clk_in = '1')  then
      if  (En_in = '1' and count < 15)  then
          count := count + 1;
      else  count := 0;
      end if;
    end if;
    if (En_in = '1' and count = 15)  then
       DM  =  '1';  --偵測最大計數值
    else  DM  =  '0';
    end if;
    q  <=  count;  --更新輸出值
  end process;
end test;
```

例題14

請以 AHDL 程式語言 CASE 語法設計 3 對 8 解碼器。

▼說明：

程式設計如下：

```
SUBDESIGN  DEC3_8_circuit
(
  x, y, z  : INPUT;  --定義輸入項 x, y, z
  q[0..7]  : OUTPUT;  --定義 8 個位元輸出
                        --及偵測最大計數值
)
BEGIN
  CASE (x,y,z) IS
    WHEN  B"000"  =>  q[] = B"10000000";
    WHEN  B"001"  =>  q[] = B"01000000";
    WHEN  B"010"  =>  q[] = B"00100000";
```

```
    WHEN  B"011"  =>  q[] = B"00010000";
    WHEN  B"100"  =>  q[] = B"00001000";
    WHEN  B"101"  =>  q[] = B"00000100";
    WHEN  B"110"  =>  q[] = B"00000010";
    WHEN  B"111"  =>  q[] = B"00000001";
  END CASE;
END;
```

例題 14 若改以 IEEE VHDL 程式語言設計如下：

```
entity Dec3_8_circuit is
  port (x, y, z : in bit;  q  : out bit_vector(0 to 7));
end Dec3_8_circuit;
architecture test of Dec3_8_circuit is
signal  in_code  :bit_vector (2 downto 0);  --輸入碼定義
begin
  in_code <= x & y & z;
  process(x, y, z)
    begin
      case  in_code  is
           when "000"  =>  q <= '10000000';
           when "001"  =>  q <= '01000000';
           when "010"  =>  q <= '00100000';
           when "011"  =>  q <= '00010000';
           when "100"  =>  q <= '00001000';
           when "101"  =>  q <= '00000100';
           when "110"  =>  q <= '00000010';
           when "111"  =>  q <= '00000001';
      end case;
   end process;
end test;
```

例題15

請以 AHDL 程式語言設計 BCD 計數器。

▼說明：

本例可使用 D 型正反器來實現，程式設計如下：

```
SUBDESIGN  BCD_circuit
(
  Clk_in, En_in, clear : INPUT;  --定義時脈訊號、致能與清除輸入
  q[3..0], DM  : OUTPUT;  --定義 4 個位元輸出（0000～1111）
                        --及偵測最大計數值 DM
)
```

```
VARIABLE
  CNT[3..0]   :DFF;   --作為計數使用之 4 個位元暫存器
BEGIN
  CNT[].clk = Clk_in;
  IF  En_in ==VCC & CNT[].q ==9  THEN
      DM = VCC;
  ELSE  DM = GND;
  END IF;
  IF  clear  THEN
      CNT[].d = B"0000";
  ELSEIF  En_in  THEN
      IF  CNT[].q < 9  THEN
           CNT[].d = CNT[].q + 1;  --小於 9 累加 1
      ELSE  CNT[].d = B"0000";  --等於 9 時歸零
      END IF;
  ELSE
      CNT[].d = CNT[].q;  --非處於致能時
  END IF;
END;
```

例題16

請以 AHDL 程式語言設計串列輸入與串列輸出(SISO)之移位暫存器。

▼**説明：**

本例可使用 D 型正反器來實現，當移位致能時，資料由 MSB 位元移入，同步輸出最不重要位元，程式設計如下：

```
SUBDESIGN  SISO_circuit
(
  Clk_in, Sht_en, Ser_in : INPUT;
                   --定義時脈訊號、移位致能與串列輸入
  Ser_out   : OUTPUT;  --定義串列輸出
)
VARIABLE
  q[3..0]   :DFF;  --作為移位使用之 4 個位元暫存器
BEGIN
  q[].clk = Clk_in;
  Ser_out = q0.q;  --輸出暫存器之最不重要位元
  IF  Sht_en == VCC  THEN
      q[3..0].d = (Ser_in, q[3..1].q);  --將串列輸入移位序連
  ELSE  q[3..0].d = q[3..0].q;  --保持資料
  END IF;
END;
```

例題 16 若改以 IEEE VHDL 程式語言設計如下：

```
entity SISO_circuit is
  port (Clk_in, Sht_en, Ser_in : in bit;
        Ser_out   : out bit);
end SISO_circuit;
architecture test of SISO_circuit is
begin
  process (Clk_in)
  variable q: bit_vector(3 downto 0);
  begin
    if  (Clk_in'event and Clk_in = '1')  then
      if  (Sht_en = '1')  then
          q := (Ser_in & q(3 downto 1));  --將串列輸入序連
      end if;
    end if;
  end process;
end test;
```

例題17

請以 AHDL 程式語言設計 4 個位元的通用移位暫存器（Universal shift register）。

▼說明：

通用移位暫存器之功能包含資料保持（不變）、向右移位、向左移位與並列載入資料等，本例可使用 D 型正反器來實現，配合 2 個位元的功能選擇（4 種選項）來實現通用暫存器的功能，程式設計如下：

```
SUBDESIGN  USR_circuit
(
  Clk_in, Ser_in : INPUT;  --定義時脈訊號及串列輸入資料
  D_in[3..0]     :INPUT;  --定義 4 個位元之輸入
  F_sel[1..0]    :INPUT;   --定義 2 個位元的功能選擇輸入
  D_out[3..0]    :OUTPUT;  --定義 4 個位元之輸出
)
VARIABLE
  q[3..0]  :DFF;  --作為 4 個位元暫存器使用
BEGIN
  q[].clk = Clk_in;  --4 個正反器之暫存器具同步時脈
  CASE F_sel[] IS
     WHEN  0  =>  q[].d = q[].q;  --保持資料
     WHEN  1  =>  q[2..0].d = q[3..1].q;  --右移且新資料由左移入
                      q[3].d = Ser_in;
```

```
    WHEN  2  =>  q[3..1].d = q[2..0].q;  --左移且新資料由右移入
                   Q[0].d = Ser_in;
    WHEN  3  =>  q[].d = D_in[];  --並列載入 4 個位元
  END CASE;
  D_out[] = q[].q;  --將暫存器儲存之資料輸出
END;
```

例題 17 若改以 IEEE VHDL 程式語言設計如下：

```
entity USR _circuit is
  port (Clk_in, Ser_in : in bit;  D_in  :in bit_vector (3 downto 0);
         F_sel  :in integer range 0 to 3;
         D_out  :out bit_vector (3 downto 0));
end USR _circuit;
architecture test of USR _circuit is
begin
  process (Clk_in)
  variable  q: bit_vector(3 downto 0);
  begin
    if  (Clk_in'event and Clk_in = '1')  then
      case  F_sel  is
        when  0  =>  q := q;
        when  1  =>  q(2 downto 0) := q(3 downto 1);
             q(3)  := Ser_in;
        when  2  =>  q(3 downto 1) := q(2 downto 0);
             q(0)  := Ser_in;
        when  3  =>  q := D_in;
     end case;
    end if;
  D_out  <=  q;
  end process;
end test;
```

例題18

請以 AHDL 程式語言設計區分上、下午之 12 小時計時器。

▼說明：

本例可使用 JK 型與 D 型正反器來實現，配合上、下午之輸出值，程式設計如下：

```
SUBDESIGN  Hour12_circuit
(
  Clk_in, En_in : INPUT;  --定義時脈訊號及致能輸入
  D [3..0], Hi, PM  :OUTPUT;  --定義輸出，Hi 為 "時" 之十位數
```

```
)
VARIABLE
  D[3..0]    :DFF;  --作為 4 個位元使用
  Hi        :DFF;
  Am_Pm   :JKFF;
  Time      :NODE;
BEGIN
  D[].clk = Clk_in;   --同步時脈
  Hi.clk = Clk_in;
  Am_Pm = Clk_in;
  IF  En_in  THEN
     IF  D[].q < 9 & Hi.q == 0   THEN
         D[].d = D[].q + 1;
         Hi.d = Hi.q;  --保持 "時" 之十位數不變
     ELSEIF  D[].q ==9  THEN
         D[].d = 0;  --將"時"之個位數字 9 歸零並進位給十位數
         Hi.d = VCC;
     ELSEIF  Hi.q == 1 & D[].q < 2  THEN
         D[].d = D[].q + 1;  -- "時"小於 12 時仍需累加 1
         Hi.d = Hi.q;
     ELSEIF  Hi.q == 1 & D[].q == 2  THEN
         D[].d = 1;   --當 "12 時" 時，再回到由 1 開始計 "時"
         Hi.d = GND;
     END IF;
  ELSE
     D[].d = D[].q;
     Hi.d = Hi.q;
  END IF;
  Time = Hi.q == 1 & D[3..0].q ==1 & En_in;  偵測 11:59:59
  Am_Pm.j = Time;  -- am 與 pm 時間交換
  Am_Pm.k = Time;
  PM = Am_Pm.q;
END;
```

例題 18 若改以 IEEE VHDL 程式語言設計如下：

```
entity Hour12 _circuit is
  port (Clk_in, En_in : in bit;
        D_out   :out integer range 0 to 9;
        Hi   :out integer range 0 to 1;
        PM   : out bit);
end Hour12_circuit;
architecture test of Hour12_circuit is
begin
  process (Clk_in)
  variable  Uni_dig: integer range 0 to 9;  --定義 "時" 之個位數
  variable  Ten_dig: integer range 0 to 1;  --定義 "時" 之十位數
```

```
    variable  Am_Pm: bit;
    begin
      if  (Clk_in'event and Clk_in = '1')  then
        if  En_in = '1'  then
          if  (Uni_dig = 1 and Ten_dig = 1)  then  --偵測 11:59:59
             Am_Pm := not Am_Pm;
          end if;
          if  (Uni_dig < 9 and Ten_dig = 0)  then
             Uni_dig := Uni_dig + 1;
          elseif  Uni_dig = 9  then
             Uni_dig := 0;    --超過 9 時進位至 10 時
             Ten_dig := 1;
          elseif  (Ten_dig = 1 and Uni_dig < 2)  then
             Uni_dig := Uni_dig + 1;
          elseif  (Ten_dig = 1 and Uni_dig = 2)  then
             Uni_dig := 1;
             Ten_dig := 0;
          end if;
       end if;
      end if;
    PM  <=  Am_Pm;
    D_out <=  Uni_dig;
    Hi   <=  Ten_dig;
    end process;
  end test;
```

例題19

請以 AHDL 程式語言設計 MOD-60 計數器。

▼說明：

本例可先分別設計 Mod-6 和 Mod-10 之程式再 include 使用（如同撰寫模組化或函式化之程式），程式分階段設計如下：

```
SUBDESIGN  MOD6_circuit
(
  Clk_in, En_in : INPUT;  --定義時脈訊號與致能輸入
  q[2..0], DM  : OUTPUT;  --定義 3 個位元輸出（000～111）
                          --及偵測最大計數值 DM
)
VARIABLE
  CNT[2..0]  :DFF;  --作為計數使用之 4 個位元暫存器
BEGIN
  CNT[].clk = Clk_in;
```

```
    IF  En_in  THEN
       IF  CNT[].q  <  5  THEN
            CNT[].d = CNT[].q + 1;   --小於 5 時累加 1
       ELSE  CNT[].d = 0;  --強迫其他狀態歸零
       END IF;
    ELSE  CNT[].d = CNT[].q;  --非處於致能時
    END IF;
    DM = En_in & CNT[].q == 5;  --於致能時偵測最大計數值
    q[] = CNT[].q;  --設定輸出
END;
```

其次，設計 Mod-10 程式如下：

```
SUBDESIGN  MOD10_circuit
(
  Clk_in, En_in : INPUT;  --定義時脈訊號與致能輸入
  q[3..0], DM   : OUTPUT;  --定義 4 個位元輸出（0000～1111）
                          --及偵測最大計數值 DM
)
VARIABLE
  CNT[3..0]  :DFF;  --作為計數使用之 4 個位元暫存器
BEGIN
  CNT[].clk = Clk_in;
    IF  En_in  THEN
       IF  CNT[].q  <  9  THEN
            CNT[].d = CNT[].q + 1;   --小於 9 時累加 1
       ELSE  CNT[].d = 0;  --強迫其他狀態歸零
       END IF;
    ELSE  CNT[].d = CNT[].q;  --非處於致能時
    END IF;
    DM = En_in & CNT[].q == 9;  --於致能時偵測最大計數值
    q[] = CNT[].q;  --設定輸出
END;
```

最後階段，將前二階段之 Mod-6 與 Mod-10 程式 include 於主程式中：

```
INCLUDE "MOD10_circuit.inc";
INCLUDE "MOD6_circuit.inc";

SUBDESIGN  MOD60_circuit
(
  Clk_in, En_in : INPUT;  --定義時脈訊號與致能輸入
  Uni_dig[3..0], Ten_dig[2..0], DM  : OUTPUT;
          --定義 4 個位元個位數（0~9）及 3 個位元的十位數（0~6）
          --及偵測最大計數值 DM
)
VARIABLE
```

```
  Mod_6    : MOD6_circuit;
  Mod_10   : MOD10_circuit;
BEGIN
  Mod_10.clk = Clk_in;
  Mod_6.clk = Clk_in;
  Mod_10.enable = En_in;
  Mod_6.enable = Mod_10.DM;    --逢 10 進位至十位數
  Uni_dig[3..0] = Mod_10.q[3..0];  --設定個位數之輸出
  Ten_dig[2..0] = Mod_6.q[2..0];   --設定十位數之輸出
  DM = Mod_6.DM;  --設定最後計數為 59 後進位歸零
END;
```

不論使用何種程式語言，程式設計是邏輯的概念，其主導與操控者在人，希望系統達到什麼功能或目的，完全掌握在我們的規劃。

程式語言就如同與國際人士溝通，總需熟悉對方的語言、語法，才不會表達錯誤或詞不達意，使用硬體描述語言亦同，其基本設計概念是相類似的，熟悉其一，只需翻閱其他語言之操作或指令手冊即能快速入手，VHDL 程式之撰寫遠比 C++來得容易多了，相信讀者看完本章介紹後都能得心應手，自行設計所需邏輯電路程式。

1. 何謂硬體描述程式語言？
2. 請使用 ASSIGN 指定語法撰寫 HDL 程式。
3. 請以 AHDL 程式語言撰寫下列邏輯電路圖之程式。

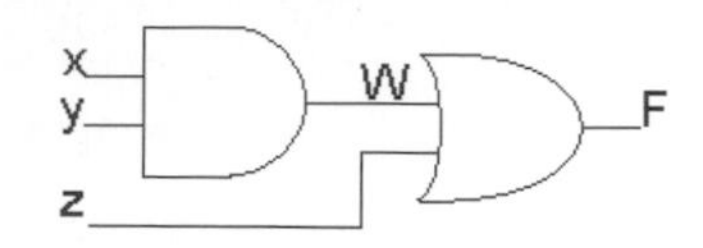

4. 習題 3 改以 IEEE VHDL 程式語言撰寫。
5. 使用 AHDL 程式語言真值表模式撰寫習題 3 邏輯電路圖。
6. 改以 IEEE VHDL 程式語言撰寫習題 5 真值表程式。
7. 請自行設計使用 IF/THEN/ELSE 條件式語法設計 AHDL 程式。
8. 改以 IEEE VHDL 程式語言撰寫 IF/THEN/ELSE 條件式程式設計。
9. 請以 AHDL 程式語言之 TABLE 語法設計 MOD-7 計數器。
10. 請以 AHDL 程式語言之 TABLE 語法設計出現 0➔1➔2➔4➔7➔3➔5➔6➔0 狀態變化次序之程式。

暫存器轉換層與演算法狀態機

課程重點

- 暫存器轉移處理
- 暫存器轉換層
- 暫存器轉換層之指令模式
- 數位系統中資料處理動作
- 有限狀態機
- 演算法狀態機
- Verilog HDL 轉移敘述

11-1 暫存器轉送層的概念

在大型的數位系統，若要以狀態表呈現序向（順序性的）邏輯電路的轉換過程，那是非常複雜且困難的工作。因此，設計數位系統，模組化的概念非常的重要；就好比某台汽車的零組件壞了，直接以新的零組件替換，或是更換新研發零件以提升性能，並不需要做全系統的更新或更換整部汽車，甚至重新研製；物件導向式程式設計或副程式（subroutine）與函式（function）設計亦如是，隨時可替換所需模組功能。

數位系統之模組化處理的主要理念是將由正反器、暫存器、解碼器或多工器等元件所組成的數位元件或系統模組，將模組與模組之間的連接，以共同的資料路徑和控制來實現。而數位系統之模組最好是以一群組的暫存器來定義，並且二進制的資訊是在這些暫存器當中執行運作或作業的。例如，載入新的資訊，將資料進行向左或向右移位、計數或清除等。電腦或計算機系統中，暫存器即擔負了非常多的工作任務，資料的處理、計算和儲存等，多由暫存器完成，可視為最基本的組件。

在數位系統與積體電路的設計，暫存器轉送層（RTL；register-transfer level）係抽象的層級概念，用來描述同步數位邏輯電路系統中的運作，在暫存器轉送層的設計，電路的行為或作用是以訊號或資料在硬體暫存器與邏輯運作（運算）的轉送流程來定義。

數位系統之運作，是由時脈訊號來控制於指定的行為模式的序列運作，例如初始狀態的處理，及其接收控制訊號後的運作或變化。依據先前運作的結果，某些特定狀況可能影響並決定未來的運作序列。控制邏輯之輸出是二進制的變數，可控制或啟動系統暫存器進行各式各樣的運作。當數位系統由下列三項組件所規範時，即可以暫存器轉送層表示：

1. 於數位系統中的暫存器集合或群組。
2. 運作或運算都是在暫存器所儲存之資料上執行。
3. 監督運作順序的控制是在數位系統中。

暫存器轉送層的抽象概念亦使用於 Verilog HDL 或 VHDL 等硬體描述語言，俾能由低階表述或最終實際可推導出的線接情形，以產生高階的電路表述，在現在的數位系統使用暫存器轉送層設計是非常實務的作法。

同步數位邏輯電路包含暫存器和組合邏輯等二類元件，其中，暫存器係依據時脈觸發取得同步運作，且為具有記憶特性的元件，組合邏輯則包含邏輯閘，主要執行電路中的邏輯功能。

例如，非常簡單的同步數位邏輯電路（如下圖），反向器是由暫存器（D 型正反器）的輸出連結到暫存器的輸入，當輸入時脈訊號後，可依觸發條件讓邏輯電路產生狀態的變化，此數位電路之組合邏輯僅包含反向器。

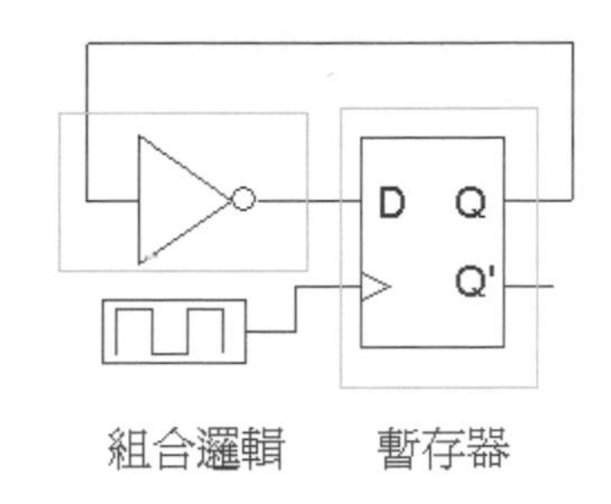

當使用硬體描述語言設計數位邏輯電路，通常是在高階抽概念策劃建構，而不是在電晶體層級或是邏輯閘的層級，在硬體描述語言，設計者宣告暫存器並可使用類如程式語言中所使用的 "if－then－else" 及算術運算描述建構組合邏輯，此層級即為「暫存器轉送層」，此項用語主要著重於描述暫存器之間的訊號或資料處理的流程。上例之硬體描述語言程式碼可設計如下：

```
entity Reg_ex is
  port(D: in bit;  Q: out bit);
end Reg_ex;
architecture Inv_ex of Reg_ex is
 D <= not Q;
 process(Clk)
 begin
 if (Clk'event and Clk = '1') then
      Q <= D;
 end if;
end process;
end Inv_ex ;
```

請參閱 http://en.wikipedia.org/wiki/Register_transfer_level 。

暫存器的資料處理：

1. 資訊轉送（information transfer）：暫存器所儲存之資料僅為資訊處理過程的暫時值。暫存器所儲存之資料，處理時以並列方式執行，並且需要在單一時脈週期內完成。

2. 轉換層（transfer level）：數位系統中，部分暫存器可用以處理暫存器中所儲存之資料，並且資料處理的順序可以被控制。

控制訊號決定何時運算實際執行，數位系統的控制器是有限狀態機，其輸出是主控暫存器運作的控制訊號。在同步系統，運作係由系統時脈與以同步化。規定暫存器轉送運作之敘述式隱含由來源暫存器之輸出端至目的地暫存器之輸入端之可用資料路徑，且該目的地暫存器具並列載入能力。只要將暫存器所儲存之內容重複的執行移位，資料即可一次一個位元串列地於暫存器間轉送。

指令模式：

1. 資訊轉送：

   - 說明：使用指定之（運算）符號形式替代程式碼（運算子），將資訊由一個暫存器轉送至另一個暫存器（具有複製之功能）。

   - 指令模式：R2←R1（將暫存器 R1 之資料移轉至暫存器 R2）。

2. 條件指令：

   - 說明：以 if－then 符號化之敘述式主控暫存器轉送運作。

   - 指令模式：

     (1) if(Ct_En=1)　then(R2←R1)：Ct_En 為控制信號，由控制區段所產生。此狀況下，時脈在暫存器轉送敘述式中並非變數，所有轉送係假設於時脈邊緣轉換時發生。雖然控制條件 Ct_En 可能在時脈轉換前變為真（true），然實際轉送是直至時脈轉換之後才發生。

     (2) if(Ct_En=1)　then(R2←R1, R1←R2)：當二個或多個運作同時被執行，可使用逗號分開此二個內容值的交換或資料轉送。本例之敘述式規定二暫存器之內容交換運作，此二暫存器係以相同時脈邊緣（Ct_En）觸發。

3. 內容相加指令：

   - 說明：將二個暫存器之資料內容相加後儲存至另一個暫存器中（如 MIPS 組合語言中的 add 加法計算）。
   - 指令模式：R1←R1＋R2（將暫存器 R2 的內容加到暫存器 R1 中並儲存於暫存器 R1）。

4. 累加或遞減指令：

   - 說明：將暫存器所儲存之數值作加法或減法之計算後，再將其結果儲存至該暫存器中。
   - 指令模式：R1←R1＋1（暫存器 R1 之值加 1 後再儲存至暫存器 R1）。

5. 資料移位指令：

   - 說明：將暫存器所儲存之數值或資料進行移位之運算。
   - 指令模式：R1←shr R1（將暫存器 R1 之資料執行向右移位之運算，並將結果再儲存於暫存器 R1）。

6. 資料清除指令：

   - 說明：將暫存器所儲存之數值或資料進行清除運算。
   - 指令模式：R1←0（將暫存器 R1 清除為 0）。

上述係常用之指令操作模式，於硬體電路中，加法係由二進位並列加法器所完成，累加 1 則由計數器完成，移位運算由移位暫存器實現。

大部分數位系統之資料處理操作模式可歸納為下列四種：

1. 轉送操作：資料由某一個暫存器轉送到另一個暫存器。
2. 算術運算：針對暫存器儲存之資料做算術運算。
3. 邏輯運算：針對暫存器儲存之非數字資料進行位元調處（manipulation）運算。
4. 移位運算或操作：針對暫存器儲存之資料做移位運算，此移位包含暫存器之間的資料移位。

當執行轉送操作時，由來源暫存器移轉至目的地暫存器之資料內容並未做任何改變，而算術運算、邏輯運算與移位運算之操作都將改變目的地暫存器中所儲存之內容值。

11-2 暫存器轉送層硬體描述語言

數位系統在暫存器轉送層可使用硬體描述語言描述，若採用 Verilog HDL 描述暫存器轉送層的操作係結合資料流程與行為模式以建構及使用規定的暫存器操作及由硬體實現的組合邏輯函式。暫存器轉送係於邊緣觸發的週期行為之內所規定的程序指定敘述式。組合邏輯電路函式則是於暫存器轉送層以連續指定之敘述式或於位準觸發週期行為之內以流程指定敘述式規定。

指定暫存器轉送不是使用 "=" 符號，就是使用 "<=" 符號表示；指定組合邏輯電路函式則使用 "=" 符號表示。

同步時脈係結合 "always" 敘述事件之控制來表示，此時脈事件可正緣（posedge）或負緣（negedge）觸發。"always" 屬於關鍵字用以指示將重複執行（於模擬之生命週期內）之敘述式相關聯之程式區塊。"@" 運算子及事件控制表示在敘述式區塊指定之前，對要執行的敘述式予以同步化到時脈事件。

在 Verilog HDL 程式語言中，針對暫存器轉送操作之程式用法範例如下：

1. 指定模式：

- 屬於加法運算的連續指定：

```
assign Sum=X+Y;
```

連續指定用於代表及規定組合邏輯電路，於模擬過程中，上例程式當右手邊的值改變時，連續指定敘述式即立即執行，並且 HDL 程式指定式之左側之變數值隨即更新。

- 全加法器的進位運算：

```
assign Carry=(x&y)|(y&z)|(x&z);
```

2. 使用 "always" 敘述事件控制，無時脈程序指定之模式：

```
Always @ (X, Y)          //位準觸發的週期行為
  Sum=X+Y;               //加法組合邏輯運算
```

當事件控制表示式值測到改變時，位準觸發的週期行為即執行，其結果並立即於指定之 "=" 運算顯現。以上例程式，於週期行為之內，不論是輸入值 X 或 Y，或者二者都改變，輸出值 Sum 將被更新。

3. 使用 "always" 敘述事件控制結合時脈模式：

- 區塊（blocking）程序指定：

  (1) 使用 "=" 運算符號，按敘述式在程式區塊內的**順序性（sequentially）**的執行。

  (2) 當執行時，其結果在下一行敘述式被執行前將立即於記憶體的內容顯現。任何指定的結果與影響其他指定之表示式的估算並沒有互動，並且敘述式結合邊緣觸發週期行為係直至指示之邊緣條件發生才會執行。

  (3) 程式範例如下：

```
Always @ (posedge)       //正緣觸發的週期行為
  begin
    R1=R1+R2;            //區塊程序指定之加法
    R3=R1;               //暫存器轉送操作
  end
```

- 非區塊（non-blocking）程序指定：

  (1) 使用 "<=" 運算符號，屬於**同時性（concurrently）**的操作。

  (2) 其特徵為實作時，在指定給敘述式左邊之前先估算每一個敘述式的右邊表示式。亦即，先將箭頭符號右邊暫存器內所儲存值的運算處理完畢後，再將運算之結果指定給箭頭左邊的暫存器。

  (3) 程式範例如下：

```
Always @ (negedge)       //負緣觸發的週期行為
  begin
    R1<=R1+R2;           //非區塊程序指定之加法
    R3<=R1;              //暫存器轉送操作
  end
```

以上二程式為例，於區塊程序指定，第一個運算式會將 R1＋R2 運算之結果轉送至 R1，再依序執行第二個運算式，將 R1 的值轉送給 R3，因此 R3 所得到的值是 R1 和 R2 運算後的新值；而非區塊程序指定是屬於**同時性**的操作，因此，第一個運算式 "R1<=R1＋R2；" 與第二個運算式 "R3<=R1；" 是同時執行的，所以 R3 所得到的值將是 R1 的舊值（原始值）而非 R1 和 R2 運算後的新值。

Verilog HDL 運算子：

1. 針對二進制字組之邏輯運算，Verilog HDL 運算子區分為逐位元（bitwise）與簡化（reduction），舉例如下：

   - 逐位元之計算：二個向量運算元，位元與位元之運算係依相應之位置，一個位元一個位元的執行運算，以形成向量結果值。
   - 否定（negation）運算：屬於單一個位元的運算，亦即單一向量運算元取其補數，以形成向量結果值。否定運算不使用於簡化運算。
   - 簡化（reduction）運算：亦屬單一個位元之運算，於單一運算元作用並產生純量（1 個位元）結果。當於字組位元操作位元對之運算時，係由右至左產生 1 個位元的結果。例如，對 0101 執行 "~|" 非或（nor）簡化運算將產生 0 的結果值（最右邊之第 1 個與第 2 個位元執行 nor 運算之結果，再將其值與第 3 個位元執行 nor 運算，其與第 3 個位元運算之結果再與第 4 個位元—亦即最左位元執行 nor 計算之輸出結果，即為最後之結果值），若是對 0000 執行 "~|" 非或（nor）簡化運算將產生 1 的結果值。

2. 運算子摘要如下表：

操作型態	符號	執行運算	操作型態	符號	執行運算
算術	＋	加	邏輯—逐位元處理	&	及（and）運算
	－	減		|	或（or）運算
	＊	乘		^	互斥或（xor）運算
	/	除		～	補數 否（not）運算

<table>
<tr><th>操作型態</th><th>符號</th><th>執行運算</th><th>操作型態</th><th>符號</th><th>執行運算</th></tr>
<tr><td rowspan="2"></td><td>%</td><td>模數（modulus）</td><td rowspan="3">邏輯—決定條件真假</td><td>&&</td><td>及（and）</td></tr>
<tr><td>**</td><td>指數或冪次</td><td>||</td><td>或（or）</td></tr>
<tr><td rowspan="8">關係運算</td><td>></td><td>大於</td><td>!</td><td>否（not）</td></tr>
<tr><td>>=</td><td>大於或等於</td><td rowspan="5">移位運算</td><td>>></td><td>邏輯向右移位</td></tr>
<tr><td><</td><td>小於</td><td><<</td><td>邏輯向左移位</td></tr>
<tr><td><=</td><td>小於或等於</td><td>>>></td><td>算術向右移位</td></tr>
<tr><td>==</td><td>相等</td><td><<<</td><td>算術向左移位</td></tr>
<tr><td>!=</td><td>不等</td><td>{ , }</td><td>序連</td></tr>
<tr><td>===</td><td>條件相等</td><td rowspan="4">迴圈敘述</td><td>Repeat</td><td>重複執行</td></tr>
<tr><td>!==</td><td>條件不等</td><td>Forever</td><td>永遠執行</td></tr>
<tr><td rowspan="2">條件判斷</td><td>？：</td><td>條件式選擇</td><td>While</td><td>當…條件下</td></tr>
<tr><td>case</td><td>選項式</td><td>For</td><td>於…條件下</td></tr>
</table>

上表之移位運算係將左邊的運算元依照右邊的位元數值執行移位操作，至於迴圈敘述則是讓程序敘述式在 initial 或者 always 程式區塊內重複的執行敘述（請參閱第十章之介紹）。有關上表操作之優先次序依數字排列如下表（其中，1 表示優序最高，數值越大優序越低，依此類推）：

<table>
<tr><th>優序</th><th>Verilog HDL 運算子</th><th>優序</th><th>Verilog HDL 運算子</th></tr>
<tr><td>1</td><td>+, −, !, ~, &, |, ~|, ~&, ^, ~^, ^~</td><td>8</td><td>&（二進制）</td></tr>
<tr><td>2</td><td>**指數或冪次計算</td><td>9</td><td>^, ^~,~^（二進制）</td></tr>
<tr><td>3</td><td>*, /, %</td><td>10</td><td>|（二進制）</td></tr>
<tr><td>4</td><td>+, −（二進制）</td><td>11</td><td>&&</td></tr>
<tr><td>5</td><td><<,>>,<<<,>>></td><td>12</td><td>||</td></tr>
<tr><td>6</td><td>>, >=, <, <=</td><td>13</td><td>？：</td></tr>
<tr><td>7</td><td>==, !=, ===, !==</td><td>14</td><td>{}, {{}}</td></tr>
</table>

11-3 邏輯合成

邏輯合成係藉由計算機為基礎的程式俾將邏輯電路的HDL模組轉換至最佳化之邏輯閘結構的程式以執行由源碼（source code）規定之運算的自動化處理過程，其中硬體描述語言之源碼（source code）由邏輯合成工具負責解譯及完成所有的工作（包含最佳化結構與卡諾圖化簡）。

邏輯合成具有高效率、正確性與快速性等優點，故廣泛應用於電子工業界大型邏輯電路之設計與實作，如特定應用積體電路（ASIC；application-specific integrated circuits）、可規劃邏輯裝置（PLD）以及場可規劃閘陣列（FPGA）等。

邏輯合成敘述式：

1. 連續指定敘述式 "assign"：用於描述組合邏輯電路，在硬體描述語言中，則代表邏輯電路的布林方程式。以布林表示式之連續指定敘述式，可將右邊的指定敘述式合成至相應的邏輯閘，以實現此表示式之功能。例如，具 "＋" 加法表示式會被解譯為使用全加法器的二進制加法器，條件式運算子如 "assign F＝Sel ？： A：B;" 會被轉譯為二對一的多工器，由選擇線 Sel 來控制 A 或 B 值的輸出；若是多重選擇則屬較大型的多工器。

2. 週期行為 "alwsys..." 敘述式：可能隱含組合邏輯或序向邏輯電路，依據其表示式所使用之事件控制是屬於位準觸發或邊緣觸發而定。描述組合邏輯電路的事件控制表示式可以是邊緣觸發的任何訊號，如下例：

```
always @ (Sel or A or B)
  if  (Sel)  F=A ;  //當選擇線輸入值 Sel=1 時，將 A 值輸出予 F
  else  F=B ;       //否則，將 B 值輸出予 F
```

3. case 敘述式可用於隱喻較大的多工器，至 **casex** 敘述式對出現於 case 表示式或 case 選項中之邏輯值 x 和 z 則以不理會處理。

4. 邊緣觸發週期行為如 "alwsys @ (posedge Clk)" 或 "alwsys @ (negedge Clk)" 規定同步時脈控制之序向邏輯電路，其相關的邏輯電路包含正反器和邏輯閘以實現同步之暫存器轉送操作。

轉譯至邏輯閘結構之 Verilog HDL 架構的程式範例：

```
module Dec_circuit (X, Y) ;
input   [1:0] X;     //二個位元之輸入
output  [3:0] Y;     //四個位元之輸出
reg  [3:0] Y;
integer  Ind;            //控制迴圈之計數
always @ (X)
for (Ind= 0; Ind <= 3; Ind= Ind + 1)
  if (X == Ind) Y[Ind] = 1;
  else Y[Ind];
endmodule
```

工業界設計數位系統的簡化處理流程圖如下：

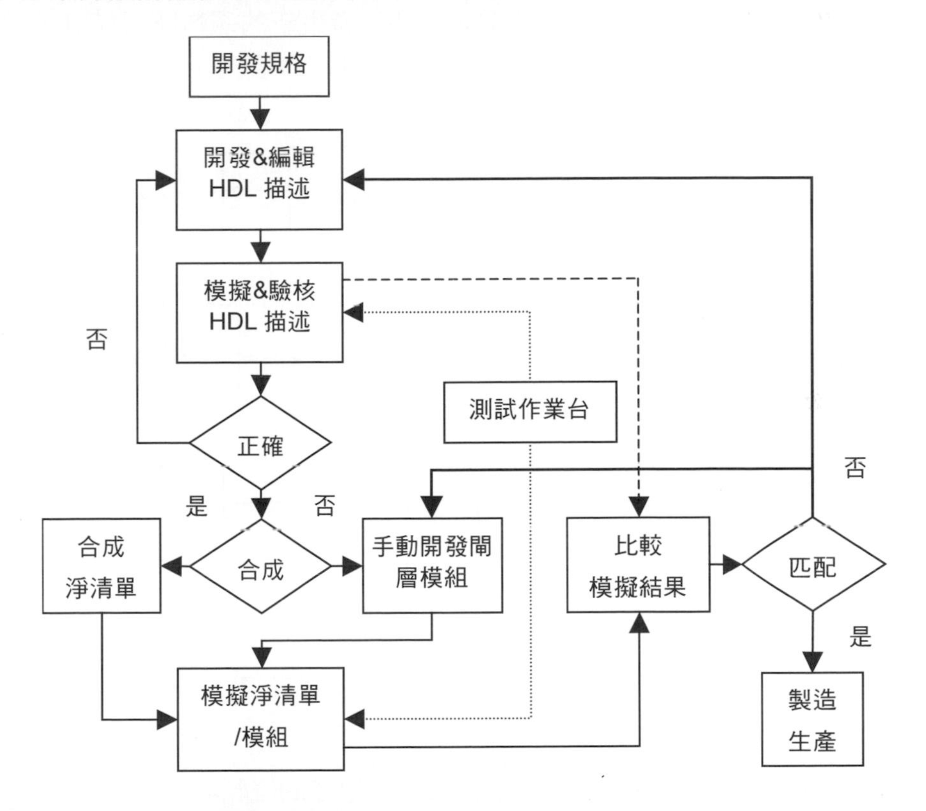

Verilog HDL 之模擬與合成（流程如下圖）：

1. 模擬器負責檢查所設計之 HDL 程式中，暫存器轉送層的行為模式是否符合設計需求以及動作是否正確。

2. 測試作業平台提供所需訊號予模擬器進行模擬。

3. 當模擬結果顯示為有效之設計，暫存器轉送層描述即備妥可被邏輯合成器編譯。

4. 於描述中，所有語法或函式功能上的錯誤須於合成前校正清除。

5. 其後，合成工具將產生相等於代表此模組設計的邏輯閘層描述的淨清單（netlist）。若是，此模組無法有效表示規格功能，此邏輯電路將無法實現。

6. 若需任何校正，處理程序會重複的進行校正直到模擬結果達到預期目標。模擬暫存器轉送層與邏輯閘層之設計會相互比較是否匹配，若未符匹配，需更改暫存器轉送層描述以校正可能存在之錯誤設計。之後，此描述需再經邏輯合成器的編譯檢測以產生新的邏輯閘層描述，當所有測試滿足設計需求目標，此邏輯即可進行實體實作。

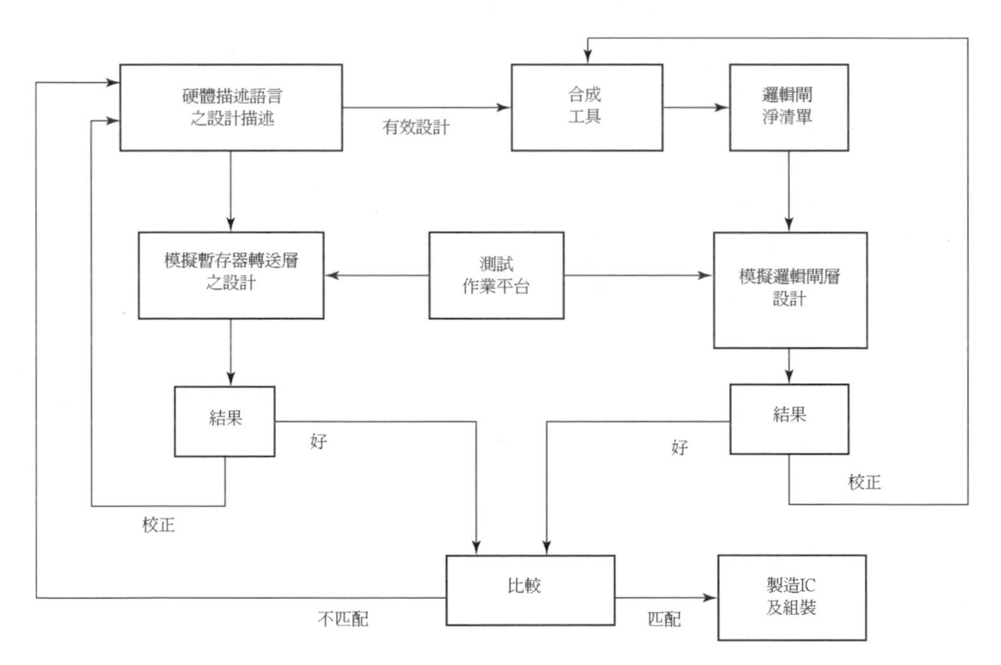

對數位系統之設計者而言，邏輯合成具有很多的優點如下：

1. 撰寫硬體描述語言程式和合成邏輯閘層比手動開發邏輯電路更節省研發時間。

2. 改變描述設計與設施以及替代之設計將更為容易。

3. 模擬檢查設計之邏輯電路是否有效，比實作雛型實體電路進行評估更具快速、簡便、低成本與低風險之優異效益。

此外，藉由合成工具，可直接使用製造積體電路之架構及資料庫來自動產生所需之邏輯電路。

11-4 演算法狀態機圖

儲存在數位系統中的二進位資訊不是資料就是控制訊號之資訊，資料是屬於離散的二進位資訊元素，由執行算術、邏輯、移位或其他資料處理操作所調處（manipulate），而此等運算係以加法器、計數器、解碼器、多工器以及移位暫存器等實現。控制訊號之資訊則提供命令訊號以協同（協調，coordinate）和執行在資料區段不同的操作以完成所需之資料處理任務。

數位系統之邏輯設計可區分為二部分，其一為執行資料處理運算的設計，其二為決定不同操作順序之控制電路之設計。

數位系統之控制邏輯與資料處理運算：

1. 資料處理路徑通常為資料路徑單元，依照系統需要調處暫存器中之資料。
2. 由控制單元發出一序列之命令給資料路徑單元。
3. 由資料路徑單元制控制單元之內部回授路徑，提供狀態條件給控制單元，讓控制單元可結合外部輸入來決定管理資料路徑單元操作所輸出之控制訊號之順序。
4. 產生訊號給資料路徑單元以提供操作順序的控制邏輯係為同步序向邏輯電路之有限狀態機。
5. 控制邏輯與資料處理關係圖概略如下：

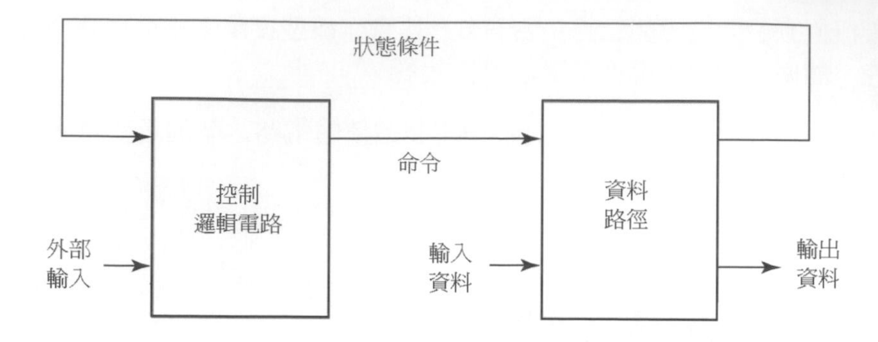

有限狀態機（FSM；finite state machine）：

1. 是非常好用的工具，適用於以抽象之數學式描述在有限的狀況、數量或集合下的多種科學領域，可使用輸入變數當作觸發，描述某一狀態接收到輸入變數值後的狀態改變情形以及輸出之結果。

2. 屬於行為模式的處理，可有效描述集合中狀態的轉換和運作的變化過程，與流程圖頗為類似。

3. 有限狀態機非常適用於通信協定設計、自動控制系統設計、數位邏輯設計以及其他計算機或微處理機系統程序控制等方面的應用。此外，諸如個人面對生活事務的反應狀況、企業營運和其他工程應用亦可使用**有限狀態機**進行描述。

4. 範例 1（如下圖）：當處於狀態 S1 時，若輸入值為 0 時，則會維持狀態 S1（回到狀態 S1），當輸入值為 1 時，狀態會轉換（跑到）狀態 S2；當處於狀態 S2 時，若輸入值為 0 時，則會維持狀態 S2，當輸入值為 1 時，狀態會轉換（跑到）狀態 S1。

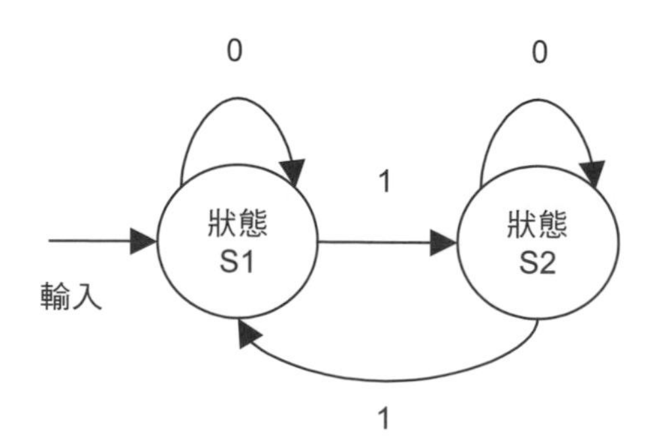

5. 實際應用範例：英文字 BOOK 辨識程序（如下圖，其中 "~" 表示 not 的意思）：

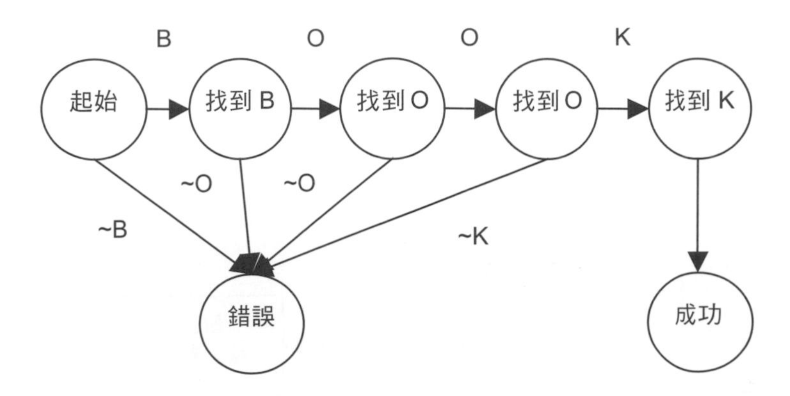

請參閱 http://en.wikipedia.org/wiki/Finite-state_machine 。

虛擬有限狀態機（VFSM；Virtual finite state machine）：虛擬有限狀態機係定義於虛擬環境之有限狀態機。它提供了以軟體規範方式來描述控制系統使用輸入控制特性和輸出動作的設定名稱的行為模式。藉由虛擬有限狀態機的方法，可導入執行模組和設施有關的執行規範的理念。此種技術主要用於複雜的機器控制、測試設備和電信應用等，其中，虛擬環境可將虛擬有限狀態機的運作環境予以特性化。有關虛擬有限狀態機所定義的三個名稱群組如下：

1. **輸入名稱**：由所有可用的變數的控制特性所代表。
2. **輸出名稱**：由所有在變數上可行之動作所表示。
3. **狀態名稱**：如同有限狀態機中，對每一個狀態之定義。

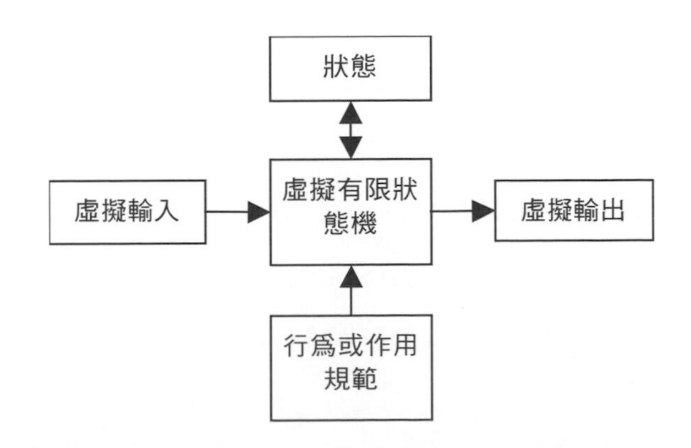

輸入名稱建立虛擬狀況以執行狀態轉換或輸入行動，虛擬狀況係使用正邏輯代數（positive logic algebra）建立。輸出名稱觸發動作，如登入的動作、離開出口的動作、輸入作用或轉換動作等。

虛擬有限狀態機之流程圖如下：

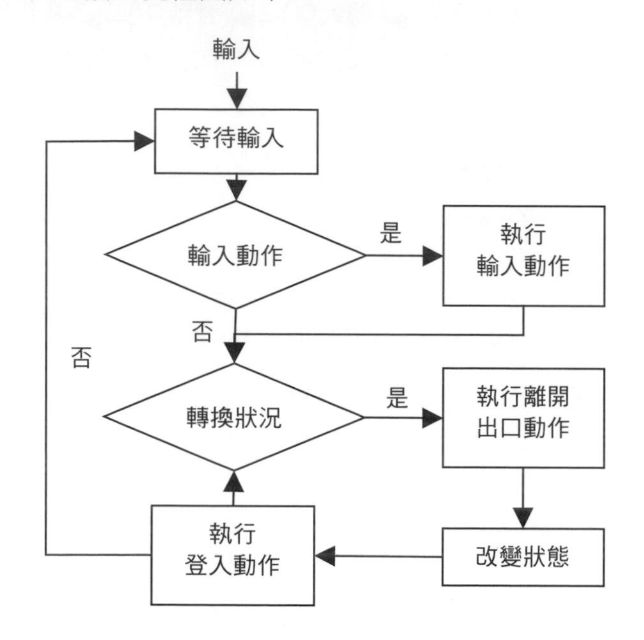

請參閱 http://en.wikipedia.org/wiki/Virtual_finite_state_machine

演算法狀態機（ASM；Algorithmic State Machine）係設計有限狀態機之方法，用於代表數位積體電路之圖表，為描述數位系統運作順序之方法。ASM 圖較易理解，類似狀態圖，唯較不正式。

演算法狀態機方法之步驟如下：

1. 使用虛擬碼產生演算法以描述裝置所需之操作。
2. 將虛擬碼轉換為 ASM 流程圖。
3. 於 ASM 圖設計資料路徑。
4. 基於資料路徑產生更詳細之 ASM 流程圖。
5. 基於更詳細的 ASM 流程圖設計控制邏輯。

ASM 流程圖：參閱 http://en.wikipedia.org/wiki/Algorithmic_State_Machine

1. 包含狀態名稱、狀態、條件核對以及條件輸出等 4 個基本組件之相互連結。ASM 狀態以矩形盒代表，對應於常態狀態圖或有限狀態機的某一狀態。莫爾（Moore）型態之輸出表列於該狀態盒中。
2. 狀態名稱（State name）：狀態之名稱，於圓圈內指示，此圓圈係置於左上角或者名稱可不使用圓圈標示。
3. 狀態盒（State box）：以矩形盒標示狀態之輸出（如下圖），控制序列之狀態係由狀態盒來指示。

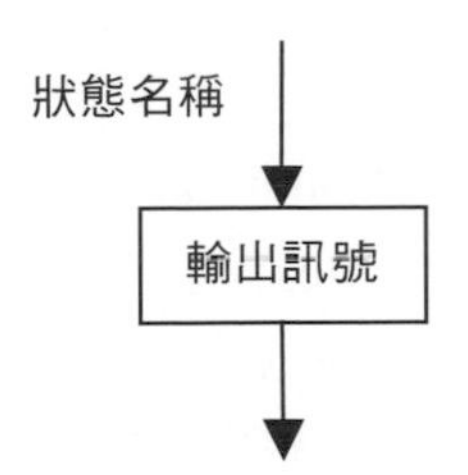

狀態盒記錄某一狀態下，由控制所產生的輸出訊號之名稱或是暫存器的操作；通常，在狀態盒的左上角會標示符號或狀態名稱，在狀態盒的右上角則標示指定給該狀態的二進位制編碼，如下圖例，此狀態名稱為 S_0，二進制編碼為 000，於此狀態盒之操作為將 0 值賦予暫存器 R_0 即開始後續之操作：

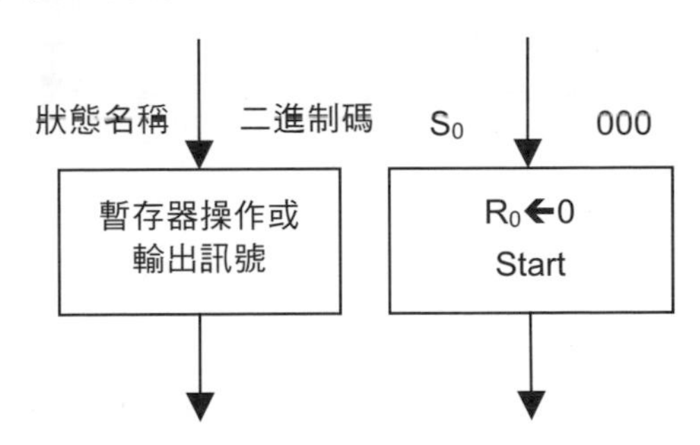

4. 判斷盒（Decision box）：菱形盒指示被測試之條件表示式及依條件判斷所選定之出口路徑。條件表示可包含 1 或多個輸入至有限狀態機。ASM 條件核對（condition check）指示，包含 1 個輸入及 2 個（真和假）或多個的輸出，使用在二個狀態之間或是狀態與條件輸出之間的條件式轉送，判斷盒包含被測試的敘述條件表示式，表示式包含 1 或多個有限狀態機的輸入，如下圖例，等待測試的輸入條件記錄於判斷盒的表示式，當符合條件 "真"，即由 "真" 的狀況下的出口路徑輸出；若符合條件 "假"，即由 "假" 的狀況下的出口路徑輸出：

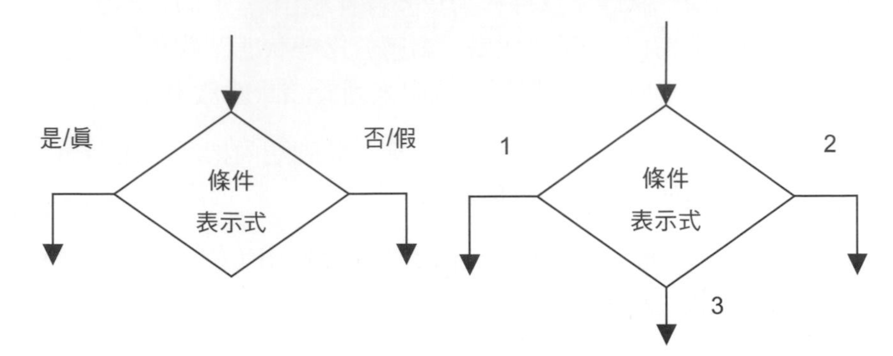

5. 狀態或條件輸出盒（Conditional output box）：屬於密利（Mealy）形態之橢圓形表示輸出訊號（如下圖），此類輸出不只依賴於狀態，亦根據有限狀態機之輸入而定。

條件的
輸出

條件盒係 ASM 特有之設計，其輸入係來自於判斷盒出口路徑之一，若輸入條件符合給予狀態，便會依條件盒表示式產生暫存器操作或者輸出，如下圖例。

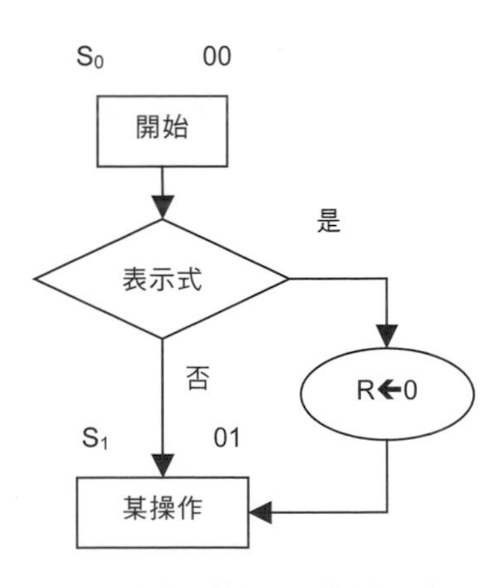

6. 資料路徑：一旦所需之電路操作以使用 RTL 運算描述，資料路徑即可被推導獲得。於 RTL 程式中指定值的每一個獨立的變數可當作暫存器被實現。當指定值給變數時，依據功能操作執行，暫存器對變數可以直接前送、移位暫存器、計數器或位於組合邏輯電路之前的暫存器來實現。

7. 更詳細 ASM 圖：一旦資料路徑已設計，ASM 圖可被轉換至更詳細的 ASM 圖，暫存器轉送層之標記將被資料路徑中所定義之訊號取代。

ASM 圖與傳統流程圖之比較：

1. ASM 流程圖所使用之狀態盒與判斷盒和傳統流程圖所使用的非常類似。
2. 傳統流程圖不需考量時間問題，然 ASM 圖則需描述由某一個狀態轉換到下一狀態的時序關係。
3. 硬體演算法係使用給予的設備或裝置以解決問題之程序，而硬體演算法流程圖則是將指令轉譯為資訊圖的處理。

ASM 方塊圖：

1. ASM 方塊之結構（如下圖虛線圍繞之方塊）包含 1 個狀態盒及所有連接到出口路徑的條件盒與判斷盒。1 個 ASM 方塊包含一個輸入口和數個由判斷盒結構所代表的出口路徑：

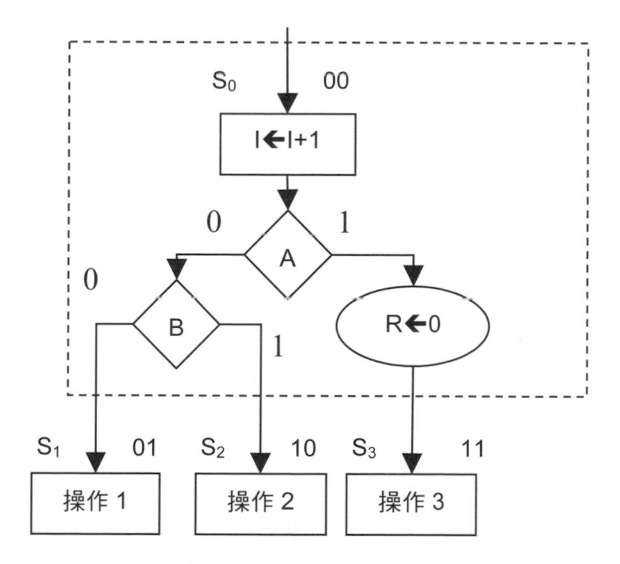

2. ASM 方塊圖則是 1 或多個相互連接 ASM 方塊組成。若一個狀態盒沒有任何其他的判斷盒或條件盒，僅能構成一個簡單的區塊。
3. ASM 圖中之每一個方塊，描述系統在一個時脈週期內的狀態（此時脈指連續二個時脈作用的邊緣）。
4. 於狀態盒與條件盒之操作係由共同時脈所啟動。

5. 一般而言，控制器的莫爾（Moore）型態輸出係非條件式的產生且指示於狀態盒內；然而，密利（Mealy）型態輸出則為條件式的產生且指示於離開判斷盒邊緣所連結之條件盒內。

於 ASM 方塊中之內部資料路徑，若輸出已確認（如僅有一個出口），因其處理是同時進行的，故前端之處理不論是採串列或並列設計，是屬於等效的，如下二圖例所示：

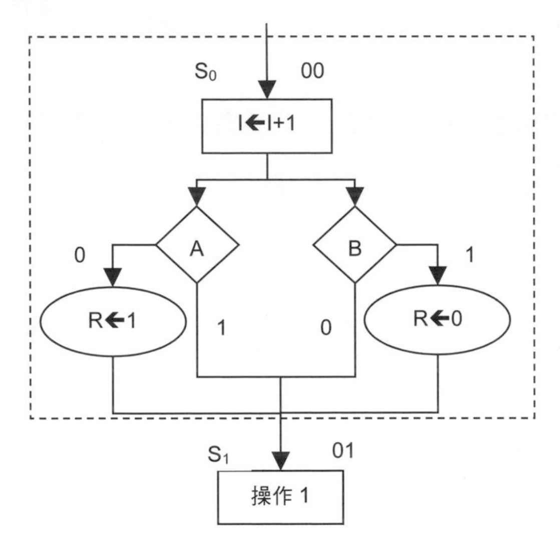

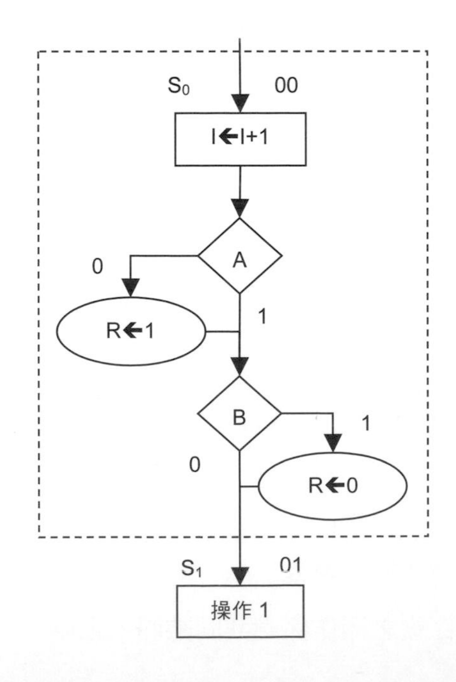

ASM 圖與狀態圖比較：

1. ASM 圖與狀態圖非常類似。每一個狀態區塊等效於序向邏輯電路的狀態。判斷盒則等效於狀態圖中，沿著連接二個狀態之指向線所標記的二進位資訊。

2. 因此，為求方便，有時可將 ASM 圖轉換為狀態圖，再使用序向邏輯電路之程序以進行控制邏輯之設計。

例題1

請將前數之 ASM 方塊圖改畫成狀態圖。

▼說明：

前圖中共計有 4 種不同狀態，因此使用 2 個位元來表示，由 00～11 分別表示 S_0～S_3 等 4 個狀態。這些狀態以圈圈符號表示，並於其圈內標註二進位值。狀態與狀態間連結之指向直線則指示決定下一個狀態條件，如 AB＝00 時，由狀態 0 轉換至狀態 1。

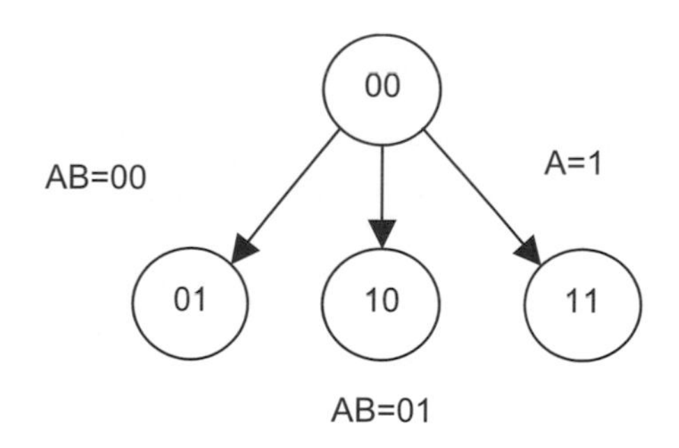

ASM 圖的二進位的判斷盒可以於邊緣依相應之判斷變數標號簡化，至離開其他邊緣則不需標號。進一步的簡化則是當重置條件被判斷發生時，刪除與狀態轉換相應的邊緣。不需判斷的輸出訊號不會出現在圖中；出現輸出訊號的表示式則指示已經過判斷。

控制時脈之考量：

1. 數位系統中所有的暫存器與正反器都由主控時脈產生器提供統一之時脈，時脈不只提供資料路徑的暫存器使用，亦提供給狀態機中所有的正反器以實作控制單元，輸入訊號或資料因經常是由其他電路之輸出所產生來當作輸入的，故亦依此時脈同步；若輸入與時脈無關則為非同步之輸入（然非同步輸入可能產生很多問題）。

2. ASM 圖與傳統流程圖對於時脈處理最主要的區別係於不同操作之間的時間關係解譯。在 ASM 圖中，整個 ASM 方塊是被當作一個單元處理的，所以在此完整方塊中，所有暫存器被指定的操作必須與系統自某一個狀態轉換到其下一個狀態時的相同時脈邊緣之轉換同步作業，狀態間轉換之時脈如下圖例，本例係正緣觸發：

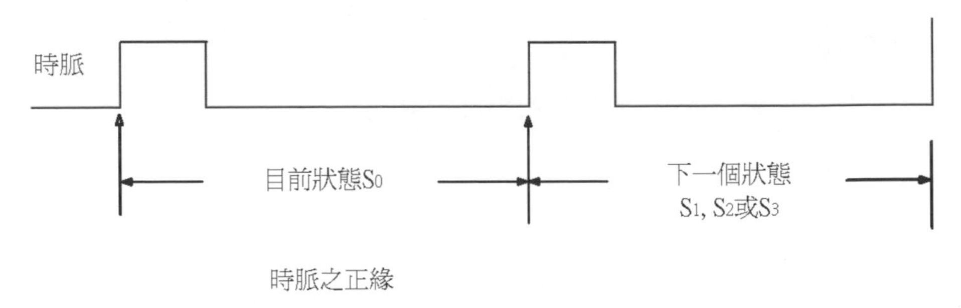

3. 資料路徑的二個操作以及狀態改變可能同時發生。

ASMD 圖：演算法狀態機及路徑（ASMD；Algorithmic state machine and datapath）係為闡明由 ASM 圖所顯示之資訊以及提供於給定之資料路徑單元設計控制單元有效之工具，ASMD 圖與 ASM 圖之主要差異有下列 3 種：

1. ASMD 圖未表列於狀態盒中之暫存器操作。
2. ASMD 圖之邊緣對暫存器之操作是有註解的，與邊緣所指示之狀態轉換是同時作業的。
3. ASMD 圖包含識別控制暫存器操作訊號之條件盒，於圖中之邊緣註解。

因此，ASMD 圖是將暫存器操作與狀態轉換結合而非狀態。

例題2

請設計具有非同步重置的控制器狀態轉換 ASMD 圖。

▼說明：

如下圖，有 3 個狀態 S_0、S_1 和 S_2，系統使用非同步之重置訊號 Reset。

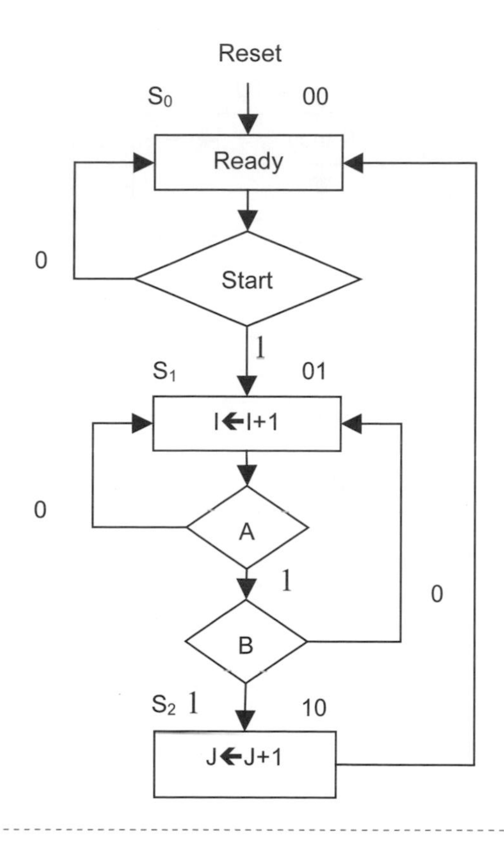

請設計具有同步重置的控制器狀態轉換 ASMD 圖。

▼說明：

如下圖，有 3 個狀態 S_0、S_1 和 S_2，系統使用同步之重置訊號 Reset。

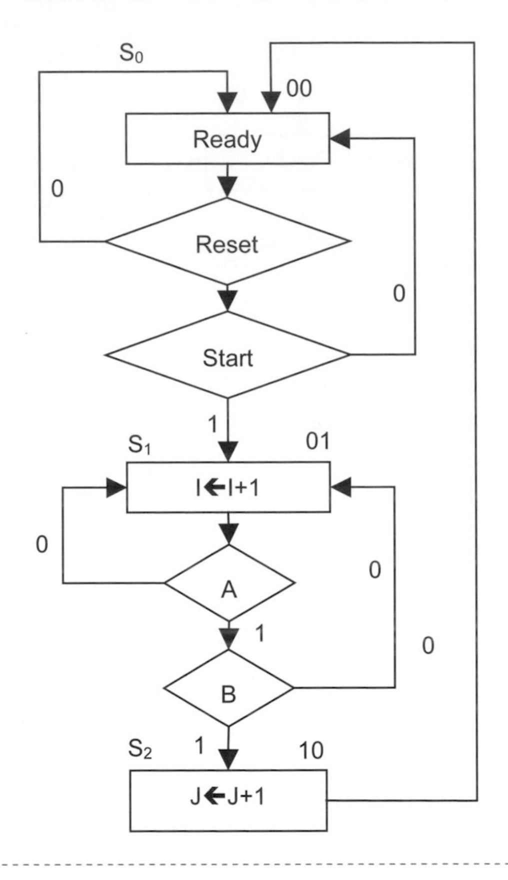

11-5 暫存器轉換層描述

實務上，設計使用 ASMD 圖撰寫 Verilog HDL 控制器的模組以及資料路徑，然後再由 Verilog 描述直接合成邏輯電路。於 ASMD 圖中之每一個方塊指定控制操作的訊號係以一個共同的時脈啟動。控制訊號在方塊中的狀態盒及條件盒規定。此方塊係當控制器在指示之狀態內，並且狀態沿著離開該狀態之邊緣註解操作出現於資料路徑單元時即形成。

暫存器轉送之表示：

1. 數位系統在暫存器轉送層，係藉由指定系統中之暫存器、如何執行操作及控制之順序予以表示。
2. 暫存器操作及控制資訊可以 ASMD 圖指定，且針對資料路徑分開控制邏輯與暫存器操作非常方便。
3. ASMD 圖提供分別描述及針對資料路徑控制器之清楚設計順序步驟，暫存器轉送操作及控制資訊亦可分別表示。

假設給予暫存器轉送操作狀況如下：

1. 暫存器 A、B、C，其中 A 為 4 個位元（$A_3A_2A_1A_0$），B 和 C 為 1 個位元。
2. 狀態轉換規劃：

   (1) 當輸入訊號 Start 為 0 時，狀態仍處於初始 S_0 狀態；若是輸入訊號 Start 為 1 時，狀態會由初始 S_0 狀態轉換至 S_1 狀態，此時並將暫存器 A 和 C 清除為 0。

   (2) 當狀態處於 S_1 時會執行暫存器 A 累加 1 值的動作，若是暫存器值 $A_1=0$，狀態會持續處於 S_1 狀態，然暫存器 B 會被清除為 0；當暫存器值 $A_2A_1=01$ 時，狀態仍持續處於 S_1 狀態，然暫存器 B 會被設定為 1。

   (3) 若是暫存器值 $A_2A_1=11$ 時，狀態會由 S_1 轉換至 S_2 狀態，此時會設定暫存器 C 值為 1，並回到狀態 S_0。

3. 狀態轉換圖如下：

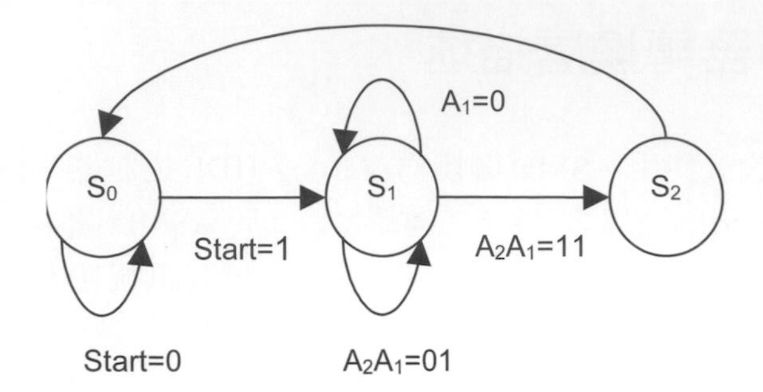

4. 上圖之暫存器轉送操作可描述如下：

S_0 → S_1, clear_A_C;	A←0, C←0
S_1 → S_1, incr_A:	A←A＋1（累加）
If (A_1=1) then set_B;	B←1
If (A_1=0) then clear_B;	B←0
S_2 → S_0, set_C;	C←1

5. 若以程式描述概略如下：

```
S0：
  If (Start=1) then {
  A←0 ; C←0;}
S1： A←A+1;
  If (A1=1) then B←1;
  If (A1=0) then B←0;
S2： C←1;
```

6. 狀態轉換表：狀態圖可轉換成狀態表，控制器之序向邏輯電路即依此而設計：

   (1) 首先，ASMD 圖中的每一個狀態都需賦予二進位的值。對控制序向邏輯電路中的 N 個正反器，ASMD 圖可賦予最多 2^N 個狀態。

   (2) 若圖中具有 3 至 4 個狀態則須 2 個正反器（2 個位元可表示 4 個不同之狀態，依此類推）。

(3) 控制器的狀態表為目前狀態與輸入值及其相應之下一個狀態與輸出值之表列。多數情況下，可能存在不理會之輸入條件，於安排狀態表時可列入考量。

(4) 本例僅有 3 種不同狀態，故可使用 00、01、10 分別代表 S_0、S_1 和 S_2 等 3 狀態，其中 11 未使用可當作不理會。

(5) 狀態轉換表整理如下：

符號	目前狀態		輸入			下一個狀態		輸出				
	P_1	P_0	Start	A_2	A_1	P_1	P_0	incr_A	clear_A_C	set_B	clear_B	set_C
S_0	0	0	0	X	X	0	0	0	0	0	0	0
S_0	0	0	1	X	X	0	1	0	1	0	0	0
S_1	0	1	X	0	X	0	1	1	0	0	1	0
S_1	0	1	X	1	0	0	1	1	0	1	0	0
S_1	0	1	X	1	1	1	0	1	0	1	0	0
S_2	1	0	X	X	X	0	0	0	0	0	0	1

(6) 本例可使用 2 個 D 型正反器配合組合邏輯電路來實現，**布林函式**如下：

DP1＝S1A2A1；DP0＝Start・S0＋S1

set_B＝ S_1A_1 S1・A1；clear_B＝ $S_1\overline{A_1}$ ；set_C＝S2；

clear_A_C＝Start・S0；incr_A＝S1；

(7) 邏輯電路設計如下：

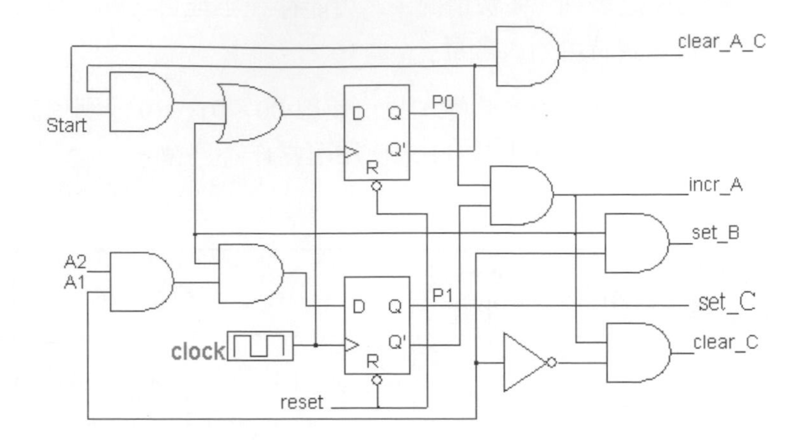

上例之設計可採用結構性或行為模式之描述。行為模式之描述可歸類區分為暫存器轉送層或抽象演算法層次。若以結構描述、暫存器轉送層描述以及演算法為基之行為描述等 3 層之設計如下：

1. 構造描述：最底層最詳細的描述，說明數位系統實體元件與元件間的連接設計。許多種不同的元件包含邏輯閘、正反器、多工器與計數器等標準邏輯電路。此層之設計為階層式分解成功能單元，每一個單元由 Verilog HDL 或其他硬體描述語言模組所描述。

2. 暫存器轉送層（RTL）描述：以暫存器、執行之操作及順序化操作之控制表示數位系統的設計。此型態之描述因包含未參引任何特定結構的設計以決定不同操作間的關係的程序敘述式，故而簡化設計過程。RTL 描述隱含暫存器中的特定硬體組態，允許設計者可自動合成設計，以取代手動設計標準數位組件。

 (1) 首先，定義本系統所需之輸入、輸出及暫存器：

 - 輸入：包含基本輸入項 Start(開始)、Clock(同步系統之時脈)及 Clear(清除)。啟動控制狀態至 S_0 需清除輸入。

 - 輸出：正反器 B 及 C 和暫存器 A。

 (2) 其次，以 3 個時脈週期（alwsys）行為描述控制器：邊緣觸發行為於正元時脈更新狀態，2 個位準觸發行為針對下一個狀態描述組合邏輯與控制器之輸出，如 ASMD 圖指定，此描述包含所有輸出之預設定值：

- 第 1 個 always 區塊：提供 2 項操作，其中，Clear 輸入啟動目前狀態到 S_0，採時脈正緣觸發的 Clock 訊號與狀態轉換進行同步化。
- 第 2 個 always 區塊：包含由目前的狀態轉換到下一個狀態的 **case** 條件說明。
- 控制器的 3 個狀態賦予符號名稱及給予二進位編碼。3 個狀態需使用 2 個位元，因此針對下一個狀態邏輯之 **case** 敘述式包含預設指定以處理可能發生 3 種狀態之外的情形（亦即當 11 出現時，並無 S_3 狀態之規劃故需預設某動作以處理此情況之發生）。

(3) 最後，提供暫存器轉送操作及輸出。

- 若採用 non-blocking 指定模式，使用 "<=" 操作符號，以確保暫存器操作和狀態轉換是同時，此項特徵在狀態 S_1 期間是特別重要的。於此狀態，暫存器 A 會累加 1 且 A_1 值會被核對以決定在下一個時脈正反器 B 之執行操作。為實現有效之設計，於暫存器 A 被累加之前確保核對 A_1 值是必要的。
- 若使用 blocking 指定模式，必須先核對正反器 B 的敘述式，其後為再核對暫存器 A 累加 1 值的敘述式。
- 控制器之週期行為與資料路徑之互動係鏈鎖反應，於時脈之作用邊緣，狀態及暫存器被更新。狀態改變、主要輸入或狀態輸入將導致控制器位準觸發行為以更新下一個狀態及輸出值。更新之值將於下一個時脈作用邊緣決定狀態轉換及更新資料路徑。

3. 演算法為基之行為描述：此屬最抽象層，以程序設計描述功能，演算型式類如程式語言。此層不提供如何於硬體實現之詳細設計。演算法為基之行為描述為最適於模擬複雜系統以驗證設計理念及探討交換。
4. 本例之 Verilog HDL 程式設計如下：

```
module RTL_ex1 (Start,Clk,Clr,A,B,C);
input Start,Clk,Clr;
output [3:0] A;
output B, C;

reg [3:0] A;                    //暫存器A
reg B, C;                      //正反器B和C
reg [1:0] Prestate, Nxstate;       //目前狀態和下一個狀態
```

```
parameter S0 = 2'b00, S1 = 2'b01, S2 = 2'b11;

always @(posedge Clk or negedge Clr)
if (~Clr)  Prestate = S0;     //初始狀態
else  Prestate <= Nxstate;     //時序控制之操作
always @ (Start or A or Prestate)
case (Prestate)
    S0: if (Start)  Nxstate = S1;
else  Nxstate = S0;
    S1: if (A[1] & A[2])  Nxstate = S2;
else  Nxstate = S1;
    S2:  Nxstate = S0;
endcase
//暫存器轉送層之操作
always @ (posedge Clk)
case (Prestate)
    S0: if (Start)
      begin
         A <= 4'b0000;
         C <= 1'b0;
      end
     S1:
      begin
         A <= A + 1'b1;
        if (A[2]) B <= 1'bl;
        else  B <= 1'b0;
      end
     S2: C <= I'bl;
endcase
endmodule
```

結構性描述處理設計：

1. 結構性描述之功能類同電路流程圖或電路方塊圖之功能。
2. 前例之 ASMD 方塊圖已提供結構性描述所需要的資訊，此邏輯電路可區分為控制方塊、正反器 B 和 C 等 3 個部份以及相關聯的邏輯閘和具同步清除設計的計時器等。
3. 當然亦可切割為 6 個模組進行描述，例如，先描述 3 個元件，再描述控制和 D 型正反器等 2 個模組，其後再描述暫存器 B 和 C 等 2 個模組以及 JK 正反器，最後為描述計數器模組。各個模組之功能可宣告如下：

- 第 1 個模組：宣告邏輯電路的輸入和輸出，輸入埠與輸出埠端。
- 第 2 和 3 個模組：以控制模組描述所使用 2 個 D 型正反器，其輸入為 D_{P1} 與 D_{P0}，輸出為 P1 與 P0，宣告為 wire 資料型態。
- 第 4 和 5 個模組：B 和 C 模組依照同模型描述 2 個 JK 正反器，先推導輸入方程式，同時並使用此值作為 JK 正反器之輸入。
- 第 6 個模組：描述具同步清除之計數器。

結構性描述的模擬測試結果與暫存器轉送層描述設計所模擬測得之輸出結果相同。

4. 結構性描述的程式設計：

```
module Struct_ex (Start,Clk,Clr,A,B,C);
  input Start, Clk, Clr;
  output [3:0] A;
  output B, C;
//控制邏輯電路
  control ctl (Start, A[2], A[3], Clk, Clr, S2, S1, Clear);
//B 和 C 正反器
  B_C BC (S1, S2, Clear, Clk, A[2], B, C);
//計數器
  counter ctr (S1, Clear, Clk, A);
endmodule
//控制電路
module control (Start, A1, A2, Clk, Clr, S2, S1, Clear);
  input Start, A1, A2, Clk, Clr;
  output S2, S1, Clear;
  wire Pl, P0, DP1, DP0;
//組合邏輯電路
  assign  DP1 = A1 & A2 & S1,
          DP0 = (Start & ~P0) | S1,
          S2  = Pl,
          S1  = P0 & ~Pl,
          Clear = Start & ~P0;
//D 型正反器
  DFF P1F (Pl, DP1, Clk, Clr),
      P0F (P0, DP0, Clk, Clr) ;
endmodule
//D 型正反器
module DFF (Q,D,Clk,Clr) ;
   input D,Clk,Clr;
   output Q;
   reg Q;
```

```
    always @ (poaedge Clk or negedge Clr)
      if (~Clr) Q = 1'b0;
      else Q = D;
endmodule
//B和C正反器
module B_C (S1, S2, Clear, Clk, A1, B, C);
    input S1, S2, Clear, Clk, A1;
    output B, C;
    wire B, C, JB, KB, JC, KC;
//組合邏輯電路
assign  JB = S1 & A1,
        KB = S1& ~A1,
        JC = S2,
        KC = Clear;
// JK型正反器
    JKFF BC (B,JB,KB,Clk),
         FF (C,JC,KC,Clk);
endmodule
/JK型正反器
module JKFF (Q,J,K,Clk);
    input J,K,Clk;
    output Q;
    reg Q;
    always @ (posedge Clk)
    case ({J,K})
      2'b00: Q = Q;
      2'b01: Q = 1'b0;
      2'b10: Q = 1'b1;
      2'b11: Q = ~Q;
    endcase
endmodule
//具同步清除計數器
module counter (Count, Clear, Clk, A);
      input Count, Clear, Clk;
      output [3:0] A;
      reg [3:0] A;
      always @ (posadge Clk)
        if (Clear) A<= 4'b0000;
        else if (Count) A <= A + 1'b1;
             else A <= A;
endmodule
```

11-6 無競跑和無閂鎖設計

不論是手動設計或使用電腦輔助工具設計，當邏輯電路已合成，必須驗證由 HDL 行為模式產生之模擬結果是否與實際邏輯電路之標準儲存格或邏輯閘之淨清單相符。若未相符，需能解析出任何未匹配者，因行為模式是先假設其為正確的。在未匹配的模擬結果中，可能潛在的問題來源包含：

1. 實際回授路徑存在於資料路徑單元和控制單元之間，其輸入包含由資料路徑單元回授之狀態信號。
2. 若採區塊程序指定，敘述式將立即執行，行為模型之模擬沒有傳播時間延遲，組合邏輯電路當輸入值改變，其輸出值將有效產生並立即改變。
3. 若模擬器於模擬所給予的時間步驟對相同變數執行多個區塊指派，其順序無法預測（屬未決定）。

無競跑設計

1. 邏輯電路設計工程師可消除軟體競跑條件，只需以區塊指定觀察組合邏輯電路模組化之規則描述，將狀態轉換與邊緣觸發暫存器操作以非區塊指定模組化處理即可。
2. 於資料路徑與控制器合併之實體結構亦可能產生硬體競跑的現象，因為狀態訊號可能回授給控制器，且控制器之輸出可能回授給其前級之資料路徑。然時序分析可驗證在控制器輸出的變化並且不傳播到資料路徑。

無閂鎖設計

1. 連續指定（continuous assignment）可隱含性的模組組合邏輯電路，沒有回授的連續指定可將組合邏輯合成，並且邏輯電路的輸入—輸出間之關係會對所有邏輯電路之輸入自動化的感應。
2. 模擬時，模擬器監測 HDL 程式指定式之右側所有連續的指定，於任何參引變數偵測到變化，並且更新指定式之左側受影響的指定。不同於連續指定，週期行為並不需完全感應到所有由指定敘述式所參引之變數。

3. 若位準觸發週期行為用於描述組合邏輯電路，基本上靈敏度清單將包含於行為指定敘述式左側所參引之每一個變數。若此表列清單不完整，以行為描述之邏輯將於邏輯之輸出以閂鎖器合成。

於 Verilog 2001 版本，**"@*"** 運算子（亦可使用 **"@(*)"**）可用於玫無敏感性清單指示相關聯敘述式對於邏輯指定敘述式之右側所參引每一個變數之執行。**"@*"** 運算子之作用為指示邏輯被解譯為位準觸發之組合邏輯，此邏輯隱含包含所有由程序指定所參引之變數的敏感性清單。使用 **"@*"** 運算子可避免閂鎖器之意外合成。

請以 Verilog HDL 設計位準觸發週期行為合成二對一之多工器。

▼說明：

本例之程式使用 **"@*"** 運算子（亦可使用 **"@(*)"**）設計如下：

```
module Multiplex_ex (input  Sel, input  [31:0]  X, Y, output reg  [31:0]  F)
alwsys @*
  F = sel ?X:Y;
endmodule
```

1. 請說明暫存器轉送與組合邏輯電路函式於數位系統暫存器轉送層之操作。
2. 請說明數位系統之資料處理操作模式有哪四種？
3. 區塊程序指定與非區塊程序指定之差異為何？
4. 請說明 ASM 流程圖判斷盒（DECISION BOX）之作用。
5. 請比較 ASM 圖與傳統流程圖之差異。
6. 請說明 ASM 圖與狀態圖之差異。
7. 請說明 ASMD 圖與 ASM 圖之主要差異。
8. 請說明無競跑設計。
9. 請說明構造描述層之處理。
10. 請設計 ASM 方塊圖。

12 嵌入式系統

課程重點

- 嵌入式系統
- 單晶片與超大型積體電路
- 可程式化邏輯的程式設計概念
- 數位訊號處理晶片
- 現場可程式邏輯陣列

12-1 嵌入式微處理器

人類生活周遭所接觸或使用之智慧型交通運輸，如飛機、捷運系統、高鐵之行控電腦或系統中控裝置，乃至一般家電、數位手錶、iPod與MP3~MP5等娛樂電子設施及機器人，甚至發射至外太空執行特定任務之飛行器與酬載，其中甚多屬於嵌入式系統之設計，可知嵌入式系統應用之廣泛，需求之殷。未來更將配合電子紙或輕薄之觸控螢幕或顯示器，展現多樣式之藝術設計以融入生活應用。

- **嵌入式系統定義：**一種以微處理器為核心，根據應用目標，經過設計以做為某項設備、機器、電腦或裝置的主控或監視系統。它可以是完整硬體設備中的一個零組件，也可以是一部機器，其表現方式有軟體也有韌體。所有的嵌入式系統均類同電腦，大部分是比個人電腦還簡單的設備，其中晶片式的微處理器是最簡單的設備，大部分則和其他晶片或周邊裝置組合成特殊用途儀表裝置或 IC 晶片，如下圖為 ADSL 數據機/路由器所使用之嵌入式系統，其中包含(2)彩色 LED、(4)微處理器 TNETD7300GDU、(6)隨機存取暫存器 M12L64164A、(7)快閃記憶體、(8)Ethernet 乙太網埠端、(12)石英震盪器、(16)USB 埠以及(17)電話(RJ11)埠等（請參閱 http://en.wikipedia.org/wiki/Embedded_system ）。

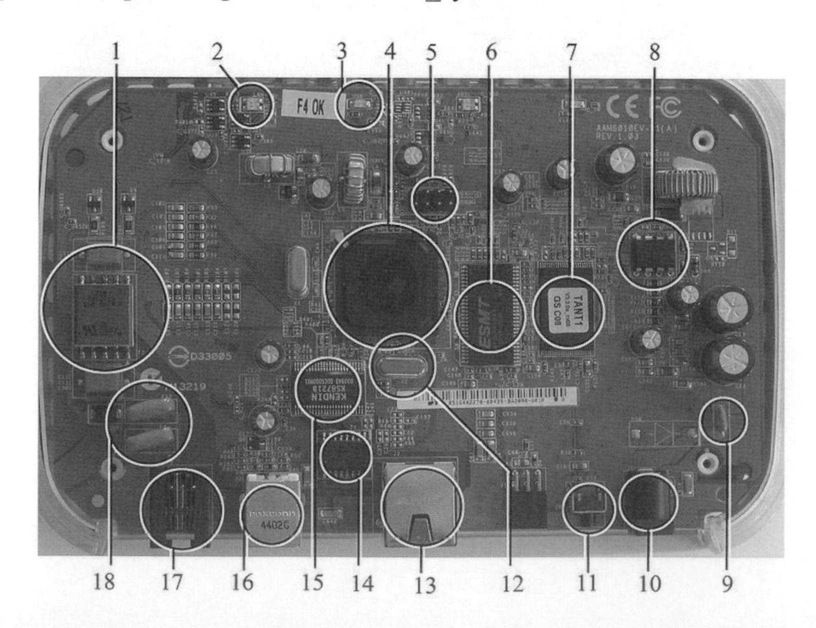

嵌入式系統的特性：

1. 具特定功能目標，可依設計執行特殊的任務。
2. 以微處理器為核心並配合周邊設備形成完整的系統。
3. 有獨立與穩定的時序，除可獨立運作，亦可配合全系統的時序，與其他設備連結同步運作。
4. 具全自動化，並可執行週期性的作業。

嵌入式系統作業：

1. 實時作業系統（RTOS；real-time operating system）：包含 Windows CE、Linux、LynxOS、Palm Nucleus 和 VxWORKs 等。
2. 整合式的系統晶片（SoC ；system-on-a-chip）：包含 ARM、Artisan、DSP（Digital Signal Processor，數位訊號處理器）、Insilicon 、Mentor、MIPS、Parthus、Rambus、Synopsys 和 Virage Logic 等，這些嵌入式晶片多在電路板支援包裝（BSP；board support package）環境下作業並採平台化的設計（PBD；platform-based design），以搭配及適應各種不同的硬體或軟體的元件，並組合成為功能更周全、更符合實際應用需求的產品。
3. 應用軟體方面：區分使用者端的應用軟體及伺服器端的整合軟體。
4. 嵌入式計算系統：將電腦嵌入到某種電子儀器或設備，以達到支援算術計算或邏輯運算的系統或設備儀表。

嵌入式系統設計的考量因素：

1. 系統規劃考量因素：
   - 根據市場或客戶需求的領域來決定微處理器的種類，規劃硬體平台和周邊，設計可整合軟體、韌體（firmware）和硬體，達到功能需求目標的系統。
   - 充分發揮微處理器高速精確的運算功能，以提升處理效率。彌補機械所無法達到的控制、監視和自動化作業等功能。
   - 演算法的複雜度。

- 滿足實時（real-time）、多重速度匹配、低材料成本和低消耗功率（低耗能）或省電的要求。
- 縮小裝置或元件的體積（如下圖示），並輔以模組化設計，以符合輕薄精密、高度微奈米化以及隨時可更新模組，俾利整體系統的嵌入規劃及產品的攜行更為方便。

- 符合市場發展趨勢和應用導向（產品具有高度的競爭力）。

2. 使用者介面：

- 使用者操作介面宜簡單易學，具備良好的互動性。
- 具完整應用程式和服務（包含網路服務或網路連線系統聯盟運作），並可搭配個人行動通訊系統、PDA、掃瞄器、印表機和傳真機等周邊設備運作。提供客製化（Customize）模組，俾利使用者得以另行加入特定功能（或機密）的模組。
- 嵌入式系統產品多具特殊功能用途，因此若要移植該系統到其他不同的機器設備或儀表以建構一個完整的運作系統，通常會有一些困難度，或者必須犧牲某些功能（讓某些功能閒置不用）。

3. 軟體配置考量因素：

- 具系統整合或程式語言修正與設計功能。
- 提供網際網路通訊服務，一般而言，嵌入式系統的記憶體和儲存空間並不大，然網際網路通信協定運作所需的記憶體空間需求較大，因此嵌入式系統多僅提供必要的網際網路服務，以縮小記憶空間。

- 以 Ad Hoc 模式或基於 802.11（如下圖為 Wi-Fi 無線網路使用之嵌入式系統組件）、802.15 以及 802.16 通訊標準所構成的有線或無線的感測器網路（sensor network），互相合作、感知、採集和處理網路覆蓋的區域範圍內所感知的物件資訊，傳遞給系統（或觀察監測中心），如美國加州大學柏克萊分校所執行的塵粒（MOTE）或智慧微塵（smart dust）計畫。

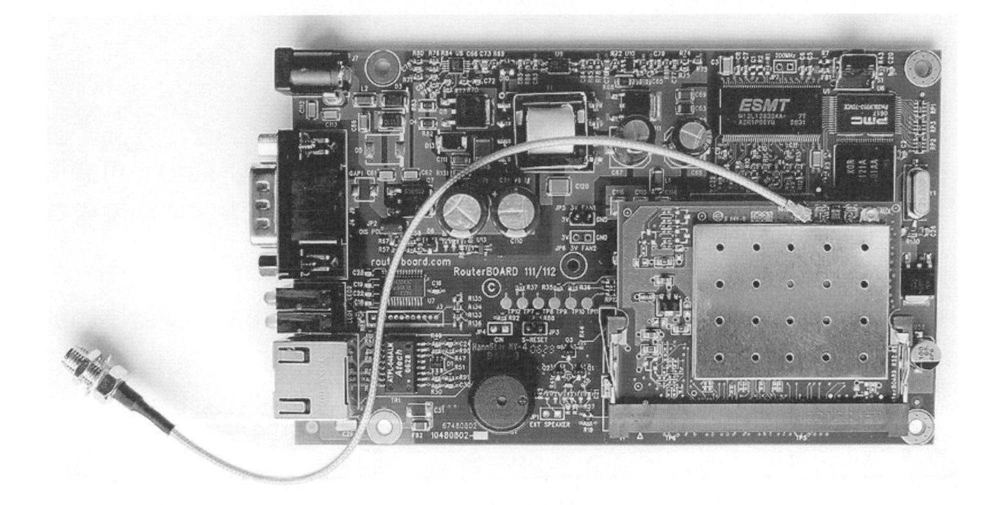

註：Ad Hoc 為 802.11 網路框架的通訊標準，讓元件、裝置或網站可直接相互通訊，而不須使用擷取點（Access Point；AP）；採用 Ad-hoc 模式也稱為 peer-to-peer 模式或是獨立的基本服務集合（Independent Basic Service Set；IBSS）。另 802.15 包含藍芽與 ZigBee 等，802.16 系列則為 WiMax。

嵌入式系統設計之方法論（Design Methodology）：目標為以簡單且強而有力的方法，來表現非常高速且特定用途的積體電路等裝置的實現：

1. 一般化（generality）：實現的方法不要太複雜，應用範圍以具延伸為佳，實現時須同時考量速度與演算法的形態。
2. 彈性（flexibility）：針對給定的功能目標以具彈性設計為佳，例如設計一個基本處理元件，不同的解決方案儘可能達到只需要稍微修改參數（如速度、字元長度和精確度等）即可。
3. 效率（efficiency）：不僅使用的演算法要最佳化，在實際工作時更需充分顯現執行效能，才符合成本效益。

4. 簡易（simplicity）：使用簡單的程序或宏觀的區塊讓設計工作越簡單越好。設計時難免會產生限制，然策略為良好的結構化，讓系統很容易使用。

5. 電腦輔助設計（CAD portability）：本項是必須性的作業方法，採用可提供全部支援的電腦輔助設計工具來執行設計工作，可快速有效的完成任務。

嵌入式系統的未來發展：

1. 研發算術邏輯運算能力更強且耗能更低的微處理器。

2. 具備情境感知（context aware）或預知（anticipatory）能力，可擷取周遭資訊，分析後儲存於資料庫，做為未來提供相關服務或狀況處理判斷的參考及提供專家決策建議。

3. 具調適性（adaptive）設計，可依據作業環境做功能調整或做不同的反應處理，並能自動搜尋網路、自我組態、規劃傳輸路徑和重建等。

4. 針對個人化（personalized）或企業化的需求來量身訂做系統，並可藉由識別裝置（如身份確認或影音辨識）來保護及確認使用者的身份，和依不同的等級授權使用的範圍。

5. 善用微機電系統（micro-electro-mechanical system；MEMS）製造更精微的感測器、驅動器或其他精密儀表與機具設備。

6. 各項裝置宜具高包容性，可自網路取得合作伙伴的資訊並結合運作，若所有的設備都具有運算、感測和網路通聯能力，便可建立無遠弗屆和無所不在的運算環境，如大都會的交通或公共安全自動錄影、監視和分析系統。

12-2 單晶片與超大型積體電路

設計嵌入式系統宜減少晶片之使用量，最好是所有的功能都能整合在一個晶片（單晶片）。一般的微處理器系統，其核心僅包含中央處理器單元（CPU），然一個完整的單晶片控制器（single chip microcontroller）則需將中央處理單元、唯讀記憶體（ROM）、動態記憶體（RAM）和輸出（入）單元

（包含鍵盤或觸控面板）等基本元件或其控制訊號線配置在晶片上，以達到獨立運作的應用目的。

晶片按處理特性區分為**類比**、**數位**及**混合**等 3 種作業模式；若按應用區分：

1. **標準型積體電路**：主要用在微控制器、多工器和記憶體等元件設計。
2. **特定用途標準產品（Application Specific Standard Products；ASSP）**：根據市場的需求來設計，如 PDA 或行動通訊手機應用的開發電路板。
3. **特定用途積體電路（Application Specific Integrated Circuit；ASIC）**：應用在影像處理或資料壓縮等具備特定功能的產品設計。因為 ASIC 具有高效能、高信賴度和高容量，因此非常受設計師的喜愛和設計運用。

在超大型積體電路的應用中，使用最多的是**互補金氧半導體（Complimentary MOSFET；CMOS）**的技術，有關互補金氧半導體的製程包含有 **N 型井（n-well）**、**P 型井（p-well）**、**雙井（包含 n-well 和 p-well）**以及在絕緣體上植入矽晶片（silicon on insulator；SOI）等技術；一般矽晶圓約數英吋，而一個超大型積體電路所佔的面積約 1cm^2 內。

嵌入式單晶片處理器的發展概況：

1. Intel 公司：
   - 編號 8051 晶片：具備 8080 基本結構，為八位元的微處理器，包括四個八位元的輸出（入）連接埠、一個通用非同步接收和發射器（；universal asynchronous receiver UART／transmitter）、二個 16 位元的記數器（或計時電路）、4KBytes（位元組）唯讀記憶體（ROM）和 128bits（位元）的隨機暫存記憶體的儲存空間。
   - 編號 8751 晶片：屬 8051 同系列的產品，唯不同的是具有 4KB 可清除及程式化的唯讀記憶體（EPROM）。編號 8052 晶片：為 8051 加強版，具備 8K 位元組唯讀記憶體和 256 位元的隨機暫存記憶體和計數器（計時電路）。
   - 編號 8752 晶片：屬 8051 同系列的產品，唯不同的是具有 8K 位元組可清除及程式化的唯讀記憶體（EPROM）。

- 此外尚有使用 CMOS 半導體版本的晶片如編號 80C51 和 80C52 等。

2. Motorola 公司：

- 編號 6800 和 6809 晶片較為普遍應用。
- 編號 68HC11 晶片：為 6800 的超級組合（superset），該晶片包括有五個多用途並具同步和非同步序列介面的輸出（入）連接埠、具備 8K 位元組唯讀記憶體、256 位元組隨機暫存記憶體、512 位元組 E^2PROM、類比數位轉換（A / D）電路、計數器（計時電路）；其中進階的晶片為 12K 位元組唯讀記憶體和 512 位元組隨機暫存記憶體。
- 編號 683XX 系列晶片：以編號 68000 處理器為核心的一系列晶片，包括有平行（parallel）和序列（serial）埠、計數器（計時電路）、類比數位轉換電路，其中編號 68376 的晶片有 4K 位元組唯讀記憶體和 8K 位元組 E^2PROM。
- PowerPC 微控晶片：使用精簡指令集架構的晶片，諸如 MPC5XX 系列晶片。
- ColdFire 微控晶片：MCF5XXX 系列的晶片，使用 68000 指令集架構，具管線化結構和 32 位元完整的匯流排。

3. ARM 公司微控晶片：

- 可獨立使用，包含 ARM6、ARM7、ARM9、ARM10 等一系列的晶片，使用 32 位元的指令集。
- Thumb 版本：使用 16 位元 ARM 指令的子集，其優點為撰寫程式所使用經過高度編碼的 16 位元指令，所佔的儲存空間較小，而執行時，Thumb 指令會自動擴充成 32 位元的 ARM 指令。
- Atmel 等公司廣泛使用 ARM 微控晶片（如 ARM-TDMI）推出 AT91F40416 等微控制器，具備 4K 位元組隨機暫存記憶體、526K 位元組快閃唯讀記憶體（Flash ROM）、32 條可程式化的輸出（入）線、二個序列埠和計數器（計時電路）等等。

4. 國家半導體（National Semiconductor）公司的微控晶片：
   - 屬於 Compact RISC（壓縮精簡指令集架構），包含 8 到 64 位元。具有簡易三階段管線化處理機能。
   - 包含 40K 位元組唯讀記憶體和 1.4K 位元組隨機暫存記憶體。
   - 此外尚可根據需求功能做細部調整。

超大型積體電路（very large scale integrated circuits；VLSI）的發展歷程：

1. 定義：在單晶片中連結數千個電晶體為基礎的邏輯電路以產製積體電路的處理，即為超大型積體電路。
2. 發展歷程：第一代為真空管（vacuum tubes），隨著半導體的發展，很快的積體電路（integrated circuits；IC）便問市了。最初的積體電路，其晶片中僅有少量的二極體、電晶體、電阻和電容等裝置以組成少量的邏輯閘電路，屬於小型積體電路（small-scale integration；SSI），其後之系統包含千個以上的邏輯閘電路稱為大型積體電路（large-scale integration；LSI），

   1970 年代後，半導體和通訊的技術發展大幅增長，現代的技術已遠勝於初期的發展，並達到每個單晶片處理器具千萬個邏輯閘電路和數十億個獨立的電晶體。其中，電晶體的製程亦已由 90 奈米逐步提昇至 65 奈米和 45 奈米的製程，甚至達 18 奈米，是屬於超大型積體電路（VLSI）的時代，當然期間曾出現極大型的積體電路（ULSI；ultra large scale integration）名稱，然因其與 VLSI 都具有龐大的電晶體數量，區別不大，而 VLSI 頗受讚賞，故習以為常的以 VLSI 或優於 VLSI 來表示，很少使用 ULSI 名稱。較為著名的 ULSI 晶片有 DEC 公司的 Alpha 處理器和 Intel 公司的 Pentium 處理器等，均包含數百萬個電晶體。

超大型積體電路發展歷程表		
世代	年代	複雜度（單晶片邏輯數量）
電晶體	1959	1
邏輯單元（一個邏輯閘）	1960	1
多功能單元	1962	2～4
複雜功能單元	1964	5～20
中型積體電路	1967	20～200
大型積體電路	1972	200～2000
超大型積體電路	1978	2000～20000
極大型積體電路	1989	20000～

將眾多電晶體或邏輯閘電路安排在單晶片的效益：

1. 使用較少的體積和範圍具備空間壓縮的優點。
2. 低功率消耗。
3. 在系統層次不需進行太多的測試。
4. 具高信賴度。
5. 具高運算速度，顯著降低相互通連所需的時間。
6. 可顯著的節約成本。

邏輯晶片（如微處理器晶片和數位訊號處理晶片）所包含的不只是大型陣列的靜態記憶體（SRAM）單元，同時還具有多種不同功能的單元。雖然先進的記憶體晶片包含許多複雜的邏輯功能，而設計微處理器晶片的複雜度遠超過記憶體晶片。邏輯晶片設計的複雜度就好比整合電晶體的數量是呈指數曲線成長。

超大型積體電路設計的概略流程：

1. 首先需提出功能和規格的需求，由描述目標晶片行為模式的演算法著手並定義處理器相關聯的架構，再以針腳規劃（floorplanning）的作業方式將它對映到晶片的表面，如下圖：

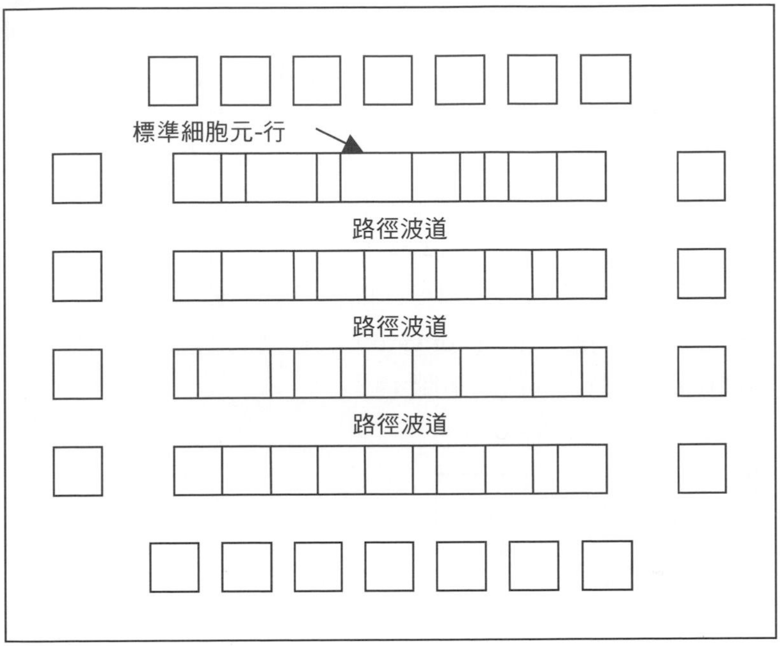

標準細胞元-行

路徑波道

路徑波道

路徑波道

2. 在初始設計的階層，將進行積體電路的開發並根據需求反覆測試以符合功能目標，在此階段中，必須定義有限狀態機（finite state machines；FSMs），並結構化的按功能模組（如暫存器或算術邏輯單元）來實現，這些模組會依電腦輔助設計（CAD）系統的自動模組所安置的路徑，以幾何作業來置入晶片的表面，以便能達到使用最少的相互連結範圍和降低信號延遲的時間。

3. 其後須將各自獨立的模組，以一個邏輯電路（一片）兩面細胞元（leaf cells.）的方式來實現，在此階段，晶片是以邏輯閘來描述，這些邏輯閘將被安排位置並以細胞元的位置或路徑程式（routing program）來相互連結。

4. 最後的階段是電晶體階層的實現，會以較詳細的布林描述元來描述此兩面的邏輯閘電路並產生遮罩。在標準的邏輯閘細胞元設計中，須先將此一片兩面的細胞元設計完成並儲存在資料庫中，以提供邏輯設計應用。

前述處理程序中的每一個階段，確認設計佔有極重要的角色，在早期的階段，若失去妥當的確認設計，常會導致在較後面的階段產生嚴重且昂貴的重新設計，也連帶延後上市的時間。上圖僅為簡化的流程，在真實的流程中會經常反反覆覆的重複檢查兩個相鄰步驟間的確認作業。雖然由上而下的設計流程提供較佳的設計處理控制，然實際上並沒有真正單一方向（由上而下）的設計流程。如當一位晶片設計師定義一個架構，確沒有近距離的評估環繞晶片週遭相關的佈置，如此一來很可能所設計的晶片在輸出的時候會超過原來預定的架構範圍（如電路板太小不能涵蓋所有的元件），在此種狀況下不是重新設計便是修正電路（如刪除某些功能）以達到電路板可以容納的範圍，而這樣的改變須根據原始的需求目標才能做重要的修正；因此，儘早將較低階層的資訊往前送（前饋，feed forward）到較高的階層去參考運用是非常重要的。積體電路設計的流程概如下圖：

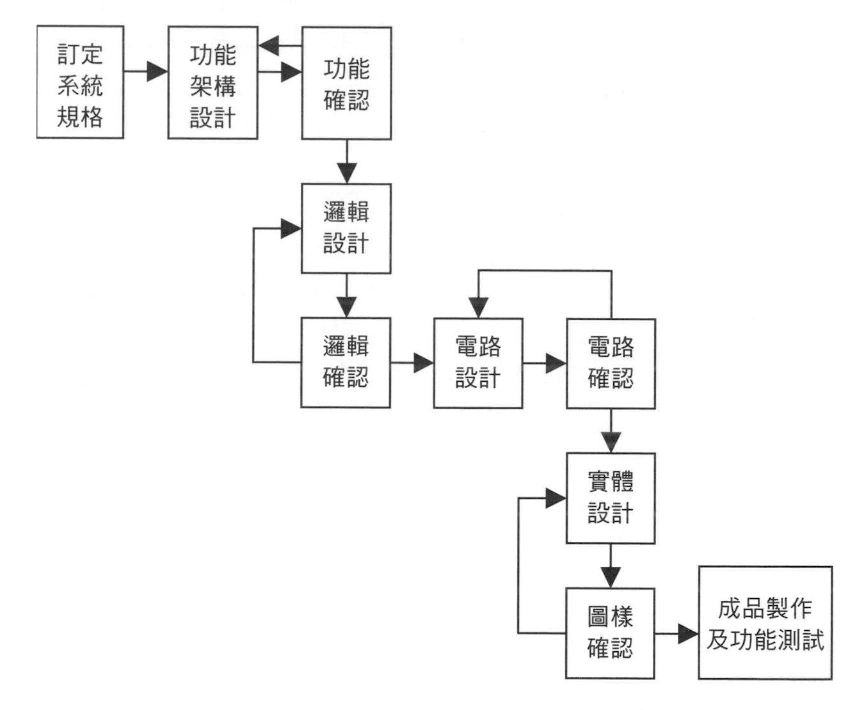

當設計完成後，接下來的作業是檢查設計的方法論、架構和複雜的軟、硬體是否匹配，部分典型的方法如採取結構性、規律性、區域性和模組化的處理來降低積體電路設計的複雜度，說明如下：

1. 採結構化方法來降低設計的複雜度，是將一個大的系統切割成許多子模組（sub-modules，或次模組）的作業方式。

2. 規則性的意思是結構化分解大的系統，不僅是要將一個大的系統分解成較簡單的模組，而且是儘可能分解成相似的區塊（所有的階層均可存在規則性）：

- 電晶體階層：統一電晶體的尺寸大小來簡化設計。
- 邏輯階層：使用完全一樣的邏輯閘結構。
- 假如設計者具備定義得非常好和特性極佳的基本內建邏輯區塊資料庫，那麼甚多不同的函式功能都能採規則性的方式來建立，各個階層並可有效降低所需設計和確認不同模組的數量。

例題1

請以規則性的作業設計二對一的多工器。

▼說明：

本例可採反向器和三態緩衝器（tri-state）做設計，如下圖所示：

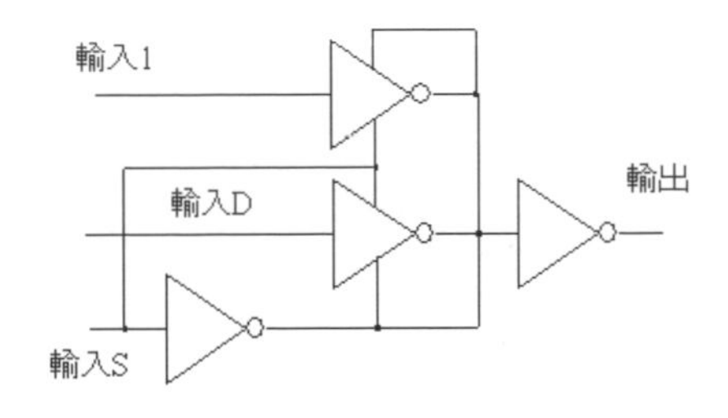

例題2

請結構化的處理作業分解一個四位元的加法器設計。

▼說明：

Step1： 繪出四位元加法器的邏輯電路。

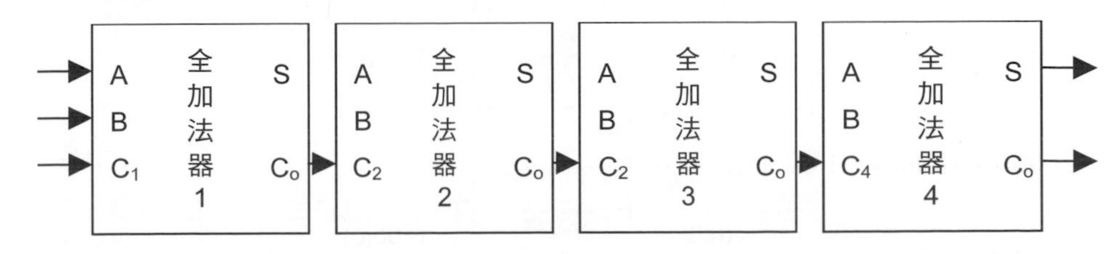

Step2： 四位元的加法器可拆解成四個一位元的加法器，每個一位元的加法器均有進位和總和的輸出，其中進位的輸出是由「及」電路和「或」電路所組成，如下圖：

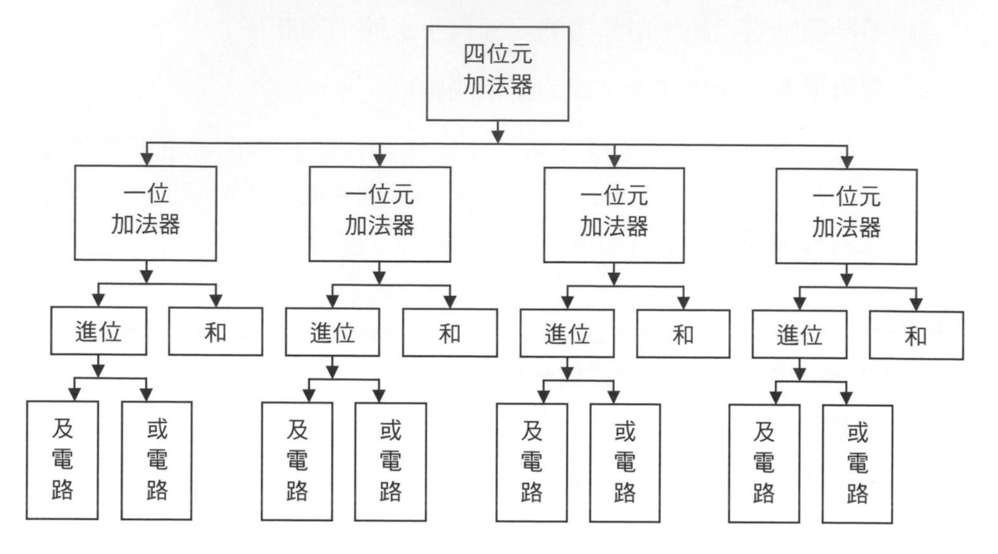

Step3： 結構化分解四位元的全加法器：

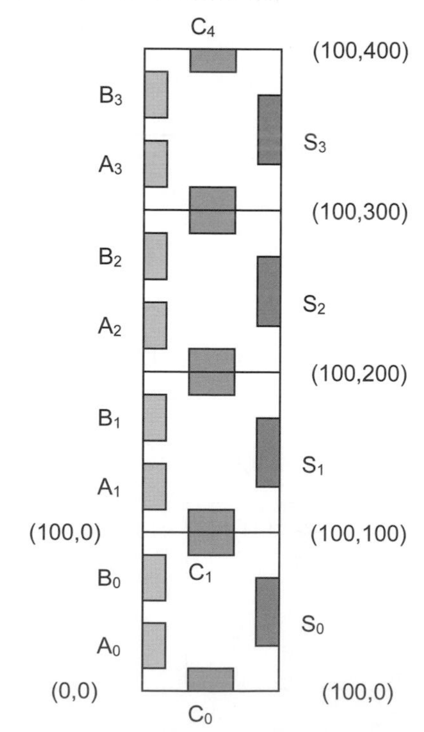

3. 模組化：將許多不同功能的區塊組成較大的系統，其中功能區塊必須具備良好的定義和介面。模組化允許每一個區塊或模組在設計的時候是相對獨立的，而且區塊間的功能和信號介面均不會相互矛盾。在設計的最後處理作業，所有的區塊須能很簡單的連結以形成大系統。此外，模組化可以達到設計處理的平行化，並允許使用群屬性的模組（generic module）在很多種的設計。

4. 區域性：當系統中的每一個模組都給予良好特性介面的定義，便可有效地保證每個模組的內部會比外部更不重要，內部細節資訊是保留在區域階層中。區域性的概念，是保證大部分的連結是在相鄰的模組之間，以避免長距離的連結。最後最重要的是要避免過度連結所產生的延遲。比較重要的時間操作程式必須在區域階層執行，以取代需擷取距離較遠的模組或信號所導致時間延遲的狀況，如果確實需要擷取距離較遠的模組資訊，可採用複製某些邏輯的作業模式來解決這樣的問題（例如在較大型的系統架構中多採此模式作業）。

隨著晶片中被整合的電晶體數量呈指數型成長，設計的複雜度與日俱增，這也增加了設計所需的週期時間（由起始的晶片開發到產品送出期間），然為了達到應用現階段最佳的技術，晶片開發所需的作業時間須短到足以完成晶片製造及將產品送達客戶手中，因此在實際邏輯整合階層須採用較先進且被市場汰換較慢的現行處理技術。

當設計成本太高時，需考量需求的版本以及它的影響（或衝擊）分析，可由行為、結構和幾何輸出等三個領域的角度來思考降低成本的可行策略。

超大型積體電路設計形態：可採用特定演算法或邏輯函式功能等多種設計形態來實現晶片，每一種設計形態均有它的優點和缺點，因此設計師須正確的選擇以符合功能目標並降低成本支出。

1. 場可規劃閘陣列（Field Programmable Gate Array；FPGA）：

   - 完整裝配的場可規劃閘陣列晶片包含千萬個可規劃連結的邏輯閘，可讓使用者於其客戶硬體程式作業實現所需函式功能。

   - 此種設計形態提供了具成本效益的快速原型（prototype）晶片設計方法，尤其是使用較少記憶空間的應用晶片。一個典型的現場可規劃閘陣列晶片包含輸出（入）緩衝器、陣列的輪廓（形狀外貌）邏輯區塊以及可規劃的相互連結結構，其中相互連結的規劃是經規劃隨機存取記憶體單元來實現。

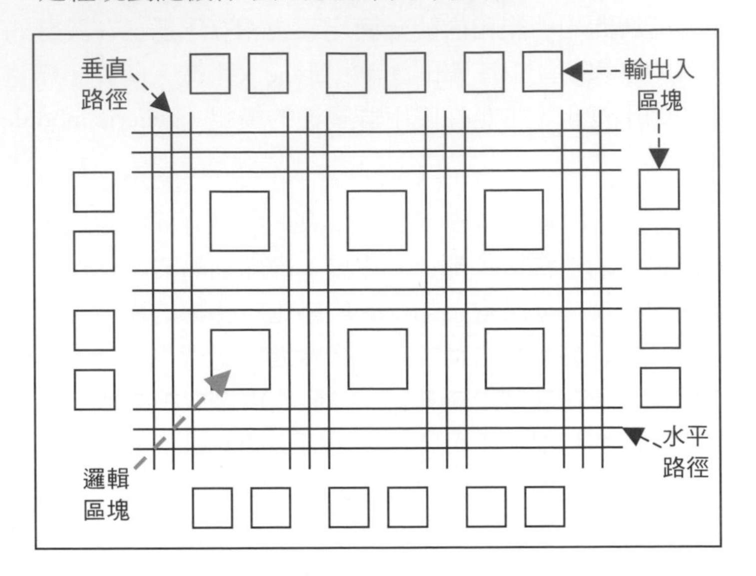

2. 邏輯閘陣列設計（Gate Array Design）：

- 以快速完成原型能力的觀點來看，邏輯閘陣列（GA）在現場可程式邏輯閘陣列（FPGA）之後，FPGA 是依客戶需求規劃來實現，而 GA 是以金屬遮罩設計和處理的方式來實現。實現 GA 需要兩個製造處理程序，第一個階段是基於群屬（標準）的遮罩，在每一個 GA 晶片產生陣列的未交付的電晶體，這些未交付晶片可儲存提供給後面的客製化作業應用，金屬連結圖樣則在最後的晶片製作階段完成，其作業時間頗短。

- 用以理解基本邏輯閘的連結圖樣可儲存於資料庫，並用於客製化未交付電晶體。當使用多個相互連接層，可透過主動細胞元的範圍來完成路徑，在 SOG 晶片中，路徑波道是可被移除的，整個晶片的表面佈滿未交付的 N 型 MOS 和 P 型 MOS 電晶體。

- 若是 GA 晶片，相鄰的電晶體可以金屬遮罩來客製化形成基本邏輯閘。至於細胞元之間的路徑，部分未交付的電晶體將被犧牲，這種方法可獲得相互連結更佳的彈性以及更高的密度。目前 GA 晶片可以實現數百萬個邏輯閘。

3. 以標準電路細胞元為基的設計（Standard-Cells Based Design）：

- 標準電路儲存格（standard cell）或稱標準電路細胞元，亦稱為多儲存格或多細胞元（polycell），包含有延遲時間與載入容量的比較、電路模擬模型、時序模擬模型、錯誤模擬模型、位置和路徑間的儲存格資料（cell data for place-and-route）和遮罩資料（mask data）等。

- 採此種設計方法，所有經常會使用到的邏輯電路儲存格，均會被開發並負予特性（characterized）後儲存在標準電路細胞元的資料庫當中。一個典型的資料庫可能包含有數百個儲存格，諸如反向器、「非及（NAND）」邏輯電路、「非或（NOR）」邏輯電路、D 型正反器、複雜的「及／或／反向（and-or-inverter）」邏輯組合電路等。每一種邏輯閘可以有多種實現的方式，如反向器可使用標準尺寸的電晶體、兩倍尺寸的電晶體或四倍尺寸的電晶體來實現，在電路設計時，可從中選擇適當的尺寸來達到高電路速度和輸出的密度。若欲達到自動化安排這些儲存格和儲存格間的路徑，每個儲存格的輸出將設計為具有固定的高度，如此一來大量的細胞元可以放在相鄰位置以形成緊緊相接的行列，相鄰儲存格共同分享同一個電源和接地匯流排，輸出（入）的針腳被安置在儲存格中較上面和較下面的邊緣。

- 若是一些電路儲存格需分享相同的輸出（入）信號，一個共同的信號匯流排結構可以安排在標準儲存格為基的晶片輸出。標準儲存格可能涵蓋數個宏觀的區塊，如算術邏輯單元或控制邏輯等等。當使用標準儲存格資料庫完成晶片邏輯設計後，最具挑戰的任務是如何在行列中安置個別的儲存格和相互連接點以符合嚴謹的設計目標（如電路速度、晶片面積和功率消耗)。

- 許多先進的電腦輔助設計（CAD）工具均能達到此目標。在很多超大型的積體電路（VLSI）晶片，如微處理器和數位訊號處理晶片，多使用以標準電路細胞元為基的設計，來實現複雜的控制邏輯模組。當路徑波道（routing channel）可以實現高密度的相互連接，標準儲存格的行列便可以放置得更加接近，以產製更小面積的晶片。

4. 全客製化設計（Full Custom Design）：

- 標準電路儲存格為基的設計多稱為全客製化設計，嚴格來說，它並非全部達到客製化設計，因為這些電路儲存格係事先設計做為一般用途，而相同電路儲存格會使用在不同的晶片設計。
- 按全客製化設計，所有的任務設計是不能使用任何資料庫元件的，然而此一設計形態的開發成本是非常的高，為了降低設計的週期時間，設計被重複使用的概念非常的受歡迎。
- 大部分嚴謹的全客製化設計是設計靜態或動態記憶體的儲存格，由於相同的樣圖輸出設計可以複製，因此不需密集的執行記憶體晶片的設計，以邏輯晶片設計而言，相同的晶片能夠以不同設計形態（如標準電路儲存格、資料路徑儲存格和可程式邏輯陣列）的組合來完成。
- 全客製樣圖輸出作業，每個電晶片的幾何、方向性和位置安排是由設計師分別獨立完成的，通常設計生產力是非常低的（每位設計師約每天完成 10～20 個電晶體）。
- 以數位 CMOS 邏輯為基的 VLSI 全客製化的設計是很少使用的，原因為勞力成本太高，除非是等高容量的產品（如記憶體晶片、高執行效能的微處理器和 FPGA 的主控系統），有關晶片的設計形態可區分如記憶體資料庫（隨機存取記憶體快取）、資料路徑單元（含位元分割儲存格）、控制電路（主要包括標準電路細胞元）和可程式邏輯陣列區塊。
- 全客製化和半客製化積體電路的製造流程如下：

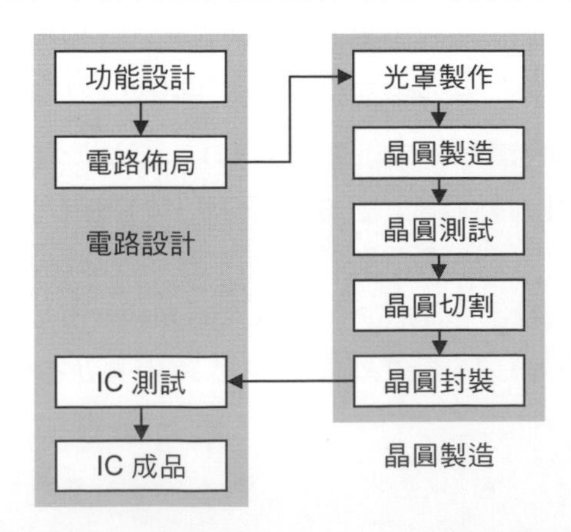

註：積體電路的分類和設計形態概分如下圖：

（一）上層圖

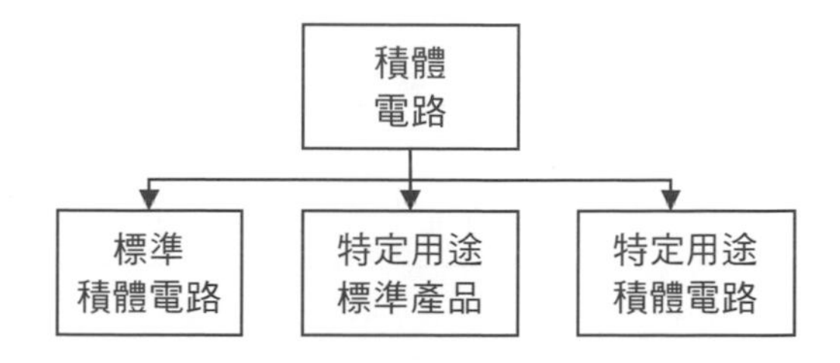

（二）次層圖

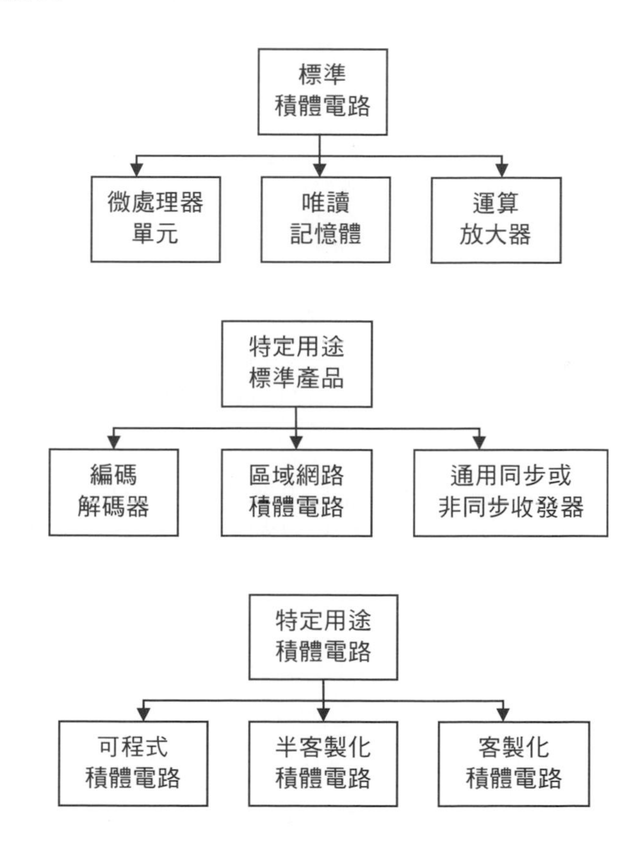

（三）下層圖

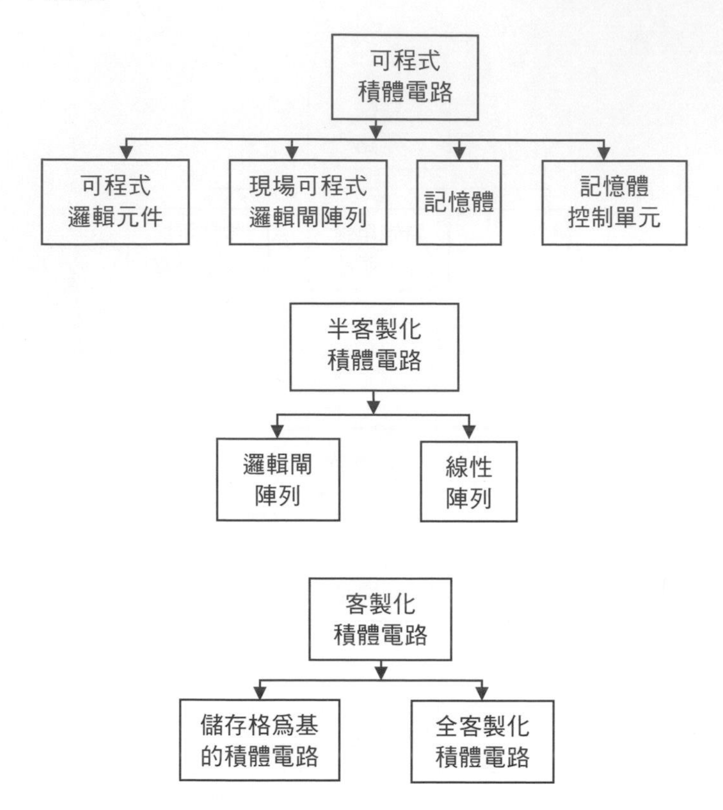

通常被開發系統的架構是以高階方式來描述，以保證具有正確的函式功能，這些描述不能用於低階的邏輯設計，通常是使用 C 描述再轉換成 **VHSIC 硬體描述語言（VHDL；VHSIC Hardware Description Language）**程式碼，然後在重塑成更具結構化的 VHDL 描述元，亦即暫存器轉換階層之描述（RTL；Register Transfer Level），然後這些電路或系統的新模型會與標準儲存格 CMOS 資料庫連結，最後完成設計製作。此種處理程序，設計者只須成功完成高階描述的決策作業。

功率消耗分析：在傳統的 CMOS 電路中計算平均功率消耗主要從三方面來考量，分別是動態（交換）功率消耗、短路功率消耗和漏電流功率消耗，分析如下：

1. 動態（交換）功率浪費（dynamic／switching power dissipation）：從裝置或處理階層到演算法階層均是降低功率消耗的考量範圍，其中裝置的特性（門檻電壓）、裝置幾何和相互連結的特性均是降低功率消耗的重要因素，而電路階層的量測如正確選擇電路設計的形態，以及在電晶體階層降低電壓的震盪均可有效降低功率的浪費。架構階層的量測包含不同區塊使用智慧型的功率管理、管線化和平行化作業亦可有效降低功率的浪費。最後有關系統的考量須適當選擇資料處理的演算法，特別是在任務執行時可以有效的降低資料交換的數量。此外輸出（入）的介面阻抗和相互連結亦是降低功率浪費的考量重點。

2. 短路（short-circuit）功率浪費：

   - 交換功率的浪費純粹是因為電路中寄生電容充電所需的能量，此外交換功率與輸入信號的上升和下降時間無關也是造成浪費的原因。
   - 當輸入電壓轉換完成時就會終結短路電流，P 型 MOS 電晶體也會關閉。當兩個電晶體（P 型 MOS 和 N 型 MOS）都開啟（ON）時，輸出電壓將開始上升並造成類似的情形（短路電流造成功率浪費）。
   - 短路功率浪費與輸入信號升降的時間成線性比例關係，降低輸入轉置時間可以很明顯的降低短路電流的部分，從而降低短路功率浪費。

3. 採低功率設計：CMOS 數位電路可採改變電壓的方式來達到降低交換功率浪費，降低電源電壓是限制功率消耗非常有效的方法。
4. 可信賴的極大型積體電路（ULSI）為低功率設計的另一種考量，因數位電路的功率消耗峰值和信賴度有非常接近的關聯。
5. 管線化（pipelining）作業可有效達到降低功率浪費。
6. 平行化作業：

   - 為另一種降低功率浪費的方法。
   - 亦可採取硬體的複製方法來降低功率浪費。
   - 此方法在邏輯函式功能無法以管線化來實現時特別有用。
   - 平行處理效應（Effects of parallelism）：由功率管理角度來看，注意 CMOS 邏輯閘時間延遲是接近與電壓成反比，因此維持相同操作的頻率，降低供應的電壓（節省功率）須以 N 個平行功能的計算來補償，每一個操作均會慢 N 個時間，平行化的大量使用意即晶片所需的記憶體越大。

以圖解説明平行作業的情形。

▼説明：

平行作業的架構圖概如下圖：

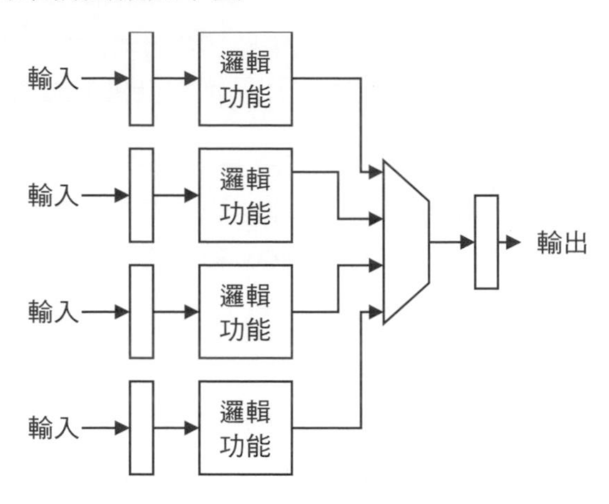

其工作情形如下圖：

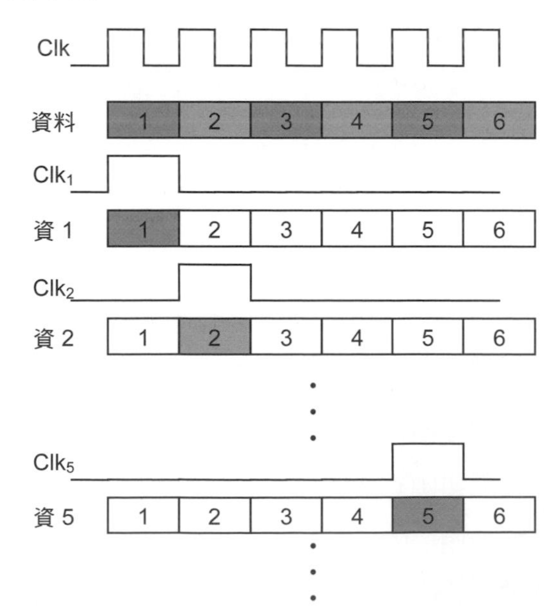

漏電流（leakage）功率的浪費：

1. CMOS 邏輯閘所使用的 N 型 MOS 和 P 型 MOS 電晶體一般均具非零的反向漏電（nonzero reverse leakage）和次門檻（subthreshold）電流。以 CMOS 為基所設計的超大型積體電路晶片包含非常大量的電晶體，這些電流會造成全部的功率浪費，即使電晶體並未進行任何交換作業，漏電流的大小主要是處理參數所決定的。在 MOSFET 中，兩個最主要的漏電流成分為反向（reverse）二極體漏電，另一個重要的漏電流成分則發生在 n 井（well）的接面。即使處於等待（stand-by）操作模式，反向漏電仍會發生，因此在包含數百萬個電晶體的大型晶片系統中，考量功率消耗是非常重要的。

2. 另一個發生在 CMOS 電路的漏電流成分是次門檻電流，此狀況係發生在電晶體的**源極（source）**和**汲極（drain）**之間薄弱的顛倒（inverse）的載子擴散（carrier diffusion）。MOS 電晶體在次門檻電流操作範圍的行為類似於雙極性裝置，次門檻電流並與閘極電壓成指數相依。當閘－源極的電壓小到接近裝置的門檻電壓時，次門檻電流量將變得非常重要，在此情形下，次門檻漏電所造成的功率消耗和電路交換所造成的功率消耗是可以比較的（意即不能忽視次門檻漏電所造成的功率消耗）。

非同步的設計為另一種系統加速的設計模式，其時序的操作策略是忽略區域性的交換支出，而通訊上則與交握（handshaking）相同。考量研發和設計的複雜度，以微處理器或數位信號處理器為基的實現通常代表的意義為便宜，然而系統的執行效能為更重要的考量因素。模組化和規則化設計則是兩個額外可以改善效能並節約成本的有效因素。

12-3 可程式化邏輯程式設計

可程式邏輯的應用帶動了科技的大幅進步，在執行可程式化邏輯設計的時候，需注意的事項如下：

1. 確認要執行的每一件事都是必須的，不做冗餘無意義的白工，更不能疏漏掉具關鍵性的重要工作（含功能測試）。
2. 須考量所設計的產品屬於最佳化，具有高效率。

3. 借助複雜的電腦輔助設計（CAD；computer-aided design）工具和方法論來處理高複雜度的積體電路設計是非常有效的，善用電腦輔助工具並積累設計經驗（產品開發經驗），可以大幅縮短產品設計和上市時間，藉由量化彙整並發展自己的專屬工具、方法論或演算法，讓後續的產品設計更符自動化。

4. 發揮團隊精神，另團隊宜遵守相同的方法論，如此除有利團隊溝通，最重要的是團隊成員可以快速的融入，瞭解整體研發流程及掌握可能的關鍵問題，讓協調合作更顯效益。

可程式陣列邏輯元件：

1. **可程式陣列邏輯（PAL）**是用來描述**可程式化邏輯元件（PALs）**，以實現數位電路的邏輯功能。可程式陣列邏輯元件包含**可程式唯讀記憶體（PROM）**核心和其他的輸出邏輯，可使用很少的元件來實現特定需求的邏輯函式功能。MMI 公司推出的可程式陣列邏輯編號 16R6（20 支針腳）和 AMD 公司推出編號 22V10（具 24 支針腳）的可程式陣列邏輯如下圖：

MMI 編號 16R6　　　　AMD 編號 22V10

2. 可程式陣列邏輯：

   - 可程式陣列邏輯的架構包含**可程式邏輯平面（Programmable logic plane）**和輸出邏輯的宏觀電路細胞元。

   - 可程式邏輯平面是由可程式唯讀記憶體陣列（PROM）所組成，允許信號顯現在將被路徑化到輸出的宏觀邏輯的原件針腳。可程式陣列邏輯元件具有電晶體細胞元的陣列安排在固定的或**電路（OR）**和**可程式及電路（programmable AND）**的平面，來實現乘積總合（sum-of-products）的二位元邏輯方程式，其輸出邏輯（Output logic）如下：

(1) 早期 20 支針腳的 PAL 有十個輸入和八個輸出(另兩支針腳為電源和接地線），這些輸出是在低電位的時候作用，可被登記（registered）或結合運用。

(2) PAL 序列的裝置具備多種不同的輸出結構，稱為輸出邏輯巨儲存格（OLMCs；output logic macrocells）。

(3) PAL16L8 有八個連結輸出，PAL16R8 有八個登記輸出，PAL16R6 有六個登記輸出和兩個連結輸出，PAL16R4 則各有四個登記和連結輸出。每個輸出最多有八個乘積項，而連結輸出會使用其中的一個乘積項來控制雙向的輸出緩衝器。此外，尚有其他的組合，其每個輸出具有更多的乘積項，可獲得較高的輸出。

- 可程式陣列邏輯是以二位元的形態（binary patterns），如 ASCII 或 hexadecimal 檔案和特定的電子程式系統來設計程式。MMI 公司則使用**硬體陣列邏輯（HAL；hard array logic）**來表示此類裝置的程式設計，雖然有些工程師以包含二位元合併圖案資料的手冊，編輯檔案的程式語言來設計 PAL 的裝置，但大部分的工程師會挑選**硬體描述語言（HDL）**，如 ABEL、CUPL 或 PALASM 程式語言來設計邏輯裝置。這些均是植基於電腦輔助設計（即設計自動化）程式，可將設計師邏輯程式轉譯成二位元合併對映檔案程式以測試每一個裝置。

- 可程式陣列邏輯應用實例如下圖之 16 位元的算術邏輯單元：

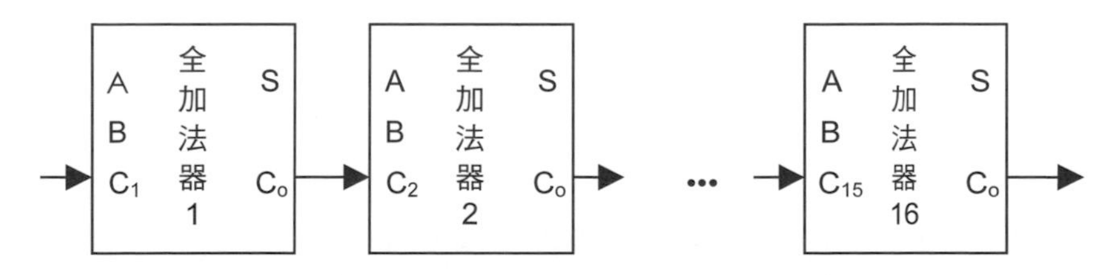

使用特定機器可將可程式陣列邏輯就設計成**現場可程式（field programmable）**的邏輯電路。每一種可程式陣列邏輯**僅能寫入程式一次**，亦即當輸入初始值資料後，即無法再更新或重新使用資料。

一個典型的可程式陣列邏輯元件如下圖：

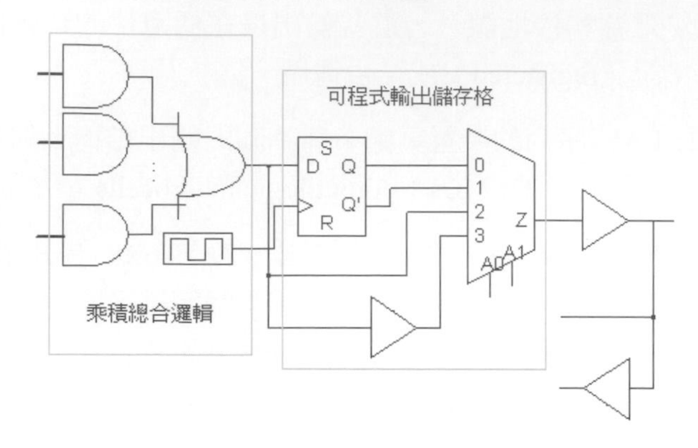

當 MMI 推出 20 支針腳的 PAL 之後，AMD 公司隨即推出編號 22V10 的 24 支針腳 PAL，晶格半導體（Lattice Semiconductor）公司則推出群屬性的**陣列邏輯（GAL；generic array logic）**序列，其功能相當於 V 序列的 PAL，為一植基於 EEPROM，可重新寫入程式的邏輯平面。國家半導體公司的產品則是 GAL 的另一選項，此外 AMD 公司亦推出類似的「PALCE」邏輯序列。

較大型的可程式邏輯裝置是由可程式陣列邏輯架構所延伸，涵蓋多個邏輯平面或隱藏在邏輯平面當中的巨觀電路細胞元。此外，複雜的**可程式邏輯裝置（CPLD）**的引進是為了與之前的可程式陣列邏輯（PAL）和群屬陣列邏輯（GAL）的裝置區別，有時也會拿來和**簡單的可程式邏輯裝置（SPLD）**做比較，而場可規劃邏輯閘陣列（FPGA）為屬於大型的 CPLD。

使用**電子設計自動化（EDA；electronic design automation）**作業，執行 CPLD 電路設計和功能驗證非常的便利。具備可重複（新）程式化和動態線上功能驗證的晶片，可讓 IC 設計達到非常的簡便。

註：

1. PALASM：PAL 組合語言（PAL assembler），用於表示布林方程式（boolean equations）以文字檔輸出針腳後，經賣方供應程式（vendor-supplied program）轉換成合併對映檔予程式系統，經此作業將語意翻譯成一般化，再經硬體描述語言（如 Verilog 等）執行合成作業。

2. PALASM 編譯器（compiler）係 MMI 公司在 IBM 370 / 168 電腦系統，以 FORTRAN IV 程式語言所撰寫，這些原始程式碼可在 DEC 公司的

PDP / 11 處理器系統、Data General 公司的 NOVA 處理器系統，惠普公司的 HP2100 和 MDS800 處理器系統等作業。

可程式邏輯陣列（PLAs）：

1. 可程式邏輯陣列是一種使用現場可規劃裝置來實現邏輯電路的組合，如乘積總合（sum of products）它包含一個「及電路」陣列和一個「或電路」陣列，如下圖（二個輸入 I_0和 I 和二個輸出 F_0和 F_1）：

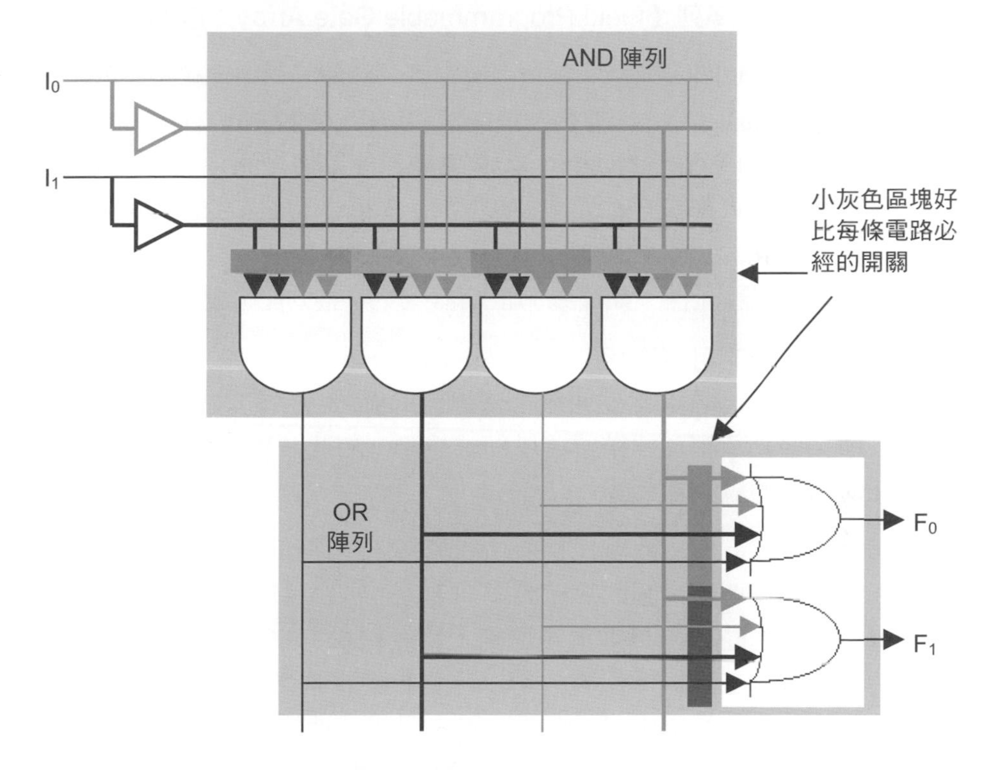

2. 典型的可程式邏輯陣列應用如實現資料路徑的控制，可程式陣列須與系統的狀態流程圖一致。使用可程式（Programmable）並不代表所有的 PLA 都具有現場可程式（規劃）的功能。事實上在製作時，很多的遮罩規劃與唯讀記憶體的行為模式是相同的，實現具大量變數的唯讀記憶體的函式功能可能變得比較貴，因所有具效用的功能細項不論是否為需要，都會實現；而可程式邏輯陣列僅需實現那些需要的功能細項，並且很多功能可同時實現，且這些功能可直接由細項的形式來實現，如此一來可降低可程式邏輯陣列的成本。

3. 可程式邏輯陣列可被當做是一組交換函式功能直接 POS（或 SOP）的實現。可程式邏輯陣列通常有一組「及電路」平面接在一組「或電路」平面之後。實際上，在正常狀況下，不是使用「非及電路」（NAND）就是使用「非或電路」（NOR）邏輯，因此可程式邏輯陣列可說是一個 NAND / NAND 或是 NOR / NOR 元件。

4. 可程式邏輯陣列為實現許多具相同變數組函式功能的高效能元件。

場可程式邏輯閘陣列（Field Programmable Gate Array；FPGA）：

1. 場可程式邏輯閘陣列是一種包含可程式的邏輯元件，和可規劃的相互連結（interconnect）之半導體裝置，這些可程式的邏輯元件可按基本邏輯閘（如 AND、OR、NOT 和 XOR 電路以及更複雜的多工器、解碼器和簡單的數學運算等）的功能被複製，並安排在 FPGA 的邏輯電路中，而且在大部分的 FPGA 電路，這些可程式的邏輯組成元件（如邏輯區塊）均包含記憶體元件，如簡易的正反器或更完整的記憶體區塊等。

2. 具有結構性的可規劃相互連結，可提供 FPGA 電路中的邏輯區塊在系統設計師的需求下相互連結。經過設計師或客戶的製作處理之後，這些邏輯區塊及相互連結便可以程式規劃，如此一來 FPGA 便能夠執行任何所需的邏輯功能了。

3. 通常 FPGA 運作的速度比相似功能的特定用途積體電路（ASIC）還慢，不能夠處理功能更強的複雜設計。然而 FPGA 具有許多的優點如縮短上市所需的時間、具備重新規劃（修改程式）來修正錯誤及具有較低的不可重複工程成本。賣方可以出售較便宜且彈性較少，在設計交付後無法再修正的版本。這些設計是在具規律性的 FPGA 開發後，再移植到諸如 ASIC 做固定的版本，複雜的可程式邏輯裝置（CPLD）則是另一選擇。

Altera 公司所推出的 FPGA 具有 20,000 個電路儲存格（細胞元）

FPGA 的發展和應用現況：

1. FPGA 的發展源自 1980 年代複雜的可程式邏輯裝置（CPLD），它是 1984 年所推出的產品，CPLD 和 FPGA 都包含數量相對較大的可程式邏輯元件。其中，CPLD 的邏輯閘密度僅數千至數萬個，然而 FPGA 的邏輯閘密度則從數萬至千萬個。FPGA 的基本架構包含有**可組態的邏輯區塊陣列（CLBs；configurable logic blocks）**和路徑通道，多個輸出（入）的針腳會按陣列中一行的寬度和一列的高度安置，所有的路徑波道都有相同的寬度（亦即線的數量相同）。

2. 典型的 FPGA 邏輯區塊應用電路包含四個輸入的對照表（LUT；lookup table）和一個 D 型正反器，如下圖所示：

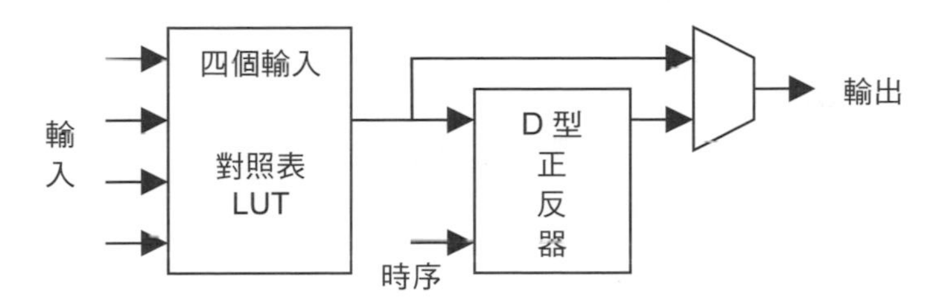

3. 邏輯區塊針腳配置如下圖：

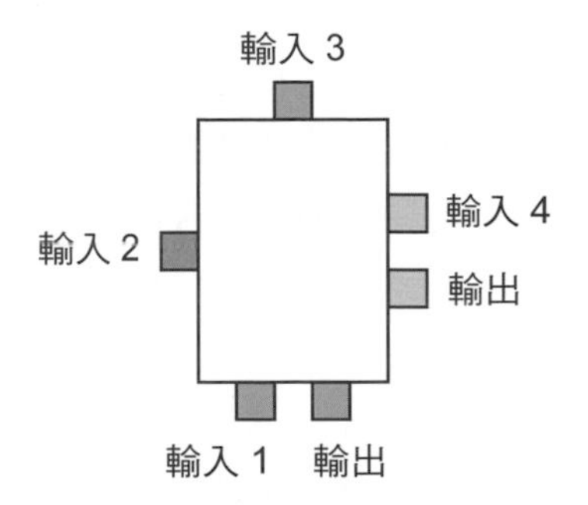

4. 僅有一個輸出可以是登記的或不須登記的對照表輸出，邏輯區塊的對照表有四個輸入和一個時序的輸入，商用版的 FPGA，其時序信號正常會繞經特定用途的路徑網路，他們和其他信號是分開處理的，每個輸入都可由邏輯區塊的另一側擷取。每個邏輯區塊的輸出針腳都可以連結到鄰近波道任一繞線的分割區塊，相似的，輸出（入）針腳可以連結到任一相鄰波道的繞線分塊。FPGA 路徑是不分割區塊的，每一個繞線在交換盒終點前僅能跨越一個邏輯區塊，當開啟交換盒中部分可程式的交換便能建立較長的路徑，為達高速度的連結，有些 FPGA 的架構使用較長的路徑線來跨越多個邏輯區塊。

5. 垂直和水平波道連結的地方為**交換盒（switch box）**，此種架構當繞線進入一個交換盒，有三個可程式的交換允許它連結到三個其他鄰近波道區塊的三個繞線。

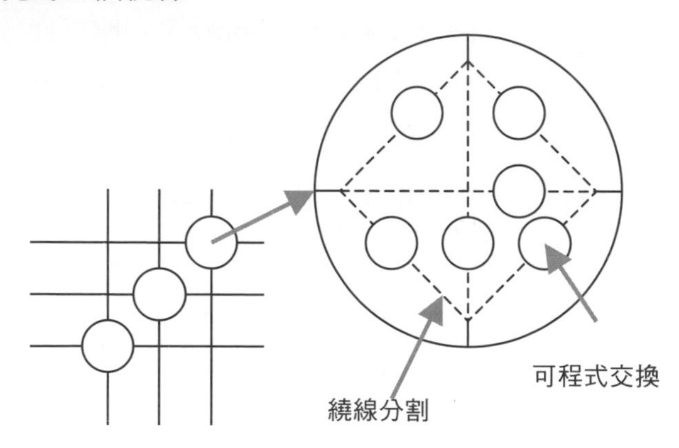

CPLD 和 FPGA 基本差異為架構，其中，CPLD 屬於略具限制性的結構，包含一或多個可程式的乘積總和（sum-of-products）邏輯陣列，卻僅能給予提供較少的受時序控制的暫存器作業，其結果是彈性較少，優點則是更能夠預測時序延遲並且相互連結具有較高的邏輯比率。CPLD 和 FPGA 另一個顯著的差異是大部分的 FPGA 多以高階層嵌入式功能（如加法器和乘法器等）或嵌入式記憶體的方式展現。一個較相近的重要差異，是很多現代的 FPGA 支持全部或部分系統內的重新排列（in-system reconfiguration），允許在正常系統操作中部分設計可以改變（如上市途程中的系統設計、系統升級或動態的重新排列），有些 FPGA 具有部分重新排列（partial re-configuration）的能力，當某個裝置一部分在重新規劃（程式）的時候，其他部分仍可持續運作，然現階段的 FPGA 工具並不能全般支援這種作業方法。

有關 CPLD 和 FPGA 的共同優點如下：

1. 可現場立即燒錄程式並進行電路驗證（Field Programming）。
2. 可重覆燒錄進行電路測試（Reprogrammability）。
3. 具備硬體模擬（Hardware Emulation）作業功能。
4. 可快速完成系統原形（Rapid Prototyping）建置作業。

5. 有效縮短產品上市所需的作業時間（Short Time to market）。

6. 節省 IC 測試成本。

7. 具備完整設計軟體。

8. FPGA 最近的發展趨勢：

   - 採粗粒子架構的方法，更進一步將嵌入式微處理器和相關周邊與傳統 FPGA 的邏輯區塊相互連結結合，以形成完整的可程式晶片系統（system on a programmable chip）。例如 Xilinx 公司的 Virtex-II PRO 和 Virtex-4 的裝置（包含一或多個嵌入的 PowerPC 處理器）都使用這種混合的技術；Atmel 公司的 FPSLIC 則是另一個結合該公司可程式邏輯架構和 AVR 處理器的使用案例。

   - 另一個方法是使用在 FPGA 邏輯內實現的軟式（soft）處理器核心，包含有 Xilinx 公司推出的 MicroBlaze 和 PicoBlaze 處理器、Altera 公司推出的 Nios 和 Nios II 處理器以及開放資源的 LatticeMico32 和 LatticeMico8 處理器等，它們都具有第三者（third-party）處理器核心，亦即 CPU 是由可程式邏輯所實現。

   - 此外，新的非 FPGA 架構的軟體組態微處理器其技術正在蓬勃發展，諸如 Stretch S5000 處理器，在同一顆晶片上，結合處理器核心的陣列和類似於 FPGA 的可程式核心技術。其他如 Mathstar 公司場可程式物件陣列（FPOA；Field Programmable Object Array）則提供在 FPGA 邏輯區塊或更複雜的處理器當中的高階可程式物件陣列。

   - FPGA 設計複雜度和工作速度已大幅增加，其平均閘數估計將逾數百萬，然隨著矽晶製程尺寸的縮減，漏電流的問題正逐漸惡化。

   - 目前設計師多使用 FPGA 合成和底層規劃，以及 HDL 的模擬來布置電路邏輯，有關硬體與軟體的協同設計、消耗功率分析、系統作業檔案（SystemVerilog）和 C 語言結合作業的開發正如火如荼的展開。

   - 面對計算速度快的數位系統上市競爭壓力，採用 VHDL 程式語言設計為主的 FPGA 和 CPLD 已成為主流，加上電子設計自動化（EDA）軟體工具均採語言設計為導向。使用 FPGA 高速收發器模組的優點和 PCI Express 的 IP 核心，再結合其他 PCI Express 的元件，可促進產品的上市效率。

- FPGA 的擴充功能包含將高階函式功能固定安置在矽晶片當中，這些一般性的函式功能被嵌入矽晶片後，可降低所需的面積及提昇作業速度，包括乘法器、群屬數位訊號處理區塊、嵌入式處理器、高速度輸出（入）邏輯和嵌入式記憶體。FPGA 也廣泛使用在驗證系統有效，包括矽晶片完成前和完成後以及韌體的開發驗證等。這些功能允許晶片公司在他們的設計完成但尚未送達工廠製成晶片之前，可以有效的驗證以減少上市所需的時間。

FPGA 的應用情形：

1. 包含數位訊號處理、軟體定義的無線電、航太和國防系統、特定用途積體電路原型的開發、生醫影像、電腦視覺、語音辨識、密碼、生物資訊以及電腦硬體的版本提昇和其他領域的廣泛應用。剛開始，FPGA 是以 CPLD 的競爭者姿態出現，然隨著它的面積（尺寸大小）、能力和速度的提昇，FPGA 便逐漸佔有具更大功能的市場，如全系統晶片（SOC）。
2. 在很多具大量平行處理作業的演算法或領域都可以發現有 FPGA 應用的例子，如密碼破譯（brute-force attack 攻擊法）或密碼演算法。

FPGA 的設計和規劃：

1. 設計方式：
   - 可使用文字敘述方法執行 CPLD 和 FPGA 晶片邏輯電路設計。
   - 亦可採用 MAX＋PLUS II 軟體執行晶片邏輯電路設計，該軟體具備多種硬體描述語言（如 VHDL、Verilog HDL、Altera HDL 等）可有效經由 MAX＋PLUS II 軟體編譯，產生 CPLD 和 FPGA 晶片的組合邏輯電路影像檔。
   - 此外，MAX＋PLUS II 軟體也提供腳位規劃輸入（Floorplan Editing）的設計方法，可簡化邏輯元件電路接腳和內部邏輯單元之間的邏輯電路分配。
   - 其他尚有波形輸入（Waveform Design Entry）的設計方法。
2. FPGA 的作業可在靜態隨機存取記憶體（SRAM）、可燒錄程式一次的抗鎔合（Antifuse）、可以紫外光清除的唯讀記憶體 EPROM、可以電氣法清除的唯讀記憶體 EEPROM、快閃記憶體（Flash）和可燒錄程式一次的鎔合（Fuse）等記憶體處理。

3. 設計作業：

- 選擇實現 CPLD / FPGA 的晶片，設定編譯環境相關的參數並執行 MAX＋PLUS II 軟體中的自動編譯作業。
- MAX＋PLUS II 軟體自動產生 CNF 檔以處理電路驗證功能作業。將所有的檔案連結，組成完整的電路系統描述資料。
- 將整個設計依照所選擇的 CPLD 或 FPGA 晶片，產生相對應的電路邏輯模擬、信號延遲模擬、波形模擬和燒錄資料。其
- 他晶片設計考量因素包含邏輯閘數量、記憶體容量、工作頻率、最大工作電壓、輸出（入）接腳數目和晶片封裝形式。

FPGA 製造商和產品的特色：

1. 製造商：

- Xilinx 和 Altera 公司為目前 FPGA 市場的領導者。
- 晶格半導體公司（Lattice Semiconductor）提供包含靜態隨機存取記憶體和以無揮發性的快閃記憶體為基的 FPGA。
- Actel 公司提供抗融合和以快閃（flash）為基的可重新程式的 FPGA 和混合信號的 FPGA。
- Atmel 公司提供細粒子的重新排列裝置，如 Xilinx 公司的 XC62xx 系列等，他們專注於提供具 FPGA 結構的 AVR 微控制器。

2. 部分典型的 FPGA 產品特色：

- 多媒體發展平台：使用 SDRAM 和快閃控制器，提供 16 位元 CD 音質、VGA 和電視的圖像產生器等服務，具備 RS-232 通訊實驗器、USB 介面控制軟體、PS / 2 鍵盤控制器、CF 讀卡機、八顆發光二極體、四位元七段顯示器，可執行 C++ GUI 程式和快閃記憶體、SDRAM、發光二極體及七段顯示器的讀寫作業。

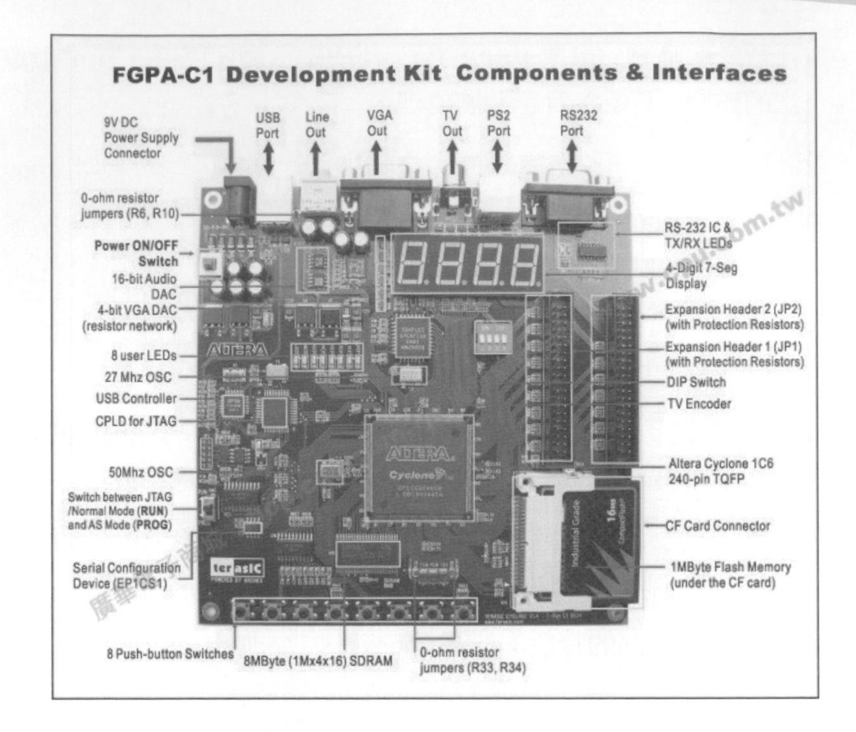

- FPGA-33004 實驗平台：使用 Altera 公司的 ATF1504-15 FPGA 晶片，可提供文字及圖形編輯，而且不用實際連接電路就可獲知電路連接後的結果。

- Lattice 公司所推出的 FPGA 實驗平台：可以瀏覽硬體描述語言（hardware description language；HDL）到編程全部設計的流程，提供高性能、低功率消耗和高安全性。該實驗平台配有 PQ208 插槽，可不需更換 ISP40 板子，就能在編號 EC1-PQ208、EC3-PQ208、EC6-PQ208 和 EC10-PQ208 的元件之間互換。本平台經過 PCB 儀器檢測，高速阻抗測試，適合 ASIC 高速驗證，並提供高速電纜以提昇資料下載的執行效能。

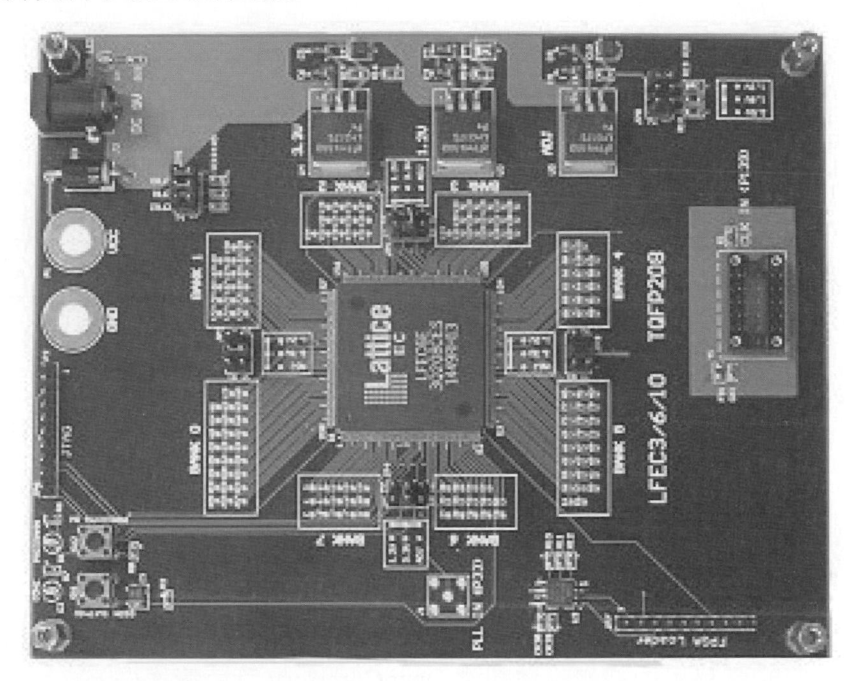

使用 FPGA 來實現 PCI Express 設計：

1. 除可縮短產品上市所需的時間，大幅簡化設計流程，尚具有可重新規劃建構的特性和驗證相容性等優勢。

2. PCI Express 的組件區分為端點、交換器、PCI Express-PCI 橋接器以及根複合體（root complex），每個組件均具有不同的功能，並能以不同的方式來驅動 FPGA 的元件，結構圖如下所示：

   - 使用 FPGA 元件來連接端點與交換器和根複合體非常合適。
   - 端點是 PCI Express 的一個組件；交換器為橋接多個 PCI Express 元件的特殊組件，具有上、下行資訊傳輸埠。
   - FPGA 元件易於實現 PCI Express-PCI 橋接設備的組件。
   - PCI Express 是工作於 2.5Gbps 速率的串列輸出（入）標準。

3. FPGA 元件尚具有設計師可以使用的內建高速收發器邏輯，這些專門的高速收發器模組可支援 PCI Express 作業所需的高速率作業（超過

2.5Gbps）；此外 FPGA 還可以實現完全不同的 PCI Express 介面和改變 PCI Express 的核心特性，如波道的數目和虛擬波道。

4. FPGA 輸出（入）緩衝器具備改變電壓、去除加重和接收平衡的功能，不需重新配置元件就可以動態的方式來改變這些參數值。

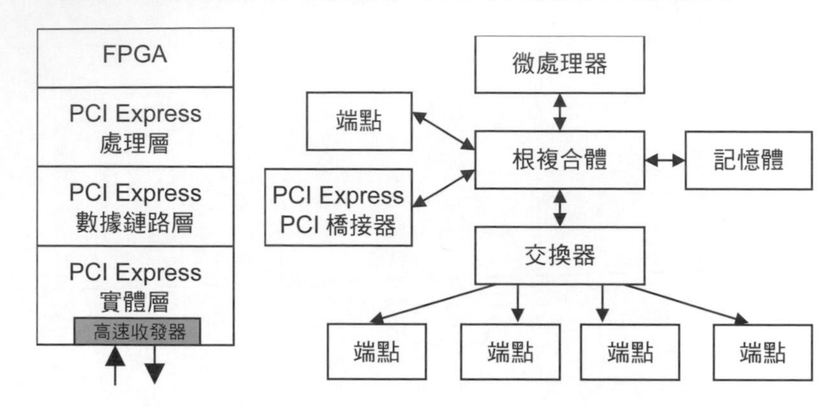

為簡化 FPGA 複雜系統設計，使用預先定義的複雜函式功能和電路的資料庫可加速設計的處理程式（包含測試和最佳化），這些預先定義的電路通常稱為 IP 核心（IP cores），可自廠商或第三者 IP 供應商獲得，其他預先定義的電路可由諸如開發團體 OpenCores.org 等免費獲得。

數位信號處理（Digital Signal Processor）晶片：

1. 信號處理器是一種特定的微處理器，設計提供做為實時（real time）的數位信號處理的用途。

2. 數位信號處理器的特性包含：

   - 實時（real-time）信號處理的設計。
   - 完善的串流資料處理執行。
   - 分立的程式和資料記憶體（如哈佛大學提出的架構）。
   - 特定的指令：單一指令多項資料的作業（SIMD；Single Instruction Multiple Data）。
   - 沒有硬體可以支援多重任務。
   - 在主控環境下會表現出具直接記憶體擷取裝置能力的作業。

- 處理數位信號會將類比信號轉換成數位信號，相反的處理類比信號會將數位信號轉換成類比信號。

數位信號處理器的架構特徵：

1. 信號處理可在一般用途的微處理器完成作業，然而一個數位信號處理器包含最佳化的架構來提昇處理速度，這些最佳化對降低成本、散發熱能和功率消耗非常的重要。
2. 程式流程：
   - 浮點單元直接整合在資料路徑中。
   - 管線化的架構。
   - 高度平行處理的累加器和乘法器。
   - 特定的迴圈硬體，如使用低負擔（low-overhead）或零負擔（zero-overhead）迴圈能力。
3. 記憶體架構：
   - 數位信號處理器通常使用特定的記憶體架構，可以同時擷取多項資料或指令。
   - 哈佛大學提出的架構。
   - 修正型的紐曼（Neumann）架構。
   - 採直接記憶體擷取作業。
   - 記憶體至位址間（Memory-address）計算單元。
4. 資料作業：
   - 飽和算術（Saturation arithmetic）：當產生計算溢位時會累加至暫存器所能容納的最大值（或最小值）而不會將數值扭曲（wrapping），如超過最大值時可以最大值＋1的方式來表示，有時則會採用不同附帶位元的作業模式來處理。
   - 固定點位（Fixed-point）的算術運算通常使用加速運算處理。
   - 單一時脈作業可增進管線化的效益。

5. 指令集（Instruction sets）：

- 乘積累加作業：適合各種距陣運算，如濾波器所使用的迴旋積分、內積和多項式的分析評估等等。
- 增加平行處理的指令如單一指令多項資料（SIMD）、非常長的指令字元（VLIW）和超純量的架構。
- 提供快速傅利葉轉換（FFT）在環型緩衝器和位元保留位址模式交互參考作業時，取其位址除法餘數（modulo addressing）的特定指令。
- 有時候數位訊號處理器會使用時序不變的編碼方式來簡化硬體的作業和增進編碼的效能。

數位訊號處理器的發展歷程：

1. 在 1978 年 Intel 公司推出編號 2920 類比信號處理器。
2. 1979 年 AMI 公司推出編號 S2811，可設計做為微控制器的周邊。同年貝爾實驗室（Bell Labs）另推出第一個單晶片的數位訊號處理器 Mac 4 微處理器，其後在 1980 年第一個獨立完整的數位訊號處理器 NEC 公司編號μPD7720 和 AT&T 公司的 DSP1 都陸續推出市場。
3. Altamira 公司編號 DX-1 為另一個較早期的數位訊號處理器，使用四個整數的管線化作業，具有延遲分節跳躍和分節預測。
4. 第一個數位訊號處理器是德州儀器在 1983 年所推出編號 TMS32010。德州儀器是目前一般用途數位訊號處理器的市場領先者，另一成功設計為 Motorola 公司編號 56000 的晶片。
5. 1988 年第二代的數位訊號處理器開始推廣，具有三個記憶體可以同時儲存二個運算元並包含硬體可加速迴圈計算。
6. 第三代數位訊號處理器晶片主要改進為特定應用單項和資料路徑的指令。這些單元允許硬體直接加速複雜數學的計算（如傅利葉轉換中的矩陣運算）。上市的晶片包括 Motorola 公司編號 MC68356 的晶片和德州儀器公司編號 TMS320C541 或 TMS320C80 的晶片。

7. 第四代為特性的最佳化，是經改變指令集和編碼與解碼的指令，並增加 SIMD 和多媒體處理（MMX）擴充、非常長指令字元（VLIW）以及超純量的架構。

隨著先進技術和架構的持續進步，2007 年迄今日的信號處理器則提供更高的執行效能，如德州儀器公司編號 C6000 序列的數位信號處理器的工作時脈已達 1GHz，並將指令和資料快取分開，因其具備 64 個加強版直接記憶體擷取（EDMA； enhanced direct memory access）波道，故輸出（入）的速度快速的提昇，最頂級的模組可達 8,000 個 MIPS（每秒 8 百萬個指令）。另一個大的數位信號處理器的製造商是類比元件公司（Analog Devices），其產品主要著重於多媒體處理器，如編碼解碼器、濾波器和數位與類比的轉換器。

大部分數位訊號處理器採固定點位算術運算，因實際信號處理並沒有額外的浮點運算需求，故可大幅提昇速度效能；浮點數位訊號處理器通常是科學或其他的應用，需要額外範圍或精確度才會使用，一般用途的中央處理器已具備擴充功能，如 Intel IA-32 指令集架構的 MMX 擴充。

一般說來，數位訊號處理器是由積體電路所組成，然而數位訊號處理器的函式功能，也可使用現場可程式邏輯閘陣列晶片來實現。

ARM 處理器：

1. 處理平台包括特殊應用的專屬平台、處理器架構研發的處理平台、模組通訊整合的處理平台以及可程式規劃的研發平台等。
2. 系統開發考量因素：記憶體容量、FPGA 邏輯閘數量、系統工作頻率以及擴充槽輸出（入）接腳數量。
3. ARM Integrator 整合主機板：符合 ATX 規格，可支援 ARM 序列處理器為主的軟體應用與硬體的開發作業，具備匯流排決議和中斷處理器的功能，可將作業系統儲存在快閃記憶體。其核心模組可做為獨立系統運作，其開發環境包括應用程式、文件、ARM 系統開發範例並可使用 C、C++或 ARM assembly 組合語言來撰寫執行程式。
4. 使用軟體：
   - 指令列軟體：armcc、armcpp、armasm、 armlink、armsd、cpp 和 tcc。

- 圖形介面開發工具：AXD Debugger、ADW Debugger、ADU Debugger 和 CodeWarrior IDE 等。
- 應用程式：包括 fromELF 和 Flash downloader（下載器）。
- 支援工具：ARMulator。

- **視訊處理嵌入式系統**：針對應用日益頻繁的視訊訊號擷取、處理與分析，嵌入式系統在此方面之發展與應用甚多，在家中、車上或使用行動通訊設備都能獲得非常清晰亮麗的畫質以及悅耳的音效，如採用 PNX5130 視訊訊號後處理（post-processing）平台以支援 3DTV 進行影像抖動消除、動態清晰度、強化對比亮度與生動色彩（寬色階映射、膚色保護及白、藍、綠等色彩延伸）等影像處理或視訊補償處理的 Mobile App 動態應用（可於 Android 平台設計，請參閱http://www.nxp.com/news/mobile-app.html ）。
- **行動通訊嵌入式系統**：包含基於 Windows CE 或 Windows Mobile、Linux、Android（參閱http://www.android1.net/ ）、Java（J2ME 等）、iPad 及 iPhone 系列、RIM OS、Palm OS、web OS、Symbian OS、BlackBerry 等之智慧型手機或行動通訊設備。

12-4 嵌入式系統的應用

電腦分類之一即為嵌入式電腦（embedded computer），其應用非常廣泛，包含日常生活諸多服務如下：

1. **家用設備**：如家裡的冰箱、洗衣機、冷氣機、除濕機、電暖爐、熱水器及家庭娛樂劇院（錄放影機、音響、電玩和數位電視）等，其中數位電視（如下圖）即為超大型積體電路設計中一項重要的實現。
2. **辦公室設備**：辦公室自動化控制設備、行動通訊或電話通聯系統、傳真、影印機、辨識系統、簽到簽退或打卡鐘系統和保險櫃。
3. **實驗設備**：如智慧型機器人、聲紋和頻譜分析儀表、化學物質分析儀器、自動化分析太空探測儀器和多媒體資訊處理系統（電腦視覺、語音辨識和合成、數位照相和視訊攝錄影機）等。

4. **建築設備**：燈光管控系統、發電機或備援發電機管控系統、防火管控系統、溫溼度與通風管控系統、升降機或電梯管控系統、安全管控系統（監視錄影、自動警示通報及門禁管制）等。

5. **製造流程管控系統**：工廠給水或廢水管控處理系統、電力管控系統（發電廠的水力、電力和核能發電管控及蓄電等）、煉油廠原物料輸出（入）儲存和管控系統以及具備自動化管控的工廠（排程、維護、測試或模擬的管控系統）等。

6. **交通運輸管控系統**：如高鐵、磁浮列車或捷運系統的中控電腦、PDA、海上交通運輸工具或空中交通運輸管制系統、號誌系統、雷達系統、自動化售票系統、停車場（繳費）管控系統以及交通流量管制系統等。此外，國內相關研究並在異質的多核心系統平台上，實現可進行夜間車輛偵測、追蹤、警示、行車紀錄以及遠端備份的嵌入式夜間駕駛輔助系統，並能提供智慧機制如自動駕駛、車燈切換控制、自動巡航和防撞機制。

7. **電信通訊與交換設備**：視訊會議系統、交換機系統、光纖電纜通訊管控系統、衛星定位系統、有線和無線網路管理系統以及數據或資料交換系統等。

8. **銀行金融設備**：如自動提款機、信用卡授權及自動扣帳管控系統、網路銀行作業管控系統、電子商務交易系統等。

9. **電子醫療器材**：遠距開刀手術、生醫影像處理、超音波掃瞄、電腦斷層掃瞄和 X 光掃瞄攝影等以及病歷資訊系統、病患監測（監視）系統和自動化藥劑管理與配藥系統等。

尚有諸多應用繁不勝數，如能量測量、環境監測以及登陸火星的精神號和勇氣號機器人等，都是嵌入式微處理器所製造的先進產品。

FPGA 的應用範圍非常廣泛，包含數位訊號處理、軟體定義的無線電、航太和國防系統、特定用途積體電路原型、生醫影像、電腦視覺、語音辨識、密碼和生物資訊以及電腦硬體等等。剛開始，FPGA 係以 CPLD 的競爭者之姿出現，然隨著它的面積（尺寸）大小、能力和速度的提昇，它們開始接管更大功能的部分，如目前上市的全系統晶片（SOC），在很多具大量平行處理作業的演算法或領域都可以發現有 FPGA 應用的例子，如密碼破譯（brute-force attack 攻擊法）或密碼演算法。

因應資訊服務發展趨勢，電子裝置須具實時視訊影音（video）資料處理和更聰敏的回應個人化需求的能力，同時並能滿足可攜性和更具彈性和機動性。

1. 何謂嵌入式系統？

2. 請簡要說明嵌入式系統的應用。

3. 何謂數位訊號處理器？其特性為何？

4. 何謂現場可程式邏輯閘陣列（FPGA）？

5. 何謂可程式邏輯陣列（PLA）？

6. 何謂可程式陣列邏輯裝置（PALS）？

7. 何謂超大型積體電路？

8. FPGA 和 CPLD 的共同優點為何？

9. 執行可程式化邏輯設計的時候，應注意哪些事項？

10. 請說明 ARM 處理器的開發程序。

讀者回函

讀 者 回 函

GIVE US A PIECE OF YOUR MIND

感謝您購買本公司出版的書，您的意見對我們非常重要！由於您寶貴的建議，我們才得以不斷地推陳出新，繼續出版更實用、精緻的圖書。因此，請填妥下列資料(也可直接貼上名片)，寄回本公司(免貼郵票)，您將不定期收到最新的圖書資料！

購買書號： **書名：**

姓　　名：＿＿＿＿＿＿＿＿＿＿＿＿＿＿＿＿＿＿＿＿

職　　業：□上班族　□教師　□學生　□工程師　□其它

學　　歷：□研究所　□大學　□專科　□高中職　□其它

年　　齡：□10~20　□20~30　□30~40　□40~50　□50~

單　　位：＿＿＿＿＿＿＿＿＿＿ 部門科系：＿＿＿＿＿＿＿＿

職　　稱：＿＿＿＿＿＿＿＿＿＿ 聯絡電話：＿＿＿＿＿＿＿＿

電子郵件：＿＿＿＿＿＿＿＿＿＿＿＿＿＿＿＿＿＿＿＿

通訊住址：□□□ ＿＿＿＿＿＿＿＿＿＿＿＿＿＿＿＿＿＿

＿＿＿＿＿＿＿＿＿＿＿＿＿＿＿＿＿＿＿＿＿＿＿＿＿

您從何處購買此書：

□書局＿＿＿＿　□電腦店＿＿＿＿　□展覽＿＿＿＿　□其他＿＿＿＿

您覺得本書的品質：

內容方面：　□很好　□好　□尚可　□差

排版方面：　□很好　□好　□尚可　□差

印刷方面：　□很好　□好　□尚可　□差

紙張方面：　□很好　□好　□尚可　□差

您最喜歡本書的地方：＿＿＿＿＿＿＿＿＿＿＿＿＿＿＿＿

您最不喜歡本書的地方：＿＿＿＿＿＿＿＿＿＿＿＿＿＿＿

假如請您對本書評分，您會給(0~100分)：＿＿＿＿＿ 分

您最希望我們出版那些電腦書籍：

請將您對本書的意見告訴我們：

您有寫作的點子嗎？□無　□有　專長領域：＿＿＿＿＿＿＿＿

歡迎您加入博碩文化的行列哦！

✂請沿虛線剪下寄回本公司

Give Us a Piece Of Your Mind

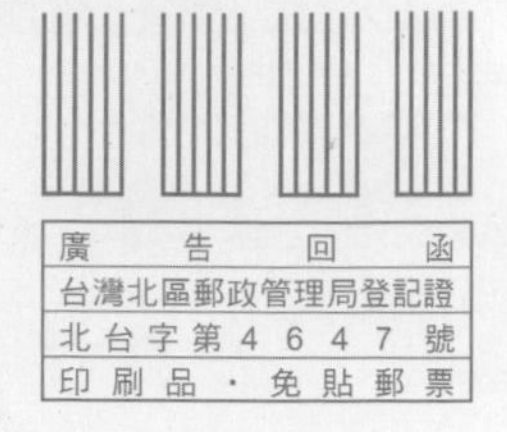

221

博碩文化股份有限公司 產品部

台灣新北市汐止區新台五路一段112號10樓A棟

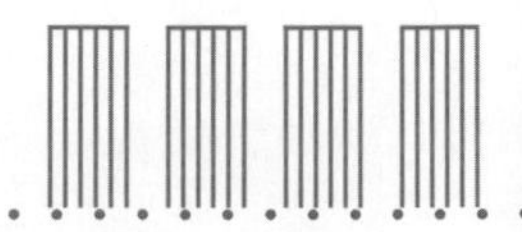